材料成形CAD/CAE技术与应用

CAILIAO CHENGXING CAD/CAE
JISHU YU YINGYONG

彭必友　余 玲　肖 兵 | 编著

·北 京·

材料成形 CAD/CAE 技术将为材料成形过程研究、工模具设计等带来深远影响。借助 CAD/CAE 技术，设计人员和工艺人员可以模拟材料成形过程，缩短工模具开发周期，降低产品生产成本。

本书系统讲述了材料成形 CAD/CAE 技术的发展与应用；几何造型技术；参数化建模、特征建模、装配建模技术；数据交换技术；逆向工程技术；有限元及有限差分法基本概念及原理；塑料注射成型 CAE 技术及应用；金属铸造成型 CAE 技术及应用；板料冲压成形 CAE 技术及应用；金属焊接成形 CAE 技术及应用等。

全书强调理论联系实际，深浅适度，配合大量计算机实际操作与先进 CAD/CAE 软件的工程应用，能快速提高解决实际问题的能力，为工作和学习奠定坚实基础。本书可供广大从事材料成形与工模具设计制造的设计人员、技术人员和科研人员参考，也可作为高等院校材料成形及控制工程专业、材料类和机械类相关专业师生的教学参考书或教材。

图书在版编目（CIP）数据

材料成形 CAD/CAE 技术与应用/彭必友，余玲，肖兵编著. —北京：化学工业出版社，2017.11（2025.3 重印）
ISBN 978-7-122-30731-6

Ⅰ.①材…　Ⅱ.①彭…②余…③肖…　Ⅲ.①工程材料-成型-计算机辅助技术　Ⅳ.①TB3-39

中国版本图书馆 CIP 数据核字（2017）第 247105 号

责任编辑：朱　彤　　文字编辑：陈　喆
责任校对：王素芹　　装帧设计：史利平

出版发行：化学工业出版社（北京市东城区青年湖南街 13 号　邮政编码 100011）
印　　装：北京科印技术咨询服务有限公司数码印刷分部
787mm×1092mm　1/16　印张 18　字数 470 千字　2025 年 3 月北京第 1 版第 2 次印刷

购书咨询：010-64518888　　售后服务：010-64518899
网　　址：http：//www.cip.com.cn
凡购买本书，如有缺损质量问题，本社销售中心负责调换。

定　　价：68.00 元

前言

FOREWORD

材料成形技术是指利用各种方式和手段赋予相关材料以特定形状、具有特定属性、能够满足特定需要的一类技术的总称。随着人类社会的进步，材料成形已经从经验走向科学、从手工生产发展到全自动化生产。材料成形 CAD/CAE 技术在工业发达国家已得到较为广泛的认同与应用，它为材料成形过程研究、工模具设计、工艺参数优化、产品质量控制等方法和手段的变革带来深远影响，设计人员和工艺人员可以借助 CAD/CAE 平台模拟和预测材料成形过程中潜在的各种问题，及时修改和优化设计，从而减少物理实验次数，缩短工模具开发周期，降低产品生产成本。

本书在内容编排上，侧重于将学习材料成形 CAD/CAE 技术的基础理论与专业知识及专业技能有机地结合，舍去过多的理论阐述和数学公式推导，为每一章增加一些操作应用实例，使广大读者能够在较短的时间内，了解和掌握材料成形 CAD/ACE 应用的基础理论与相关技术；同时，通过掌握 1 ~ 2 个主流软件的操作，配合必要的计算机实际操作，借助 CAD/CAE 方法，提高解决实际问题的能力，为实际工作奠定坚实的基础。

全书共分 7 章，主要内容有：材料成形 CAD/CAE 技术的发展与应用；几何造型技术；参数化建模、特征建模、装配建模技术；数据交换技术；逆向工程技术；有限元及有限差分法基本概念及原理；塑料注射成型 CAE 技术及应用；金属铸造成型 CAE 技术及应用；板料冲压成形 CAE 技术及应用；金属焊接成形 CAE 技术及应用等。本书可供广大从事材料成形与工模具设计制造的设计人员、技术人员和科研人员参考，也可作为高等院校材料成形及控制工程专业、材料类和机械类相关专业师生的教学参考书或教材。

本书由西华大学组织编写。其中，彭必友编写第 1、3 章，并负责全书统稿；肖兵编写第 2、7 章；余玲编写第 4、5 章；查五生编写第 6 章。书中的部分操作实例由以下同学协助完成：王永强、赵祥、刘杰、王雪飞、王鹏、黄杰、徐成峰、魏琪、彭芮、王岚等。除此之外，ESI 成都分公司的刘晋提供了 SYSWELD 部分的实例素材，成都扶郎花科技有限公司提供了逆向建模部分的实例素材，在此表示感谢！此外，傅建教授详细审阅了本书的结构及全文，担任了本书主审，提出了许多宝贵的修改意见，在此深表感谢！

由于编著者水平和时间有限，不足之处在所难免，敬请广大读者批评指正。

编著者

2017 年 8 月

目录

CONTENTS

第1章 绪论

1.1 前言

CAD/CAE技术是以计算机为主要手段来辅助设计者完成某项设计工作的建立、修改、分析和优化，并输出信息全过程的综合性高新技术。其中CAD是对产品的功能、性能、材料等内容进行定义，其主要结果是对产品形状和大小的几何描述。传统设计的几何描述方式是工程视图，载体为图纸。现代设计的几何描述方式主要采用三维几何模型，载体为计算机。CAE是对产品的功能和性能进行预测和验证，以保证产品在制造以后能够实现预期功能和满足各种性能指标。分析是保证产品质量的重要环节，是评估设计方案、优化产品结构的重要手段。作为现代先进设计与制造技术的基础，CAD/CAE是多学科交叉、知识密集型的高新技术。它使产品设计的传统模式发生了深刻变革，不仅改变了工程界的设计思想及思维方式，而且影响到企业的管理和商业对策，是现代企业必不可少的设计手段。

以液态铸造成型、固态塑性成形和连接成形，以及黏流态注射成型等为代表的材料加工工程是现代制造业的重要组成部分，材料加工不仅赋予成品件或半成品件几何形状，而且还决定其组织结构与使用性能。材料成形CAD/CAE将一个成形过程（或过程的某一方面）定义为由一组控制方程加上边界条件构成的定解问题，利用合适的数值方法求解该定解问题，从而获得对成形过程的定量认识。或者简而言之，材料成形CAD/CAE是指在计算机系统平台上建立产品的数字化模型，并利用数值方法仿真（虚拟）材料的成形过程（或过程的某一方面）。材料成形CAD/CAE的目的是帮助人们认识与掌握材料特性、成形方案、工艺参数、产品形状、模面结构、浇注系统、工装夹具、载荷输入等内外在因素对材料成形质量和工模具寿命的影响；同时，为缩短成形制品与成形模具的开发周期、减少物理试模次数、优化现场成形工艺、选用成形设备、控制产品质量、降低生产成本提供定量或定性数据支持。

材料成形CAD/CAE涉及工程力学、流体力学、物理化学、冶金学、材料学、材料成形原理、材料成形工艺、应用数学、计算数学，以及图形学、电磁学、软件工程和计算机技术等诸多相关学科，是多学科知识及技术的交叉与融合，见图1-1。当然，对于不同的材料成形领域（铸造、锻压、焊接、注射等），所涉及的

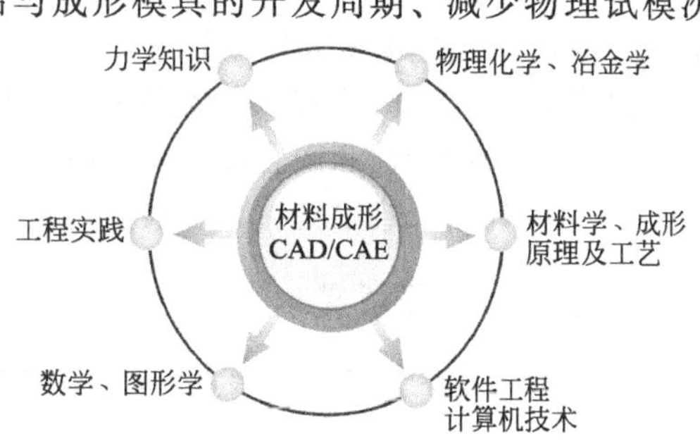

图1-1 材料成形CAD/CAE技术涉及的学科领域

学科种类会有所不同。

广泛的学科理论、合理的数学模型（数理方程）、高效的计算方法、准确的材料参数、严格的边界定义、可靠的检测手段、必要的物理实验，以及坚实的专业知识、丰富的现场经验和成熟的 CAD/CAE 系统是确保数值模拟技术在材料成形领域成功应用的关键。

1.2 材料成形 CAD/CAE 概述

1.2.1 传统分析法的弱点

问题 1：如图 1-2 所示的制件，在成形过程中会产生哪些缺陷？出现的部位在何处？

(a) 圆筒形制件的拉深成形过程(冲压件)

(b) 某轿车车轮装饰盖(注塑件)

图 1-2 成形件

问题 2：你在思考刚才问题的时候，是怎样得出的结论？是依靠经验还是书本知识？还是通过计算得出的（比如计算拉深系数）？

问题 3：如何绘制图 1-2(a) 制件冲压成形过程中的应力应变分布云图？制件各处的厚度具体数值为多少？图 1-2(b) 制件在充型过程和冷却过程中各处的温度具体为多少？怎样变化？通过传统的分析方法可否得到上述数据？

从上面的 3 个问题，我们依据书本知识或现场工程实践，能较容易地回答可能产生的缺陷及部位，但要想给出在成形过程中制件各处的定量数据是非常困难，甚至是不可能的。这是由于传统分析法具有如下弱点。

① 靠经验类比（公式中的各种系数）与较大的安全系数来确定结构尺寸和用材。

② 对结构动特性和耦合特性的分析基本无能为力。

③ 对设计结果难以把握，一般要通过实验来验证。

1.2.2 工程意义

为了弥补传统分析法的弱点，如果我们通过计算机来模拟该成形过程，就能看到成形整个过程中的应力应变、材料厚度变化、成形缺陷的产生等，见图 1-3。

因此，材料成形 CAD/CAE 的工程意义主要体现在辅助工模具开发和成形工艺设计等行业的工程技术人员完成下述三个方面的工作。

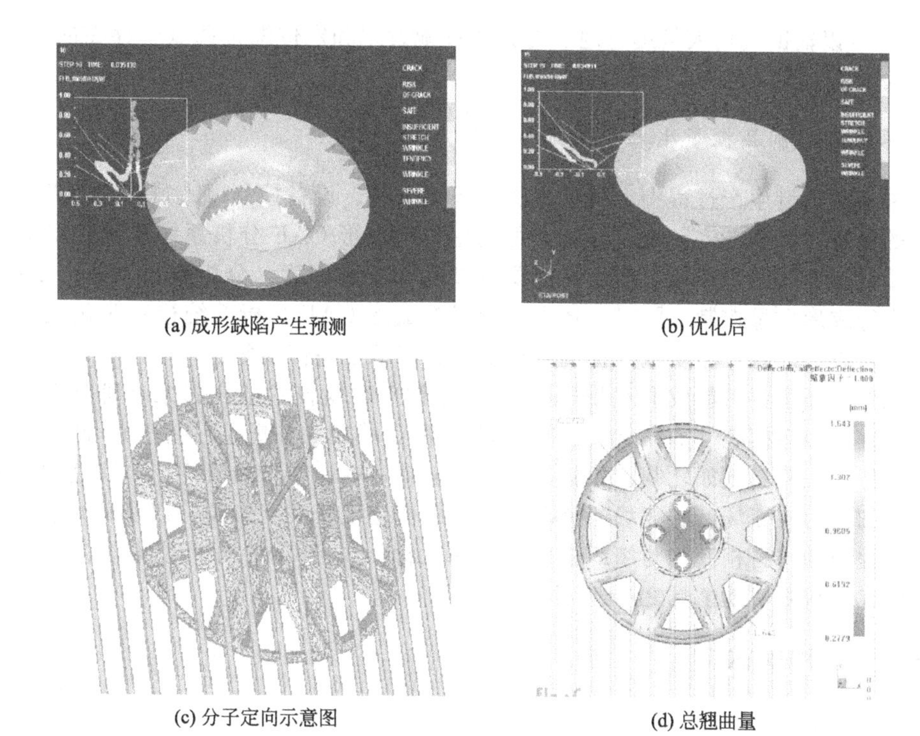

(a) 成形缺陷产生预测　(b) 优化后

(c) 分子定向示意图　(d) 总翘曲量

图 1-3　材料成形 CAE 分析结果

(1) 制定和优化材料成形方案与模具设计方案

① 选择最佳成形工艺方法（例如：对于给定的金属制件，是采用压力成形、铸造成型，或是采用焊接成形？如果采用压力成形，具体工艺方法是冲压、挤压、锻造或其他）。

② 制定成形工艺流程与工艺参数（例如：利用级进模成形制件的工步顺序安排、每一工步的冲压速度和压边力确定等），并对其流程及参数进行优化，以提高成形能源和成形材料的利用率（例如：焊接热源、热处理保温时间、冲压板料排样、模锻件飞边控制等）。

③ 确定或改进模具设计方案（例如：注射模具的型腔数及其布局、浇注系统类型及其结构、模温调节系统结构及其孔路布局等）。

④ 预测在已知条件（材料一定、结构一定、工艺方法和工艺参数一定）下，产品成形的可行性及其成形质量，为成形方案和模具设计方案的改进与优化提供依据。

⑤ 确定成形设备及其辅助设备必须具备的生产能力（例如：压铸机的锁型力、压射力、压射比压、压室直径等，同压铸机配套的保温电炉容量、炉膛温度等）。

⑥ 改善和优化成形制件的工艺结构（例如：板料拉深的最小圆角半径、模锻零件的最小脱模斜度等）。

(2) 解决工模具调试或产品试成形过程中的技术问题

成形工具或（和）模具制造出来后需要进行一系列调试。调试目的：一是检查成形工模具的结构是否正确、各组成机构的动作次序是否合理，以及机构运动是否顺畅；二是检验成形工模具是否匹配成形设备和成形方案设计中拟定的工艺参数、能否生产出合格的成形制品。前者属于工模具的结构性调试，后者则为工模具与制品生产相结合的综合性调试。相对工模具的物理调试或制品的物理试成形是一个费时、费事的反复迭代过程，利用材料成形

CAE 分析，可以辅助现场人员迅速地、有针对性地发现和定位综合调试中存在的技术问题，提出相应的解决方案，缩短综合调试周期。

(3) 解决成形制品批量生产中的质量控制问题

成形制品在批量生产过程中，材料批次、环境条件、设备控制、人员操作等差异都将给产品质量的稳定性带来一定影响。对此，可利用材料成形 CAE 分析系统或其他 CAE 系统，仿真成形质量波动的生产现场，找出造成质量波动的关键因素，分析质量问题产生的原因，有针对性进行成形质量控制。同时，还可利用材料成形 CAE 分析系统进一步优化产品的现场成形工艺参数，改善产品质量，提高生产效率，降低设备能耗等。

除此之外，还可将材料成形 CAE 分析技术与物理实验技术结合起来，研究新材料的成形特性，研究材料在模腔（如铸造、注塑、熔化焊）、模膛（如锻造、挤压）、凸凹模（如冲压）或其他特殊工模具（如轧制、拉拔等）中的流动过程、特点及其规律，研究材料成形中各物理场（如应力应变场、温度场、流动场等）的变化及其交互影响，以及研究成形（包括热处理）过程中的材料相变化与组织变化等，即把材料成形 CAE 分析技术作为现代理论研究和应用研究的重要辅助工具之一。

1.2.3 应用现状

(1) 材料液态成形

材料液态成形 CAD/CAE 分析多应用于模拟液态金属重力铸造、高/低压铸造、熔模铸造、壳型铸造、离心铸造、连续铸造、半固态铸造等成型工艺方法中的充型、凝固和冷却过程，预测铸造缺陷（如缩孔、缩松、裂纹、裹气、冲砂、冷隔、浇不足），分析液/固（凝固、结晶）和固/固（含热处理）相变、铸件组织（相组成物和晶粒形貌及尺寸）、应力和变形，以及金属模具寿命等，为工艺设计、模具设计和过程控制的调整与优化提供定量或半定量依据。

图 1-4 是某砂型铸件的模拟充型过程，根据对液态金属流动状况和液面变化的观察分析，可以了解是否产生冲砂、裹气、浇注不足等缺陷。

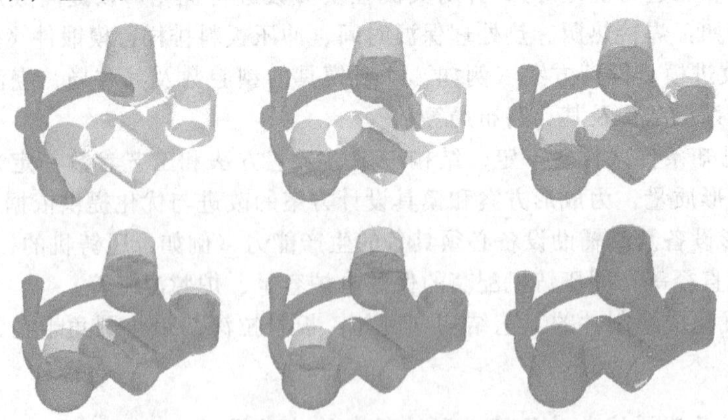

图 1-4 砂型铸造中的液态金属模拟充型过程

图 1-5 模拟了铸件的冷却凝固过程。通过观察，可以了解铸液的凝固顺序，发现缩孔、缩松、冷隔等铸造缺陷的潜在部位。

图 1-6 展示了过冷度 ΔT 对 Al-13Si 铸造合金结晶组织的影响。由图 1-6 可见，随凝固时合金液的过冷度 ΔT 增加，试样截面铸态组织由粗大的柱状晶转变成细小的纯等轴晶。该模拟结果对于控制铸件结晶的工艺条件、获取满意的微观组织及使用性能很有帮助。

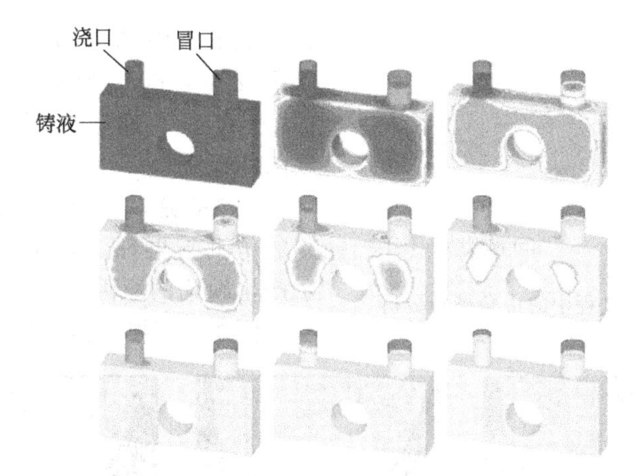

图 1-5 模拟铸件冷却凝固过程

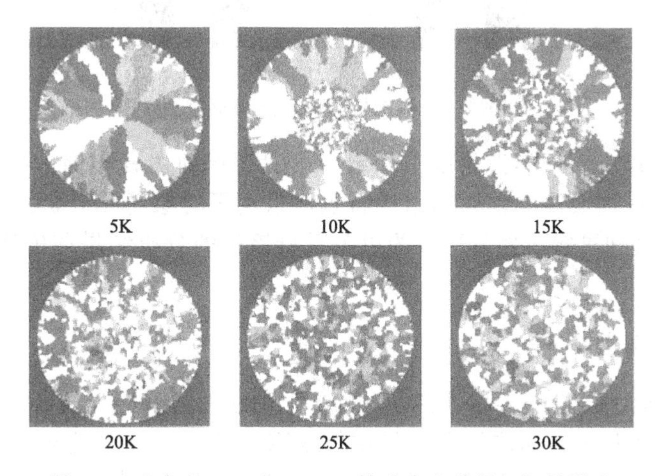

图 1-6 过冷度 ΔT 对 Al-13Si 铸造合金结晶组织的影响

(2) 材料塑性成形

材料塑性成形的工艺方法有很多，包括冲压、挤压、锻造、轧制、拉拔等。目前，CAE 分析在金属板料冲压、金属块料锻造、挤压和轧制领域的应用较成功。通过数值仿真实验，可以直观展示金属塑性成形过程中的材料流动、加工硬化、应力应变、回弹变形、动/静态再结晶、热处理相变等物理现象，揭示材料内部的微观组织形貌及其变化，考察对材料成形质量产生影响的温度、摩擦、模面结构、界面约束、加载速度等工艺条件，预测潜在的材料成形缺陷以及对应的工模具寿命。

图 1-7 是利用 CAD/CAE 分析软件仿真汽车覆盖件和骨架件的拉深过程（最终结果截图）。透过对未充分拉深区、起皱区和破裂区的分析，可以判断制件拉深成形质量，并结合

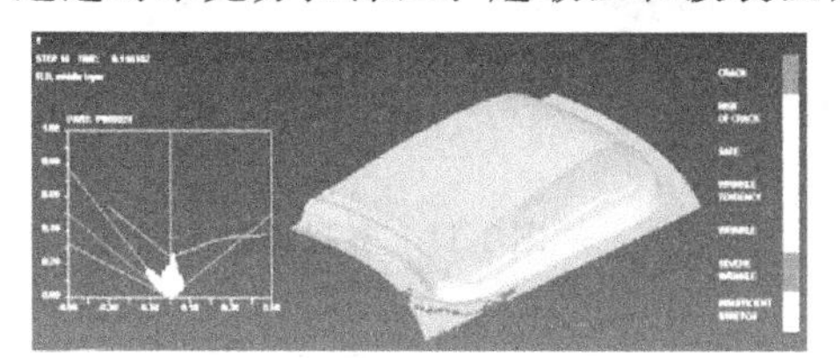

(a) 发动机罩外板(1/2)

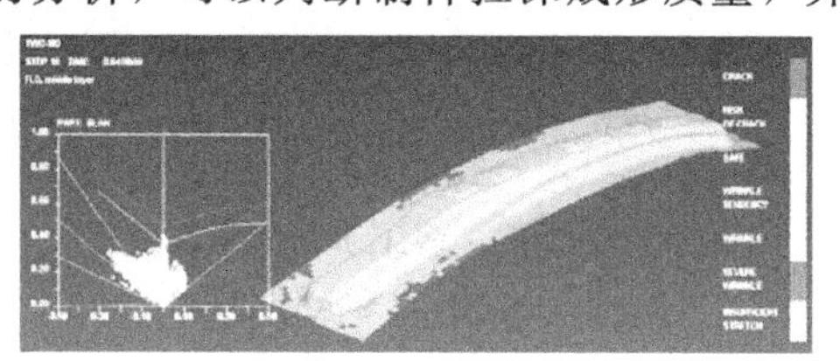

(b) B柱加强板

图 1-7 汽车覆盖件拉深成形

材料成形极限图（FLD）了解制件内的应变状况及其分布，预测给定工艺条件（包括模面工艺结构、冲压速度、压边力等）下产生缺陷的趋势。

图 1-8 是对材料冲压成形件中已产生的缺陷的仿真与再现，以便进一步定量分析和揭示产生缺陷的原因。

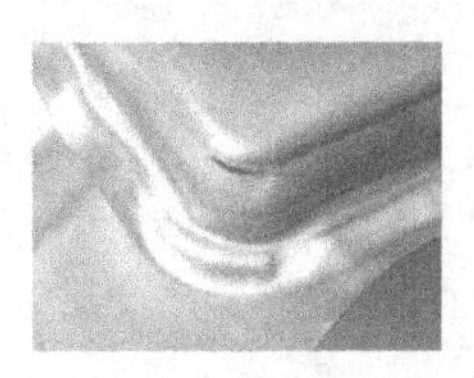

(a) 实物对照(局部)

(b) 模拟结果(1/4)

图 1-8 方形盒拉深过程中的边角破裂分析

图 1-9 模拟了钢轨的辊压成形过程。

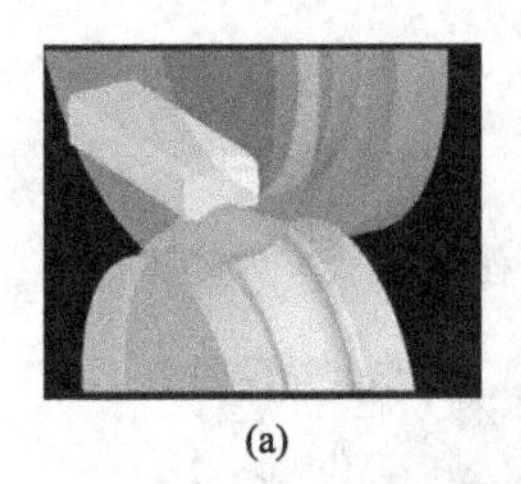

(a)

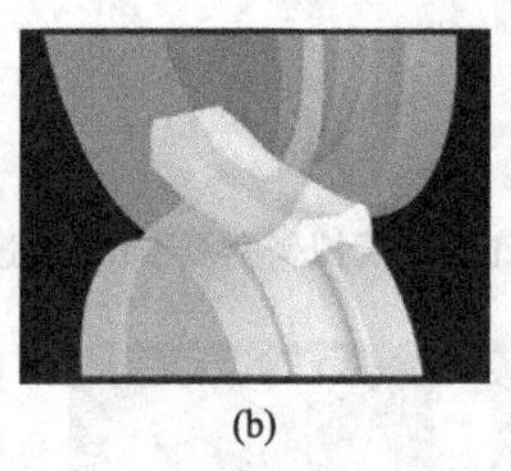

(b)

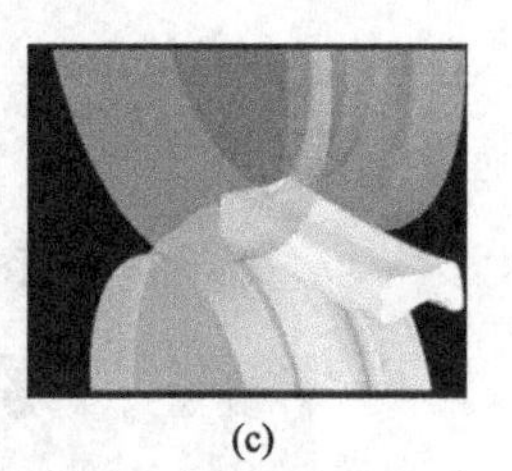

(c)

图 1-9 模拟钢轨的辊压成形过程

图 1-10 是十字接头和伞形齿轮多工步精密模锻成形的仿真实例。在伞齿轮成形 CAD/CAE 分析实验中，根据锻件的轴对称结构特点，采用了对象简化分析技术（即先任意截取其中一个齿进行建模和求解，然后再按约束关系将该齿的分析结果移植到整个齿轮），以提高求解计算的速度。

（3）材料黏流态成形

材料黏流态成形主要指塑料熔体在黏流状态下的注射、挤出等成形。目前，材料黏流态成形 CAD/CAE 分析技术普遍应用在塑料注射成型领域，涉及的成型工艺方法有普通流道注射、热流道注射、气辅注射、双料顺序注射、反应注射、微发泡注射和芯片注射封装等。通过对材料注射成型的 CAE 分析，了解成形方案、工艺参数、产品形状、模具结构、浇注系统、冷却水道等因素对材料成形质量和模具寿命的影响；并且在物理实验的支撑下，研究新材料（或填料不同材料）的注射成型性能、熔体在模腔中的流动和冷却规律、塑件分子取向、应力分布、翘曲变形等物理现象及其起因等。

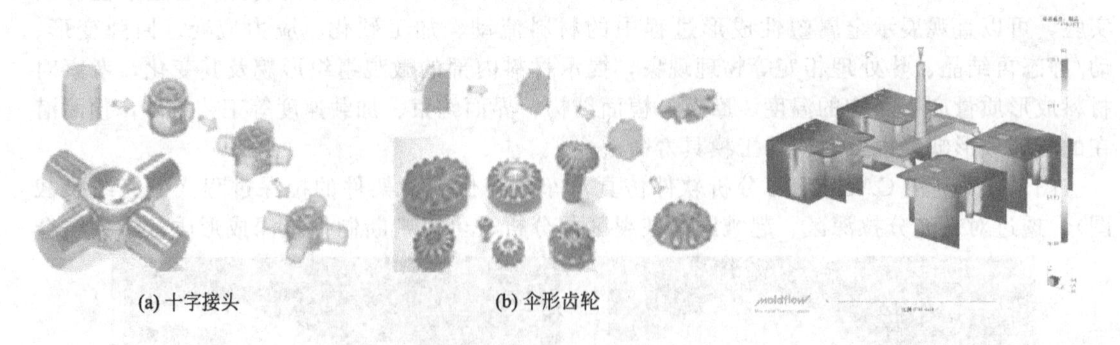

(a) 十字接头　(b) 伞形齿轮

图 1-10 多工步精密模锻成形（左下方为锻件实物）

图 1-11 多腔注射的流道平衡分析

图 1-11 是塑料熔体多腔注射时的流道平衡分析。根据模拟分析结果，可调整和优化各分流道截面尺寸，以确保熔体能够在同一时间内充满各个模腔。

图 1-12 是某电视机前罩气辅注射成型模拟实例，通过观察分析模拟结果，可确认气道设置是否合理、气辅参数是否满足成形质量要求。

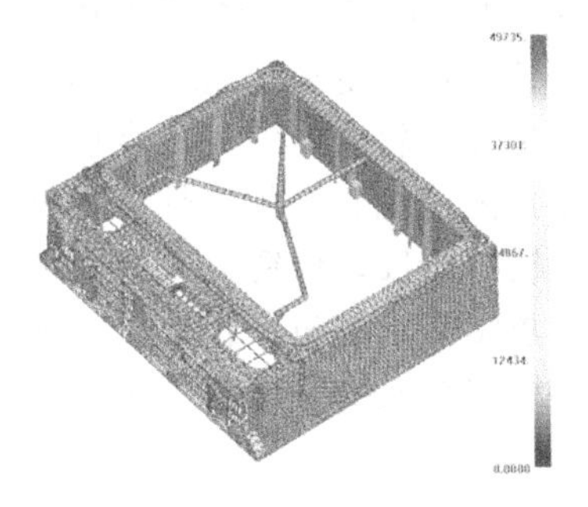
(a) 熔体充模过程中的流速分布(9.85s)

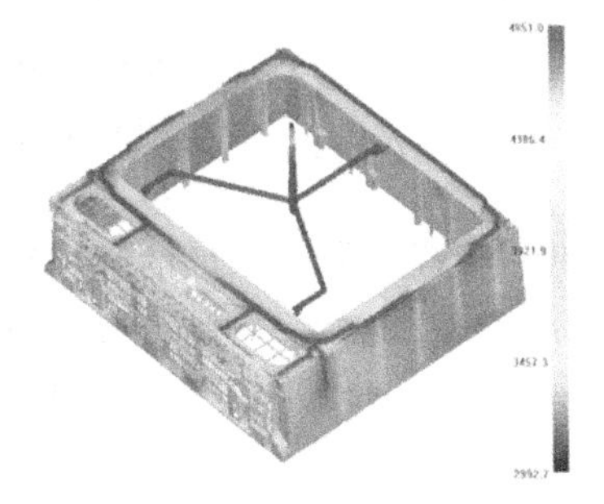
(b) 充模结束时的温度分布(深色条为气道)

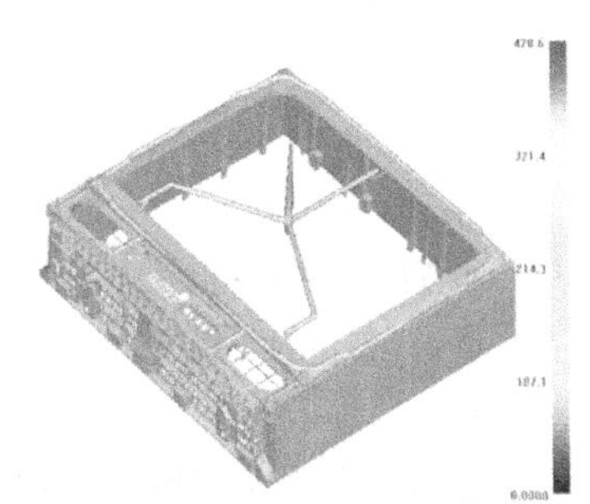
(c) 脱模前塑件内的残余应力分布

图 1-12 电视机前罩的气辅注射成型

（4）材料焊接成形

材料焊接成形是指利用焊接工艺方法将预先制备好的单个零部件或毛坯拼接（拼装）成产品或半成品（如用于钣金冲压的拼焊板）的过程。利用 CAE 分析技术，可分析焊接热过程（包括焊接热源的大小与分布、温度变化对热物理性能的影响、焊接熔池中的流体动力与传热、传质等）、焊接冶金过程（包括焊接熔池中的化学反应和气体吸收、焊缝金属的结晶、溶质的再分配和显微偏析、气孔、夹渣和热裂纹的形成、热影响区在焊接热循环作用下发生的相变和组织性能变化，以及氢扩散和冷裂纹等）、焊接应力应变（包括动态应力应变、残余应力与残余变形、拘束度与拘束应力等），以及对焊接结构的完整性进行评定（包括焊接接头的应力分布、焊接构件的断裂力学分析、疲劳裂纹的扩展、残余应力对脆断的影响、焊缝金属和热影响区对焊接构件性能的影响等）。

图 1-13 是利用 CAD/CAE 分析技术对某摩托车轮圈的焊接过程进行仿真的最终结果（部分截图）。目的是评价产品的焊接变形、最小化残余应力，同时了解制件几何结构、材料特性和工艺参数对焊接质量的影响。

(a) 焊接温度分布

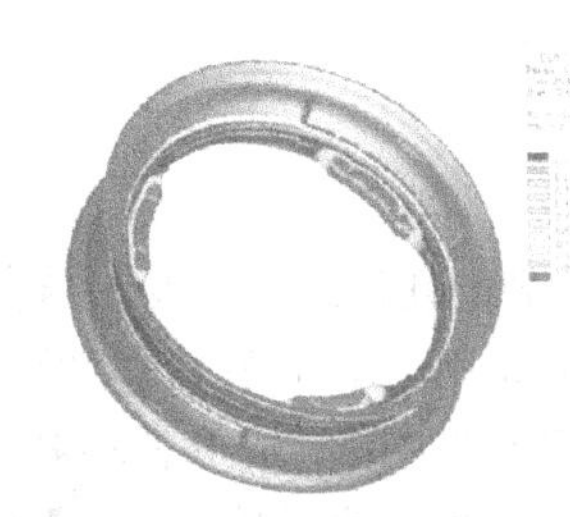
(b) 熔化区和热影响区的强度

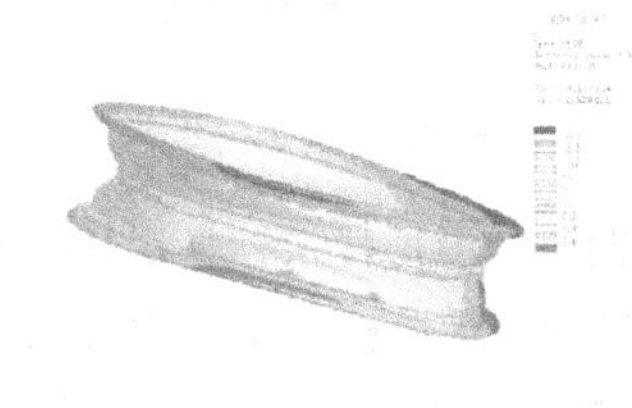
(c) 焊接变形

图 1-13 摩托车轮圈的焊接分析

图 1-14(a) 是利用焊接方法组装产品的实例，其中，被装配的各个零件均属钣金成形制品（当然，也可以是机械加工、铸造、锻造等制品）。图 1-14(b) 是对图 1-14(a) 实例焊装应力进行 CAE 分析的结果，根据该结果可以预测焊接变形和焊接裂纹等缺陷。

1.2.4 发展趋势

下面列举的发展趋势有的已部分投入实际应用，有的仍在不断完善和深入研发之中。

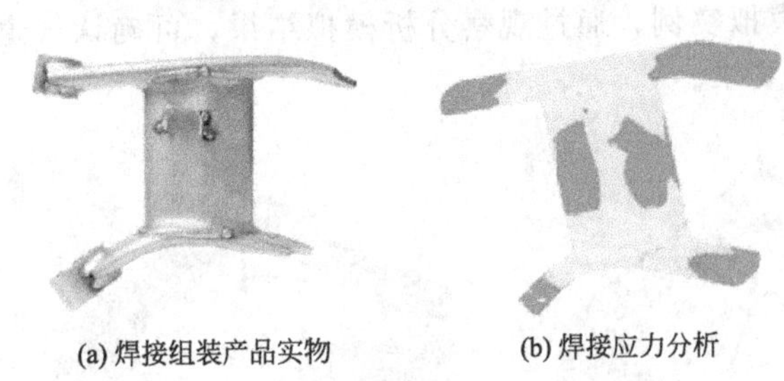

(a) 焊接组装产品实物 (b) 焊接应力分析

图 1-14 焊接组装 CAE 分析举例

(1) 模拟分析由宏观进入微观

材料成形 CAD/CAE 分析的研究由建立在温度场、速度场、变形场基础上的旨在预测形状、尺寸、轮廓的宏观尺度模拟阶段进入到以预测组织、结构、性能为目的的微观尺度模拟阶段，研究对象涉及结晶、再结晶、重结晶、偏析、扩散、气体析出、相变、组织组成物等微观层次，以及与微观组织相关的机械、理化等性能。

(2) 加大多物理场的耦合分析

加大多物理场的耦合与集成分析（包括流动/温度、温度/速度/流变、电/磁/温度、温度/应力应变、温度/组织、应力应变/组织、温度/浓度/组织等物理场之间的耦合），以真实模拟复杂的材料成形过程。

(3) 不断拓宽 CAD/CAE 分析在特种成形中的应用

在特种成形领域应用 CAE 分析技术比在基于温度场、流动场、应力/应变场的通用成形领域应用 CAE 分析技术难度大，例如：铸造成型中的连续铸造、半固态铸造和电渣熔铸，锻压成形中的液压胀形、楔横轧和辊锻，焊接成形中的电阻焊、激光焊，塑料成型中的振荡注射、吹塑和热成形，以及金属粉末注射、粉末冶金压制等。可以确信，一旦各特种成形的理论研究与应用开发取得突破性进展，利用 CAD/CAE 分析解决和研究特种成形技术问题的手段将会层出不穷。

(4) 强化基础性研究

材料成形 CAE 分析基础性研究包括成形理论、数学模型、计算方法、应用技术、测试手段、材料特性和物理实验等的研究，这些都是事关 CAD/CAE 分析结果真实性、可靠性、精确性，以及模拟速度、模拟效率的热点研究。

(5) 关注反向模拟技术应用

所谓反向模拟技术，是指从最终产品的几何结构出发，结合成形工序或工步，一步步反推至原始毛坯的演绎过程。反向模拟技术主要用于固体材料塑性成形毛坯的推演，例如：冲压件展开、模锻件预成形。通过反向模拟，可以解决诸如成形材料利用率、毛坯形状优化等实际问题。此外，反向模拟技术还可用于推演不同温度条件下的材料热物理性质（如材料表面的换热系数等）。目前，反向模拟技术在材料的冲压成形、锻造成形和铸造成型过程中均有所体现。

(6) 模拟软件的发展

模拟软件技术面向产品开发、模具设计和成形工艺编制等技术人员，屏蔽过于繁杂的前处理操作（特别是网格划分、接触边界定义和求解参数设置等操作）；利用专业向导模块（如锻造开坯、冷挤压、热处理、模面设计、浇注系统设计和冷却水道布局等），简化分析模型的建立过程；加入专家系统等人工智能技术，帮助用户更快更好地关注和解决材料成形中的实质性问题，而不被一些具体的工程分析术语和技能技巧所困扰；增加正交实验、方差分析等设计理论，在高性能计算机的支持下，较大范围地综合优化材料成形工艺参数等。

（7）协同工作

利用计算机网络、产品数据模型（PDM）等先进技术，将基于过程仿真的成形工艺模拟与企业生产的其他系统要素有机集成，从而彻底实现从产品开发、模具设计、工艺优化到产品质量控制、技术创新、成本核算的全过程协同。此外，透过网格计算、远程服务和超文本格式分析报告，让分布在不同地域的产品设计师和模具开发师借助本地计算机迅速获取相关信息，共同会商或确定提高材料成形质量等问题的解决方案。

（8）模拟结果与设备控制的关联

通过模拟结果与设备控制的关联，将优化的工艺参数直接输送给成形设备，实现控制参数的自动调整和成形过程的自动监测，以消除或减少结果判读、数据转换和人工设置的误差。

1.3 常见通用 CAD/CAE 系统

（1）Pro/Engineer

Pro/Engineer（简称 Pro/E）操作软件是美国参数技术公司（PTC）旗下的 CAD/CAE/CAM 一体化的三维软件。Pro/Engineer 软件以参数化著称，是参数化技术的最早运用者，在目前的三维造型软件领域占有重要地位，Pro/Engineer 作为当今世界机械 CAD/CAE/CAM 领域的新标准而得到业界的认可和推广，是现今主流的 CAD/CAE/CAM 软件之一，特别是在中国国内产品设计领域占有重要位置。

（2）UG

UG 是美国 EDS 公司（现已被西门子公司收购）的集 CAD/CAE/CAM 功能于一体的软件集成系统。其采用将参数化和变量化技术与实体，线框和表面功能融为一体的复合建模技术，有限元分析功能需借助专业分析软件的求解器，CAM 专用模块的功能强大。

（3）ANSYS

ANSYS 软件由世界上最大的有限元分析软件公司之一的美国 ANSYS 公司开发，是融结构、流体、电场、磁场、声场分析于一体的大型通用有限元分析软件。它能与多数 CAD 软件接口，实现数据的共享和交换，如 Pro/Engineering、NASTRAN、I-DEAS、AutoCAD 等，是实现现代产品设计中的高级 CAE 工具之一。

（4）ABAQUS

ABAQUS 是一套功能强大的工程模拟有限元软件，其解决问题的范围从相对简单的线性分析到许多复杂的非线性问题。

法国达索公司并购 ABAQUS 后，将 SIMULIA 作为其分析产品的新品牌。ABAQUS 是一个协同、开放、集成的多物理场仿真平台，包括一个丰富的、可模拟任意几何形状的单元库；并拥有各种类型的材料模拟库，可以模拟典型工程材料的性能，其中包括金属、橡胶、高分子材料、复合材料、钢筋混凝土、可压缩超弹性泡沫材料以及土壤和岩石等地质材料。作为通用的模拟工具，ABAQUS除了能解决大量结构（应力/位移）问题，还可以模拟其他工程领域的许多问题，例如热传导、质量扩散、热电耦合分析、声学分析、岩土力学分析（流体渗透、应力耦合分析）及压电介质分析。

（5）CATIA

CATIA是法国达索公司开发的高档CAD/CAM软件。CATIA软件以其强大的曲面设计功能在飞机、汽车、轮船等设计领域享有很高的声誉。CATIA的强大的曲面造型功能体现在它提供了极其丰富的造型工具来支持用户的造型需求。

（6）I-DEAS

I-DEAS是美国UGS公司的子公司SDRC公司开发的高度集成化的CAD/CAE/CAM软件系统。它帮助工程师以极高的效率，在单一数字模型中完成从产品设计、仿真分析、测试直至数控加工的产品研发全过程。I-DEAS是全世界制造业用户广泛应用的大型CAD/CAE/CAM软件。

（7）SolidWorks

SolidWorks软件是世界上第一个基于Windows开发的三维CAD系统。1997年，SolidWorks公司被法国达索公司收购。SolidWorks软件具有特征建模功能，自上而下和自下而上的多种设计方式；可动态模拟装配过程，在装配环境中设计新零件；兼有有限元分析和NC编程功能，但分析和数控加工能力一般。SolidWorks软件具有功能强大、易学易用和技术创新三大特点，这使得其成为领先的、主流的三维CAD解决方案。SolidWorks软件能够提供不同的设计方案，减少设计过程中的错误以及提高产品质量。SolidWorks软件不仅能够提供如此强大的功能，而且对于每个工程师或设计者来说，其操作简单，方便，易学易用。

（8）ADAMS

ADAMS是美国MDI公司（Mechanical Dynamics Inc.）开发的集建模、求解、可视化技术于一体的虚拟样机软件，它是目前世界上使用最多的机械系统仿真分析软件。ADAMS软件可产生复杂机械系统的虚拟样机，真实仿真其运动过程，并快速分析比较多参数方案，以获得优化的工作性能，从而减少物理样机制造及实验次数，提高产品质量，并缩短产品研制周期。

思考题

1. 简述材料成形CAD/CAE的基本含义和目的。
2. CAD/CAE技术对传统设计方法的根本性变革主要体现在哪些方面？
3. 材料成形CAD/CAE技术主要应用在哪些方面？
4. 结合最新文献资料，讨论材料成形CAD/CAE技术的新内容和发展趋势。

第2章 计算机辅助设计（CAD）技术及应用

CAD实质上是将设计意图转化为计算机表示的可视化数字模型的过程，为产品评估、分析、制造和检验提供定量依据。本章简要介绍CAD技术的定义、技术特征和发展历程，重点阐述几何造型技术、参数化建模技术、特征建模技术、装配建模技术的概念、应用及实例操作，并在此基础上，对数据交换、智能设计、逆向工程等技术也作一些基础性介绍。通过本章的学习，可使读者基本掌握CAD系统常见建模技术，并应用于产品的3D设计，同时具备一定的逆向设计、智能设计的理念。

2.1 CAD技术概述

2.1.1 CAD定义

CAD（Computer Aided Design）是计算机辅助设计的简称，也是利用计算机协助人类进行设计的一种方法和技术。它用计算机代替传统的图板，充分借助计算机的高效计算。大容量存储和强大的图像处理功能分担人的部分劳动，以使设计者更多地将主要精力集中于创造性工作。

尽管现在CAD系统具有一定智能，能对设计起一定参谋作用，但毕竟产品类型千变万化，要用计算机完全代替人而独立从事设计是不可能的。因此，在CAD中，“人”仍然是设计的主题，而“计算机”仅是一种设计工具，其作用是帮助人更好、更快地完成设计，而不是用计算机取代人。所以，“辅助（aided）”一词对人和计算机的地位作了明确的界定。

(1) 广义CAD

根据上述描述，在产品设计过程中，凡是利用计算机所完成的工作均可视为CAD，这是CAD的广义概念。它主要包括图形表示、工程计算和设计管理三类工作，见图2-1。图形表示用于描述产品结构（形状和尺寸），是CAD的基础和核心。工程计算是对产品性能进行分析，以保证产品质量。设计管理是对设计过程和数据进行管理，以提高设计效率。

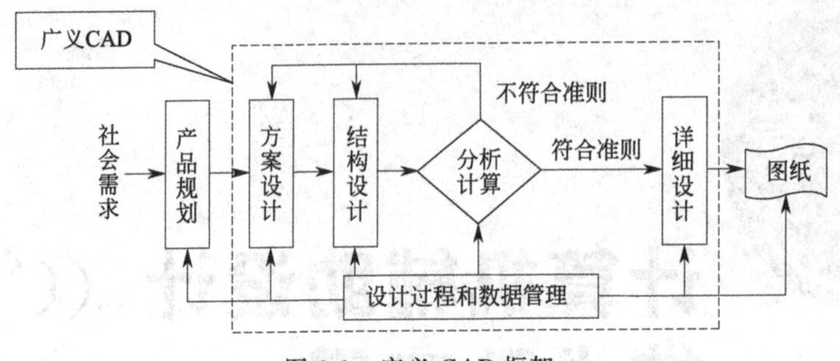

图 2-1 广义 CAD 框架

(2) 狭义 CAD

随着计算机应用技术的研究不断深入和应用范围的不断拓宽，人们将工程分析内容纳入 CAE 技术，并把设计过程和数据的管理纳入 PDM 技术进行专门研究。所以，CAD 的概念缩小到了产品结构的图形表示方面，见图 2-2。由于方案对产品的重要性，人们又专门开展了概念设计的研究，形成了概念设计方法和技术，即计算机辅助设计概念（Computer Aided Conceptual Design，CACD）。但严格来讲，CACD 仍属于图形表示范畴，可作为 CAD 的一个分支。目前狭义的 CAD 主要是指产品的几何建模及其相关技术，即如何在计算机中描述产品的形状、结构和大小。现有集成软件（如 I-DEAS，UG）也是按这种定义进行模块划分的。

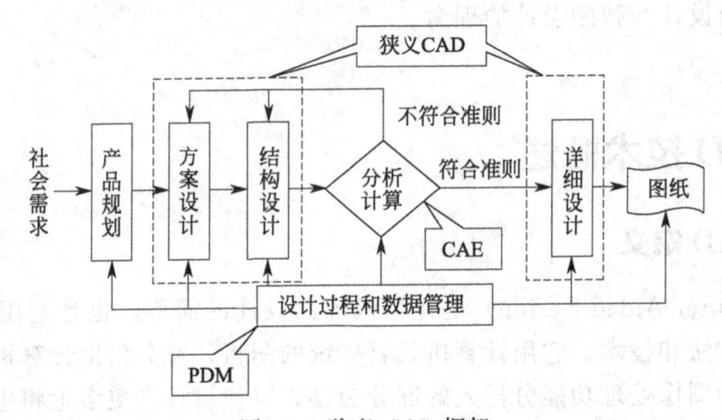

图 2-2 狭义 CAD 框架

从技术原理出发，CAD 是一种方法，它具有完整的理论支持体系，计算机图形学、计算机辅助几何设计、数据库理论是其重要的理论基础。从工程应用角度来看，CAD 既是一种技术，也是支撑设计的一种手段，要实现这种技术，需要计算机软件和硬件的支撑。

2.1.2 CAD 技术的发展历程

CAD 技术诞生于 20 世纪 60 年代，美国麻省理工学院于 1963 年首次提出了计算机图形学、交互技术、分层存储符号的数据结构等新的思想，到了 20 世纪 60 年代中后期，专用 CAD 系统问世，标志着 CAD 技术进入初步应用阶段，但由于当时硬件设施价格昂贵，只有美国通用汽车公司和美国波音航空公司使用了自行开发的交互式绘图系统。随着时间的推移，以及计算机技术不断发展和普及，CAD 技术经历了五次重大技术革命。

(1) 第一次 CAD 技术革命——曲面造型系统

20 世纪 60 年代出现的三维 CAD 系统只是极为简单的线框式系统。这种初期的线框造型系统只能表达基本的几何信息，不能有效表达几何数据间的拓扑关系。进入 20 世纪 70 年代，先后出现了与计算机配套的鼠标和光栅扫描图形显示器等外设，使计算机绘图更方便，而且随着图形显示分辨率的不断提高，给 CAD 技术的发展创造了平台。其间，设计者在飞机及汽车制造过程中遇到了大量的自由曲面问题，由于当时只能采用多截面视图、特征纬线的方式来近似表达所设计的自由曲面，这种三视图方法表达并不完整，经常发生设计完成后，制作出来的样品与设计者所想象的有很大差异甚至完全不同的情况。这时法国人提出了贝赛尔算法，使得人们在用计算机处理曲线及曲面问题时变得可以操作，同时也使得法国的达索飞机制造公司的开发者们，能在二维绘图系统 CADAM 的基础上，开发出以表面模型为特点的自由曲面建模方法，推出了三维曲面造型系统 CATIA。它的出现，标志着计算机辅助设计技术从单纯模仿工程图纸的三视图模式中解放出来，首次实现以计算机完整描述产品零件的主要信息，同时也使得具有绘图、二维线框模型建立、三维结构分析和数据加工功能的 CAM 技术的开发有了现实的基础。曲面造型系统 CATIA 为人类带来了第一次 CAD 技术革命，改变了以往只能借助油泥模型来近似准确表达曲面的落后的工作方式。

(2) 第二次 CAD 技术革命——实体造型技术

20 世纪 80 年代初，CAD 系统价格依然令一般企业望而却步，这使得 CAD 技术无法拥有更广阔的市场。为使自己的产品更具特色，在有限的市场中获得更大的市场份额，以 CV、SDRC、UG 为代表的系统开始朝各自的发展方向前进。SDRC 公司在当时美国的星球大战计划的背景下，由美国宇航局支持及合作，开发出了许多专用分析模块。有了表面模型，CAM 的问题可以基本解决。但由于表面模型技术只能表达形体的表面信息，难以准确表达零件的其他特性，基于对于 CAD/CAE 一体化技术发展的探索，SDRC 公司于 1979 年发布了世界上第一个完全基于实体造型技术的大型 CAD/CAE 软件—— IDEAS。由于实体造型技术能够精确表达零件的全部属性，在理论上有助于统一 CAD、CAE、CAM 的模型表达，给设计带来了惊人的方便性。实体造型技术的普及应用标志着 CAD 发展史上的第二次技术革命。

(3) 第三次 CAD 技术革命——参数化技术

进入 20 世纪 80 年代中期，CV 公司内部以高级副总裁为首的一批人提出了参数化实体造型方法。从算法上来说，这是一种很好的设想，它的主要特点是：基于特征、全尺寸约束、全数据相关、尺寸驱动设计修改。但可惜的是：最终在 CV 公司内部否决了参数化技术方案。策划参数化技术的这些人在新思想无法实现时，集体离开了 CV 公司，自行成立了“参数技术公司”，开始研制命名为 Pro/E 的参数化软件。早期的 Pro/E 软件性能很低，只能完成简单的工作，但是，由于第一次实现了尺寸驱动零件设计修改，使人们看到了它今后给设计者带来的方便性。进入 20 世纪 90 年代，参数化技术变得成熟起来，充分体现出其在许多通用件、零部件设计上存在的简便易行的优势。参数化技术的应用主导了 CAD 发展史上的第三次技术革命。

(4) 第四次 CAD 技术革命——变量化技术

参数化技术的成功应用，使得它在 20 世纪 90 年代前后几乎成为 CAD 业界的标准，但是其存在的缺陷导致重新开发一套完全参数化的造型系统困难很大，只能是在原有模型技术的基础上进行局部、小块的修补。这种把线框模型、曲面模型及实体模型叠加在一起的复合建模技术，并非完全基于实体，只是主模型技术的雏形，难以全面应用参数化技术。SDRC的决策者们权衡利弊，以参数化技术为蓝本，提出了一种更为先进的实体造型技术——变量化技术，作为开发方向。从1990年至1993年，投资一亿多美元，将软件全部重新改写，推出全新体系结构的IDEAS Master Series软件。20世纪90年代后期，随着PC机硬件设备的快速发展以及Windows操作系统的日益垄断，以Windows为平台的CAD软件快速发展，与Windows无缝连接、价格低廉、易学易用的中、低端CAD软件不断涌现。Solid Edge、SolidWorks等一系列三维CAD软件基本上全盘继承变量化技术，并在此基础上继续发展。变量化技术已经成为CAD软件公认的发展方向。

(5) 第五次CAD技术革命——同步技术，建模技术发展的巨大突破

进入21世纪以后，Siemens PLM Software推出了创新的同步建模技术——交互式三维实体建模，随着计算机网络化的普及，可视化、虚拟现实化技术的应用使同步化、交互式建模技术进入一个成熟的、突破性的飞跃期。同步建模技术在参数化、基于历史记录建模的基础上前进了一大步，同时与先前技术共存。同步建模技术实时检查产品模型当前的几何条件，并且将它们与设计人员添加的参数和几何约束合并在一起，以便评估、构建新的几何模型并且编辑模型，无需重复全部历史记录。利用其智能模型交互操作，同步建模技术用户变得轻松自如，将降低他们对嵌入在模型中的永久几何约束的依赖。设计人员可以选择不用这类嵌入式约束来编辑初始模型，因为他们知道同步建模技术将识别明显的几何约束并且对其进行智能管理。该演变的影响将带来产品开发过程的根本变化。

2.1.3 现代CAD的技术特征

(1) 参数化建模技术

参数化建模（parametric modeling）是指在保持原有模型约束条件不变的基础上，通过改变模型尺寸，驱动模型变化以获得新的模型。因此，参数化建模有两个核心技术：意识“约束”（constraint）和“尺寸驱动”（dimension driving）。“约束”是对模型几何元素位置和相对位置关系的限制，这些限制保证新的模型能按人的设计意图变化，而不致生成不需要的模型；“尺寸驱动”是指当尺寸值变化时，模型随之变化以达到新的尺寸值，从而获得新的模型。可见，“约束”是参数化建模的基础和保证，“尺寸驱动”是参数化建模的动力。因此，参数化建模是一种基于约束的、并能用尺寸驱动模型变化的建模技术。用参数化技术生成的模型称为参数化模型。对于参数化模型，只要修改模型上的尺寸值，模型就会变化为一种新的模型。

(2) 基于特征的建模技术

基于特征的建模技术（feature-based modeling）是20世纪90年代出现并被广泛应用的技术，它大大提高了三维建模的效率和模型编辑的灵活性，同时为后续CAPP、CAM技术的应用提供了极大方便。现有CAD系统大都采用这种建模技术。

基于特征的建模将任何三维模型视为一系列特征的组合，而特征是一种几何结构相对简单的基本几何体。这样，无论模型如何复杂，都可以通过一定数量的特征，按照一定方式组合而成。这种建模技术具有以下优点：建模过程类似产品的实际加工过程，步骤清晰，每步

操作明确。因此，建模十分方便，效率很高。

三维模型建立后，系统将详细记录模型的生成过程，以及每步操作中的特征类型和参数，即每个模型都有一个完整的特征历程树。基于该特征历程树，用户可以选择其中任意特征，并对选中特征的定义、几何参数、位置参数以及各种特性进行修改，之后更新特征历程树，就能得到新的三维模型。因此模型修改十分灵活。

(3) 全数据相关技术

一个CAD系统具有不同的功能模块，在产品的设计过程中，设计人员可能利用不同的模块，在不同的地理位置并行进行产品设计。由于是对同一产品进行设计，自然希望各个模块使用统一的数据模型，以使设计人员能够共享，交换数据，保证设计过程的协同和并行，为此，产品的几何模型应保持完整性和一致性。

20世纪90年代，SDRC公司提出了“主模型”概念，并在I-DEAS软件中较好地解决了数据的完整性和一致性问题。所谓主模型，是指CAD系统中的各个功能模块均采用一个统一或单一的数据模型，用于集中存储产品设计数据，所有模块需要和产生的数据都来自或存放在该模型中。

各个功能模块通过链接方式（复制）从主模型中引用数据，这就保证了每个功能模块与主模块数据的一致性。当主模型发生变化时，模块数据会随之变化；相反，当某个模块的数据修改以后，主模型也会随之修改。这种数据相关称为双向相关。

由于每个模块的数据均与主模型双向相关，因此，当任一模块的数据发生变化，都会通过主模块传递到其他模块。即一个模块的数据变化会通过主模块反映到其他模块，这就实现了各个模块数据的相关，这种所有模块数据均具有的相关性称为全数据相关。全数据相关是CAD技术的一个显著特征，它为实施并行设计和协同设计提供了完美的技术保证。随着主模型技术的提出，目前CAD软件纷纷采用了统一的数据库，以保证各应用模块的数据统一和一致。

(4) 智能化导航技术

提高设计效率是CAD技术始终追求的一个重要指标。CAD技术的发展，很多内容都是围绕如何提高设计效率开展的，智能导航技术便是其中之一。

计算机绘图中涉及大量点的定位操作，如画直线时需要确定两个端点，画圆时需要确定圆心位置等，因此，点的定位快慢直接影响绘图速度。1992年初，SDRC公司在其I-DEAS中率先推出了动态引导器，这是一种智能导航技术，它对提高点的定位速度做出了变革性的贡献。

在CAD建模或编辑过程中，涉及大量定位和选择操作。例如，绘制一条与已有直线连接的直线，需要将直线起点准确定位到现有直线的端点，否则草图不封闭，不能变换成实体；若要求在三维模型上绘制草图，则需要在三维模型上选择平面。所谓“智能”，是指CAD系统能够自动理解和判断人的设计意图，从而引导和帮助设计人员快速、准确定位到需要的点或选择需要的对象。智能导航技术可以自动捕捉现有几何元素的特征点，具有自动生成约束和自动显示可选择的对象等功能。

2.1.4 CAD系统功能组成

CAD系统由若干完成特定功能的子系统组成。该子系统又称功能模块。功能模块分为通用模块和专用模块。通用模块包括二维草图、三维建模、曲面建模、装配建模和工程制图模块，是三维CAD系统所必备的功能；专用模块是为特定行业或需求设计的，包括钣金设计、磨具设计等典型设计。

下面对通用模块的各个功能作简要的介绍（以 Pro/Engineer 为例）。

(1) 二维草图

在参数化、变量化设计中，二维草图绘制功能是十分重要和基础的功能，见图 2-3。在基于特征的三维建模过程中，草图用于拉伸、旋转等三维特征的建立。草图绘制充分体现了变量化设计思想，设计者可以快速创建所需要的二维图形，并通过增加或修改尺寸合计和约束，使草图逐步满足设计者的要求。

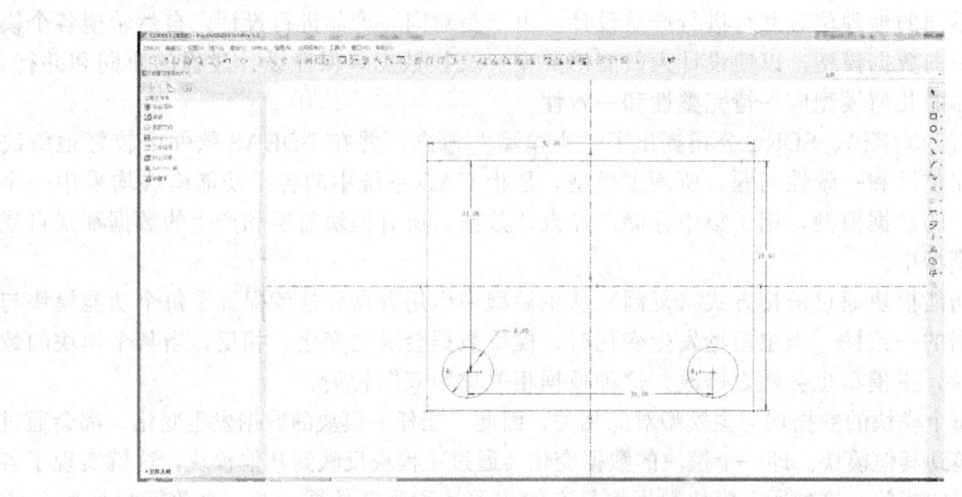

图 2-3 Pro/Engineer 二维草绘界面

(2) 三维建模

三维建模是 CAD 系统的核心模块，是 CAD 系统必不可少的功能，用于产品三维模型的建立、显示和编辑。在 CAD 系统的发展过程中，其很多功能的扩展和性能的提高都围绕着如何快速、高效地建立、表示和管理三维模型而开展，如特征建模技术、参数化建模技术、数据相关性等，见图 2-4。

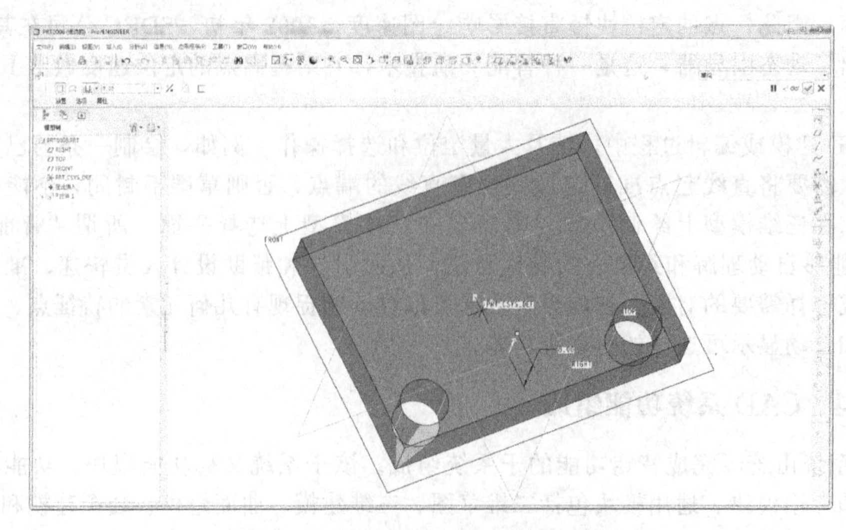

图 2-4 Pro/Engineer 三维建模界面

（3）曲面建模

曲面建模是实体建模的补充，通常用于复杂产品（如汽车、飞机、家电等）的外形设计。Coons 方法、Bezier 方法、B-样条和 NURBS 方法是 CAD 系统构造曲线、曲面普遍采用的方法。现代 CAD 系统能提供极其丰富和方便的曲面建模工具，支持各类复杂曲面的建模，为更精确、美观的产品造型设计提供更广泛的支持。

（4）装配建模

装配建模是 CAD 系统的必备模块，它能实现三维产品模型的虚拟装配，直观、形象地表达了产品各零部件的组成、装配关系和产品的最终成形效果，见图 2-5。现代 CAD 系统能支持自底而上和自顶而下两种方法的虚拟装配，采用基于约束的方法，使实际环境中零件之间的装配设计关系在虚拟设计环境中得到真实映射。

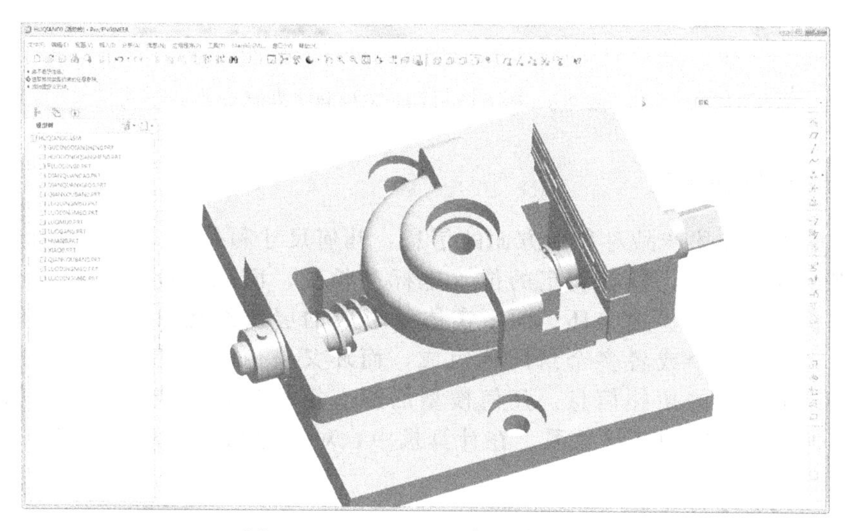

图 2-5 Pro/Engineer 装配建模界面

（5）工程制图

工程制图模块用于绘制和编辑能指导产品加工、制造的工程图，见图 2-6。通过 CAD 系统能够将所建的三维模型直接生成二维平面视图，并使三维模型的特征尺寸在二维工程图上自动生成和标注。CAD 系统的其他建模模块与工程制图模块具有全相关性，能够保持工程图的各视图之间，三维模型与二维视图之间的全相关。三维模型的修改能直接反映到二维图形上，二维图形的变更也能使三维模型自动更新，保证了设计的一致性。

2.2 几何造型技术

几何造型技术是三维产品造型与设计的核心，是指利用计算机系统描述物体的几何形状，建立产品几何模型的技术。通过这种方法定义、描述的几何实体必须是完整的、唯一的，而且能够从计算机内部的模型上提取该实体生成过程中的全部信息，或者能够通过系统的计算分析自动生成某些信息。

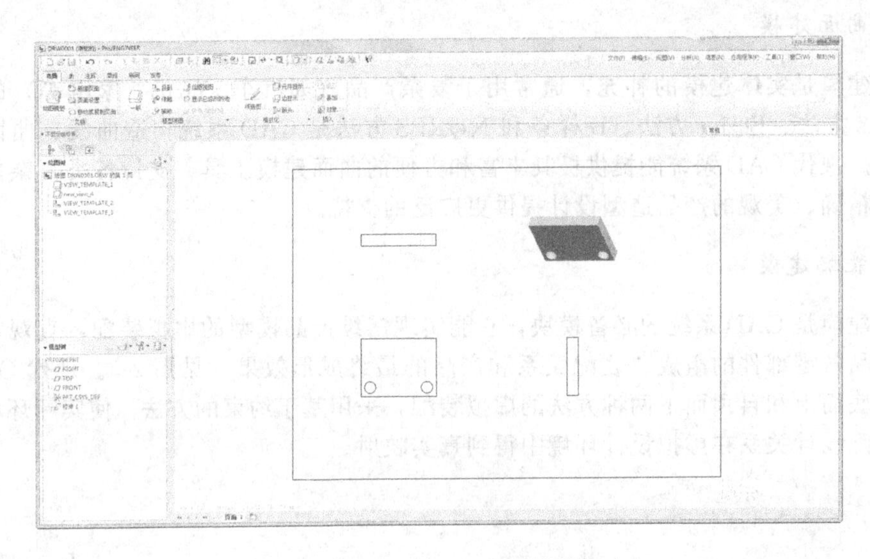

图 2-6 Pro/Engineer 工程制图界面

2.2.1 形体的定义

几何模型用于描述产品对象两方面的信息：几何尺寸和拓扑结构。前者是指具有几何意义的点、线、面等，具有确定的位置坐标和长度、面积等度量值；后者反映了形体的空间结构，包括点、边、环、面、实体等形成的层次结构。任一实体可以由空间封闭面组成，面由一个或者多个封闭环组成，而环又是由一组相邻的边组成，边由两点确定，点是最基本的拓扑信息。几何模型的所有拓扑信息构成其拓扑结构，反映了产品对象几何信息之间的连接关系。在计算机中，对上述几何元素可按图 2-7 所示的层次结构进行描述。

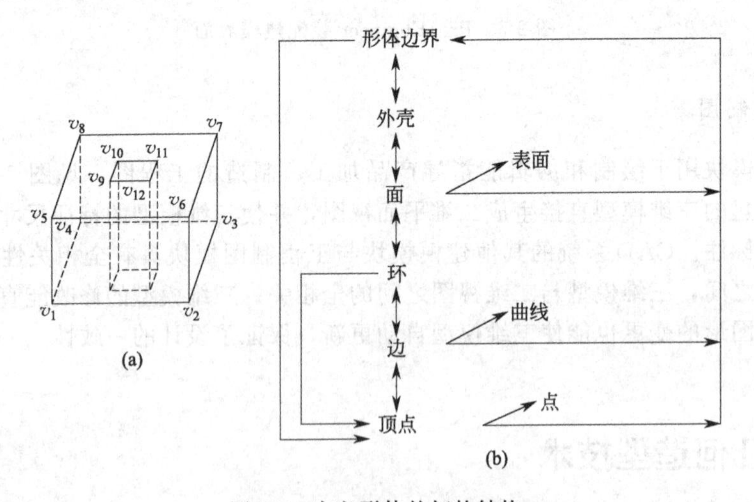

图 2-7 定义形体的拓扑结构

一个形体是由点、线、面定义的。在造型过程中，我们通常对形体的边界形状及其连接部分感兴趣。对形体表面应满足以下条件：封闭、有向、非自交、有界、连续。封闭表面才能保证形体的某些拓扑性质成立。因此，形体应满足以下基本要求。

① 刚性　形体的形状与形体的位置、方向无关。

② 三维一致性　形体没有悬面、悬边及孤立边界。

③ 表现的有限性　形体的边界是确定且有限的。

只有满足这些基本要求的形体才能正确地表示，可进一步作为继续造型的对象。

2.2.2　线框模型

线框造型是计算机辅助技术发展过程中最早应用的三维建模，它表示的是物体的棱边。模型由物体上的点、直线和曲线组成。20 世纪 60 年代，美国 Lockheed 飞机公司研制的 CADAM 系统、McDonnell Douglas 飞机公司研制的 CADD 系统以及 General Motor 汽车公司的 AD2000 系统均属于线框造型技术。它是利用基本线素来定义设计目标的棱线部分，从而构成立体构架图。在计算机内部，存储的是该物体的顶点及棱线信息，并将实体的几何信息和拓扑信息层次清楚地记录在顶点表及边表中，见图 2-8。

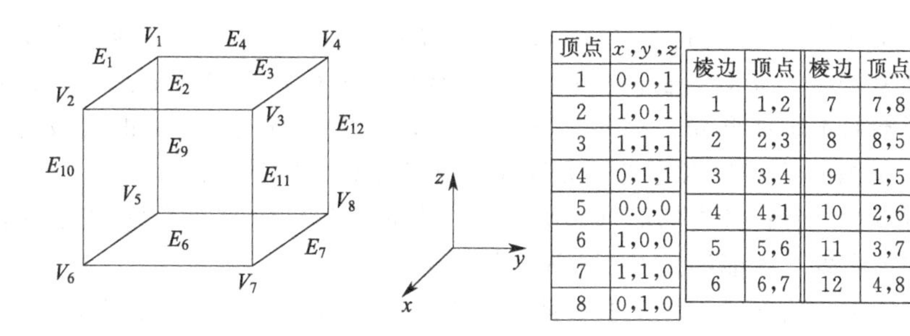

顶点	x,y,z
1	0,0,1
2	1,0,1
3	1,1,1
4	0,1,1
5	0.0,0
6	1,0,0
7	1,1,0
8	0,1,0

棱边	顶点	棱边	顶点
1	1,2	7	7,8
2	2,3	8	8,5
3	3,4	9	1,5
4	4,1	10	2,6
5	5,6	11	3,7
6	6,7	12	4,8

图 2-8　线框造型

优点：节省存储空间，处理数据速度快（因数据量少，且结构简单），修改和编辑非常方便。

缺点：缺乏表面信息，处理时容易产生二义性；不能自动产生两曲面相交的交线；无法对模型取剖面；计算体积困难，见图 2-9。

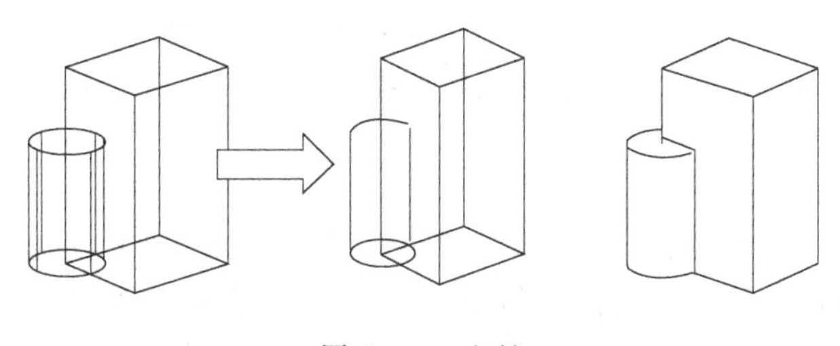

图 2-9　二义性

2.2.3　表面模型

表面模型是以物体的各个表面为单位来表示其形体特征的，在线框模型的基础上增加了有关面和边的拓扑信息，给出了顶点的几何信息、边与顶点、面与边之间的二层拓扑信息。表面模型的数据结构是在线框模型数据结构的基础上增加面的有关信息与连接指针的，其中还有表面特征码。图 2-10 所示的立方体的表面模型是由六个边界表面围成的一个封闭空间来定义的，平面由棱边围成定义，而棱边则由两个端点来定义。

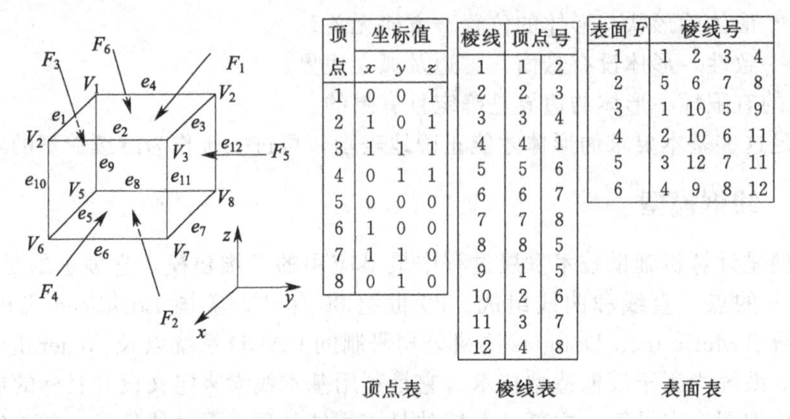

顶点	坐标值 x	y	z
1	0	0	1
2	1	0	1
3	1	1	1
4	0	1	1
5	0	0	0
6	1	0	0
7	1	1	0
8	0	1	0

顶点表

棱线	顶点号	
1	1	2
2	2	3
3	3	4
4	4	1
5	5	6
6	6	7
7	7	8
8	8	5
9	1	5
10	2	6
11	3	7
12	4	8

棱线表

表面 F	棱线号			
1	1	2	3	4
2	5	6	7	8
3	1	10	5	9
4	2	10	6	11
5	3	12	7	11
6	4	9	8	12

表面表

图 2-10　表面模型

表面模型中的几何形体表面可以由若干面片组成，这些面片可以是平面、解析曲面（如球面、柱面、锥面等），参数曲面（Bezier、B 样条曲面片等）。由于 B 样条曲线是利用 B 特征多边形控制 B 样条，而 B 特征网格顶点控制 B 样条曲面，在修改值点时，只有有限的几个局域受到影响而不牵动全局，因此，其中 B 样条是构造曲线、曲面的有效方法。英国的 DUCT 系统、美国的 CAMAX 系统就是基于曲面造型技术的系统。

优点：可以描述各种各样的面（如平面、二次曲面和自由曲面等）；便于曲面求交线和进行几何体的消隐处理，能够为 CAM 提供加工信息。

缺点：无法判断建立的物体是实心体还是壳体，哪里是物体的内部和外部的信息，难以对表面模型进行物性分析。

2.2.4　实体模型

与线框模型和表面模型相比，实体模型的数据结构要复杂得多，根本区别在于：实体模型不仅记录了全部几何信息，而且记录了全部点、线、面、体的拓扑信息。在实体造型系统中，复杂的形体通过简单体素的布尔运算（交，并、差、补等）而构成。实体造型包含两部分内容：一是体素的定义和描述；二是体素之间的拼合。实体造型方法迅速发展起来后形成了多个流派，最终体素构造法（Constructive Solid Geometry，CSG）和边界表示法（Boundary Representation，B-rep）成为实体模型表示和构造的基本方法。

(1) 体素构造法

体素构造法是基于体素的正则集合运算理论，表示的实体被称为过程模型，强调模型的构造方式。体素构造法也称构造实体几何法或 CSG 树，它用二叉树的形式记录零件的所有组成体素进行拼合运算的过程，强调的是各个体素进行拼合时的初始状态。

体素构造的拼合运算采用正则化的布尔算子，类似于集合中的并、交、差，如图 2-11 所示。

体素构造法在几何形状定义方面具有精确、严格的特点。其基本定义单位是体和面，但是不具备面、环、边、点的拓扑关系，因此其数据结构简单，见图 2-12。在特征造型方法方面，体素正是零件基本形状的具体表示，因此，对于加工过程中的特征识别具有重要作用。正是由于体素构造法未能建立完整的边界信息，因此难以向线框模型和工程图转化，并且在显示时必须进行形状显示域的大量计算。同样，对于自由形状形体的描述也难以进行，对于模型的局部形状修改不能进行。

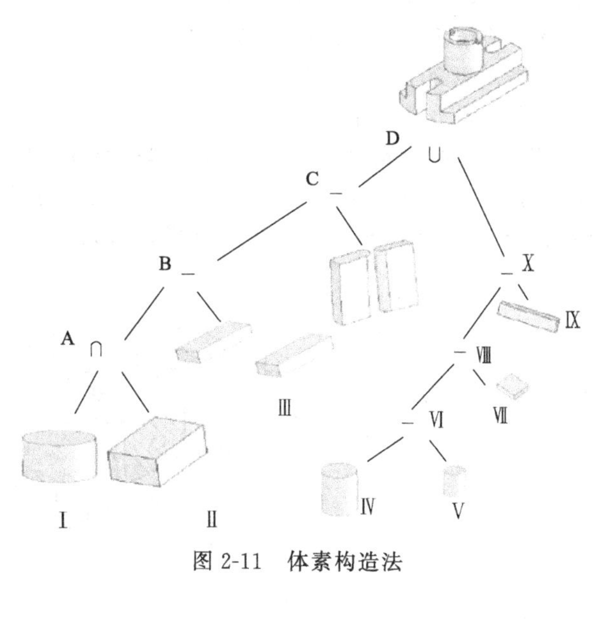

图 2-11 体素构造法

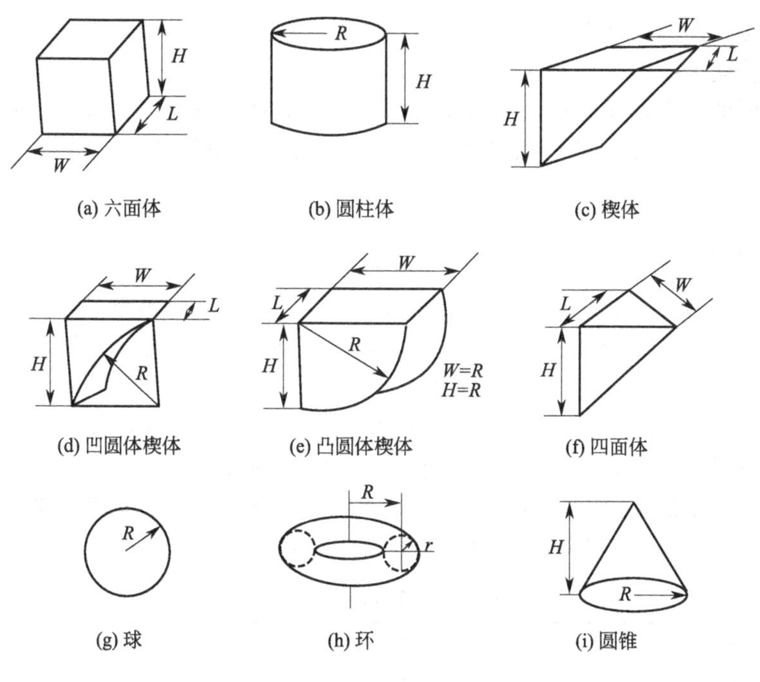

图 2-12 常见体素

(2) 边界表示法

边界表示法是以物体的边界为基础来定义和描述几何形体的方法，它能给出完整和显示的边界描述，以便直接存取组成形体的各个面、面的边界以及各个顶点的定义参数，这样有利于以面和边为基础的各种几何运算和操作，即有利于形体的集合运算。在形体的实际处理过程中，通常用一系列的面（或面片）来表示形体的边界。无论形体是由什么面组成，若要使形体边界表示合法，则需要满足以下条件。

① 每一条边必须精确地有两个端点。

② 每一条边必须有两个相邻的面，以保证形体的封闭性。

③ 每一个面上的顶点必须精确地属于该面上的两条边，以保证面上的边能够构成环。

④ 边与边要么分离，要么相交于一个公共点。

⑤ 面与面之间要么分离，要么相交于一条边或一个公共点。

根据边界表示原理，图 2-13 所示实体可用一系列点和边有序地将其边界划分成许多单元面。该实体可方便地分为 10 个单元平面，各个单元面由有向、有序的边组成，每条边则由两个点定义，圆柱体底面和顶面则由有向、有序的直线和圆弧线构成，而圆弧线则由单个点定义圆的方面描述。

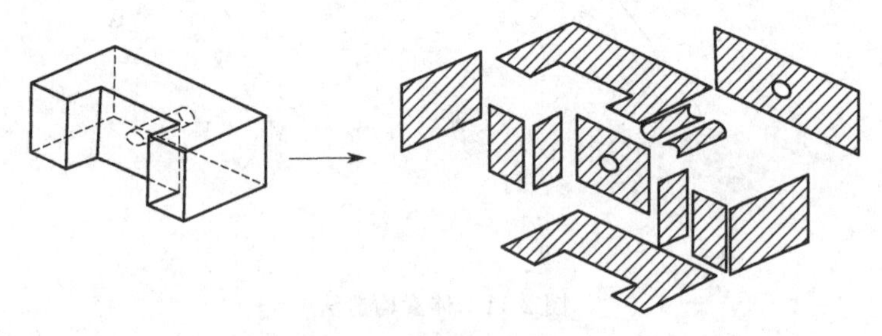

图 2-13 实体的 B-rep 表示法

边界表示法在图形处理上有明显的优点，因为这种方法与工程图的表示法相近，根据其数据可以迅速转化为线框模型和面模型。尤其在曲面造型领域，便于计算机处理、交互设计与修改。对于面的数学描述而言，用边界表示法可以表达平面和自由曲面（如 Coons 曲面、NURBS 曲面）。边界表示法的缺点是数据量庞大，对于简单形体（如球体、柱体等）表示显得过于复杂。

(3) CSG 和 B-rep 混合造型方法

从以上介绍的各种实体造型方法可以看出：边界表示法以边界为基础，构造实体几何法以体素为基础，扫描以面为基础，它们各有优缺点，很难用一种方法代替。CSG 与 B-rep 性能比较如表 2-1 所示。B-rep 法在图形处理上有明显的优点，因为这种方法与工程图的表示法相近，根据 B-rep 数据可迅速转换成线框模型，尤其在曲面造型领域，便于计算机处理与修改。CSG 表示法在几何形体定义单位是体素和面，但不具备面、环、边、点的拓扑关系。从 CAD/CAE/CAM 的集成和发展角度来看，单纯的几何模型已不能满足要求，则需要将几何模型发展成为产品模型，即将设计制造信息加到几何模型上。

表 2-1 CSG 与 B-rep 性能的对比

性能指标	CSG	B-rep
数据结构	简单	复杂
数据数量	小	大
有效性	基本体素的有效性保证	任何物体
数据交换	转换成 B-rep 可行	转换成 CSG 难
局部修改	困难	容易
显示速度	慢	快
曲面表示	困难	相对容易

目前的几何造型引擎几乎都采用体素构造法和边界表示的混合方法来进行实体造型，通

常，体素构造模型作为外部模型，而边界表示模型作为内部模型，即以体素构造模型作为输入数据，在计算机内部转化为边界表示模型的内部数据，同时也保留了体素构造模型的数据。这样，两者的信息互补，并确保几何模型信息的完整性和准确性。

2.3 参数化建模技术

在产品设计初期，由于边界条件的不确定性和人们对产品本身了解的模糊性，很难使设计的产品一次性满足所有设计条件，这就需要不断修改产品的形状和尺寸，以逐渐满足各种条件。因此，任何新产品的设计过程都是一个不断修改、不断满足约束的反复过程。设计过程的上述特点，要求产品结构的表达方式应具有易于修改的特性。在传统 CAD 中，平面图形或三维模型中各几何元素的关系相对固定，不能根据设计意图施加比较的约束。由于没有足够的约束，当尺寸变化时容易引起形状失真。因此，修改模型需要使用大量的编辑、删除命令。这种“定量”表达方式具有很低的图形编辑效率。

基于约束的设计方法主要特点就是能够处理用户对几何体施加的一系列约束，而用户无需关心这些约束是如何被满足的。参数化设计和变量化设计是基于约束的设计方法中的两种主要形式。两者表面上看起来很相似，但它们技术上的差别主要体现在约束方程的定义和求解方式上。参数化设计系统所有约束方程的建立和求解依赖于创建它们的顺序，每个几何元素根据先前已知的几何元素定位，采用顺序求解策略，求解过程不能逆向进行。变量化设计系统具有更好的灵活性和自由度，约束的指定没有先后顺序之分，约束依赖关系可以根据设计者意图随意更改，采用并行求解策略，几何约束和工程约束可以联立整体求解，因而功能更为强大；但是大型约束方程组求解的稳定性和效率不如参数化设计方法。当前基于约束的设计方法研究趋向于将两者有机结合起来，相互借鉴，优势互补，以发挥更大的效益。一般来说，若无特别说明，我们把基于约束的设计方法简称为参数化设计。

美国 PTC 公司提出了参数化建模方法，并在 Pro/E 中率先推出了参数化建模技术。SDRC 也提出了变量化建模方法，并在 I-DEAS 中应用。虽然两个系统的叫法不一，并在底层实现原理（主要是约束的处理方面）上有所区别，但共性都是建模的参数化。所谓参数化设计，就是允许设计之初进行草图设计，在根据设计要求逐渐在草图上施加几何和尺寸约束，并根据约束变化驱动模型变化。因此参数化设计是一种“基于约束”的、并能用尺寸驱动模型变化的设计。

2.3.1 参数化建模概述

约束指事物存在所必须具备的条件或事物之间应满足的某种关系，约束的观点反映了事物之间的联系。参数设计约束指设计中直线、圆弧等图素的性质、属性和图素之间满足的某种关系，以及图形和尺寸之间满足的某种关系。

三维设计软件中约束的对象（即图素）有两种，包括草图设计的对象和装配中的零件对象。草图绘制的对象是平面上的对象，如直线、矩形、圆等，这些对象称为草图实体。草图实体具有 3 个自由度，即沿着 X 和 Y 方向的移动，以及围绕垂直于平面的 Z 轴的旋转（任意的绘图平面均可以是 XY 平面）。移动改变草图实体位置，旋转改变草图实体的角度。装配中的零件对象是空间中的对象，其有 6 个自由度。

在参数化设计中，约束可分为尺寸约束和几何约束两类。

(1) 尺寸约束

尺寸约束就是根据尺寸标注值的变化修改图形，并保持图形变化前后的拓扑结构关系不变。尺寸约束是对图形几何元素大小、位置和方向的定量限制，如点到点的距离、边与边的夹角等。和一般尺寸标注一样，它包括线性尺寸约束、径向尺寸约束和角度尺寸约束 3 种类型。这样的约束是确定元素的尺寸大小和相对距离的。在将来的设计中，这些尺寸可能改变，也可能被另外的零件引用。

(2) 几何约束

几何约束表示几何元素拓扑和结构上的关系，是对图形几何元素方位、相对位置关系和大小的限制，如一条直线水平、直线相互平行、直线与圆弧相切等。这样的约束是确定它们的结构关系的，而这种结构关系在未来的设计（图形的尺寸驱动过程）中是保持不变的。

几何约束也被称为几何关系。常见的几何关系包括水平、竖直、共线、垂直、平行、相切、同心、中点、交叉点、重合、对称、固定等。

几何约束和尺寸约束可以统一为一种表示方式，用以下形式表示：

$$C=(T,O_1,O_2,V) \tag{2-1}$$

式中 C——约束；

T——约束类型；

O_1,O_2——约束对象；

V——约束值。

尺寸约束和几何约束都是多图形的限制，以使图形形状和大小满足设计要求。有时，两者的作用可相互替代，虽然对图形的约束效果相同，但可编辑性、施加约束的难易程度可能不一样，因此合理的约束形式会给设计带来很多方便。

如图 2-14 所示，若要求 4 个倒圆的半径相同，可以施加 4 个尺寸约束 R_1、R_2、R_3、R_4，并令 4 个尺寸具有相同的尺寸值，但如果要求修改半径，则需修改 4 个尺寸的尺寸值。

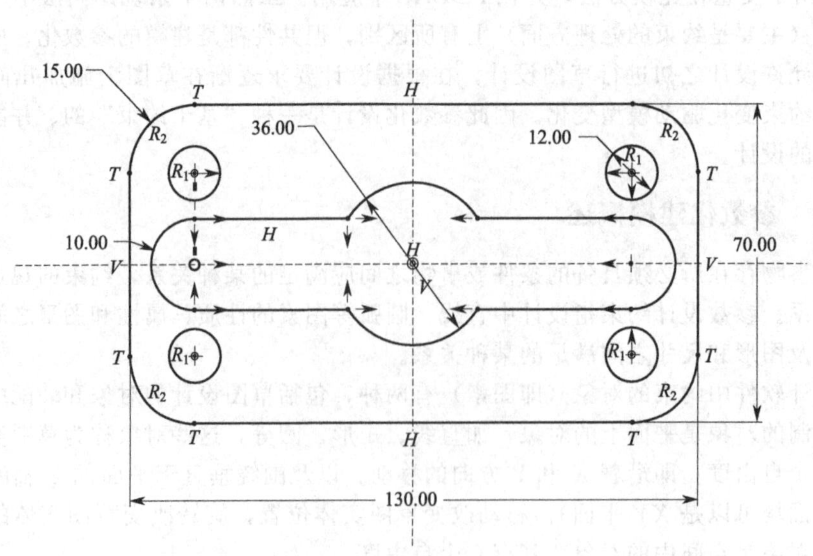

图 2-14 约束驱动实例

也可以施加 1 个尺寸约束 R_1 和 3 个相等的约束，这时只需修改 R_1 的尺寸值，便可修改所有半径的大小。

2.3.2 基于约束驱动的草图绘制

（1）草图的绘制

三维模型大都是由平面图形通过特定变化形成的，这种用于定义三维模型截面形状的平面图形称为草图。因此，在三维建模过程中，草图被视为一种基本特征，称为草图特征。草图被用于建立三维模型后，草图图形和所有约束都将保留在三维模型中。当草图发生变化时，基于它生成的三维模型也将自动更新，这就为三维模型的编辑带来了极大的方便，大大增加了三维模型修改的柔性。当草图被修改后，三维模型会自动更新。因此，草图是实现三维参数化建模的重要基础。草图图形可以是封闭的，也可以是开放的。封闭的草图可以生成实体模型，也可以生成曲面模型，但开放的草图则只能生成曲面模型，见图 2-15。

(a) 错误提示　　(b) 拉伸曲面

图 2-15　二维截面开放对三维建模的影响

草图通常由图形、约束和辅助几何组成。图形是由几何元素构成的几何形状，是草图的主体。几何元素包括直线、圆弧、圆、椭圆、样条曲线等，约束包括尺寸约束和几何约束。辅助几何是指在绘制草图时常常需要参考的几何，如旋转的中心线、尺寸标准基准等。辅助几何不影响草图的形状，不参与三维模型的建立，仅仅是确定草图几何元素的相对位置。在上述草图组成中，图形和约束是必不可少的。如果没有约束，草图将有无限的变化形式，因而无法满足人们的设计意图。

在绘制草图时，Pro/E 对图形有以下限制。

① 封闭的图形链内部（外环）可以存在若干同样封闭的图形链（内环），但内环与外环、内环与内环之间不能相交［见图 2-16(a)］。

② 图形由几何元素链组成。即元素之间必须首尾相连，不能交叉，不能孤立存在。图形链可以是封闭的，也可以是开放的［见图 2-16(b)］。

③ 不能有孤立的重复线条。

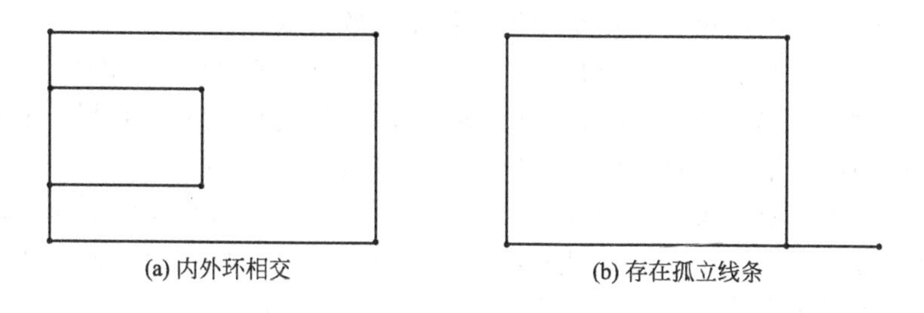

(a) 内外环相交　　(b) 存在孤立线条

图 2-16　常见二维草图错误示意图

(2) 草图的约束驱动

① 约束驱动的概念。约束驱动是草图最重要的技术特性。它是指在草图上施加尺寸和几何约束，或当尺寸值和约束类型发生变化时，草图图形会自动发生变化，以满足新的约束要求。如设计者欲设计一组相互相切大小相同的三个圆，可以先勾画三个直径大小不同的圆，见图 2-17(a)，通过相等约束，变为三个直径相等的圆，见图 2-17(b)，最后采用相切约束，最终变为如图 2-17(c) 所示的三个直径相等且相互相切的圆。当改变圆直径尺寸时，该尺寸可以驱动产生任意大小的圆，但不能破坏已定义的直径相等、三圆相切的约束。

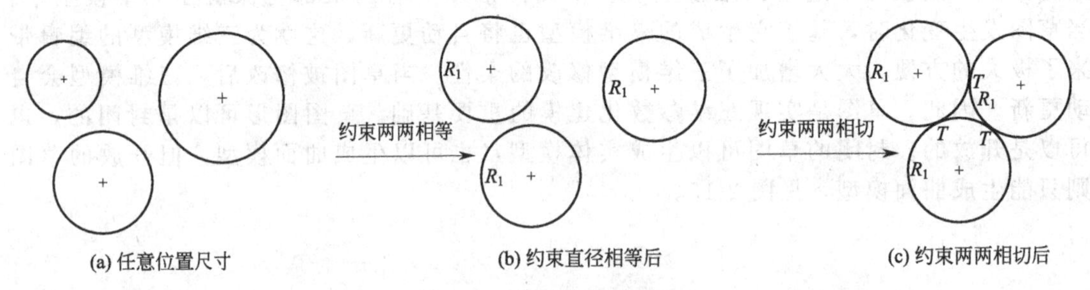

图 2-17 草图的约束驱动

基于草图的这一特性，设计者在设计三维模型的截面时，可以先勾画出截面的大致形状，而不必过多地考虑图形的精确尺寸和位置关系，然后不断增加和修改约束，使初始图形逐渐满足人的设计意图，最终达到需要的形状和大小，这便是"草图"的由来。

② 草图的约束状态。草图图形实际上是由一系列特征点决定的，如直线由两个端点决定、圆由圆心和圆周上的点决定、样条曲线由插值点决定等。约束驱动草图变化，实际上是在新的约束下，求解新的特征点位置。

为了保证能够唯一地确定特征点新的位置，就必须给出足够的约束。否则，当约束变化时，草图可能会有多种变化结果，即特征点的解不唯一。根据草图上的尺寸和几何约束数量是否能够完全确定草图形状，草图的约束状态可分为满约束、欠约束和过约束 3 种。

a. 满约束状态（或称约束完备）。如果草图上施加的约束数量正好能够完全确定草图的形状，这种状态称为满约束状态。这时若改变尺寸值，则只能产生唯一的新图形。

b. 欠约束状态（或称约束不足）。如果草图上施加的约束数量不足以唯一地确定草图形状，则称这种状态为欠约束状态。在实际应用中，欠约束的草图是不允许的。当软件检测到草图的约束不足时，会自动为草图施加约束。

c. 过约束状态（或称约束过载）。当草图处于满约束状态时，如果再对草图施加约束，则新的约束将会使草图处于过约束。新增约束将与已有约束的功能相同，使某些约束多余。在 Pro/E 中，当草图为满约束时，如果再增加约束，系统会提示该约束与已有的哪些约束重复，并要求删除多余的约束，以使草图始终保持满约束状态。

③ 不同 CAD 系统提供的几何约束类型不完全相同，读者在使用约束时请参考具体 CAD 系统提供的约束类型。图 2-18 显示了 Pro/E 的几何约束定义工具栏，其他 CAD 系统多数也提供这些约束。下面对这些约束的作用分别进行介绍。

图 2-18(a) 表示垂直约束：用于使直线保持在垂直方向，即与坐标系的 Y 轴同向。

图 2-18(b) 表示水平约束：用于使直线保持在水平方向，即与坐标系的 X 轴同向。

图 2-18(c) 表示正交约束：用于使两条直线始终成 90°相交。

图 2-18(d) 表示相切约束：用于使直线与圆（弧）、圆（弧）与圆（弧）之间保持

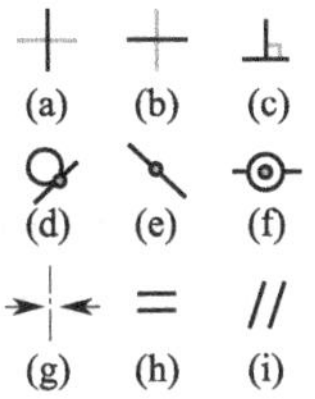

图 2-18 几何约束定义工具栏

相切。

图 2-18(e) 表示中点约束：用于将一个点定位在一条直线的中心位置。

图 2-18(f) 表示共线约束：用于使两条直线或点与直线位于同一方向上。

图 2-18(g) 表示对称约束：用于使两个点的位置相对于中心线对称。在施加对称约束时，应在草图上建立一条辅助中心线作为对称轴。

图 2-18(h) 表示相等约束：用于使两个或多个几何元素的大小相等。

图 2-18(i) 表示平行约束：用于使两条直线或多条直线保持相互平行。

2.3.3 常用的参数化设计方法

参数化设计是基于参数化模型的一种设计方法，即在设计过程中利用模型参数的变化得到具有不同参数的模型。参数化设计在产品系列设计中具有重要的应用。

目前，参数化设计的方法有以下几种。

(1) 基于模板的设计方法

先生成零件的参数化模型，建立需要的几何约束和尺寸关系，并按一定方式存储作为新的设计模板。当需要设计相似零件时，可以调出需要的零件，并按设计要求修改驱动尺寸，驱动模型变化，并将变化的模型另存为新的零件模型。这种方式实际上是对已有的模型进行编辑，直接利用现有模型生成新模型的一种方式。它的适应性强，变化方式多。

(2) 基于程序的设计方法

这种方式是通过对 CAD 系统的二次开发，形成专用的用户应用程序，并在程序中调用模型生成命令和建立模型的尺寸关系。当运行应用程序时，只需对规定的尺寸参数赋予具体的尺寸值，便可直接生成需要的模型。

这种方式是采用三维模型与程序控制相结合的方式，根据零件或组件的设计要求，预定又一组能控制三维模型形状和拓扑关系的设计参数集合。当运行应用程序时，以人机交互方式修改参数，通过参数化尺寸驱动直接生成需要的模型。

此外，利用基于程序的设计方法还可借助外部数据库对系统功能进行补充。将实例化的参数集作为一个实例，每个实例对应数据表中一条记录，并定义实例编号为主题，以之进行实例检索。这种方式的自动化程度高，建模速度快，共享性大，但编程工作量大。对于标准件、常用件和模具等应用较多的模型，利用这种方式具有很高的建模效率，如标准件库一般都采用编程方式建立。

(3) 基于表格的设计方法

如果某些零件结构一样，只是尺寸不同，那么这些零件就不必一一建立。可首先建立一个父零件，定义控制零件大小的各个参数，在设计时通过改变各个参数的值来得到所需的衍生零件，从而建立一系列的零件，这些零件组成的集合称为族表。采用族表技术可以方便快捷地达到设计目的，目前大多数的 CAD 软件都提供了建立族表的功能。

2.4 特征建模技术

特征是指描述产品信息的集合，也是设计与制造零、部件的基本几何体。纯几何的实体于曲面是比较抽象的，将特征的概念引入几何造型系统的目的是增加实体几何的工程意义。与传统的几何造型方法相比，特征造型具有如下特点。

① 特征造型着眼于更好地表达产品完整的技术和生成管理信息，为建立产品的集成信息服务。它的目的是：用计算机可以理解和处理的统一产品模型替代传统的产品设计和施工成套图纸以及技术文档，使得一个工程项目或机电产品的设计和生产准备的各个环节可以并行展开。

② 它使产品设计工作在更高的层次上进行，设计人员的操作对象不再是原始的线条和体素，而是产品的功能要素，像螺纹孔、定位孔、键槽等。特征的引用体现了设计意图，使得建立的产品模型容易被别人理解和组织生产，设计的图样容易修改。设计人员可以将更多精力用在创造性构思上。

③ 有助于加强产品设计、分析、工艺准备、加工、检验各个部门间的联系，更好地将产品的设计意图贯彻到各个后续环节并且及时得到后者的意见反馈，为开发新一代基于统一产品信息模型CAD/CAE/CAPP/CAM集成系统创造条件。

2.4.1 特征的定义与分类

特征是设计与制造零、部件的基本几何体的定义，是以CSG和B-rep表示为基础的，它源于产品的模块化设计思想。特征是几何体，是由面、环、边、点、中心线和中心点等几何要素组成的。特征是参数化的几何体。通过改变特征的尺寸，可以用有限的特征构造出无限的零、部件形状，且具有一定的工程意义。

特征是发展的，将不断有新的特征出现，又不断有旧的特征被淘汰，所以特征具有可扩充性。但是某一时期，应当有一系列特征是相对稳定的。只有这样，才能在设计与制造之间形成一个稳定的共同语言。

特征的分类与特征的定义有密切关系，不同的特征定义有不同的特征分类方法。图2-19为针对产品设计与加工信息对特征进行分类的结果。

2.4.2 参数化设计软件中的特征

三维参数化设计软件作为一个通用软件，要适应机械设计的各种不同的应用，而不同应用中的特征可能完全不同。所以，这些软件中的特征均以形状特征为主，融入了一些与设计功能有关的特征种类。

在利用参数化软件设计三维模型时，一个三维模型实际上是由一系列几何体按照一定顺序通过合并或切割等操作而逐渐形成的。也就是说，一个复杂的三维模型实际上是由一些相对简单的几何体通过一定方式组合而成的。这种组成三维模型的几何体被称为狭义特征（或形状特征），而利用一系列特征的有序组合形成三维模型的方法称为基于特征的三维建模。本章后面所涉及的“特征”，是指诸如拉伸体、旋转体、孔、倒圆体、倒角体等形状特征。

根据上述建模思想，任何三维模型都可视为一系列特征的有序组合，即三维模型是一系列特征的组合体。不同CAD系统提供的特征类型不完全相同。常见的特征类型主要包括草图特征、拉伸特征、旋转特征、倒圆特征、倒角特征、薄壳特征、拔模特征等。通常，特征可以分为以下几类。

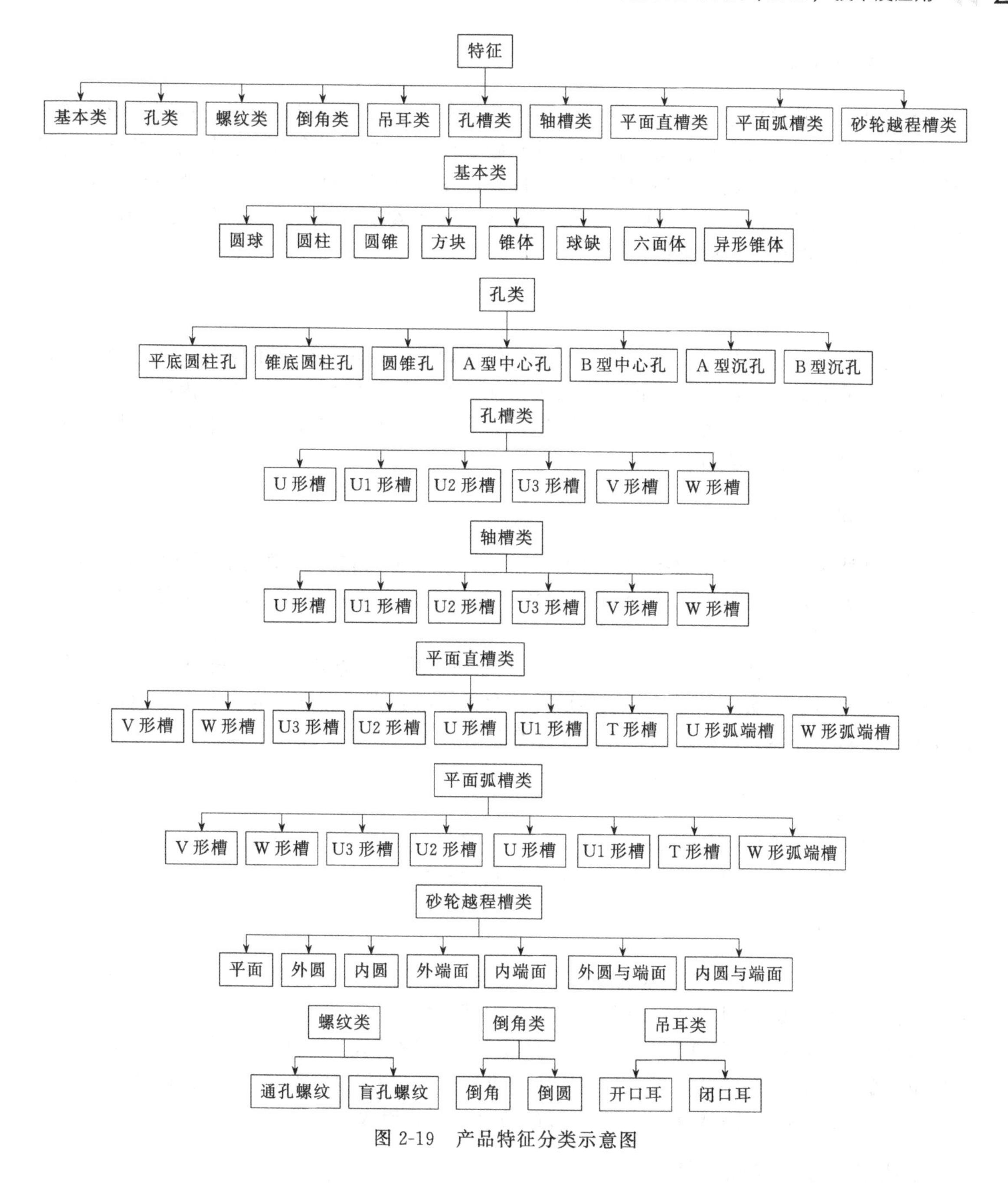

图 2-19　产品特征分类示意图

（1）辅助特征

辅助特征用于建立其他特征时的定位，又称基准特征或参考特征，主要有基准面、基准轴、基准点和局部坐标系等。

（2）基本特征

基本特征又称体素，是参与运算的原始特征，而不是运算的结果。很多 CAD 系统中都提供了一定数量的体素，常见体素有长方体、圆形体、球体、圆锥体等。只要给出体素的关键尺寸（如长方体的长、宽、高），便可直接调用体素模型，而不必通过运算生成。

（3）草图特征

草图是一种特殊的基本特征，它虽然不能从系统直接调用，但可以通过草图功能直接绘制，并作为拉伸、旋转、放样等特征生成的基础。由于体素类型有限，而草图又可以具有复杂的形状和灵活多变的约束，所以很多三维模型的建立都是从草图开始的，草图在基于特征的三维建模方法中起着十分重要的作用。实际上，体素也可以通过草图形成，所以目前Pro/E仅提供草图特征，而未提供体素。

（4）二次特征

二次特征又称附加特征，是指在已有特征的基础上通过运算形式的特征。如拉伸特征是通过草图拉伸变化生成的，孔特征是在三维特征上切割圆柱体特征形成的。因此，在二次特征中包括了更多的数据类型，包括定义数据、运算数据和相对位置参数。常见二次特征有倒角、倒圆、筋、孔、阵列等。

（5）自定义特征

为提高特殊模型的建模效率和编辑的灵活性，用户可以将一些常用的形状定义为特征，这类特征称为自定义特征。CAD系统一般提供特征自定义功能，用户可根据实际需要扩充系统的特征模型库。

如前所述，基于特征的三维建模实际上就是利用特征不断组合来形成更复杂的三维模型。这里的“组合”实质上是一种数学运算，常见的组合方式有扫描变换和布尔运算，布尔运算又包括布尔并运算、布尔差运算和布尔交运算。

（1）扫描变换

扫描变换用于将草图特征变换为三维特征，它利用二维草图在空间运动中形成的体积或面定义三维模型。常见扫描变换方式有拉伸和旋转两种。

（2）布尔运算

① 布尔并运算　并运算是求两个三维特征定义空间的并集，并以并集作为新的特征。并运算是两个特征的材料相加，但公共部分只取其中之一。

② 布尔差运算　差运算是在一个特征的定义空间中减去另一个特征的定义空间，并以差集作为新的特征。倒圆特征可以采用差组合方式，可以是外倒圆，也可以为内倒圆。

③ 布尔交运算　交运算是利用两个特征的公共部分形成新的特征。

2.4.3 特征建模方法

在Pro/E中，特征建模包括特征设计和特征编辑两部分。特征设计具体可分为基础实体特征（拉伸、旋转、扫描、混合、扫描混合、螺旋扫描）、附加实体特征（圆角、倒角、钻孔、拔模、抽壳、筋）、特征操作（线性阵列、圆周阵列、镜向、比例缩放、特征复制、特征移动等）、参考特征（基准面、坐标系等）。特征编辑包括参数修改、重命名以及特征删除等。下面对常用的特征设计和编辑设计进行简要介绍。

2.4.3.1 拉伸特征

将草图特征沿垂直于草图平面的方向移动一定距离形成的空间扫描体称为拉伸特征，是定义三维几何的一种方法，通过将二维草绘截面延伸到垂直于草绘平面的指定距离处来实现，它是最基本且经常使用的零件造型方法。应用拉伸工具建模是“面动成体”思路最简单且最直接的体现，“面动成体”首先要绘制截面图形，然后将此截面沿其垂直方向移动一定的距离来生成体积或切除材料，如图 2-20 所示。

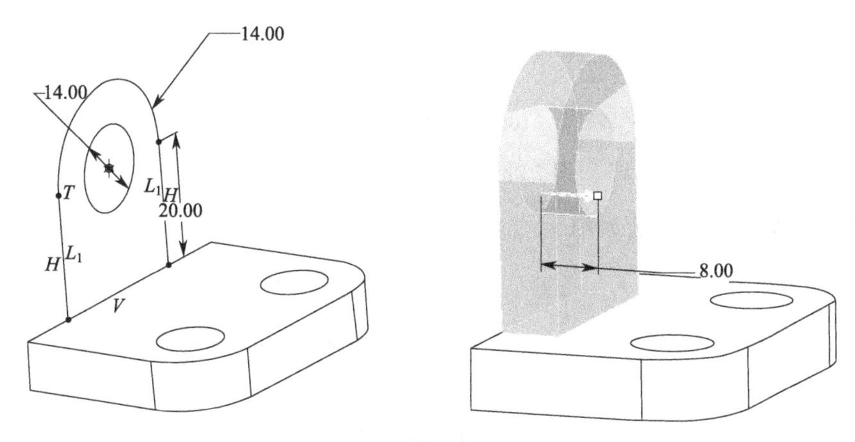

图 2-20　拉伸特征示例

拉伸特征控制选项及参数如图 2-21 所示。

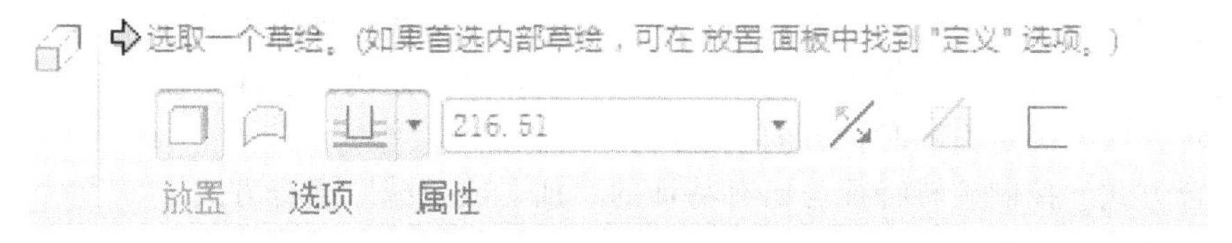

图 2-21　拉伸特征工具栏

生成拉伸特征时，可通过图 2-21 中的图标控制下列选项和参数。

① 特征形式　可以将草图拉伸为实体特征或曲面特征。

② 拉伸距离　可以直接输入距离值。当在已有的特征上建立拉伸特征时，也可通过已有特征面相对确定拉伸距离。

③ 拉伸方向　可以沿草图的正面或反面两个方向拉伸。

④ 组合方式　确定拉伸特征与已有特征的“加”或“减”方式。

⑤ 拉伸为壳体　将封闭的草图曲线偏移一定距离，将草图拉伸为壳体。

2.4.3.2　旋转特征

旋转特征是通过将草绘截面绕中心线旋转一定角度来创建的一类特征，可将旋转工具作为创建特征的基本方法之一。这类似于机械制造中的车削工艺，主轴带动工件旋转，刀具相对于主轴按一定的轨迹做进给运动就可以加工出回转类的零件。其中，绘制的旋转截面必须有一条中心线作为旋转轴，截面必须是封闭的曲线，且旋转截面必须位于中心线的一侧。

要创建旋转特征，首先要激活旋转工具，并指定特征类型为实体；然后创建包含旋转轴和草绘截面；创建有效截面后，旋转工具将构建缺省旋转特征，并显示几何预览；最后，可改变旋转角度，在实体或曲面、伸出项或切口间进行切换，或指定草绘厚度以创建薄壁特征。如图 2-22 所示。

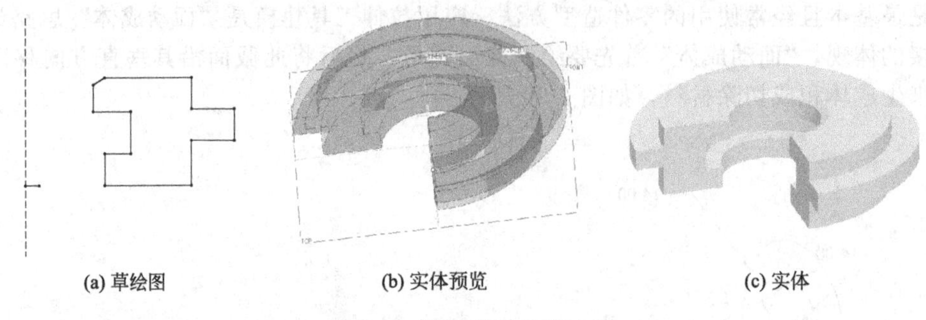

(a) 草绘图　　(b) 实体预览　　(c) 实体

图 2-22　旋转特征建模过程

旋转特征控制选项及参数如图 2-23 所示。

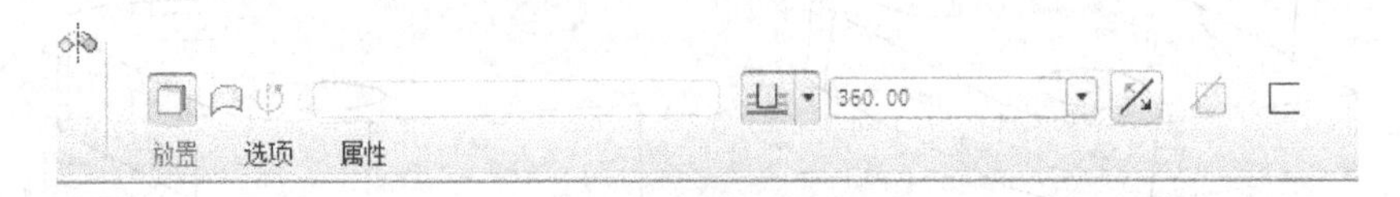

图 2-23　旋转特征工具栏

生成旋转特征时，可通过图 2-23 中的图标控制下列选项和参数。

① 特征形式　可以将草图旋转为实体特征或曲面特征。

② 旋转轴　指定旋转轴，可以选择草绘内部定义的直线或外部参照。

③ 旋转角度　可以直接输入角度值，也可以旋转至选定的点、线、面。

④ 旋转方向　确定沿顺时针方向或逆时针方向旋转。

⑤ 组合方式　控制旋转特征与已有特征的“加”或“减”组合方式。

⑥ 旋转为壳体　将封闭的草图曲线偏移一定距离，而将草图旋转为壳体。

2.4.3.3　扫描特征建模

扫描特征是将一个截面沿着定义的约束轨迹线进行移动扫描从而生成实体。扫描特征建模的截面沿着定义的轨迹线进行移动，截面的法向始终随着轨迹曲线的切线方向的变化而变化，如图 2-24 所示。

从图 2-24 中可以看出，扫描建模与拉伸建模不同，拉伸建模的截面是沿着截面的法向方向移动拉伸生成实体，扫描建模的截面是沿着定义的轨迹曲线进行移动扫描生成实体，而截面的法向将沿着轨迹曲线的切线方向发生变化。同时拉伸建模的截面恒定不变，而扫描建模的截面可以发生变化。不难发现，拉伸和旋转只是扫描特征的一种特殊形式。

① 恒定截面扫描特征　恒定截面扫描是指在扫描生成实体的过程中截面的大小和形状始终保持恒定不变。恒定截面扫描按照截面和轨迹曲线是否封闭又分为截面封闭轨迹开放扫描、截面开放轨迹封闭扫描和截面轨迹都封闭扫描三种类型。所谓截面开放，是指构成截面的图元不封闭，同理轨迹开放是指轨迹曲线不封闭。

② 可变截面扫描特征　可变截面扫描是指截面的大小或形状在沿着轨迹曲线进行扫描生成实体的过程中发生变化，截面沿着原点轨迹进行扫描，同时截面的大小由附加的轨迹曲线控制，还需要定义轮廓曲线来控制截面的变化，截面的大小或形状在沿着轨迹曲线进行扫描的过程中随着轮廓曲线的变化而变化。

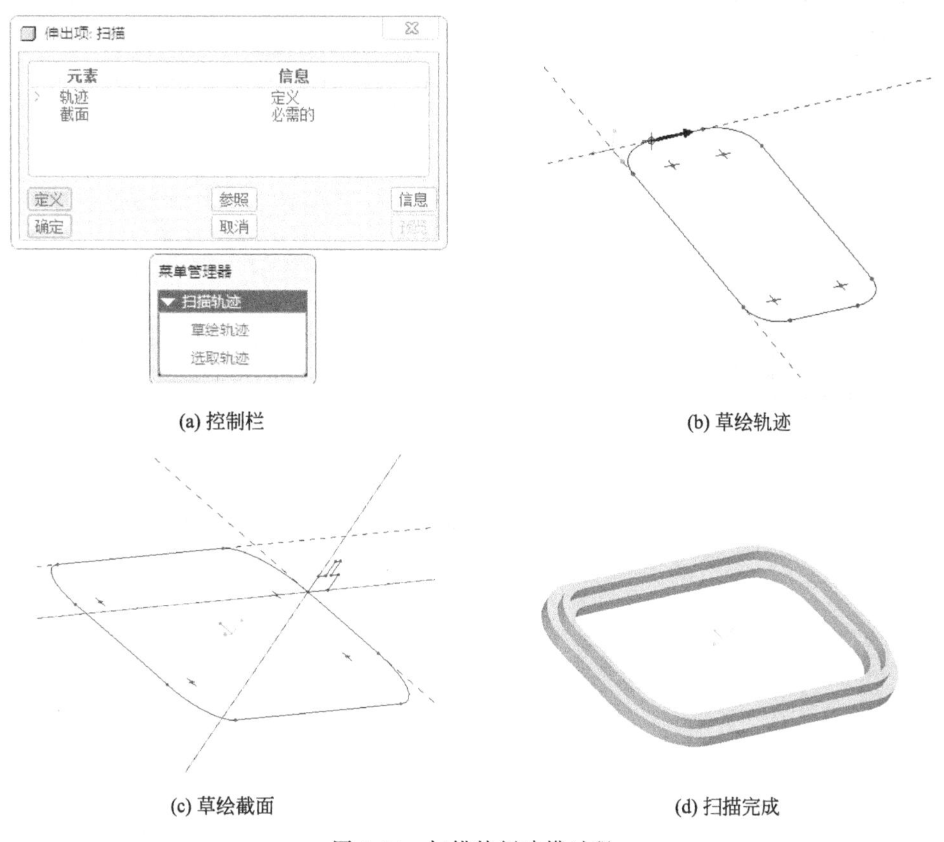

(a) 控制栏　　(b) 草绘轨迹

(c) 草绘截面　　(d) 扫描完成

图 2-24　扫描特征建模过程

2.4.3.4　混合特征建模

混合特征是指使用过渡曲线把不同的截面按照定义的约束连接成一个整体。混合特征建模不需要绘制轨迹曲线，它是一系列不同的截面，至少需要两个截面，按照定义的平行、旋转或者平移等约束连接成一个实体，这里的截面图元的大小、形状及方向都可能发生变化，如图 2-25 所示。所有混合类型都包括以下四个基本要素。

（1）混合截面

除对混合截面封顶外，在每个截面中，混合所具有的图元数必须相同。使用“混合顶点”可以使非平行混合曲面和平行光滑混合曲面消失。

（2）截面的起始点

要创建过渡曲面，Pro/Engineer 连接截面的起始点并继续沿顺时针方向连接该界面的顶点，如图 2-25(b)～(d) 中的箭头起始点。通过改变混合子截面的起始点，可以在截面之间创建扭曲的混合曲面。缺省起始点是在子截面中草绘的第一个点。通过从“截面工具”菜单中选择“起始点”选项并选择点，可以改变起始点的位置或方向。

（3）光滑属性和直属性

用于创建混合的过渡曲面类型，分为以下两类。

直：通过用直线段连接不同子截面的顶点来创建直的混合，截面的边用直纹曲面连接，如图 2-25(f) 所示。

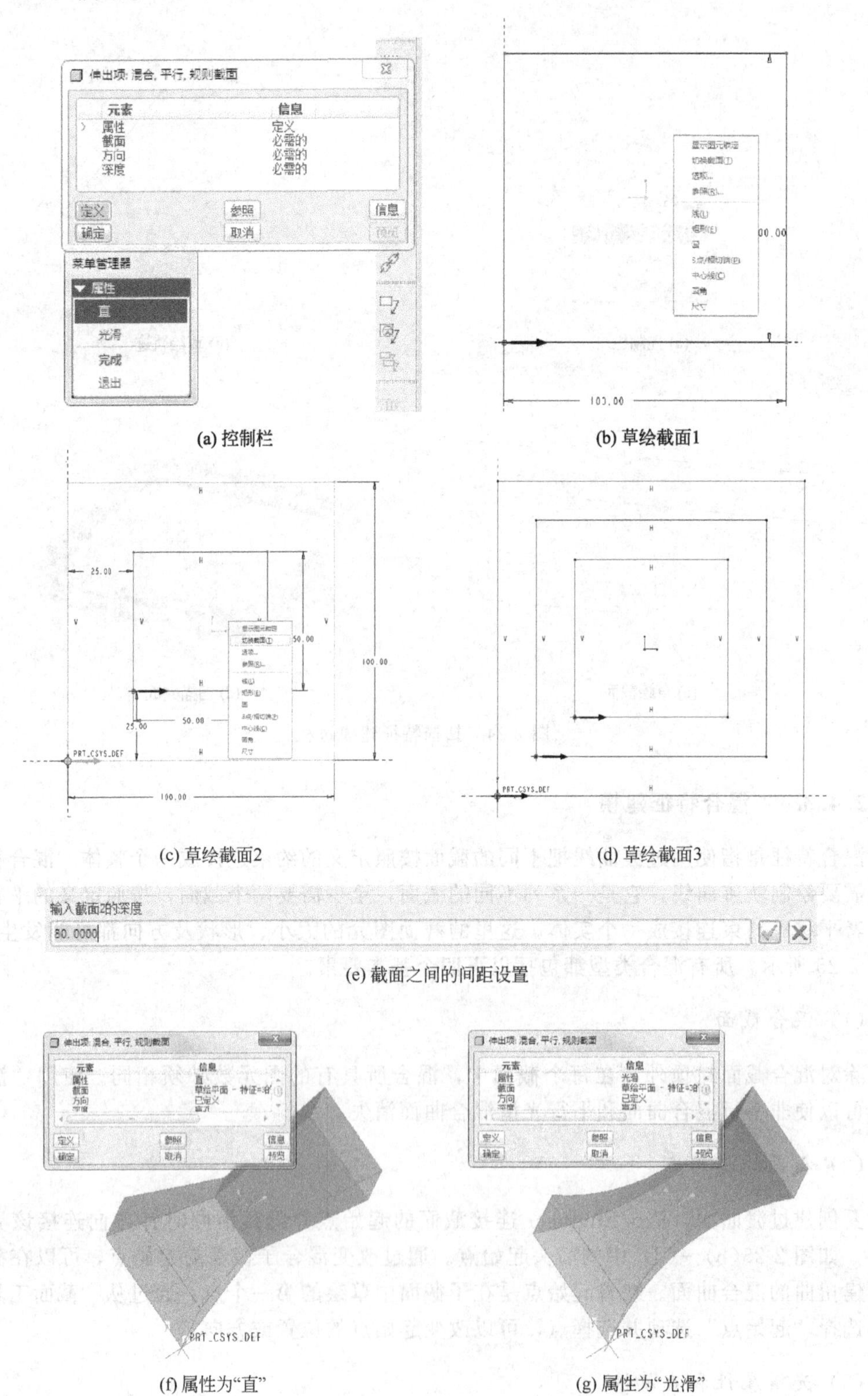

(a) 控制栏　(b) 草绘截面1

(c) 草绘截面2　(d) 草绘截面3

(e) 截面之间的间距设置

(f) 属性为"直"　(g) 属性为"光滑"

图 2-25　混合特征建模过程

光滑：通过用光滑曲线连接不同子截面的顶点来创建光滑混合，截面的边用样条曲面连接，如图 2-25(g) 所示。

(4)“从到”深度选项

“从到”深度选项只适合混合。“从到”选项将一特征从选定的曲面拉伸到另一个曲面，如图 2-25(e) 所示。该选项为在装饰曲面之间创建特征而设，可以用于任何曲面类型，但具有以下限制条件。

① 相交曲面必须是实际曲面，所以基准平面不能作为“从”或“到”曲面。

② 特征截面必须完全和“从到”曲面相交。

混合特征根据截面的相互关系可以分为平行、旋转和一般三种混合特征，这三种混合方式，从简单到复杂，其基本绘制原则是每个截面的点数或者段数必须相等，并且两剖面间有不同的连接顺序。

(1) 平行混合特征

平行混合是指进行混合的所有截面都相互平行，所有混合截面都必须位于多个相互平行的平面上，这些截面可以在同一草绘平面中创建，然后分别投影到所需的与原草绘平面平行的平面上。

(2) 旋转混合特征

旋转混合是指不同的截面以定义的相对坐标系的 Y 轴作为旋转轴进行旋转混合，最大旋转角度为 120°，每个截面需单独草绘并与各自的草绘截面坐标系对齐。

(3) 一般混合特征

一般混合是指混合截面绕定义的相对坐标系的 X 轴、Y 轴和 Z 轴旋转的同时还可以沿这三个轴平移混合。每个截面需单独草绘并与各自的草绘截面坐标系对齐。

2.4.3.5 放置实体特征

(1) 孔特征

在三建模的过程中，常常遇到在模型上钻孔的情况，利用孔特征可在设计中快速地创建简单孔、定制孔和工业标准孔。

常见孔特征的一般流程如下：选择孔工具→选择孔放置的表面→设置确定孔的方式→选择确定孔位置的辅助参照和输入偏移值。

此处特别讲述定制孔的实例（见图 2-26）。

(2) 倒圆特征

倒圆特征是在已有特征的棱边上形成倒圆面。倒圆特征与已有特征可以是“减”组合（外倒圆），也可以是“加”组合（内倒圆），如图 2-27 所示。

生成倒圆特征时，可通过图 2-27 中的图标控制下列选项和参数。

① 特征形式　控制倒圆为实体特征或曲面特征。

② 倒圆形式　常见的圆角类型有四种，它们分别是（见图 2-28）：

a. 恒定。倒圆角段具有恒定半径，如图 2-28(a) 所示；

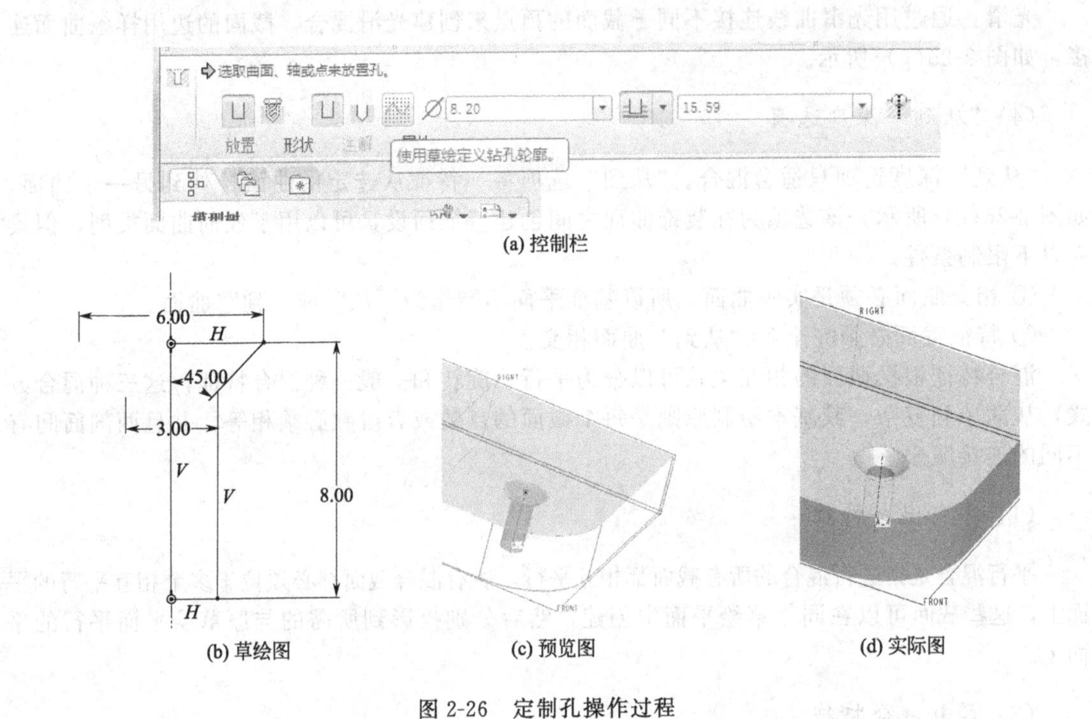

(a) 控制栏

(b) 草绘图　(c) 预览图　(d) 实际图

图 2-26　定制孔操作过程

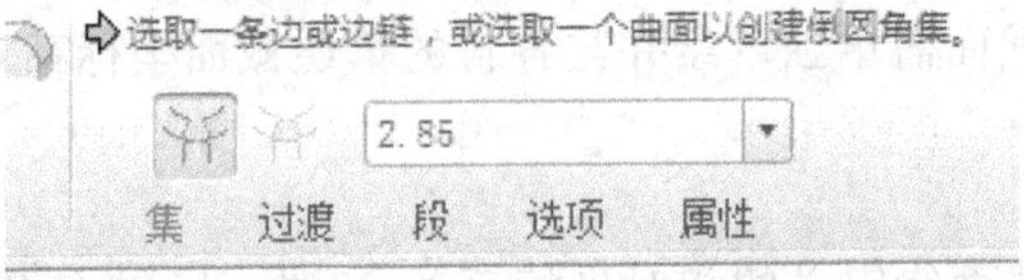

选取一条边或边链，或选取一个曲面以创建倒圆角集。

2.85

集　过渡　段　选项　属性

图 2-27　倒圆特征工具栏

b. 可变。倒圆角段具有可变半边。如图 2-28(b) 所示；

c. 由曲线驱动的倒圆角。倒圆角的半径由基准曲线确定，如图 2-28(c) 所示；

d. 完全倒圆角。这种圆角会替换选定曲面，如图 2-28(d) 所示。

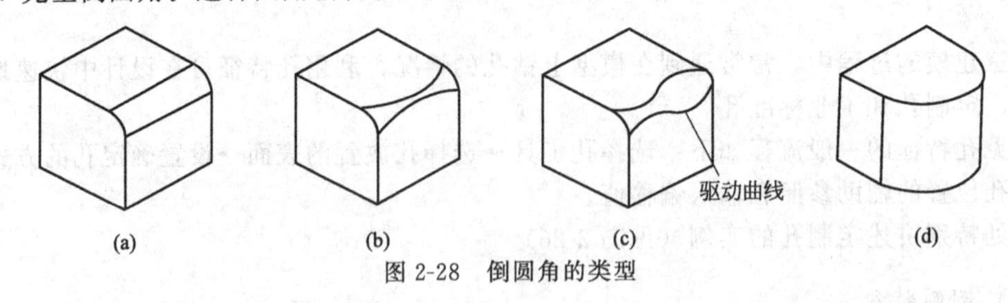

(a)　(b)　(c)　(d)

图 2-28　倒圆角的类型

③ 过渡形式　设置不同段的倒圆之间的过渡形式（相交、曲面片或拐角球）。

④ 倒圆半径　设置倒圆的大小。

(3) 倒角特征

倒角特征有两种类型：边到角和拐角倒角，如图 2-29 所示。

倒角特征中，边到角应用比较广泛，下面主要介绍边到角特征的构建。构建边到角特征的操控面板如图 2-29 所示，其主要的控制参数及选项如下。

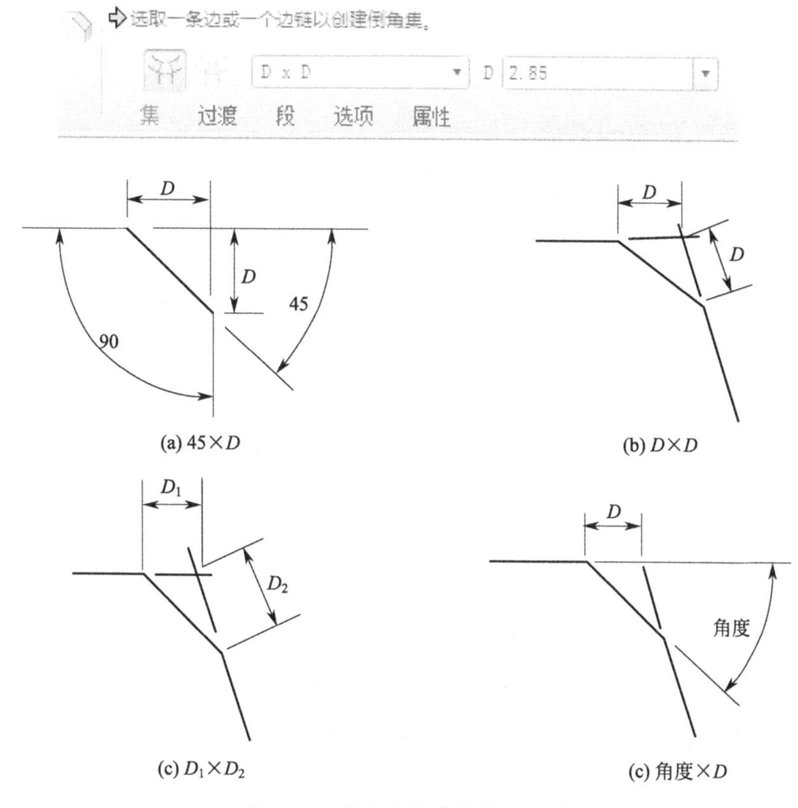

(a) 45×D　(b) D×D　(c) D_1×D_2　(c) 角度×D

图 2-29　倒角特征参数设定方式

① 特征形式　控制倒角为实体特征或曲面特征。

② 倒角形式　设置倒角形式为 $D \times D$、$D_1 \times D_2$、角度 $\times D$，共 3 种不同的形式。

③ 过渡形式　设置不同段倒角之间的过渡为相交、曲面片或拐角球等形式。

④ 倒角距离　设置倒角距离的大小。

(4) 薄壳特征

薄壳特征是指在已有实体特征上选择一个或多个移除面，并从移除面开始掏空特征材料，只留下指定壁厚的抽壳，该抽壳称为薄壳特征，见图 2-30。

① 抽壳参照　选择移除面及设置非默认壁厚。

② 薄壳壁厚　设置薄壳的壁厚大小。

③ 厚度方向　设置厚度方向为向内或向外。

(5) 拔模特征

注塑件和铸件往往需要设计有拔模斜面以顺利脱模，在实体特征上创建拔模斜面形成的特征称为拔模特征。生成拔模特征时，可控制的选项和参数如图 2-31 所示。

① 拔模曲面　选择要进行拔模的模型曲面。

② 拔模枢轴　选择一个平面或者曲线链定义拔模枢轴。

③ 拔模方向　确定拔模角的方向。

④ 拔模角度　确定拔模方向与拔模曲面之间的角度。

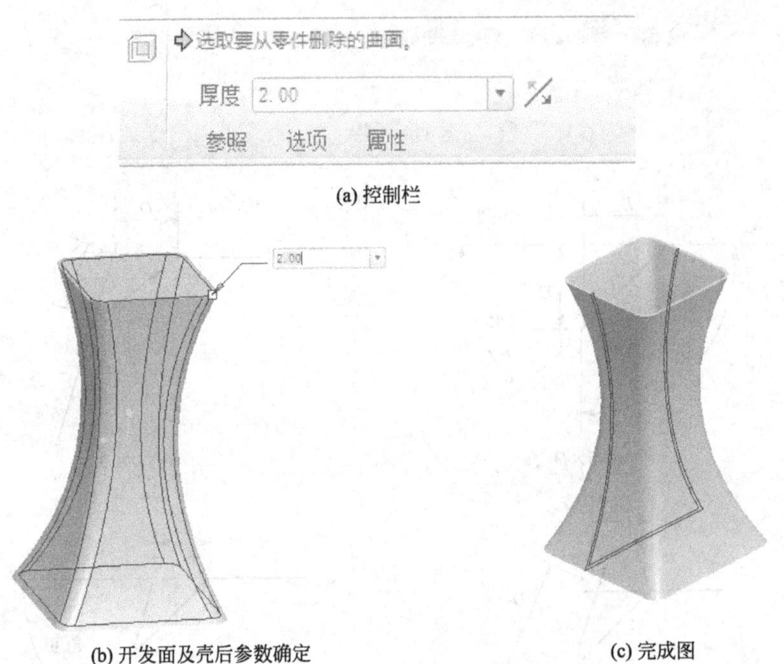

(a) 控制栏

(b) 开发面及壳后参数确定

(c) 完成图

图 2-30 薄壳特征工具栏

⑤ 添加或去除材料 反转角度以添加或去除材料。

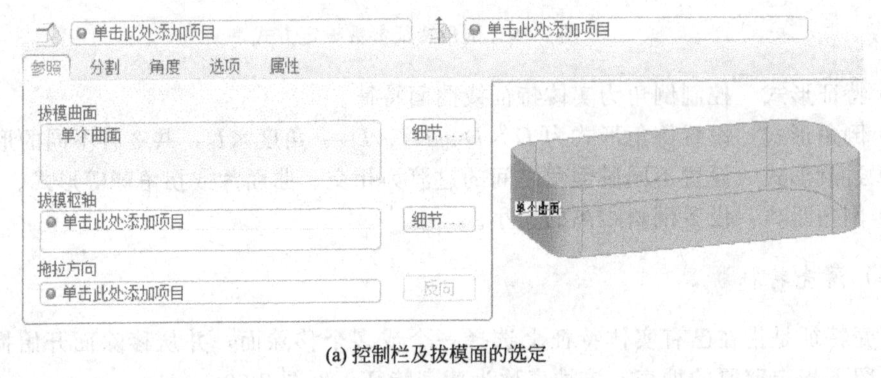

(a) 控制栏及拔模面的选定

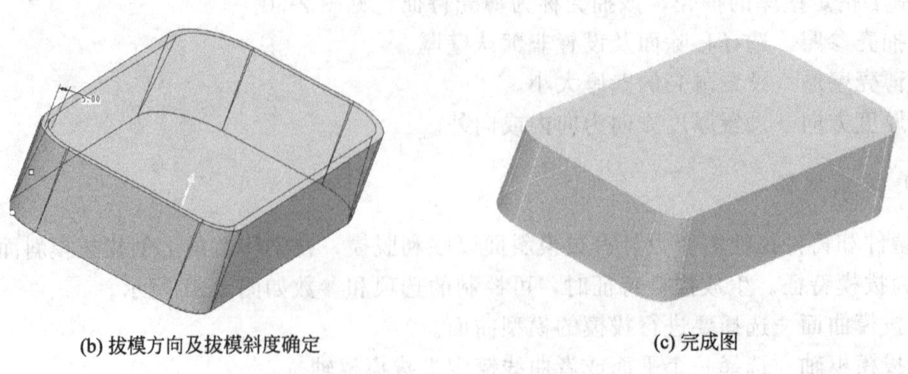

(b) 拔模方向及拔模斜度确定

(c) 完成图

图 2-31 拔模特征工具栏

（6）筋特征

为了快速创建零件上经常出现的加强筋，Pro/Engineer 中提供了筋特征造型工具，筋特征与拉伸特征类似，但不同的是，筋特征的横截面会自动变化，并与相连的曲面边界保持封闭，这一点使得在创建与曲面相连的筋时显得非常方便，见图 2-32。

有一点要特别注意的是：在草绘筋特征的截面时，一定要与实体相封闭，否则无法生成筋特征。

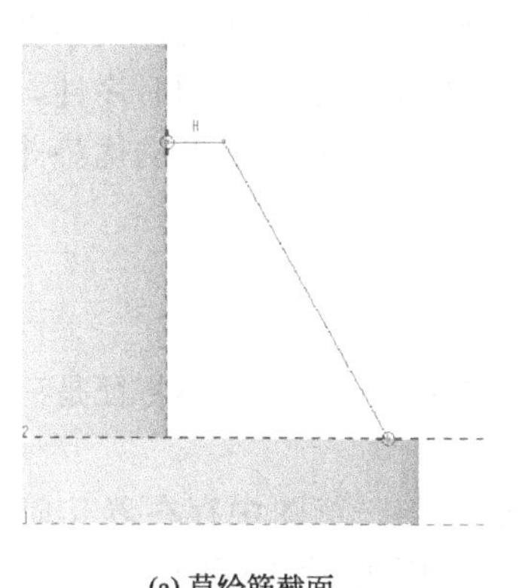

(a) 草绘筋截面

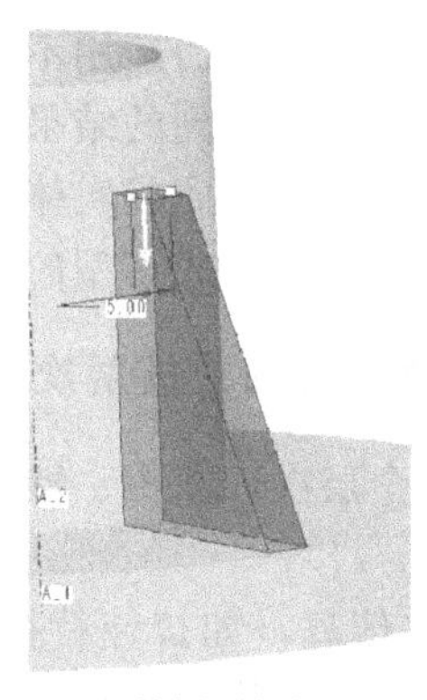

(b) 筋板厚度确定

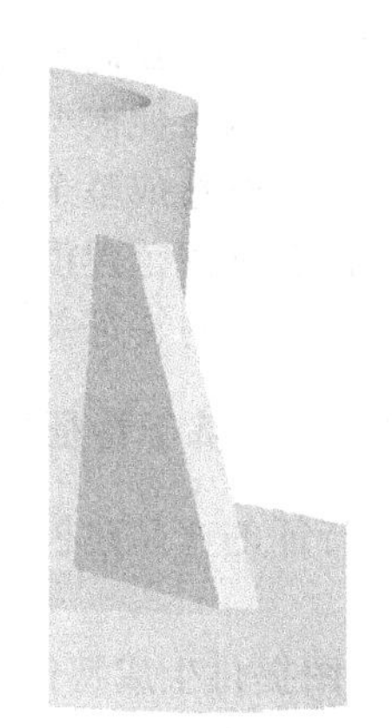

(c) 完成图

图 2-32　筋特征的创建过程

2.4.3.6　特征建模方法总结

拉伸、旋转、扫描和混合这四大基础特征是最常用的，也是最有效的特征建模工具，熟悉运用这四大工具后，其他高级工具、编辑工具都是从这四大工具转变而来。拉伸和旋转比较简单，而使用扫描特征和混合特征工具可以创建拉伸特征或旋转特征无法完成的不规则的复杂零件。创建截面开放、轨迹封闭的扫描特征时，要注意使用“添加内部因素”命令添加表面使扫描生成的实体封闭；创建可变截面扫描特征时，需要注意定义原始轨迹来控制截面的扫描方向，还需要定义附加轨迹来控制截面的变化；创建旋转混合特征和一般混合特征时，要注意为每个截面创建一个相对坐标系，通过相对坐标系来定位每个截面的位置才能成功地创建者两种混合特征。如果创建的混合特征截面图元数不同，可以通过使用分割工具将图元分割，或者添加混合顶点时一个截面的一个点对应另一个截面的多个点。

通常，对于较规则的三维零件而言，实体特征提供了迅速且方便的体积创建方式，但对于复杂的几何造型设计而言，单单使用实体特征来创建其三维模型就显得非常困难，这是因为实体特征的创建方式较为固定，例如仅能使用拉伸、旋转、扫描、混合等方式来创建实体特征，因此曲面特征应运而生，此类特征提供了非常灵活的方式来创建单一曲面，然后将许多单一曲面合并为完整且没有间隙的曲面模型，最后再转换为实体模型。

曲面特征的创建方式除了与实体特征具有相同的拉伸、旋转、扫描、混合等方式外，也可由曲线创建为曲面。此外，曲面还具备高度的操控性，例如曲面的合并、裁剪、延伸等（实体特征缺乏此类特性）。由于曲面的使用灵活，因此其操作技巧性更高。此部分内容建议大家借助相应工具书来学习。

模型编辑的对象是组合模型的特征，编辑特征时需要首先选择特征。特征模型树为选择特征提供了很大方便，右击模型树中要编辑的特征，系统弹出可对特征编辑的选项，选择其中某个选项，便可进行相应操作。通常，对选中的特征可进行以下一些操作：①编辑特征；②重定义编辑；③删除特征；④隐含特征；⑤特征重命名。

2.4.4 特征关系

特征建模技术具有鲜明的工程性和层次性，加上参数化技术的支持，可以方便地编辑模型，在产品模型的控制和更改方面提供了广泛潜力。但是，更好地利用特征建模技术强大的控制能力，可以方便模型的维护与更改。而运用不当、缺乏良好规范的特征关系会使设计中点滴的微小修改造成整个模型出现意想不到的结果。了解特征的层次性和时序性，在特征的各层次之间合理规范建模的策略，可逐步完成实体模型的建立。特征造型的优势并非造型的速度，而是通过对特征关系的调整迅速完成模型的调整。

2.4.4.1 基于特征的 CAD 系统的建模层次

基于特征的产品建模分为四个层次：草图、特征、零件和产品。其中特征是三维建模的基本单元。

① 草图提供生成特征的基本信息，如拉伸特征的截面等，草图中存在着几何约束与尺寸约束。从草图生成特征需要追加特征构建参数，如拉伸特征中的深度等。

② 在特征层次中，特征之间的关系十分复杂，既包括类似于草图中的尺寸约束和几何约束，还有特征之间的父子关系和时序关系。

③ 一系列的特征经过组合、剪裁、阵列、镜向等操作形成零件模型，零件模型中需要体现设计意图，反映产品的基本特性。

④ 零件按照装配要求生成产品的整体模型，CAD 软件不仅支持静态装配，还可以演示产品中零件的相互运动关系。在产品总体层次体现设计意图，如产品中零件的相互空间位置等。

2.4.4.2 特征关系的类别和影响

在特征之间有如下几种关系：几何与尺寸关系、拓扑关系和时序关系。

① 几何与尺寸关系。特征之间的几何关系与尺寸关系主要在特征草图中设定，几何关系包括特征草图实体之间的相切、等距等几何关联方式，尺寸关系设定特征草图实体之间的距离和角度关联。

② 拓扑关系。拓扑关系是指几何实体在空间中的相互位置关系。对于特征而言，拓扑关系主要体现在特征定义的终止条件中，如完全贯穿、到指定面指定的距离等终止条件方式决定了特征之间的拓扑关系。这种拓扑关系不会因为特征草图尺寸的变化而发生改变。

③ 时序关系。特征建立时序是特征建模技术的重点。对于特征建模而言，由于特征关系的问题，使得特征建立的次序成为重要因素。首先，后期的特征需要借用前面特征的有关要素，如定义草图时借用已有特征的轮廓建立几何和尺寸关系等；其次，特征的拓扑关系是在已有特征的环境下设定的，而不会影响到其后的特征。

2.4.4.3 特征的父子关系

如果特征 B 是在特征 A 的基础上建立的，则称特征 A 为特征 B 的父特征，或特征 B

为特征 A 的子特征。如将草图特征拉伸形成拉伸特征，则草图为拉伸特征的父特征；在拉伸特征上分别进行棱边倒圆和钻孔操作，则拉伸特征为倒圆特征和孔特征的父特征，但倒圆特征和孔特征之间没有父子关系；然后在孔特征的边界上倒角，则孔特征为倒角特征的父特征。如果特征之间存在父子关系，则：①对父特征的操作会影响到它的子特征。例如，如果父特征被删除，则它所有的子特征将被同时删除；②在特征模型树中，父、子特征的先后顺序不能改变，即必须先有父特征，才能有子特征，子特征必须排列在父特征之后。

2.4.4.4　特征建模的基本规则

在特征建模中，由于层次和建模时序的交织，不同的建模方式不仅在速度上有所差异，更会影响到后续的模型维护与修改等方面。特征建模中需要遵循的几个基本原则如下。

① 合理规划关系出现的层次，定义关系所处的层次时需注意：比较固定的关系封装在较低层次，需要经常调整的关系放在较高层次。

② 建立构成零件基本形态的主要特征和较大尺度的特征，然后再添加辅助的圆角、倒角等辅助特征。

③ 确定特征的几何形状，然后再确定特征尺寸，在必要的情况下，添加特征之间的尺寸和几何关系。

2.5 装配建模技术

产品是不同功能单元集合体，机械类产品通常由支撑、传动和核心功能等几部分构成，通过零部件之间的静态配合和运动连接共同完成产品的整体功能。产品的最终结果是一个装配体，设计的目的是得到结构最合理的装配体。装配体中包括了许多零件，如果单独设计每个零件，最终结果可能需要进行大量修改。如果在设计中能够充分参考已有零件，可以使设计更接近装配的结构。也就是说，在装配的状态下进行设计工作。

装配是CAD软件的三大基本功能之一。在现代设计中，装配已不再局限于单独表达零件之间的配合关系，而是拓展到更多的应用，如运动分析、干涉检查、自顶向下设计等诸多方面。在现代CAD应用中，装配环境已成为产品综合性能验证的基础环境。

2.5.1　装配建模原理

装配是将多个机械零件按技术要求连接或固定起来，以保持正确的相对位置和相互关系，成为具有特定功能和一定性能指标的产品或机构装置。装配建模为将零件组织成为装配件或部件提供了一个逻辑结构。这种结构使设计人员能够识别单个零件，跟踪相关零件数据，维护零件和组合件之间的关系。装配建模系统所维护的关系数据包括零件本身信息及其在装配体中与其他零件之间是关联信息。

模型完成装配后，为了更好表达装配体的组成部分、组合方式及内部结构，可以通过分解视图来表达装配体。对于内部结构较复杂的壳体类装配件，还可以通过装配特征来表达。

分解视图（也称爆炸图）是使装配体的各装配元件按一定方式分开显示的一种表达

方式，它只影响模型的显示，而不更改元件间的实际装配关系。即当装配型处于分解视图状态时，装配模型实际上仍保持完整的约束状态，只是组成元件暂时分开显示，见图 2-33。

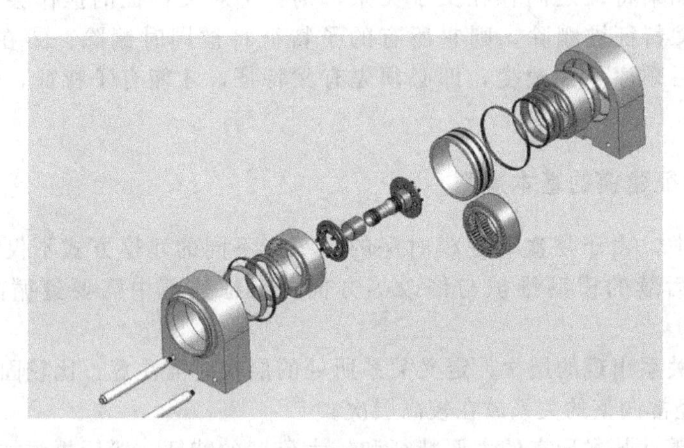

图 2-33　分解视图

对于内部结构复杂而外部简单的装配体（如壳体类模型），常常希望能够部分切除外部壳体，以便更好地观察内部元件的结构，此时可在装配模式下通过创建切剪材料的装配特征来表达装配模型，见图 2-34。创建装配特征方法与前面创建特征的方法基本相同。

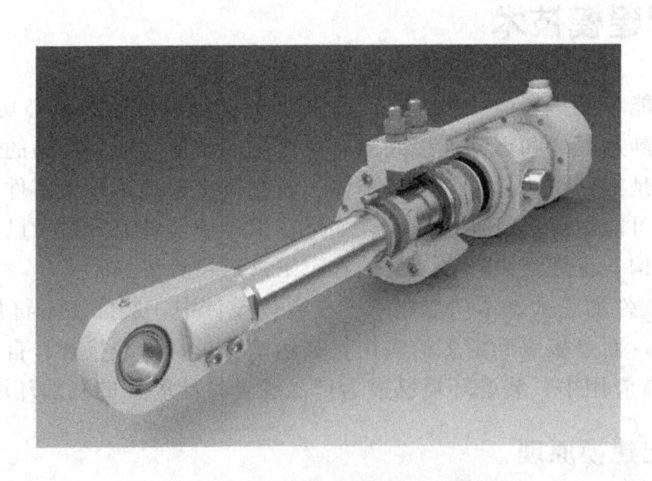

图 2-34　复杂内部结构的局部剖

不同 CAD 软件的装配建模虽然在功能和操作上不尽相同，但都具有共同的原理和类似特点。了解 CAD 软件的装配建模原理和方法有助于理解装配建模方法。

(1) 零件模型与装配体的引用关系

实际环境中的装配是将各个零件组装起来形成装配体，同一个零件只能在一个装配体中使用一次，如果要在同一个或不同装配体中多次使用则需要生产多个同样的零件。而在 CAD 的虚拟装配环境中，零件与装配体之间是一种引用关系，零件是被引用在装配体中的，同一零件模型可以在多个装配体中被多次引用。

（2）全相关性

在 CAD 系统中，原始零件模型与其引用模型间存在全相关性，即原始零件模型与其引用模型之中的任何一方发生更改时，另一方将发生相应的更改。更具体地说，全相关性体现在当某个装配体中的引用模型发生更改时，则原始零件模型和在其他装配体中与之对应的所有引用模型都将发生相应的更改；同样，当原始零件模型发生更改时，则在所有装配体中与之对应的引用模型也都将发生相应的更改。

（3）基于约束的装配

基于约束的装配又称零件的参数化装配，装配过程通过不断添加引用零件，并定义引用零件之间的约束类型，使其达到完全约束来实现装配。由于参数化装配通过完全约束来确定元件之间的相对位置关系，因此，当某个零件模型发生改变时，将驱动相邻零件模型的位置发生相应的改变。除参数化装配外，大多数 CAD 系统还提供了非参数化方式的装配。该方式使模型在装配体中处于部分约束或不约束状态。

2.5.2 装配建模方法

装配建模方法通常分为自底向上的装配建模和自顶向下的装配建模。根据装配建模的实际需要，这两种方法也可以结合起来使用。

（1）自底向上的装配建模方法

自底向上（bottom-up）的装配建模方法反映了实际生产的装配过程：首先建立零件的三维模型，然后像搭积木一样通过约束组合零件模型形成子装配，再将子装配通过约束组合形成总装配模型，如图 2-35 所示。

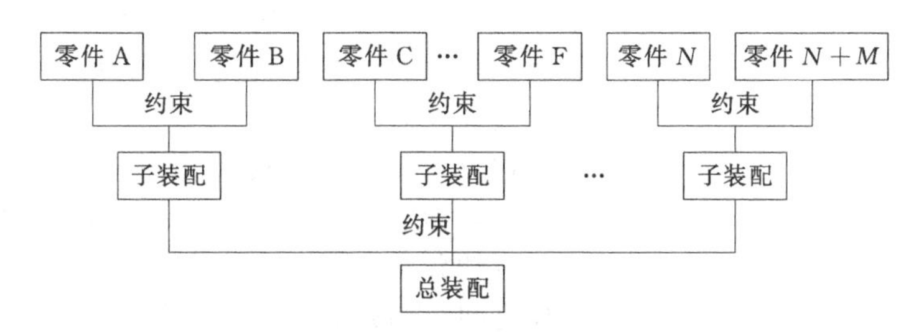

图 2-35　自底向上的装配建模

这种建模方法的零部件之间不存在任何参数关联，仅仅存在简单的转配关系，在设计的准确性、正确性、修改以及延伸设计等方面存在一定缺陷，一般用于小型装配建模。但它与实际装配的流程一致，比较符合人们的思维过程，所以初学者可先采用这种方法进行装配建模。

（2）自顶向下的装配建模方法

在大型装配中，产品构造的复杂性带来了装配的困难。为了解决这些问题，自顶向下建模方法应运而生。自顶向下是一种由最顶端的产品结构传递设计规范到所有相关子系统的一种设计方法。通过自顶向下技术的应用，能够有效传递设计规范给各个子装配，从而更方便、高效地对整个装配流程进行管理。

自顶向下（top-down）装配建模方法与自底向上方法相反，它是从整体外观（或总装配）开始，然后到子装配，再到零件的建模方式。如图 2-36 所示，在装配关系的最上端是顶级设计意图；接下来是次级设计意图（子装配），继承于顶级设计意图；然后每一级装配分别参考各自的设计意图，展开系统设计和详细设计。

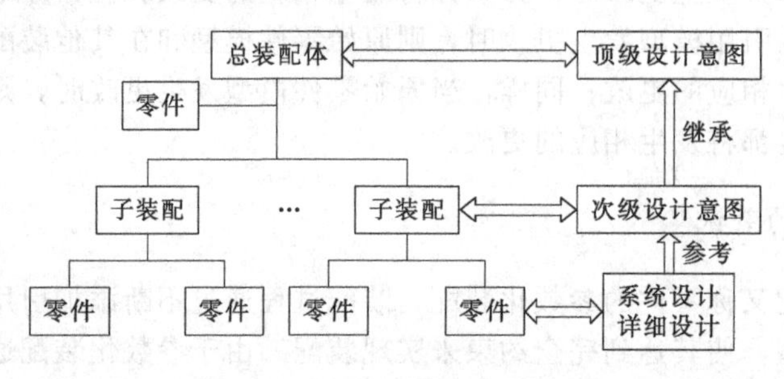

图 2-36 自顶向下的装配建模

自顶向下的建模方法有许多优点，它既可以管理大型装配，又能有效掌握设计意图，使组织结构明确，更能在设计团队间迅速传递设计信息，达到信息共享的目的。但要发挥自顶向下建模方法的优点，就需要设计者既要有雄厚的专业背景知识，又要非常熟练地掌握 CAD 系统。因此，该方法适合经验丰富的工程设计人员使用。

自顶向下的装配技术在产品装配建模中的应用是一次巨大的改革，使人们在进行复杂产品装配设计时有了高效的工具。这一工具使得整个规划流程显得方便易行，也为有效的管理奠定了基础。

2.5.3 装配约束分类

零件的装配建模是通过定义零件模型之间的装配约束实现的。装配约束是实际环境中零件之间的装配设计关系在虚拟设计环境的映射，不同虚拟设计环境定义的装配约束类型不尽相同，但总的思想是一致的，都能达到对零件完全约束形式装配模型的效果。

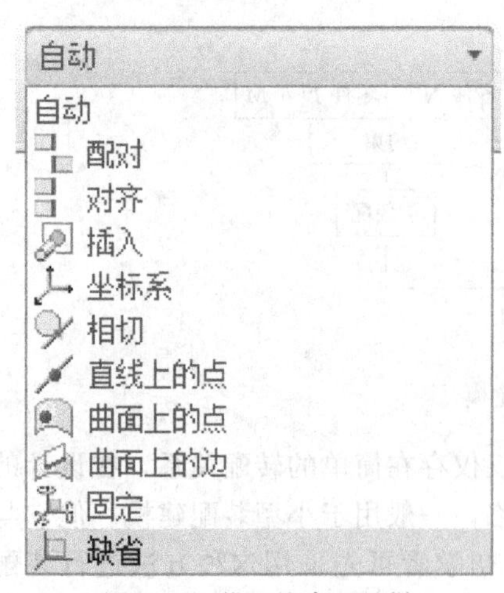

图 2-37 装配约束工具栏

在 Pro/E 中，装配约束分为配对、对齐、插入、相切、坐标系、直线上的点、曲面上的点、曲面上的边、自动共 9 大类，通过两个或两个以上的装配约束元件之间达到完全约束来形成装配，见图 2-37。

（1）配对

配对约束使所选面与参考面正法线方向反向（即面对面）放置，但并不一定实际接触或贴合，其中所选的两个面只能是模型表面或基准平面。如图 2-38 所示，配对约束有重合、正向偏移、反向偏移和定向 4 种情况。

（2）对齐

对齐约束使待装配零件与参照对象的正法线方向相同进行定位，其中参照对象可以是模型表面、基准平面、轴线、边、基准点或顶点。对齐约束要求所选的两个对象要统一，即面

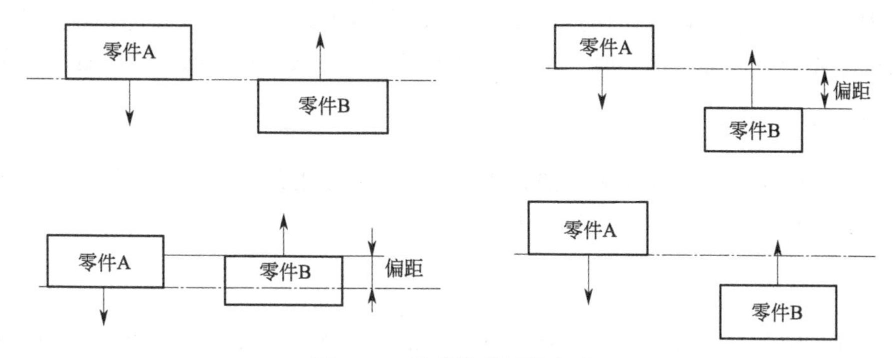

图 2-38　配对约束四种方式

对面、点对点、线对线。当面对面时，对齐约束有重合、偏移和定向 3 种情况；当线对线时，两线只能在同一条直线上；当点对点时，两点只能重合，如图 2-39 所示。

（3）插入

插入约束（insert）使待装配零件上的曲面与参照对象上的曲面同轴，曲面不一定是全 360°的圆柱面、圆锥面，常用于轴与孔的配合约束。与对齐约束中的线对线对齐具有相同的含义，但在操作上存在差异，对齐约束选择各自轴线来同轴定位，再插入约束则是选择曲面。

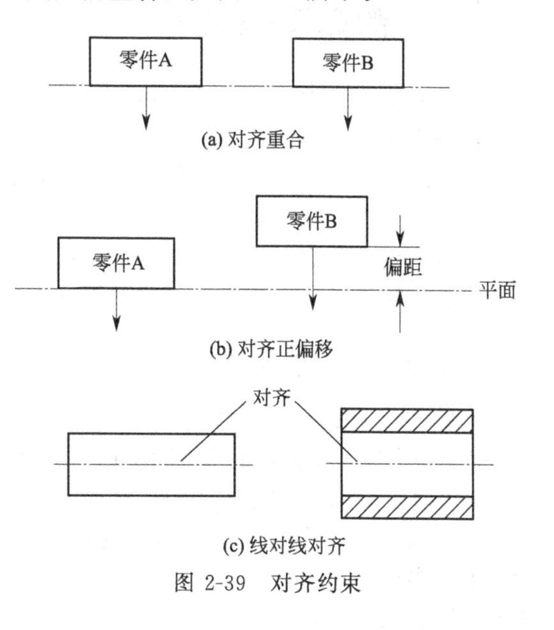

图 2-39　对齐约束

（4）相切

相切约束（tangent）使待装配零件与参考对象以相切的方式进行定位，参照对象可以是参照模型的表面或基准平面，这里的表面不全是平面，相切的两个对象必然至少有一个是曲面，即平面与曲面相切或曲面与曲面相切。操作时，首先选定相切约束，然后选择需要相切的两个面即可。

（5）坐标系

坐标系约束使待装配零件与参考模型的坐标系自动重叠，并使两坐标系的相应坐标轴对齐。操作时，选取两模型的坐标系，则不仅两坐标系原点重合，相应的轴也完全重合，这种约束的特点是只需要这一个约束就可以实现两个零件的完全约束和定位。

（6）直线上的点

直线上的点约束使待装配模型上的点与参考对象上的线相接触形成装配关系。点可以是零件或装配体上的任意一点（如顶点或基准点），线可以是零件或装配体上中的边、轴线、基准线或是边线的延伸。操作时，首先选取定位点，再选择参照线。

（7）曲面上的点

曲面上的点约束使待装配零件上的点与参照对象上的面相接触形成装配关系。点可以是零件或装配体上的任意一点（如顶点或基准点），曲面可以是零件或装配体中的曲面特征、基准平面或实体的表面等。操作时，按先选取定位点，再选择参考面的顺序选取对象。

（8）曲面上的边

曲面上的边约束使带装配模型上的直线边与参照对象上的表面或基准轴平面等相接触形成装配关系。操作时，先选取直线边，再选择参考面。

（9）自动

自动约束在两个参考特征被选中时，系统依据特征情况自动判定、选取合适的约束类型并建立装配关系，这是一种系统默认的约束施加方式，也是提高装配速度的一种有效方法。

2.6 数据交换技术

随着CAD/CAE/CAM技术在工业界的广泛应用，越来越多的用户需要将产品数据在不同的系统之间进行交换，为此，建立一个统一的、支持不同应用系统的产品数据描述和交换标准的要求应运而生。由于各软件的历史原因及不同的开发目的，使得各CAD软件的内部数据记录方式和处理方式不尽相同，开发软件的语言也不完全一致，因此需通过数据转换接口来进行有效的数据交换，主要体现在对各CAD软件给出的三维几何实体模型的数据共享方面。数据转换接口，实际上是一种能够实现两个以上系统间信息交换的程序或方法。

2.6.1 产品数据定义

产品数据（Production Data，PD）是指产品生命周期内所有阶段有关产品的数据总和。即为全面定义一个零部件或构件所需要的几何、拓扑、公差、性能和属性等数据。一个完整的产品定义数据模型不仅是产品数据的集合，还应反映出各类数据的表达方式及相互间的关系。

长期以来，产品生命周期内不同阶段的工作是由不同部门、不同工作人员完成的，因此建立了很多产品应用模型，如功能模型、装配模型、几何模型、公差模型、加工模型等。这些模型缺乏统一的表达形式，所以很难实现信息集成，也无法实现过程集成或功能集成。显然，要实现CAx（包括CAD/CAE/CAPP/CAM/CAQ等）集成系统中各模块之间数据资源共享，必须满足两个条件：一是要有统一产品数据模型定义体系；二是要有统一的产品数据交换标准。只有建立在统一表达基础上的产品模型，才能有效地为各应用系统所接受。

（1）产品数据的内容

产品数据不仅包括产品模型的几何图形数据，还包括制造特征、尺寸公差、材料特性、表面处理等非几何数据。

① 产品几何描述。如线框表示、几何表示、实体表示以及拓扑、成形及展开等。

② 产品形状特征。长、宽等体特征；孔槽等面特征；旋转体等车削件特征等。

③ 公差。尺寸公差与形位公差及其关联。

④ 表面处理。如喷涂、表面淬火等。

⑤ 材料。如类型、品种、强度、硬度等。

⑥ 说明。如总图说明、技术要求说明等。

⑦ 产品控制信息。

⑧ 其他。如加工、工艺装配等。

产品数据模型可定义为与产品有关的所有信息构成的逻辑单元。它不仅包括产品的生命周期内有关的全部信息，而且在结构上还能清楚地表达这些信息的关联。因此，研究集成产品数据模型，就是研究产品在其生命周期内各阶段所需信息的内容以及不同阶段之间这些信息的相互约束关系。

（2）基于特征的产品数据模型结构

① 产品的构成信息　产品的构成信息反映产品由哪些部件构成，各个部件又由哪些零件组成，每种零件的数量等。零、部件的构成可以呈树状关系，也可以是网状关系。

② 零件信息　零件信息主要是关于零件总体特征的文字性描述，包括零件名称、零件号、设计者零件材料、热处理要求、最大尺寸等。

③ 基体信息　基体是造型开始的初始形体，也是一般工程人员理解的半成品。在产品数据模型中，它是用于造型的原始形体，可以是预先定义好的参数化实体，也可以是根据现场需要由系统造型功能生成的形体。基体主要包括基体表面之间的信息，以及基体与特征之间关系的信息，比如将基体划分为若干方位面，并按方位面组织特征。

④ 零件特征信息　零件特征信息主要记录特征的分类号、所属方位面号、控制点坐标和方向、尺寸、公差、特征所在面号、定义面及定位尺寸、切入面与切除面、特征组成面、形位公差等。

⑤ 零件几何、拓扑信息　这部分信息可直接由采用的实体建模软件的图形文件或数据库读出，包括面、环、边、点的数据。

在基于特征的产品模型数据结构中，面的作用十分重要。面是建立特征之间关系、尺寸关系、形位公差之间关系的基准，同时也是设计、生产中经常使用的基准和依据，如基准面、工作面、连接面等。所以，在产品数据模型中，应突出面的核心地位，提供显示的面的标号、检索、属性等功能和数据。

2.6.2　产品数据交换标准

（1）数据转换接口

通过与硬件设备无关的标准化数据转换接口来进行有效的数据交换，实现不同的 CAD 系统之间以及 CAD/CAM 内部信息集成，实现信息资源共享。

CAD/CAE/CAM 的集成涉及不同的 CAD/CAE/CAM 字系统的信息传递。由于各子系统内的数据结构及格式不相同，因而在信息传递过程中必须提供一个数据转换接口，以便提高各子系统之间信息传递的效率。这类接口是将各子系统的图形与非图形数据按照某种标准规定的格式进行转换，得到一种统一的中性文件。该文件独立于已有的 CAD/CAE/CAM 子系统和各种不同应用模块，并通过分布式数据库系统和网络，传递到其他系统或本系统的其他应用模块，最后还原成系统具体的图形或非图形数据。

所谓数据转换接口，实际上是一种能够实现两个以上系统间信息交换的程序或方法。数据转换接口的核心内容就是由其中一个系统（文件）读出信息，再将信息写入另一个系统（文件）。实现数据转换接口，实际上就是把已有的模型经过处理，将特定软件的自定义表示转换成其他软件可以理解和接受的中性模式。其实现过程就是对要输出的模型中所含的基本对象进行遍历，对相应模型中的对象使用中性标准的形式加以说明和表示，并将这些对象按相关标准加以组织输出即可。相应的读入此中性模型的软件需要有输入接口，它们分别被称为前置、后置处理器。

(2) 产品数据交换途径

① 借助专用或标准（中性）文件进行交换。产品数据信息交换方式如图 2-40 所示。

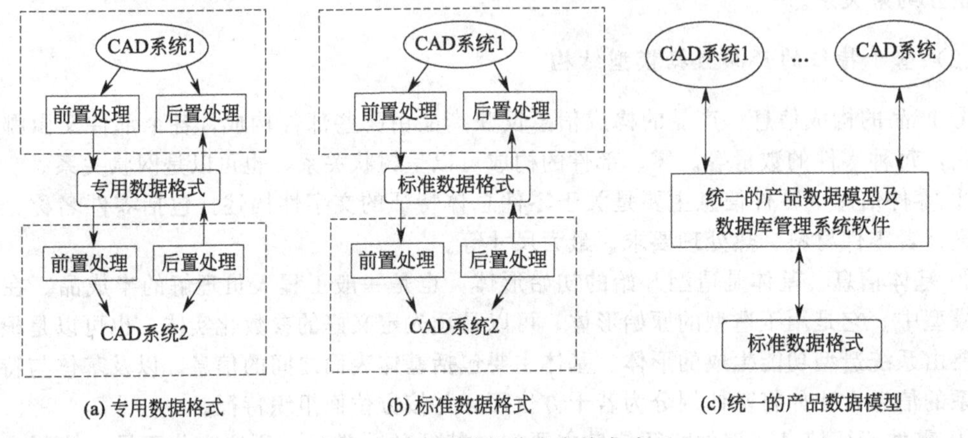

(a) 专用数据格式　(b) 标准数据格式　(c) 统一的产品数据模型

图 2-40　产品数据信息交换方式

a. 专用数据接口。它是一个将 CAD 系统 1 中的产品数据通过专用的数据接口程序直接转化为符合另一个 CAD 系统 2 数据格式的产品数据；反之亦然。NG 个系统需要 $N(n-1)$ 个专用数据接口程序。这种点对点的数据交换方式的专用数据接口程序各自不同，不能通用；但交换数据的运行效率高且不会丢失数据。

专用格式文件集成方式特点：原理简单、易于实现、运行效率高，但需要接口模块量大，如 N 个系统需 $2N$ 个接口模块。

b. 通用数据接口。利用一种与系统无关的标准数据格式（中性文件格式）文件来实现多个 CAD 系统之间的数据交换，各系统只需构造前置处理器、后置处理器，将本系统产品数据格式转化为标准数据格式，或反之。这种格式的通用性、简单性和标准化的特点使它成为集成系统中普遍采用的格式。此方式数据共享性好；但如果标准数据格式中没有 CAD 系统中的某些数据描述格式，产品数据将不能够被完全"翻译"，从而造成数据的"丢失"。目前常用的数据接口标准有 IGES/STEP/STL/PDES 等。

中性数据文件集成方式特点：标准化接口形式，大大减少数据接口数，降低开发维护难度，如 N 个系统需 $2N$ 个接口模块。

② 借助统一的产品数据模型和工程数据库管理系统进行交换。采用统一的产品数据模型，并采用统一的数据管理软件来管理产品数据。各系统之间可以直接进行数据交换，而不是将产品信息转换为数据，再通过文件来交换，这将有利于提高系统的集成性。数据库管理系统（Engineering Data Base Management System，EDBMS）是一组管理工程数据库的软件集合，用于建立、组织、存储、维护、管理和操作各应用系统基于统一产品数据模型所产生的各类工程（产品）数据。各应用系统可以在 EDBMS 支持下直接进行产品数据的存取，实现产品信息的共享。

2.6.3 常见数据交换标准

2.6.3.1 IGES 标准

IGES（Initial Graphics Exchange Specification，初始图形交换规范）是在美国国家标准

局的倡导下，由美国国家标准协会（ANSI）于 1980 年公布的国际上最早的标准，是 CAD/CAE/CAM 系统之间图形信息交换的一种规范。它由一系列产品的几何、绘图、结构和其他信息组成，可以处理 CAD/CAE/CAM 系统中的大部分几何信息。目前几乎所有的 CAD/CAE/CAM 系统均配有 IGES 接口。我国针对 IGES 颁布的最新标准为 GB/T 14213—2008《初始图形交换规范》。

IGES1.0 版本偏重于几何图形信息的描述；IGES2.0 版本扩大了几何实体范围，并增加了有限元模型数据的交换；1987 年公布的第三版本，能处理更多的制造用的非几何图形信息；1989 年公布的第四版本，增加了实体造型的 CSG 表示；1990 年公布的第五版本，又增加了实体造型的 B-rep 表示，每一版本的功能都有所加强，压缩了数据格式、扩充了元素范围、扩大了宏指令功能、完善了使用说明等，可以支持产品造型中的边界表示和结构的实体几何表示，并在国际上绝大多数商品化 CAD/CAE/CAM 系统中采用。IGES 目前的最新版本为 5.3。

(1) IGES 描述

IGES 用单元和单元属性描述产品几何模型，单元是基本的信息单位，分为几何、尺寸标注、结构和属性四个单元。IGES 的每一个单元由两部分组成：第一部分称为分类入口或条目目录，具有固定长度；第二部分是参数部分，为自由格式，其长度可变。

几何单元包括点、线、面、各种类型的曲线、曲面、体以及结构相似的实体所组成的集合。尺寸标注单元有字符、箭头线段和边界线等，能标注角度、直径、半径和直线等尺寸。结构单元用来定义各单元之间的关系和意义。属性单元是描述产品定义的属性。

(2) IGES 的文件格式

IGES 的文件格式分为 ASCII 格式和二进制格式。ASCII 格式便于阅读，分为定长和压缩两种形式；二进制格式适用于传送大容量文件。在 ASCII 码格式中，数据文件中的数据按顺序存储，每行 80 个字符，称为一个记录。整个文件按功能划分为 5 个部分，记为起始段、全局段、目录段、参数段、结束段。

起始段：存放对该文件的说明信息，格式和格数不限。第 73 列的标志符为“S”。

全局段：提供和整个模型有关的信息，如文件名、生成日期及前处理器、后处理器描述所需信息。第 73 列标志符为“G”。

目录段：记录 IGES 文件中采用的元素目录。每个元素对应一个索引，每个索引记录有关元素类型、参数指针、版本、线型、图层、视图等 20 项内容。第 73 列标志符为“D”。

参数段：记录每个元素的几何数据，记录内容随元素不同而各异。第 73 列标志符为“P”。

结束段：标识 IGES 文件的结束，存放该文件中各段的长度。第 73 列标志符为“T”。

(3) 数据交换过程

IGES 实现数据交换过程的原理：通过前处理器把发送系统的内部产品定义文件翻译成符合 IGES 规范的“中性格式”文件，再通过后处理器将中性格式文件翻译成接收系统的内部文件。前、后处理器一般都由下列 4 个模块组成。

① 输入模块。读入由 CAD/CAM 系统生成的产品模型数据或 IGES 产品模型数据。

② 语法检查模块。对读入的模型数据进行语法检查并生成相应的内存表。

③ 转换模块。该模块具有语义识别功能，能将一种模型的数据映射成另一模型。

④ 输出模块。把转换后的模块转换成 IGES 格式文件或另一个 CAD/CAM 系统的产品

模型数据文件。

(4) IGES应用中存在的问题与解决途径

在实际工作中，由CAD/CAE/CAM系统的数据格式转换成IGES格式时，一般都不会产生问题；而由IGES格式转换成CAD/CAE/CAM系统的数据格式时常会出现问题，下面介绍几种经常发生的问题及解决办法。

① 变换过程中经常会发生错误或数据丢失现象，最差的情况是因一个或几个实体无法转换，使整个图形都无法转换。如仅因一个B样条曲线无法转换，导致全部不能转换。这时可通过另一个CAD/CAE/CAM系统来进行转换，如欲把某IGES文件转换成CATIA，可先把该IGES文件转换成UGⅡ，再通过UGⅡ的IGES转换器转换成IGES格式，然后经CATIA的后处理器转换成CATIA的数据格式。

② 在转换数据的过程中经常发生某个或某几个小曲面丢失的情况，这时可利用原有曲面边界重新生成曲面；但当子图形丢失太多时，则可通过前述第一种类似方式进行转换。

③ 某些小曲面（face）在转换过程中变成大曲面（surface），此时可对曲面进行裁剪。

2.6.3.2 STEP标准

产品数据交换标准STEP（Standard for the Exchange of Product Model Data），是由国际标准化组织（ISO）于1983年专门成立的技术委员会TC184下设的制造语言和数据分委员会SC4所提出的。STEP采用统一的产品数据模型以及统一的数据管理软件来管理产品数据，各系统间可直接进行信息交换，它是新一代面向产品数据定义的数据交换和表达标准。它的目标是提供一个不依赖于任何具体系统的中性机制，它规定了产品设计、开发、制造，甚至于产品生命周期中所包含的诸如产品形状、解析模型、材料、加工方法、组装分解顺序、检测测试等必要的信息定义和数据交换的外部描述，因而STEP是基于集成的产品信息模型。产品数据，指的是全面定义一零部件或构件所需要的几何、拓扑、公差、关系、性能和属性等数据。产品信息的交换，指的是信息的存储、传输和获取。因交换方式不同，从而导致数据形式的差异。为满足不同层次用户的需求，STEP提供了四种产品数据交换方式，即文件交换、应用程序界面访问、数据库交换和知识库交换。

产品信息的表示包括零件和装配体的表示，产品数据的中性机制。这个机制的特点是：它不仅适合中性文件交换，而且可以作为实现共享产品数据库、产品数据库存档的基础。STEP标准中包括以下方面的内容：描述方法；集成资源；应用协议；实现方法；一致性测试和抽象测试。

(1) 产品数据描述方法

STEP的体系结构分为三层：底层是物理层，给出在计算机上的实现形式；第二层是逻辑层，包括集成资源，是一个完整的产品模型，从实际应用中抽象出来，与具体实现无关；最上层是应用层，包括应用协议及对立的抽象测试集，给出具体在计算机上的实现形式。

集成资源和应用协议中的产品数据描述要求使用形式化的数据规范语言来保证描述的一致性。形式化语言即具有可读性，使人们能够理解其中的含义，又能被计算机理解。EXPRESS就是符合上述要求的数据规范语言，它能完整地描述产品数据上的数据和约束。EXPRESS用数据元素、关系、约束、规则和函数来定义资源构件，对资源构件进行分类，建立层次结构。资源构件可以通过EXPRESS的解释功能，对原有构件进行修改，增加约束、关系或属性，以满足应用协议的开发要求。有关EXPRESS语言的详细内容见ISO

10303-11EXPRESS语言参考手册。

数据模型可以用图示化表达来进一步说明标准数据定义。STEP中用到的图示化表示方式有EXPRESS-G/IDEF/IDEF1x和NIAM。

(2) 集成资源

集成资源提供STEP中每个信息元素的唯一表达。集成资源通过解释来满足应用领域的信息要求。集成资源分为两类：一般资源，此类与应用无关；应用资源，此类针对特定的应用范围。

STEP中介绍的一般资源的内容有：产品描述基础和支持；几何和拓扑表示；表达结构；产品结构配置；视觉展现。

产品描述基础和支持包括：①一般产品描述资源，提供STEP集成资源的一种整体结构，如产品构造定义、产品特性定义和产品特性表达；②一般管理资源，它所描述的信息用以管理和控制集成产品描述资源涉及的信息；③支持资源是STEP集成资源的底层资源，例如一些国际标准计量单位的描述。

几何和拓扑表示：用于产品外形的显示表达，包括几何部分（参数化曲线曲面的定义及与此相关的定义）拓扑部分（涉及物体之间的关系）；几何形体模型提供物体的一个完整外形表达（包括CSG和边界表示模型）。

表达结构：描述了几何表达的结构和控制关系；利用这些结构可以区别什么是几何相关，什么不是几何相关，包括表达模式（定义了表达的整体结构）、扫描面实体表达模式（定义了区别扫描面实体中不同元素的一种机制）。

产品结构配置：支持管理产品结构和管理这些结构的配置所需的信息，根据修改过程的需求以及产品开发生命周期的不同阶段，保存多个设计版本和材料单，产品结构配置模型主要围绕产品生命周期中产品详细设计接近完成的阶段。

视觉展现：可以是工程图纸或屏幕上显示的图纸。它是一个从产品模型产生图形的拓扑信息模型，当产品的展现数据从一个系统传到另一个系统时，它是一个从产品模型产生图形的拓扑变成图形，这部分内容和绘图、图形标准、文本等有紧密关系。

STEP中介绍的应用资源包括有关绘图、船舶结构系统、有限元分析等。

关于集成资源标准的详细内容见ISO 10303-41/ISO 10303-48/ISO 10303-101/ISO 10303-105。

(3) 应用协议

STEP标准支持广泛的应用领域，具体的应用系统很难采用标准的全部内容，一般只实现标准的一部分，如果不同的应用系统所实现的部分不一致，则在进行数据交换时，会产生类似IGES数据不可靠的问题。为了避免这种情况，STEP计划制订了一系列应用协议。所谓应用协议是一份文件，用以说明如何用标准的STEP集成资源来解释产品数据模型文本，以满足工业需要。也就是说，根据不同的应用领域的实际需要，确定标准的有关内容，或加上必须补充的信息，强制要求各应用系统在交换、传输和存储产品数据时应符合应用协议的规定。

一个应用协议包括应用的范围、相关内容、信息的定义、应用解释模型、规定的实现方式、一致性要求和测试意图。STEP中介绍的应用协议有：第201项——显示绘图；第203项——配置控制设计协议；第202项——相关绘图；第204项——边界模型机械设计；第205项——曲面模型机械设计。关于应用协议的标准详细内容见ISO 10303-202～ISO 10303-208。

(4) 实现方式

产品数据的实现方式有四级，包括文件交换、应用程序界面访问、数据库实现、知识库交换。CAD/CAE/CAM系统可以根据对数据交换的要求和技术条件选取一种或多种形式。

文件交换是最低一级。STEP文件有专门的格式规定，利用明文或二进制编码，提供对应用协议中产品数据描述的读和写操作，是一种中性文件格式。各应用系统之间数据交换是经过前置处理或后置处理程序处理为标准中性文件进行交换的。某种CAD/CAE/CAM系统的输出经前置处理程序映射成STEP中性文件，STEP中性文件再经后置处理程序处理传至CAD/CAE/CAM系统。在STEP应用中，由于有统一的产品数据模型，由模型到文件只是一种映射关系，前后处理程序比较简单。

通过应用程序界面访问产品数据是第二级，利用C、C++等通用程序设计语言调用内存缓冲区的共享数据，这种方法的存取速度最快，但是要求不同的应用系统采用相同的数据结构。

第三级数据交换方式是通过共享数据实现的。产品数据经数据库管理系统DBMS存入STEP数据库，每个应用系统交换方式可以从数据库取出所需的数据，运用数据字典，应用系统可以向数据库系统直接查询、处理、存取数据。

第四级知识库交换是通过知识库来实现数据交换的。各应用系统通过知识库管理向知识库存取产品数据，它们与数据库交换级的内容基本相同。

(5) 一致性测试和抽象测试

一个STEP实现的一致性是指实现符合应用协议中规定的一致性要求。若两个实现符合同一应用协议的一致性要求，两者应该是一致的，两方数据可以顺利交换。应用协议对应的抽象测试集规定了对该应用协议的实现进行一致性测试的测试方法和测试题。一致性测试方法论和框架提出一致性测试的方法、过程和组织结构等。应用协议需指定一种或几种实现方式。抽象测试集的测试方法和测试题与实现方式无关。关于一致性测试和抽象测试的详细内容见ISO 10303-31～ISO 10303-34。

IGES处理数据是以图形描述数据为主，或者说是以线框或简单的面形数据为中心。通过对产品数据结构的分析，不难发现以IGES为代表的当前流行的数据交换标准已不能适应信息集成发展的需要。而STEP的目标是研究完整的产品模型数据交换技术，最终实现在产品生命周期内对产品模型数据进行完整一致的描述和交换。产品模型数据可以为生成制造指令、直接质量控制测试和进行产品支持功能提供全面的信息，它是实现CAD/CAE/CAM集成的一条充满希望的可行途径。许多CAD软件公司已着手开发基于STEP标准的新一代CAD/CAE/CAM集成系统。STEP广泛应用于机械CAD、CAE、电子CAD、制造过程软件工程以及其他专业领域。使用STEP交换标准的主要优点如下。

① 得到广泛的国际开发组织的支持。

② STEP定义了一个开放的产品数据库组织结构。

③ 有形式化的语言EXPRESS作为逻辑规范的描述。EXPRESS语言定义约束以及数据结构。这些约束描述了工程数据集的正确标准。

④ STEP的前后处理器的开发，可以使用格式化的规范，通过自动的软件生成器来完成由CAD数据产生STEP的前处理器和由STEP数据产生CAD应用的后处理器。

⑤ STEP提供了大量的工程数据定义。这些定义包括机械CAD、电子CAD、制造过程、软件工程以及其他专业领域。

⑥ 由STEP标准提供的一些技术无关的定义，可以编译成任何数据库系统可用的数据结构，无论是面向对象数据库或是关系数据库系统。

2.6.3.3 STL文件格式

STL文件是在计算机图形应用系统中，用于表示三角形网格的一种文件格式。它的文件格式非常简单，应用很广泛。STL是最多快速原型系统所应用的标准文件类型。STL是用三角网格来表现3D CAD模型。

STL文件格式简单，只能描述三维物体的几何信息，不支持颜色材质等信息，是计算机图形学处理（CG）、数字几何处理（如CAD）、数字几何工业应用（如三维打印机）支持的最常见文件格式。表面的三角剖分之后造成3D模型呈现多面体状，见图2-41文件存储前后的对比。输出STL档案的参数选用会影响到成形质量的良莠，所以，如果STL档案属于粗糙或是呈现多面体状，您将会在模型上看到真实的反映。

(a) 存储前

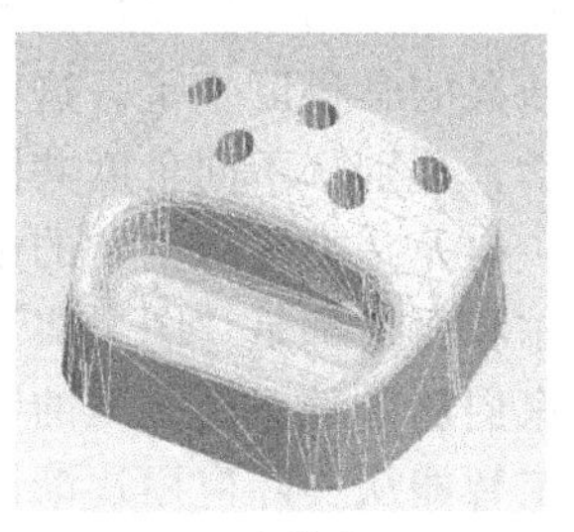
(b) 存储后

图2-41 存储为STL文件格式前后对比

在CAD软件包中，当您输出STL档案时，您可能会看到的参数设定名称，如弦高（chord height）、误差（deviation）、角度公差（angle tolerance）或是某些相似的名称。建议储存值为0.01或是0.02。

尽管IGES、STEP类型文件也具有很好的描述空间造型的能力，但在不断变化的空间表面描述上（金属塑性成形过程），目前只能采用三角形或四边形描述；也就是说，只能采用将任意空间表面离散成网格，以三角形网格形式输出、存储。利用STL数据格式表示立体图形的方式较为简单，对于任何一个独立的空间实体，都可借助其表面信息进行描述，而表面信息则是由许许多多空间小三角面片的逼近体现出来，通过记录各小三角面片的顶点和法向矢量信息来间接描述原来的立体图形。

2.7 CAD系统智能设计技术

2.7.1 人工智能

人工智能（Artificial Intelligence，AI）是一门综合了计算机科学、生理学、哲学的交叉学科。人工智能的研究课题涵盖面很广，从机器视觉到专家系统，包括了许多不同的领域。这其中共同的基本特点是让机器学会“思考”。

现在，人工智能专家们面临的最大挑战之一是如何构造一个系统，可以模仿由上百亿个神经元组成的人脑的行为，去思考宇宙中最复杂的问题。或许衡量机器智能程度的最好的标准是英国计算机科学家阿伦·图灵的试验。他认为，如果一台计算机能骗过人，使人相信它是人而不是机器，那么它就应当被称为有智能。

人工智能学科诞生于20世纪50年代中期，当时由于计算机的产生与发展，人们开始了具有真正意义的人工智能的研究。虽然计算机为AI提供了必要的技术基础，但直到20世纪50年代早期，人们才注意到人类智能与机器之间的联系 Norbert Wiener 是最早研究反馈理论的美国人之一，最熟悉的反馈控制的例子是自动调温器，它将收集到的房间温度与希望的温度进行比较，并做出反应将加热器开大或关小，从而控制环境温度。这项对反馈回路的研究的重要性在于：Wiener 从理论上指出，所有的智能活动都是反馈机制的结果，而反馈机制是有可能用机器模拟的，这项发现对早期AI的发展影响很大。

1956年夏，美国达特莫斯大学助教麦卡锡、哈佛大学明斯基、贝尔实验室申龙、IBM公司信息研究中心罗彻斯特、卡内基-梅隆大学纽厄尔和赫伯特·西蒙、麻省理工学院塞夫里奇和索罗门夫，以及IBM公司塞缪尔和莫尔在美国达特莫斯大学举行了以此为期两个月的学术讨论会，从不同学科的角度探讨人类各种学习和其他职能特征的基础，并研究如何在原理上进行精确的描述，探讨用机器模拟人类智能等问题，并首次提出了人工智能的术语。从此，人工智能这门新兴的学科诞生了。这些青年的研究专业包括数学、心理学、神经生理学、信息论和电脑科学，分别从不同角度共同探讨人工智能的可能性。他们的名字对于人们来说并不陌生，例如，申龙是《信息论》的创始人，塞缪尔编写了第一个电脑跳棋程序，麦卡锡、明斯基、纽厄尔和西蒙都是“图灵奖”的获奖者。

人工智能的科学家们从各种不同类型的专家系统和知识处理系统中抽取共性，总结出一般原理与技术，使人工智能从实际应用逐渐回到一般研究。围绕知识这一核心问题，人们重新对人工智能的原理和方法进行了探索，并在知识获取、知识表示以及知识在推理过程中的利用等方面开始出现一组新的原理、工具和技术。1977年，在第五届国际人工智能联合会(IJCAI)的会议上，费根鲍姆教授在一篇题为《人工智能的艺术：知识工程课题及实例研究》的特约文章中，系统地阐述了专家系统的思想，并提出了知识工程的概念。费根鲍姆认为，知识工程是研究知识信息处理的学科，它应用人工智能的原理和方法，给那些需要专家知识才能解决的应用难题提供了求解的途径。恰当地运用专家知识的获取、表示、推理过程的构成与解释，是设计基于知识的系统的重要技术问题。至此，围绕着开发专家系统而开展的相关理论、方法、技术的研究形成了知识工程学科。知识工程的研究使人工智能的研究从理论转向应用，从基于推理的模型转向基于知识的模型。

2.7.2 专家系统

专家系统是一个或一组能在某些特定领域内，应用大量的专家知识和推理方法求解复杂问题的一种人工智能计算机程序。属于人工智能的一个发展分支，专家系统的研究目标是模拟人类专家的推理思维过程。一般是将领域专家的知识和经验，用一种知识表达模式存入计算机。系统对输入的事实进行推理，做出判断和决策。从20世纪60年代开始，专家系统的应用产生了巨大的经济效益和社会效益，已成为人工智能领域中最活跃、最受重视的领域。

专家系统通常由人机交互界面、知识库、推理机、解释器、综合数据库、知识获取6个部分构成，如图2-42所示。专家系统的基本结构大部分为知识库和推理机。其中知识库中存放着求解问题所需的知识，推理机负责使用知识库中的知识去解决实际问题。知识库的建造需要知识工程师和领域专家相互合作把领域专家头脑中的知识整理出来，并用系统的知识方法存放在知识库中。当解决问题时，用户为系统提供一些已知数据，并可从系统处获得专家水平的结论。

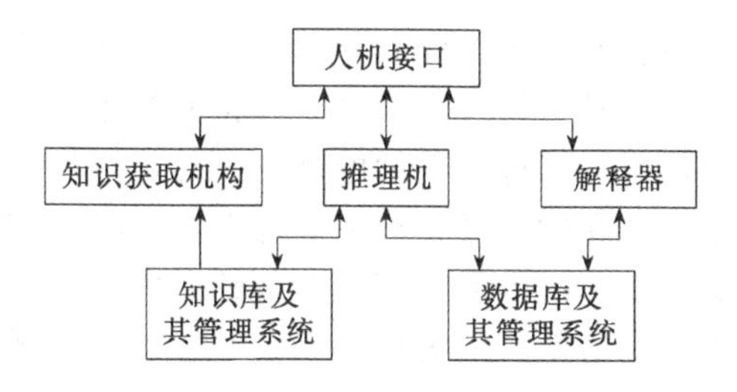

图 2-42　专家系统的基本结构

(1) 知识库

知识库用来存放专家提供的知识。专家系统的问题求解过程是通过知识库中的知识来模拟专家的思维方式，因此，知识库是专家系统质量是否优越的关键所在，即知识库中知识的质量和数量决定着专家系统的质量水平。一般来说，专家系统中的知识库与专家系统程序是相互独立的，用户可以通过改变、完善知识库中的知识内容来提高专家系统的性能。

人工智能中的知识表示形式有产生式、框架、语义网络等，而在专家系统中运用得较为普遍的知识是产生式规则。产生式规则以 IF…THEN…的形式出现，就像 BASIC 等编程语言里的条件语句一样，IF 后面跟的是条件（前件），THEN 后面的是结论（后件），条件与结论均可以通过逻辑运算 AND、OR、NOT 进行复合。在这里，产生式规则的理解非常简单：如果前提条件得到满足，就产生相应的动作或结论。

(2) 推理机

针对当前问题的条件或已知信息，反复匹配知识库中的规则，获得新的结论，以得到问题求解结果。在这里，推理方式可以有正向和反向推理两种。正向推理是从前件匹配到结论，反向推理则先假设一个结论成立，看它的条件有没有得到满足。由此可见，推理机就如同专家解决问题的思维方式，知识库就是通过推理机来实现其价值的。

(3) 人机界面

人机界面是系统与用户进行交流时的界面。通过该界面，用户输入基本信息，回答系统提出的相关问题，并输出推理结果及相关的解释等。

(4) 综合数据库

综合数据库专门用于存储推理过程中所需的原始数据、中间结果和最终结论，往往是作为暂时的存储区。解释器能够根据用户的提问，对结论、求解过程做出说明，因而使专家系统更具有人情味。

(5) 知识获取

知识获取是专家系统知识库是否优越的关键，也是专家系统设计的“瓶颈”问题，通过知识获取，可以扩充和修改知识库中的内容，也可以实现自动学习功能。

2.7.3　模糊理论

概念是思维的基本形式之一，它反映了客观事物的本质特征。人类在认识过程中，把感觉到的事物的共同特点抽象出来加以概括，这就形成了概念。比如从白雪、白马、白纸等事物中抽象出“白”的。一个概念有它的内涵和外延，内涵是指该概念所反映的事物本质属性的总和，也就是概念的内容。外延是指一个概念所确指的对象的范围。例如“人”这个概念的内涵是指能制造工具，并使用工具进行劳动的动物，外延是指古今中外一切的人。

所谓模糊概念，是指这个概念的外延具有不确定性，或者说它的外延是不清晰的，是模糊的。例如“青年”这个概念，它的内涵我们是清楚的，但是它的外延，即什么样的年龄阶段内的人是青年，恐怕就很难说情楚，因为在“年轻”和“不年轻”之间没有一个确定的边界，这就是一个模糊概念。

需要注意的几点：首先，人们在认识模糊性时，是允许有主观性的，也就是说，每个人对模糊事物的界限不完全一样，承认一定的主观性是认识模糊性的一个特点。例如，我们让100个人说出“年轻人”的年龄范围，那么我们将得到100个不同的答案。尽管如此，当我们用模糊统计的方法进行分析时，年轻人的年龄界限分布又具有一定的规律性。

其次，模糊性是精确性的对立面，但不能消极的理解模糊性代表的是落后的生产力，恰恰相反，我们在处理客观事物时，经常借助于模糊性。例如，在一个有许多人的房间里，找一位“年老的高个子男人”，这是不难办到的。这里所说的“年老”“高个子”都是模糊概念，然而我们只要将这些模糊概念经过头脑的分析判断，很快就可以在人群中找到此人。如果我们要求用计算机查询，那么就要把所有人的年龄、身高的具体数据输入计算机，然后才可以从人群中找出这样的人。

最后，人们对模糊性的认识往往同随机性混淆起来，其实它们之间有着根本的区别。随机性是其本身具有明确的含义，只是由于发生的条件不充分，而使得在条件与事件之间不能出现确定的因果关系，从而事件的出现与否表现出一种不确定性。而事物的模糊性是指我们要处理的事物的概念本身就是模糊的，即一个对象是否符合这个概念难以确定，也就是由于概念外延模糊而带来的不确定性。

2.7.4 人工神经网络

人工神经网络是在现代神经科学研究成果的基础上提出的一种抽象的数学模型，它以某种简化、抽象和模拟等方式，反映大脑功能的若干基本特征。数学建模的人工神经网络方法就是从大量数据中利用某些方法，寻找该系统或事件的内在规律，建立该系统或事件的数据之间的联系，并用一种数学描述其输入与输出之间的关系。它将一个系统的内在联系通过数据、图表、图像、图形、公式、方程、网络结构等形式来体现，所以，在某种程度上，可以说数据、图表、图像、图形、公式、方程、网络结构等都是该系统的模型表达，这种表达就是相似系统的概念。因此，数学建模就是由一种系统的模型表达转换为系统的另一种模型或表达形式，比如数据、图表、图像、图形、公式、方程、网络结构等形式。这种表达就是相似系统的概念。数学建模的人工神经网络方法就是用人工神经网络的结构形式来代替实际物理系统模型。

一个神经网络的特性和功能取决于三个要素：一是构成神经网络的基本单元——神经元；二是神经元之间的连续方式——神经网络的拓扑结构；三是用于神经网络学习和训练，修正神经元之间的连接权值和阈值的学习规则。

人工神经元是对生物神经元的功能的模拟。人的大脑中大约含有10^{11}个生物神经元，生物神经元以细胞体为主体，由许多向周围延伸的不规则树枝状纤维构成的神经细胞，其形状很像一棵枯树的枝干。主要由细胞体、树突、轴突和突触（又称神经键）组成，如图 2-43 所示。

生物神经元通过突触接收和传递信息。在突触的接收侧，信号被送入胞体，这些信号在胞体里被综合。其中有的信号起刺激作用，有的起抑制作用。当胞体中接受的累加刺激超过一个阈值时，胞体就被激发，此时它将通过枝蔓向其他神经元发出信号。

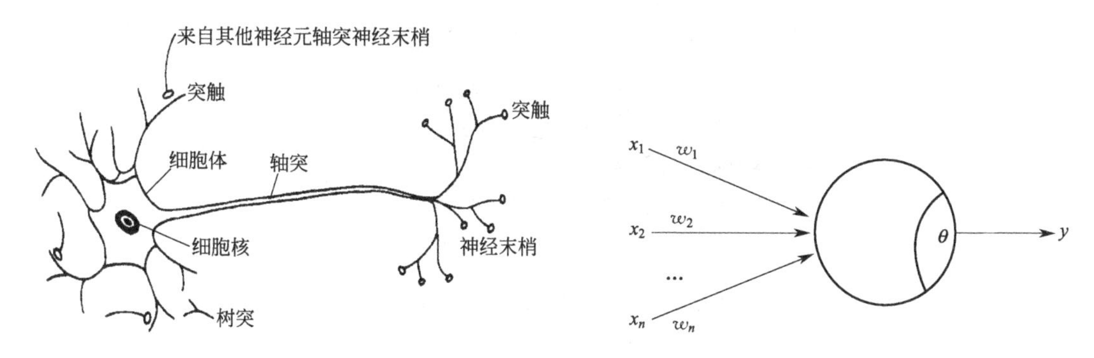

图 2-43　生物神经元示意图　　　　图 2-44　人工神经元基本特性示意图

根据生物神经元的特点，人们设计人工神经元，用它模拟生物神经元的输入信号加权和的特性。设 n 个输入分别用 x_1，x_2，…，x_n 表示，它们对应的连接权值依次为 w_1，w_2，…，w_n，用 net 表示该神经元所获得的输入信号的累积效果，即该神经元的网络输入量，y 表示神经元的实际输出。图 2-44 给出了人工神经元基本特性示意图。

单个的人工神经元的功能是简单的，只有通过一定的方式将大量的人工神经元广泛地连接起来，组成庞大的人工神经网络，才能实现对复杂的信息进行处理和存储，并表现出不同的优越特性。根据神经元之间连接的拓扑结构上的不同，将人工神经网络结构分为两大类，即层次型结构和互连型结构。

(1) 层次型拓扑结构

层次型结构的神经网络将神经元按功能的不同分为若干层，一般有输入层、中间层（隐层）和输出层，各层顺序连接，如图 2-45 所示。输入层接受外部的信号，并由各输入单元传递给直接相连的中间层各个神经元。中间层是网络的内部处理单元层，它与外部没有直接连接，神经网络所具有的模式变换能力，如模式分类、模式完善、特征提取等，主要是在中间层进行的。根据处理功能的不同，中间层可以是一层，多层也可以。由于中间层单元不直接与外部输入输出进行信息交换，因此常将神经网络的中间层称为隐层，或隐含层、隐藏层等。输出层是网络输出运行结果并与显示设备或执行机构相连接的部分。

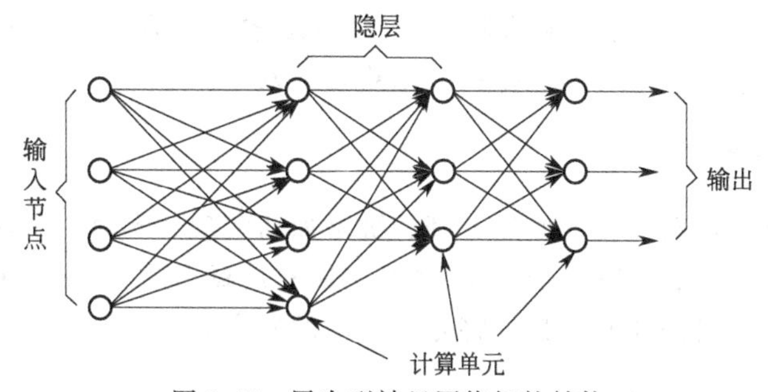

图 2-45　层次型神经网络拓扑结构

(2) 互连型拓扑结构

互连型结构的神经网络是指网络中任意两个神经元之间都是可以相互连接的，如图2-46

所示。例如，Hopfield 网络（循环网络）、波尔茨曼机模型网络的结构均属于这种类型。

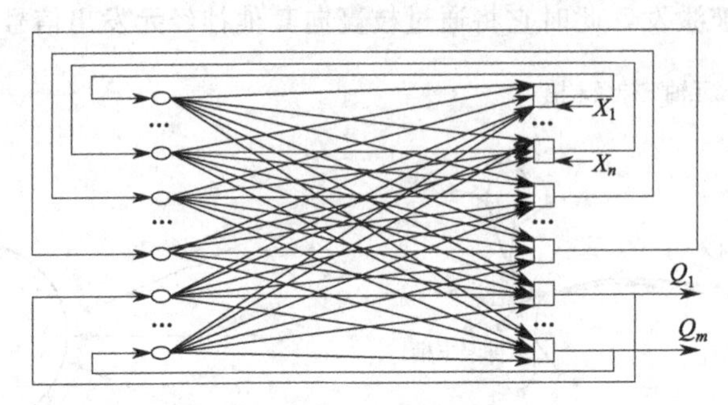

图 2-46 全互连型网络拓扑结构

2.7.5 虚拟现实技术

虚拟现实技术是一种可以创建和体验虚拟世界的计算机仿真系统，它利用计算机生成一种模拟环境，是一种多源信息融合的交互式的三维动态视景和实体行为的系统仿真，使用户沉浸到该环境中。虚拟现实系统在远程教育、科学计算可视化、工程技术、建筑、电子商务、交互式娱乐、艺术等领域都有着极其广泛的应用前景。利用它可以创建多媒体通信、设计协作系统、实境式电子商务、网络游戏、虚拟社区全新的应用系统。

仿真技术的一个重要方向是仿真技术与计算机图形学人机接口技术、多媒体技术、传感技术、网络技术等多种技术的集合，是一门富有挑战性的交叉技术前沿学科和研究领域。虚拟现实技术（VR）主要包括模拟环境、感知、自然技能和传感设备等方面。模拟环境是由计算机生成的、实时动态的三维立体逼真图像。感知是指理想的 VR 应该具有一切人所具有的感知。除计算机图形技术所生成的视觉感知外，还有听觉、触觉、力觉、运动等感知，甚至还包括嗅觉和味觉等，也称为多感知。自然技能是指人的头部转动，眼睛、手势或其他人体行为动作，由计算机来处理与参与者的动作相适应的数据，对用户的输入作出实时响应，分别反馈到用户的五官。虚拟现实的关键技术可以包括以下几个方面。

(1) 动态环境建模技术

虚拟环境的建立是虚拟现实技术的核心内容。动态环境建模技术的目的是获取实际环境的三维数据，并根据应用的需要，利用获取的三维数据建立相应的虚拟环境模型。三维数据的获取可以采用 CAD 技术（有规则的环境），而更多的环境则需要采用非接触式的视觉建模技术，两者的有机结合可以有效地提高数据获取的效率。

(2) 实时三维图形生成技术

三维图形的生成技术已经较为成熟，其关键是如何实现“实时”生成。为了达到实时的目的，至少要保证图形的刷新率不低于 15 帧/s，最好是高于 30 帧/s。在不降低图形的质量和复杂度的前提下，如何提高刷新频率将是该技术的研究内容。

(3) 立体显示和传感器技术

虚拟现实的交互能力依赖于立体显示和传感器技术的发展。现有的虚拟现实还远远不能满足系统的需要，例如，数据手套有延迟大、分辨率低、作用范围小、使用不便等缺点；虚拟现实设备的跟踪精度和跟踪范围也有待提高，因此有必要开发新的三维显示技术。

(4) 应用系统开发工具

虚拟现实应用的关键是寻找合适的场合和对象，即如何发挥想象力和创造力。选择适当的应用对象可以大幅度提高生产效率、减轻劳动强度、提高产品开发质量。为了达到这一目的，必须研究虚拟现实的开发工具。例如，研究虚拟现实系统开发平台、分布式虚拟现实技术等。

2.8 逆向工程技术

逆向工程的思想最初是来自从油泥模型（见图 2-47）到产品实物的设计过程。在 20 世纪 90 年代初，随着现代计算机技术及测试技术的发展，逆向工程发展为一项以先进产品、设备的实物为研究对象，利用 CAD/CAM 等先进设计、制造技术来进行产品复制、仿制乃至新产品研发的一种技术手段，其相关领域包括几何测量、图像处理、计算机视觉、几何造型和数字化制造等。除机械领域外，三维测量、模型重建技术还用于医学、地理、考古等领域的图像处理和模型恢复。

(a) 汽车

(b) 鼠标

图 2-47　油泥模型

第二次世界大战后日本通过仿制美国及欧洲的产品，在采取各种手段获得先进的技术和引进技术的消化和吸收的基础上，建立了自己的产品创新设计体系，使经济迅速崛起，成为仅次于美国的制造大国。中国是一个制造大国，能够制造出很多高质量的机电产品，但实事求是地说，我们在相当长的时期里还不具备创新能力，在这个阶段更多的是学习和模仿，积累自己的经验，为今后的创新打下坚实的基础。

因此，通过逆向工程，在消化、吸收先进技术的基础上，建立和掌握自己的产品开发设计技术，进行产品的创新设计，在原来复制的基础上改进进而创新，这是提高我国制造业发展水平的必由之路。实际上任何产品问世，不管是创新、改进还是仿制，都包含着对已有科学、技术的继承和应用借鉴。

2.8.1　逆向工程的定义

逆向工程（Reverse Engineering，RE）也称反求工程或逆向设计，反求工程包括影响反求、软件反求及实物反求，目前研究最多的是实物反求技术。它是研究实物 CAD 模型的重建和最终产品的制造，也是将已有产品模型（实物模型）转化为工程设计模型，并在此基础上解剖、深化和再创造的一系列分析方法和应用技术的组合。即对一项目标产品进行逆向分析及研究，从而演绎并得出该产品的处理流程、组织结构、功能特性及技术规格等设计要素，以制作出功能相近，但又不完全一样的产品。逆向工程源于商业及军事领域中的硬件分析。其主要目的是：在不能轻易获得必要的生产信息的情况下，直接从成品分析推导出产品的设计原理。逆向工程可以有效地改善技术水平，提高生产率，增强产品竞争力，是消化、吸收先进技术进而创造和开发各种新产品的重要手段。它的主要任务是：将物理模型转化为工程设计概念和产品数字化模型，一方面为提高工程设计及加工分析的质量和效率提供充足的信息；另一方面为充分利用 CAD、CAE、CAM 技术对已有产品进行设计服务。

应该看到，逆向工程有其独特的共性技术和内容，还是一门新兴的交叉学科分支，正如高新技术层出不穷，解密技术也要相应发展。在工程专业领域，需要有设计、制造、试验、使用、维修、检测等方面知识；在现代设计法领域，需要有系统设计、优化、有限元、价值工程、可靠性、工业设计、创新技法等知识；在计算机方面，需要有硬件和软件的基础知识等。总之，现行产品中的各种复杂、高新技术，在逆向工程中都会遇到如何消化吸收的问题。

2.8.2 逆向设计流程

图 2-48 是逆向工程的工作流程。逆向工程一般可以分为五个阶段：获取点云数据、处理数据、重建原型 CAD 模型、快速加工、检验与修正模型。

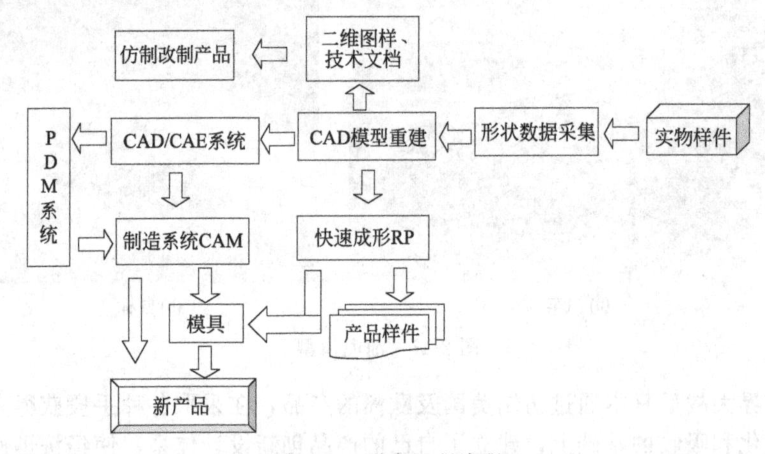

图 2-48 逆向工程流程

① 获取点云数据。获取数据是逆向工程进行的首要步骤，也是完成整个过程的前提。采用的测量的手段是利用三坐标测量机、三维数字化扫描仪、工业 CT 和激光扫描测量仪等设备来获取零件原型表面的三维坐标值。

② 处理数据。处理数据是逆向工程 CAD 建模的关键环节。它的结果可以直接影响后期重建模型的质量。它包括散乱点排序、多视拼合、误差剔除、数据光顺、数据精简、特征提取和数据分块等。由于在获取数据的测量过程中不可避免地会带进噪声和误差，必须对点云数据进行某些补偿或者删除一些明显错误点；对于大量的点云数据，也要进行精简。因此，对于获取的数据进行一系列操作（如数据拓扑的建立、数据滤波、数据精简、特征提取与数据分块）是必不可少的。对于一些形状复杂的点云数据，经过数据处理，可将其分成特征相对单一的块状点云，也按测量数据的几何属性对其进行分割，采用匹配与识别几何特征的方法可获取零件原型所具有的设计与加工特征。

③ 重建原型 CAD 模型。通过复杂曲面产品反求工程 CAD 模型，进而通过建模得到该

复杂曲面的数字化模型是逆向工程的关键技术之一，该技术涉及计算机、图像处理、图形学、神经网络、计算几何、激光测量和数控等众多交叉学科及领域。

运用CAD系统模型，可将一些分割后形成的三维点云数据进行表面模型的拟合，并通过各曲面片的求交与拼接来获取零件原型表面的CAD模型。其目的在于获取完整一致的边界表示CAD模型，即用完整的面、边、点信息来表示模型的位置和形状。只有建立了完整一致的CAD模型，才可保证接下来的过程顺利进行下去。

④ 快速加工。现有的快速加工有“减材加工”的数控加工，还有“增材加工”的快速成形机，这是整个流程的最关键环节。

数控加工是指在数控机床上进行零件加工的一种工艺方法，数控机床加工与传统机床加工的工艺规程从总体上来说是一致的，但也发生了明显变化。数控加工是采用数字信息控制零件和刀具位移的机械加工方法，是解决零件品种多变、批量小、形状复杂、精度高等问题和实现高效化及自动化的有效途径。

2.8.3　三维扫描技术与设备

三维扫描技术是一种先进的全自动高精度立体扫描技术，通过测量空间物体表面点的三维坐标值，得到物体表面的点云信息，并转化为计算机可以直接处理的三维模型，又称为“实景复制技术”。三维扫描技术是集光、机、电和计算机技术于一体的高新技术，主要用于对物体空间外形和结构进行扫描，以获得物体表面的空间坐标，用软件来进行三维重建计算，在虚拟世界中创建实际物体的数字模型。这些模型具有相当广泛的用途，在工业设计、瑕疵检测、逆向工程、机器人导引、地貌测量、医学信息、生物信息、刑事鉴定、数字文物典藏、电影制片、游戏创作素材等领域都可见其应用，显示了巨大的技术先进性和强大的生命力。

三维扫描仪主要分为以下几类，如图2-49所示。

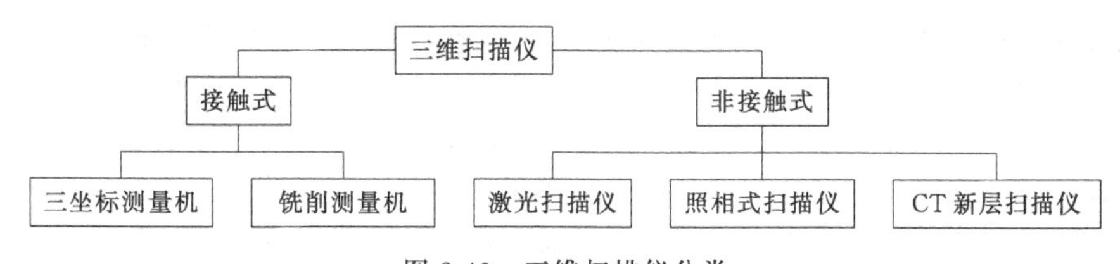

图2-49　三维扫描仪分类

2.8.3.1　三坐标测量机

接触式测量又称为机械测量，这是目前应用最广的自由曲面三维模型数字化方法之一。三坐标测量机是接触式三维测量仪中的典型代表，它以精密机械为基础，综合应用了电子技术、计算机技术、光学技术和数控技术等先进技术。根据测量传感器的运动方式和触发信号的产生方式的不同，一般将接触式测量方法分为单点触发式和连续扫描式两种。三坐标测量机可分为主机、测头、电气系统三大部分，如图2-50(a)所示。

（1）主机

主机结构如图2-50(b)所示，分为以下几个部分。

① 框架　是指测量机的主体机械结构架子。它是工作台、立柱、桥框、壳体等机械结构的集合体。

② 标尺系统　它是测量机的重要组成部分，也是决定仪器精度的一个重要环节。三坐标测量机所用的标尺有线纹尺、精密丝杆、感应同步器、光栅尺、磁尺及光波波长等。该系

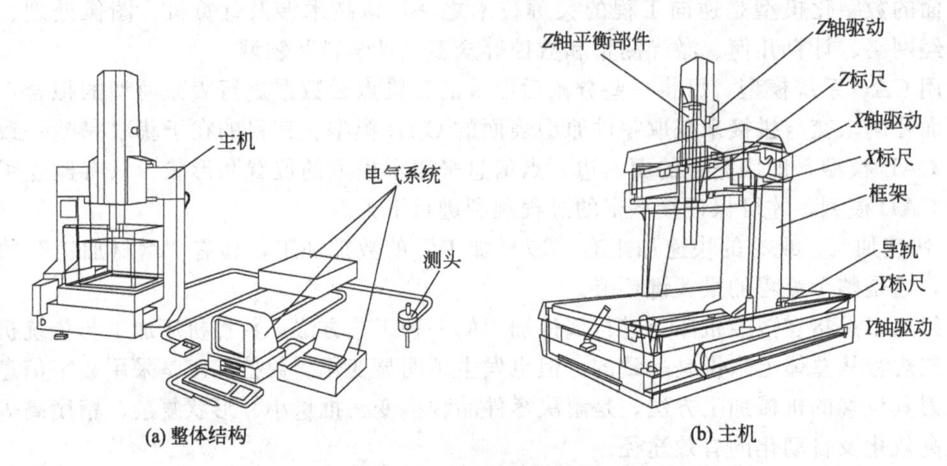

图 2-50 三坐标测量机

统还应包括数显电气装置。

③ 导轨 它是测量机实现三维运动的重要部件。测量机多采用滑动导轨、滚动轴承导轨和气浮导轨，而以气浮静压导轨为主要形式。气浮导轨由导轨体和气垫组成，有的导轨体和工作台合二为一。气浮导轨还应包括气源、稳压器、过滤器、气管、分流器等一套气动装置。

④ 驱动装置 它是测量机的重要运动机构，可实现机动和程序控制伺服运动的功能。在测量机上一般采用的驱动装置有丝杆丝母、滚动轮、钢丝、齿形带、齿轮齿条、光轴滚动轮等，并配以伺服电机驱动。目前直线电机驱动正在增多。

⑤ 平衡部件 主要用于 Z 轴框架结构中。它的功能是平衡 Z 轴的重量，以使 Z 轴上下运动时无偏的干扰，使检测时 Z 向测力稳定。如更换 Z 轴上所装的测头时，应重新调节平衡力的大小，以达到新的平衡。Z 轴平衡装置有重锤、发条或弹簧、气缸活塞杆等类型。

⑥ 转台与附件 转台是测量机的重要元件，它使测量机增加一个转动运动的自由度，便于某些种类零件的测量。转台包括分度台、单轴回转台、万能转台（二轴或三轴）和数控转台等。用于坐标测量机的附件有很多，视需要而定。一般指基准平尺、角尺、步距规、标准球体（或立方体）、测微仪及用于自检的精度检测样板等。

（2）测头

三维测头即是三维测量的传感器，它可在三个方向上感受瞄准信号和微小位移，以实现瞄准与测微两种功能。测量的测头主要有硬测头、电气测头、光学测头等，此外还有测头回转体等附件。测头有接触式和非接触式之分。按输出的信号分，有用于发信号的触发式测头和用于扫描的瞄准式测头、测微式测头。

（3）电气系统

电气系统分为以下几个部分。

① 电气控制系统是测量机的电气控制部分 它具有单轴与多轴联动控制、外围设备控制、通信控制和保护与逻辑控制等。

② 计算机硬件部分 三坐标测量机可以采用各种计算机，一般有PC机和工作站等。

③ 测量机软件 包括控制软件与数据处理软件。这些软件可进行坐标交换与测头校正，生成探测模式与测量路径，可用于基本几何元素及其相互关系的测量，形状与位置误差测

量，齿轮、螺纹与凸轮的测量，曲线与曲面的测量等。具有统计分析、误差补偿和网络通信等功能。

④ 打印与绘图装置　此装置可根据测量要求，打印出数据、表格，也可绘制图形，是测量结果的输出设备。

接触式三维扫描适用性强、精度高（可达微米级别）；不受物体光照和颜色的限制；适用于没有复杂型腔、外形尺寸较为简单的实体的测量。由于采用接触式测量，可能损伤探头和被测物表面，也不能对软质物体进行测量，应用范围受到限制；受环境温湿度影响；同时扫描速度受到机械运动的限制，测量速度慢、效率低；无法实现全自动测量；接触测头的扫描路径不可能遍历被测曲面的所有点，它获取的只是关键特征点。因而，它的测量结果往往不能反映整个零件的形状，在行业中的应用具有极大的限制。

现代计算机技术和光电技术的发展使得基于光学原理、以计算机图像处理为主要手段的三维自由曲面非接触式测量技术得到了快速发展，各种各样的新型测量方法不断产生，它们具有非接触、无损伤、高精度、高速度以及易于在计算机控制下实行自动化测量等一系列特点，已经成为现代三维面形测量的重要途径及发展方向。三维激光扫描仪和三维照相式扫描仪占据了极其重要的位置。

2.8.3.2　三维激光扫描仪

三维激光扫描仪如图 2-51 所示。按照扫描成像方式的不同，激光扫描仪可分为一维（单点）扫描仪、二维（线列）扫描仪和三维（面列）扫描仪。而按照不同工作原理来分类，可分为脉冲测距法（也称时间差测量法）和三角测距法。

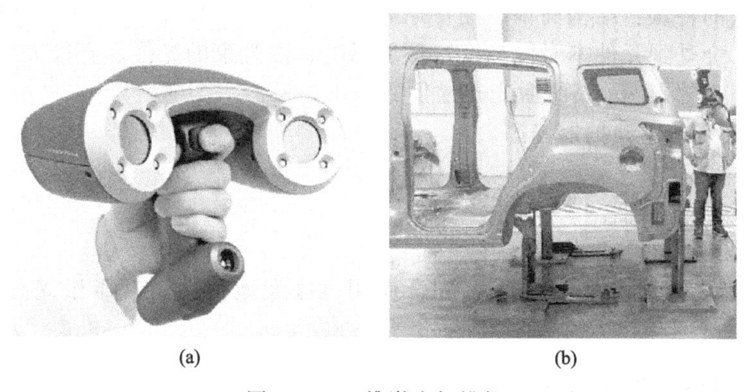

(a)　　(b)

图 2-51　三维激光扫描仪

脉冲测距法：见图 2-52，激光扫描仪由激光发射体向物体在时间 t_1 发送一束激光，由于物体表面可以反射激光，所以扫描仪的接收器会在时间 t_2 接收到反射激光。由光速 c，时间 t_1、t_2 算出扫描仪与物体之间的距离 $d=(t_2-t_1)c/2$。

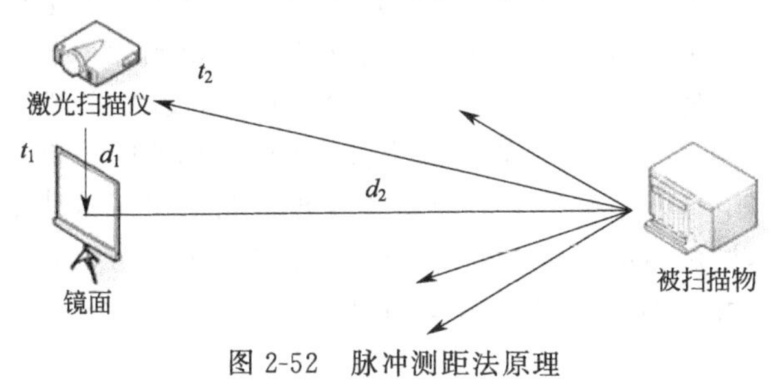

图 2-52　脉冲测距法原理

显而易见，脉冲测距式 3D 激光扫描仪，其测量精度受到扫描仪系统准确的量测时间限制。当用该方式测量近距离物体的时候，由于时间太短，就会产生很大误差。所以，该方法比较适合测量远距离物体，如地形扫描，但是不适合于近景扫描。

三角测距法：见图 2-53，用一束激光以某一角度聚焦在被测物体表面，然后从另一角度对物体表面上的激光光斑进行成像，物体表面激光照射点的位置高度不同，所接受散射或反射光线的角度也不同，用 CCD（图像传感器）光电探测器测出光斑像的位置，就可以计算出主光线的角度 θ；然后结合已知激光光源与 CCD 之间的基线长度 d，经由三角形几何关系推求扫描仪与物体之间的距离 $L \approx d\tan\theta$。

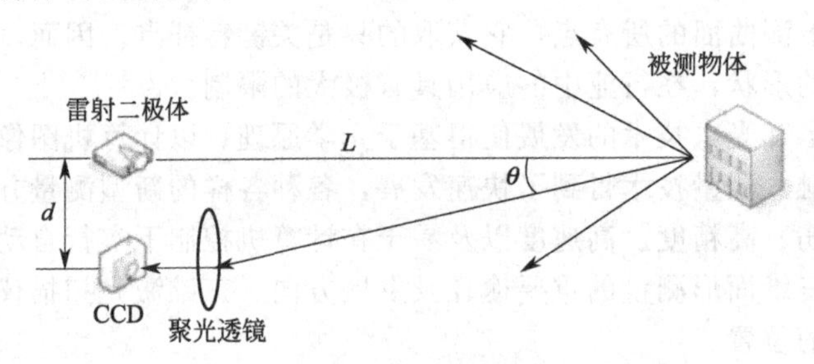

图 2-53 三角测距法

手持激光扫描仪通过上述的三角形测距法建构出 3D 图形：通过手持式设备，对待测物发射出激光光点或线性激光。以两个或两个以上的侦测器测量待测物的表面到手持激光产品的距离，还需要借助特定参考点——通常是具黏性、可反射的贴片——用来作为扫描仪在空间中定位及校准使用。这些扫描仪获得的数据会被导入电脑中，并由软件转换成 3D 模型。

三角测量法的特点：结构简单、测量距离大、抗干扰、测量点小（几十微米）、测量准确度高。但是，会受到元件本身的精度、环境温度、激光束的光强、直径大小以及被测物体的表面特征等因素的影响。三维激光扫描仪的特点如下：

① 非接触测量，主动扫描光源。

② 数据采样率高。

③ 高分辨率、高精度。

④ 数字化采集、兼容性好。

⑤ 可与外置数码相机、GPS 系统配合使用，极大地扩展了三维激光扫描技术的使用范围。

2.8.3.3 三维照相式扫描仪

三维照相式扫描仪如图 2-54 所示，光源主要是白光，其工作过程类似于照相过程，扫描物体的时候一次性扫描一个测量面，快速，简洁，因此而得名。照相式三维扫描采用的是面光技术，扫描速度非常快，一般在几秒内便可以获取百万多个测量点，基于多视角的测量数据拼接，则可以完成物体 360°扫描，是三维扫描和工业设计、工业检测的好助手。

三维照相式扫描仪采用的是结构光技术，同样依据三角函数原理，但是并非使用激光，而是依靠向物体投射一系列光线组合，然后通过检测光线的边缘来测量物体与扫描仪之间的距离，如图 2-55 所示。结构光技术一般由两个高分辨率的 CCD 相机和光栅投影单元组成，利用光栅投影单元将一组具有相位信息的光栅条纹投影到测量工件表面，两个 CCD 相机进行同步测量，利用立体相机测量原理，可以在极短时间内获得物体表面高密度的三维数据。利用参考点拼接技术，可将不同位置和角度的测量数据自动对齐，从而获得完成的扫描结果，实现建模。

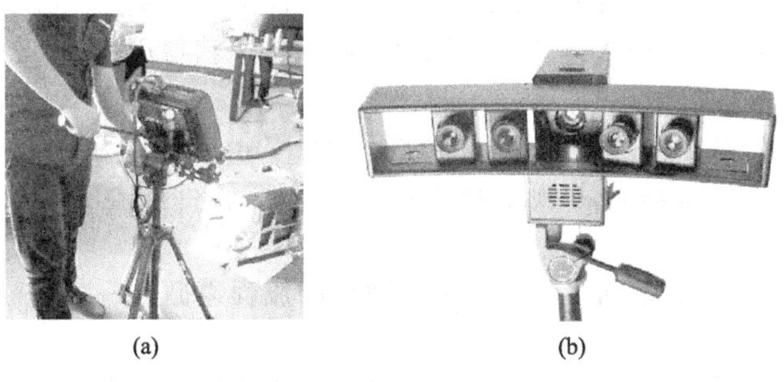

图 2-54　三维照相式扫描仪

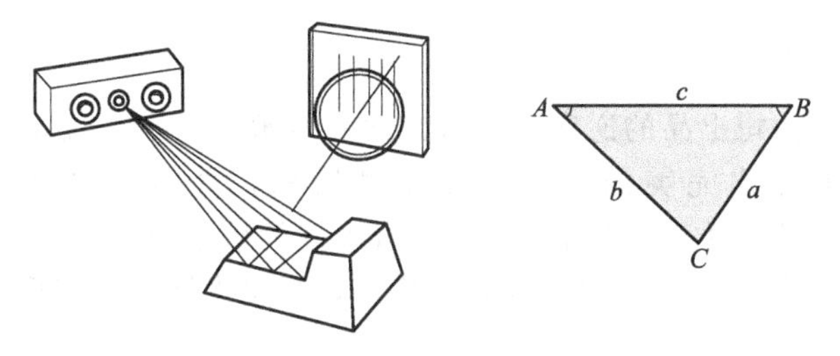

图 2-55　结构光技术

三维照相式扫描仪的特点：①非接触测量；②精度高，单面测量精度可达微米级别；③对环境要求较低；④对个别颜色（如黑色）及透明材料有限制，需要喷涂显像剂方能较好扫描出来。

2.8.4　主流专业软件介绍

（1）Imageware

Imageware 由美国 EDS 公司出品，是最著名的逆向工程软件之一，正被广泛应用于汽车、航空、航天、消费家电、模具、计算机零部件等设计与制造领域。该软件拥有广大的用户群，国外有 BMW、Boeing、GM、Chrysler、Ford、Raytheon、Toyota 等著名国际大公司，国内则有上海大众、上海申模模具制造有限公司、上海 DELPHI、成都飞机制造公司等大企业。

以前该软件主要被应用于航空航天和汽车工业，因为这两个领域对空气动力学性能要求很高，在产品开发的开始阶段就要认真考虑空气动力性能。常规的设计流程是：首先根据工业制造组的要求设计出结构，制作出油泥模型之后，将其送到风洞实验室去测量空气动力学性能，然后再根据实验结果对模型进行反复修改，直到获得满意结果为止，如此所得到的最终油泥模型才是符合需要的模型。那么，如何将油泥模型的外形精确地输入计算机成为电子模型呢？这就需要采用逆向工程软件。首先利用三坐标测量仪器测出模型表面点阵数据，然后利用逆向工程软件 Imageware 进行处理，即可获得 A 级曲面。

随着科学技术的进步和消费水平的不断提高，许多行业也纷纷开始采用逆向工程软件进行产品设计。以微软公司生产的鼠标为例，就其功能而言，只需要三个按键就可以满足使用需要，但是，怎样才能让鼠标的手感最好，而且经过长时间使用也不易产生疲劳感却是生产厂商需要认真考虑的问题。因此，微软公司首先根据人体工程学制作了几个模型并交给使用者评估，然后根据评估意见对模型直接进行修改，直至修改到满意为止，最后再将模型数据利用逆向工程软件Imageware生成CAD数据。当产品推向市场后，由于其外观新颖、曲线流畅，再加上手感很好，符合人体工程学原理，因而迅速获得用户的广泛认可，产品的市场占有率大幅度上升。

Imageware采用NURBS技术，软件功能强大。Imageware由于在逆向工程方面具有技术先进性，产品一经推出就占领了很大市场份额，软件收益正以47%的年速率快速增长。

Imageware主要用来做逆向工程，它处理数据的流程遵循点—曲线—曲面原则，流程简单清晰，软件易于使用。

Imageware在计算机辅助曲面检查、曲面造型及快速样件等方面具有其他软件无可匹敌的强大功能，它当之无愧地成为逆向工程领域的领导者。

（2）Geomagic Studio

由美国Geomagic公司出品的逆向工程和三维检测软件Geomagic Studio可轻易地从扫描所得的点云数据创建出完美的多边形模型和网格，并可自动转换成NURBS曲面。Geomagic Studio可根据任何实物零部件自动生成准确的数学模型。Geomagic Studio还为新兴应用提供了理想的选择，如定制设备大批量生产，即定即造的生产模式以及原始零部件的自动重造。

Geomagic Studio的特点：确保完美无缺的多边形和NURBS模型处理复杂形状或自由曲面形状时，生产率比传统CAD软件提高10倍。自动化特征和简化的工作流程可缩短培训时间，并使用户免于执行单调乏味、劳动强度大的任务。可与所有主要的三维扫描设备和CAD/CAM软件进行集成，能够作为一个独立的应用程序运用于快速制造；或者作为对CAD软件的补充。这就难怪世界各地有3000人以上的专业人士使用Geomagic技术定制产品，促使流程自动化以及提高生产能力。

Geomagic Studio主要包括Qualify、Shape、Wrap、Decimate、Capture五个模块。主要功能包括以下几点。

① 自动将点云数据转换为多边形（Polygons）。

② 快速减少多边形数目（Decimate）。

③ 把多边形转换为NURBS曲面。

④ 曲面分析（公差分析等）。

⑤ 输出与CAD/CAM/CAE匹配的文件格式（IGS. STL. DXF等）。

（3）RapidForm

RapidForm是韩国INUS公司出品的全球四大逆向工程软件之一。RapidForm提供了新一代运算模式，可实时将点云数据运算出无接缝的多边形曲面，成为3D Scan后处理最佳的接口。RapidForm也将使用户的工作效率提升，使3D扫描设备的运用范围扩大，改善扫描品质。其主要特征如下。

① 多点云数据管理界面。高级光学3D扫描仪会产生大量的数据（可达100000～200000点），由于数据非常庞大，因此需要昂贵的计算机硬件才可以运算，现在RapidForm提供记忆管理技术（使用更少的系统资源）可缩短用户处理数据的时间。

② 多点云处理技术。可以迅速处理庞大的点云数据，无论是稀疏的点云还是跳点都可以轻易地转换成非常好的点云，RapidForm使用过滤点云工具以及分析表面偏差的技术来消除D扫描仪所产生的不良点云。

③ 快速点云转换成多边形曲面的计算方法。在所有逆向工程软件中，RapidForm 提供了一个特别的计算技术，针对 3D 及 2D 处理是同类型计算，软件提供了一种最快、最可靠的计算方法，可以将点云快速计算出多边形曲面。RapidForm 能处理无顺序排列的点数据以及有顺序排列的点数据。

④ 彩色点云数据处理。RapidForm 支持彩色 3D 扫描仪，可以生成最佳化的多边形，并将颜色信息映象在多边形模型中。在曲面设计过程中，颜色信息将完整保存，也可以运用 RP 成型机制作出有颜色信息的模型。RapidForm 也提供上色功能，通过实时上色编辑工具，使用者可以直接对模型编辑喜欢的颜色。

⑤ 点云合并功能。多个点扫描数据有可能经手动方式将特殊的点云加以合并，RapidForm 也提供一种技术，使用它可以方便地对点云数据进行各种各样的合并。

2.8.5 实例操作

汽车轮毂装饰盖是车辆上常见的零件之一。本章主要介绍 Geomagic Design X 中汽车轮毂盖三维坐标系的建立、特征领域划分，通过面片拟合、旋转曲面、圆形阵列等功能进行模型重构，以及最终整体误差分析的全过程，如图 2-56 所示。

(a) 喷显像剂及贴点

(b) 面片数据

(c) 领域划分

(d) 实体模型

(e) 误差分析

图 2-56　汽车轮毂装饰盖三维逆向过程

2.8.5.1 导入三维面片数据

选择“插入”＞“导入”命令，在弹出的对话框中选择要导入的三维面片数据，单击“仅导入”按钮，将三维面片数据导入软件，如图 2-57 所示。

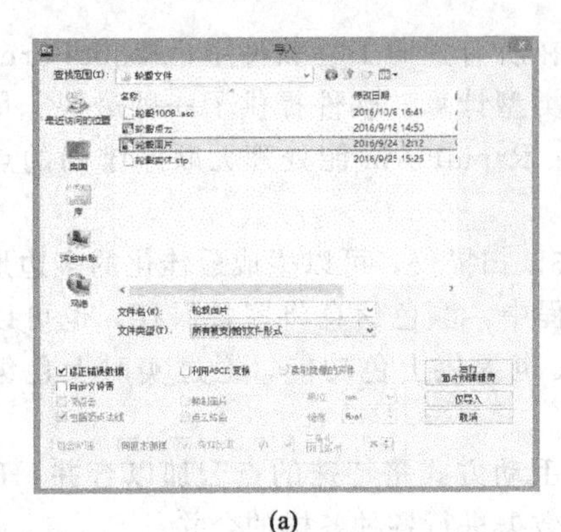

(a) (b)

图 2-57　面片数据导入

2.8.5.2　划分特征领域

（1）自动分割

单击工具栏“领域组”按钮，进入领域组模式，应用程序将自动运行“自动分割”命令。将“敏感度”设置为 50，将“面片的粗糙度”设置为光滑。如图 2-58(a) 所示，单击“OK”按钮。自动分割的领域如图 2-58(b) 所示。

（2）分割领域

对划分的区域进行自定义划分，单击“分离”按钮，选择界面左下角的“画笔选择模式”，对不满意的领域组进行划分，如图 2-58(c) 所示。

注：调节画笔圆形的大小时，可按住 Alt 键并拖曳鼠标左键。

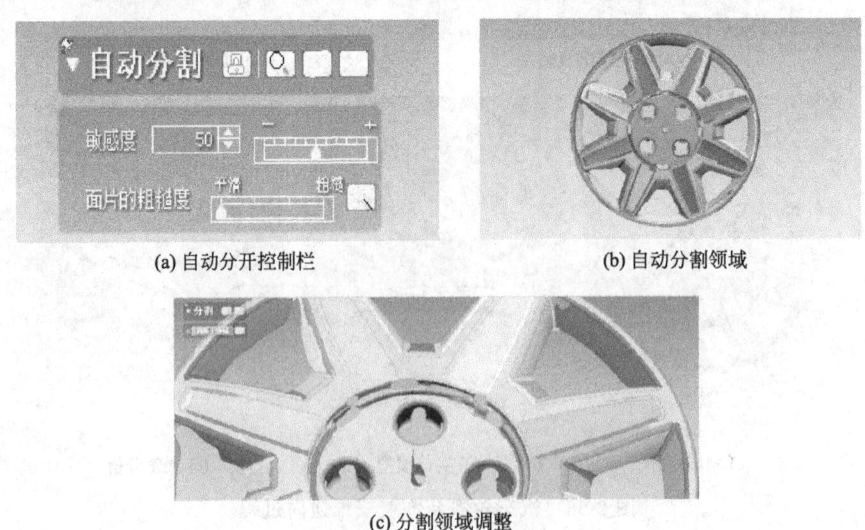

(a) 自动分开控制栏　(b) 自动分割领域

(c) 分割领域调整

图 2-58　特征领域划分

2.8.5.3　对齐坐标系

① 创建基准面，单击“平面”按钮，将“方法”设置为“提取”，选择轮毂中间平

面领域，单击“OK”按钮，创建平面 1，如图 2-59(a) 所示。

② 对齐视图，单击“对齐视图”按钮，选择平面 1，再单击“平面”按钮，将“方法”设置为“绘制直线”，隐藏参照平面前、左、右，沿轮毂几何形状的对称线绘制一条直线，如图 2-59(b) 所示，单击“OK”按钮，创建平面 2。

③ 在追加参照平面命令里，将“方法”设置为“镜像”，然后选择所有面片和平面 2，如图 2-59(c) 所示，单击“OK”按钮，创建平面 3，舍弃平面 2，将平面 2 删除。

(a) 平面1

(b) 平面2

(c) 平面3

图 2-59　创建平面

④ 单击“手动对齐”按钮，再单击“下一步”按钮，将“移动”下选中“X-Y-Z”，“对象”选中坐标系，然后单击 X 轴选择平面 3、单击 Y 轴选择平面 1，单击“OK”按钮完成绘制。再隐藏平面 1、平面 3，显示参照平面前、上、右。对齐完毕后，可以将创建的平面 1、平面 2、平面 3 删除。可单击“对齐视图”按钮，选择前、上、右任意一个平面查看对齐结果。

2.8.5.4　构造曲面

(1) 追加参照线

单击工具栏上“追加参照线”按钮，将“方法”设置为“2 平面交差”，要素选择平面前、右，单击“OK”按钮，创建参照线 1。

(2) 绘制草图 1

单击工具栏上“面片草图”按钮，选择平面右作为基准平面，由基准面偏移的距离设置为 0mm，轮廓投影范围设置为 0mm，其他选项设置默认，单击“OK”按钮完成绘制。在面片草图模式中利用直线、中心点圆弧、调整等命令绘制出如图 2-60 所示的草图。

图 2-60　面片草图 1

图 2-61　回转曲面 1

(3) 回转曲面 1

单击工具栏上“回转曲面”按钮，选择面片草图 1 作为基准草图，选择参照线 1 作为回转轴，单击“OK”按钮，创建回转曲面如图 2-61 所示。

(4) 面片拟合 1

单击工具栏上“面片拟合”按钮，将分辨率设置为控制点数，U 控制点数为 4，V 控制点数为 4，选择需要拟合的领域，如图 2-62 所示，单击“OK”按钮，生成拟合曲面 1。

使用相同的方法拟合另一边的曲面，生成拟合曲面 2。单击“延长”按钮，将终止条件设置为距离，距离设为 10mm，延长方法同曲率，选择需要延长的面的边线，单击“OK”按钮，如图 2-63 所示。使用相同的方法延长另一侧曲面。

图 2-62　面片拟合 1

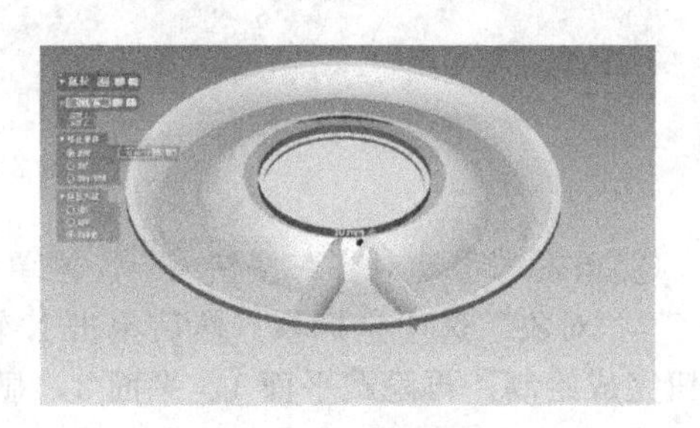

图 2-63　延长曲面 1

(5) 剪切曲面 1

单击工具栏上“剪切曲面”按钮，工具要素选择面片拟合 1、面片拟合 2，单击“下一步”按钮，在运算结果中选择残留体，单击“OK”按钮，生成剪切曲面 1，如图 2-64 所示。再单击“曲面剪切”按钮，工具要素选择剪切 1、回转曲面 1，单击“下一步”按钮，运算结果中选择残留体，单击“OK”按钮，生成剪切曲面 2，如图 2-65 所示。

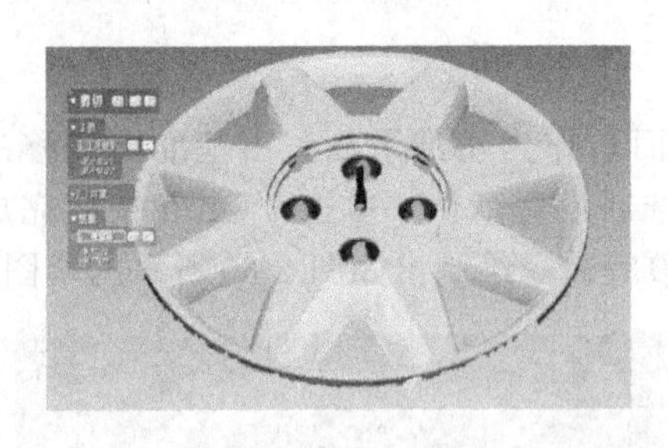

图 2-64　剪切曲面 1

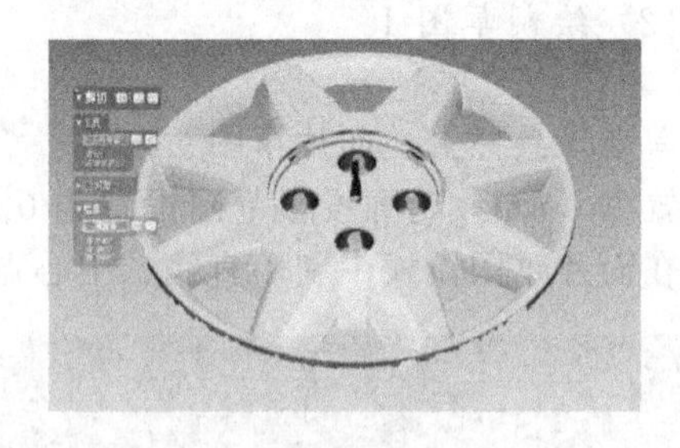

图 2-65　剪切曲面 2

(6) 圆形阵列 1

单击工具栏上“圆形阵列”按钮，选择剪切 2，回转轴选择线 1，要素数设置为 8，交叉角设置为 45，选中“用轴回转”复选框，单击“OK”按钮完成绘制，如图 2-66 所示。

单击工具栏上“剪切曲面”按钮，工具要素选择回转曲面 1，选中对象复选框，选择剪切 2 及所有阵列曲面作为对象体，运算结果中选择残留体，单击“OK”按钮，生成剪切曲面 3，如图 2-67 所示。

图 2-66　圆形阵列 1

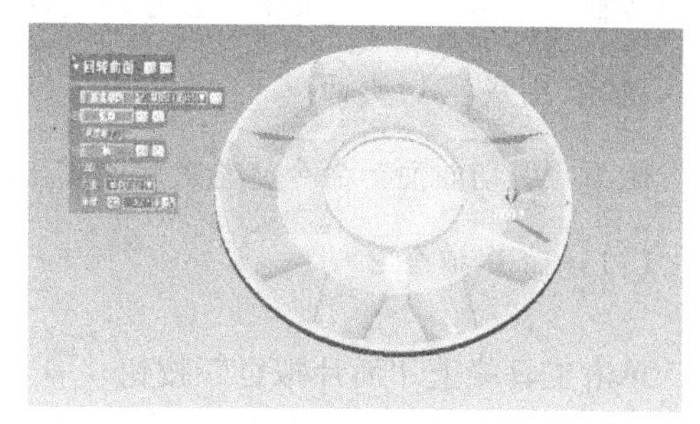

图 2-67　剪切曲面 3

（7）回转曲面 2

单击工具栏上“面片草图”按钮，选择平面前作为基准平面，由基准面偏移的距离设置为 0mm，轮廓投影范围设置为 0mm，单击“OK”按钮完成绘制。使用面片草图中的 3 点圆弧、调整等命令绘制出如图 2-68 所示的草图。

单击工具栏上“回转曲面”按钮，选择面片草图 2 作为基准草图，选择参照线 1 作为回转轴，单击“OK”按钮，创建回转曲面 2，如图 2-69 所示。

图 2-68　面片草图 2

图 2-69　回转曲面 2

（8）剪切曲面 4

单击工具栏上“剪切曲面”按钮，工具要素选择回转曲面 1、回转曲面 2 以及剪切 1 到剪切 8，单击“下一步”按钮，在运算结果中选择残留体，单击“OK”按钮，生成剪切曲面 4，如图 2-70 所示。

单击工具栏上“剪切曲面”按钮，工具要素选择回转曲面 1、剪切曲面 3，单击“下一步”按钮，在运算结果中选择残留体，单击“OK”按钮，生成剪切曲面 5，如图 2-71 所示。

图 2-70　剪切曲面 4

图 2-71　剪切曲面 5

(9) 回转曲面3

单击工具栏上“面片草图”按钮，选择平面前作为基准平面，由基准面偏移的距离设置为0mm，轮廓投影范围设置为0mm，单击“OK”按钮完成绘制。使用面片草图中的3点圆弧、调整等命令绘制出如图2-72所示的草图。

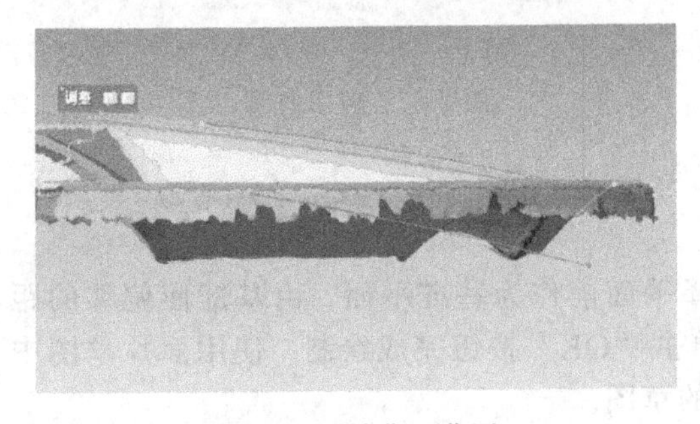

图2-72 回转曲面草图3

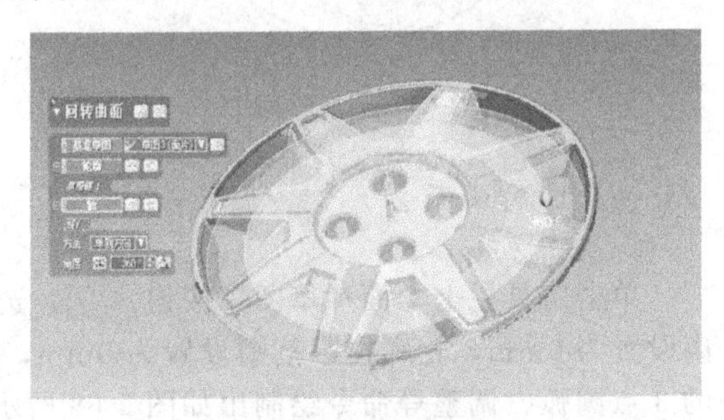

图2-73 回转曲面3

单击工具栏上“回转曲面”按钮，选择面片草图3作为基准草图，选择参照线1作为回转轴，单击“OK”按钮，创建回转曲面3，如图2-73所示。

(10) 生成剪切曲面

使用“剪切曲面”命令将轮毂底面多出曲面剪切去除，生成剪切曲面6，如图2-74所示。

(11) 面片拟合2

单击工具栏上“面片拟合”按钮，将分辨率设置为控制点数，U控制点数为4，V控制点数为4，选择需要拟合的领域，如图2-75所示，单击“OK”按钮，生成拟合曲面3。

图2-74 剪切曲面6

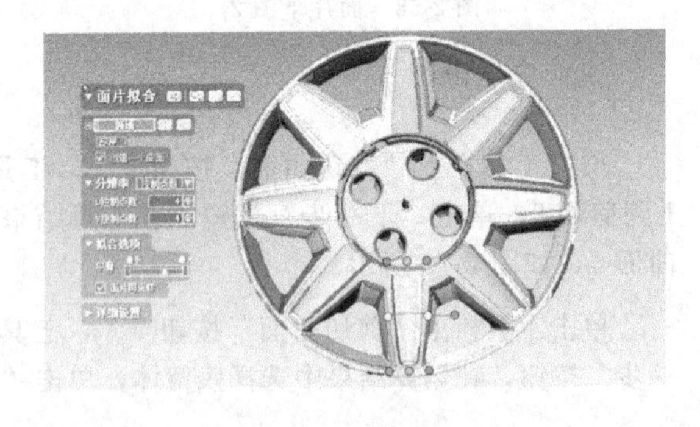

图2-75 拟合曲面3

(12) 拉伸曲面1

单击工具栏上“面片草图”按钮，选择平面上作为基准平面，由基准面偏移的距离设置为11mm，轮廓投影范围设置为0mm，单击“OK”按钮完成绘制。使用面片草图中的直线、调整命令绘制出如图2-76所示的草图。

单击工具栏上“曲面拉伸”按钮，选择面片草图4作为基准草图，将方法设置为距离，长度为80，并单击“反方向”按钮，选中“拔模”复选框，角度设置为80，单击

“OK”键完成绘制，如图 2-77 所示。

图 2-76 面片草图 4

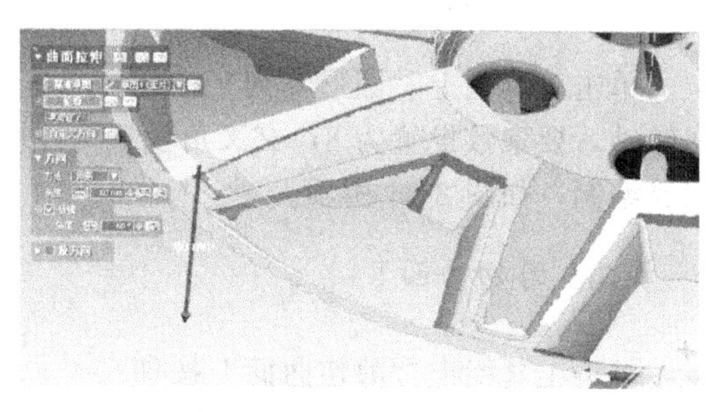

图 2-77 拉伸曲面 1

(13) 曲面偏移 1

单击工具栏上“曲面偏移”按钮，选择拉伸曲面 1 作为基准偏移面，偏移距离设置为 9.6，单击“反方向”按钮，单击“OK”按钮完成绘制，如图 2-78 所示。

单击工具栏上“延长曲面”按钮，选择需要延长的边线，终止条件选择“距离”，距离设置为 5，延长方法选择“同曲率”，单击“OK”按钮完成绘制，如图 2-79 所示。

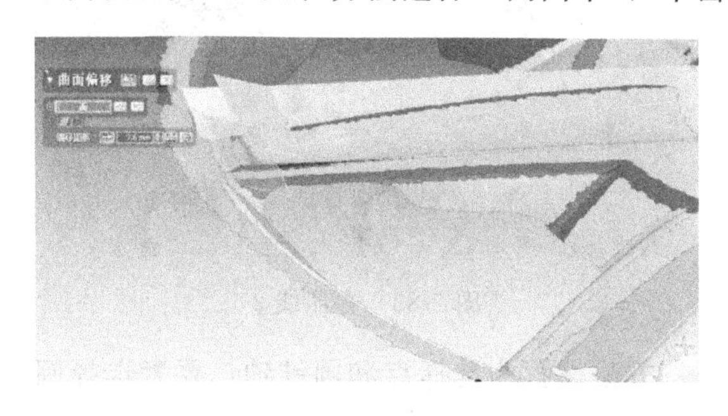

图 2-78 曲面偏移 1

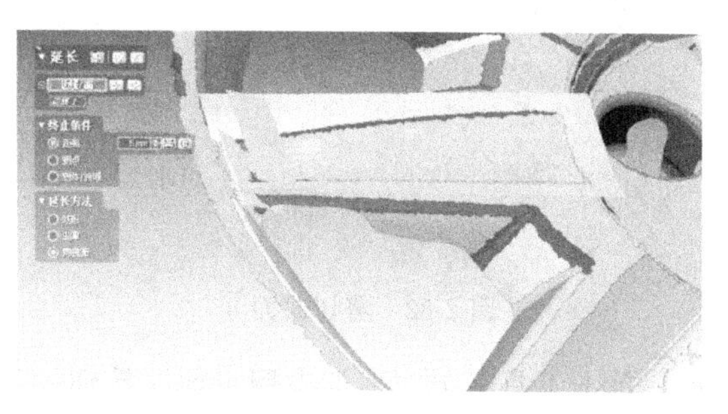

图 2-79 延长曲面 2

(14) 剪切曲面 7

隐藏曲面拉伸 1，单击工具栏上“剪切曲面”按钮，工具要素选择拟合曲面 3、曲面偏移 1，单击“下一步”按钮，在运算结果中选择残留体，单击“OK”按钮，生成剪切曲面 7，如图 2-80 所示。

图 2-80 剪切曲面 7

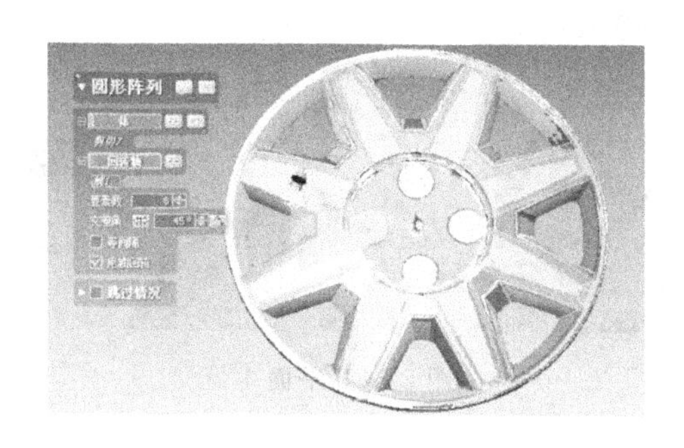

图 2-81 圆形阵列 2

（15）圆形阵列 2

单击工具栏上“圆形阵列”按钮，选择“剪切 7”作为体，选择“参照线 1”作为回转轴，要素数设置为 8，交叉角设置为 45，选中“用轴回转”复选框，单击“OK”按钮完成绘制，如图 2-81 所示。

（16）剪切曲面 8

单击工具栏上“剪切曲面”按钮，工具要素选择剪切 6、剪切 7、圆形阵列 2-1 到圆形阵列 2-7，单击“下一步”按钮，在运算结果中选择残留体，单击“OK”按钮完成绘制，如图 2-82 所示。

（17）追加参照平面

单击工具栏上“追加参照线”按钮，将方法设置为检索圆柱轴，要素选择如图 2-83 所示圆柱领域，单击“OK”按钮，创建参照线 2。

图 2-82　剪切曲面 8

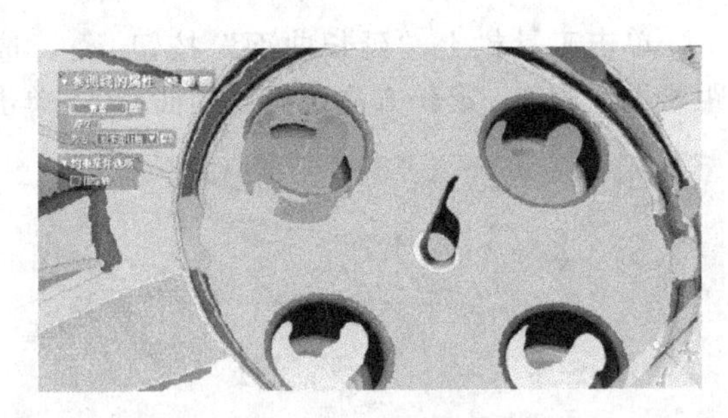

图 2-83　参照线 2

单击工具栏上“追加参照平面”按钮，将方法设置为选择点和圆锥轴，要素选择圆柱领域的一个点和参照线 2，如图 2-84 所示，单击“OK”按钮，创建平面 4。

（18）回转曲面 4

单击工具栏上“面片草图”按钮，选择平面 4 作为基准平面，由基准面偏移的距离设置为 0mm，轮廓投影范围设置为 0mm，单击“OK”按钮完成绘制。使用面片草图中直线、中心点圆弧、调整相切等命令绘制出如图 2-85 所示的草图。

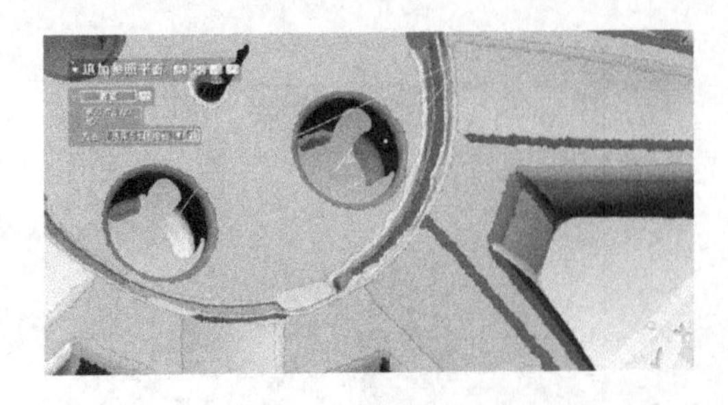

图 2-84　平面 4

图 2-85　面片草图 5

单击工具栏上“回转曲面”按钮，选择面片草图 5 作为基准草图，选择参照线 2 作为回转轴，单击“OK”按钮，创建回转曲面如图 2-86 所示。

(19) 拉伸曲面2

单击工具栏上“追加参照平面”按钮，要素选择平面上，将方法设置为偏移，数量为1，距离为15，单击“反方向”按钮，如图2-87所示，单击“OK”按钮完成绘制。

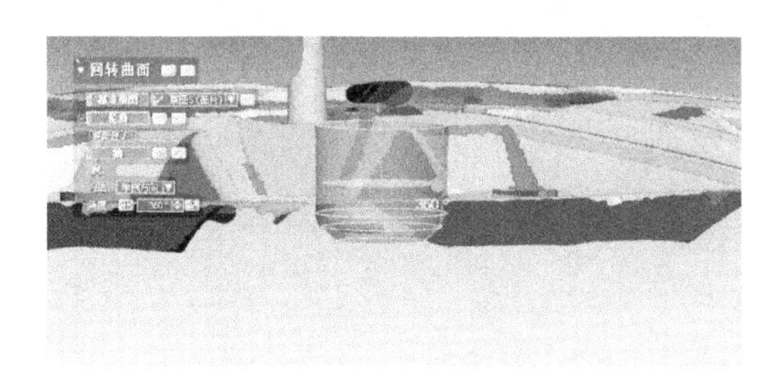

图2-86 回转曲面4

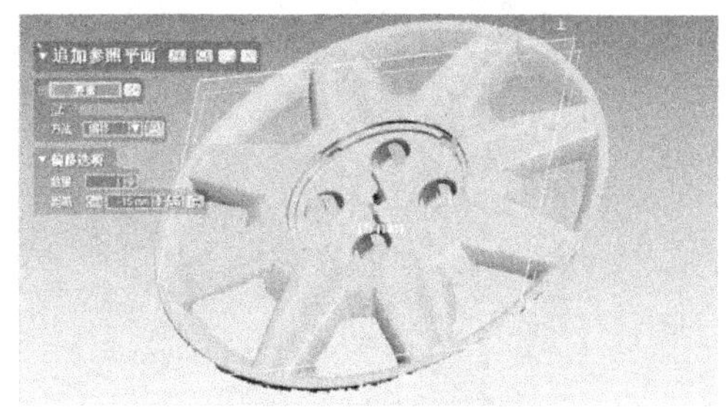

图2-87 创建平面5

单击工具栏上“面片草图”按钮，选择平面5作为基准平面，由基准面偏移的距离设置为0mm，轮廓投影范围设置为0mm，单击“OK”按钮完成绘制。使用面片草图中直线、剪切等命令绘制出如图2-88所示的草图。

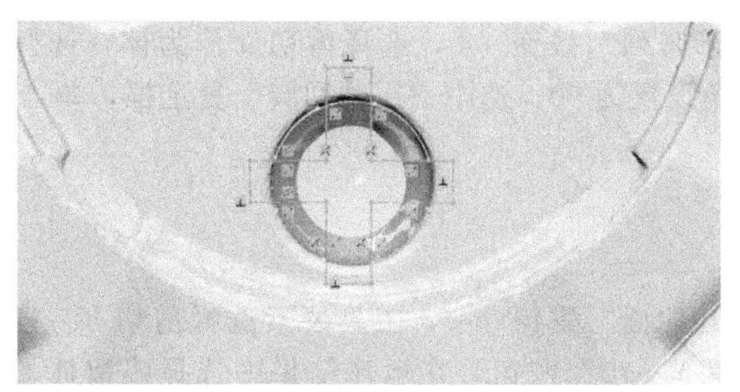

图2-88 面片草图6

单击工具栏上“拉伸实体”按钮，选择面片草图6作为基准草图，将方法设置为距离，长度为5，选中“反方向”复选框，方法设置为距离，长度为20，如图2-89所示，单击“OK”按钮完成绘制。

单击工具栏上“删除面”按钮，选中删除复选框，选择如图2-90所示拉伸实体底面作为删除面，单击“OK”按钮完成绘制，拉伸实体由体变为曲面。

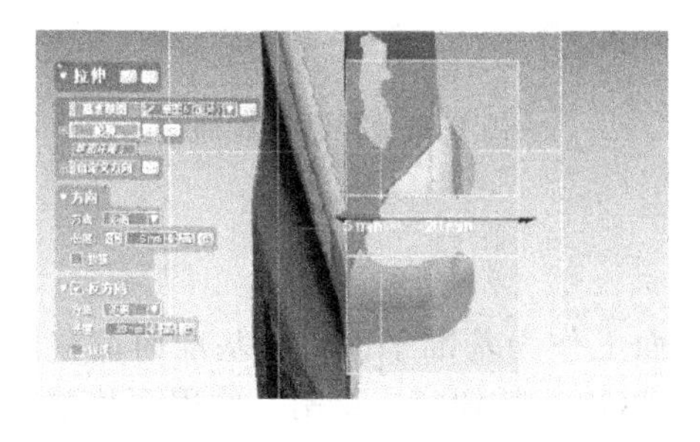

图2-89 拉伸实体

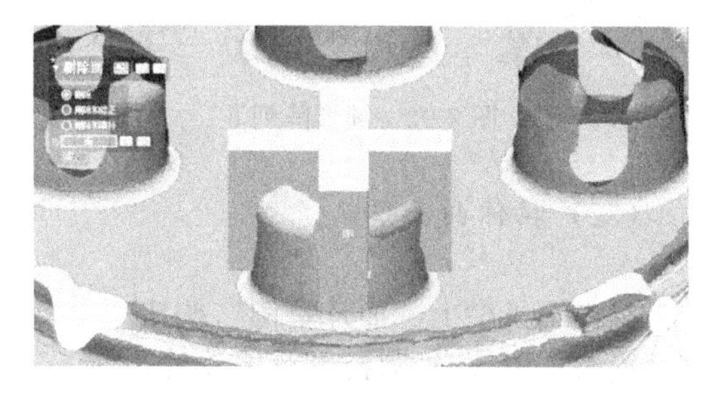

图2-90 删除底面

单击工具栏上“剪切曲面”按钮，工具要素选择回转曲面4和删除面1，单击“下一步”按钮，在运算结果中选择残留体，如图2-91所示，单击“OK”按钮，生成剪切曲面 9。

图 2-91 剪切曲面 9

（20）圆形阵列 3

单击工具栏上“圆形阵列”按钮，选择剪切 9 作为体，选择参照线 1 作为回转轴，要素数设置为 4，交叉角设置为 90，选中“用轴回转”复选框，单击“OK”按钮完成绘制，如图 2-92 所示。

（21）剪切曲面 10

单击工具栏上“剪切曲面”按钮，工具要素选择剪切 8、剪切 9 以及圆形阵列 3-1 到圆形阵列 3-3，单击“下一步”按钮，在运算结果中选择残留体，单击“OK”按钮完成绘制，如图 2-93 所示。

图 2-92 圆形阵列 3

图 2-93 剪切曲面 10

（22）拉伸曲面 3

单击工具栏上“面片草图”按钮，选择平面上作为基准平面，由基准面偏移的距离设置为 0mm，轮廓投影范围设置为 20mm，单击“OK”按钮完成绘制。使用面片草图中直线、圆、剪切等命令绘制出如图 2-94 所示的草图。

单击工具栏上“拉伸曲面”按钮，选择面片草图 7 作为基准草图，将方法设置为距离，长度设置为 30，单击“反方向”按钮，如图 2-95 所示，单击“OK”按钮完成绘制。

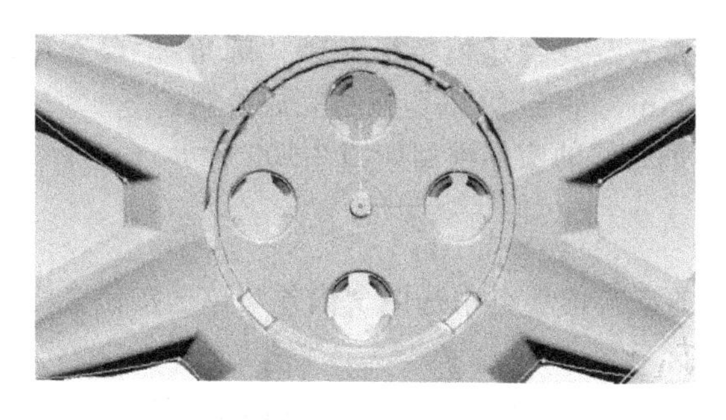

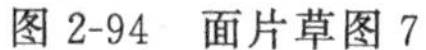

图 2-94　面片草图 7

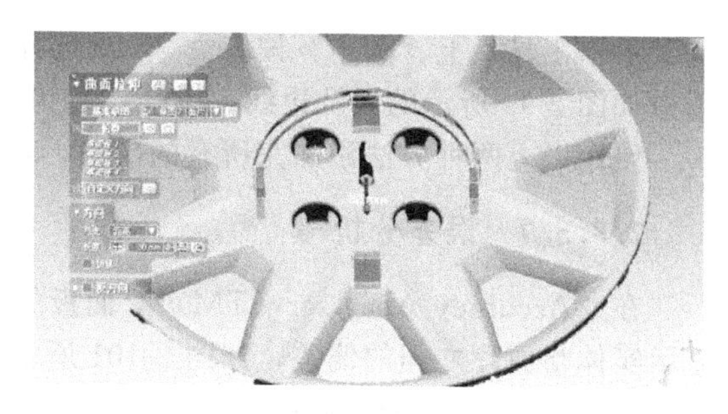

图 2-95　拉伸曲面 3

（23）剪切曲面 11

单击工具栏上“剪切曲面”按钮，工具要素选择剪切 10 以及曲面拉伸 2-1 到曲面拉伸 2-4，单击“下一步”按钮，在运算结果中选择残留体，如图 2-96 所示，单击“OK”按钮完成绘制，生成剪切曲面 11。

2.8.5.5　曲面加厚

单击工具栏上“赋厚”按钮，或者选择“插入”>“实体”>“赋厚”，进入命令后选择剪切 11 作为体，厚度设置为 2，方向选择方向 2，如图 2-97 所示，单击“OK”按钮完成绘制。

图 2-96　剪切曲面 11

图 2-97　曲面赋厚

2.8.5.6　添加圆角

单击工具栏上“圆角”按钮，或选择“插入”>“建模特征”>“圆角”。要素选择如图 2-98 所示的圆形边线，半径设置为 2.5mm，单击“OK”按钮完成绘制。注：如果单击“从面片上估算半径”按钮，通过分析面片的圆角半径值，应用程序将自动计算半径值。

图 2-98　线圆角

图 2-99　面圆角

单击工具栏上“圆角”按钮，或选择“插入”＞“建模特征”＞“圆角”。要素可选择如图2-99所示的面及边线，半径设置为1.5mm，单击“OK”按钮完成绘制。

使用以上两种方法添加完所有的圆角，最终创建好的实体模型如图2-100所示。

2.8.5.7 误差分析

在“Accuracy Analyzer（TM）”面板的“类型”选项组中选中“偏差”单选按钮，将显示实体与面片之间的偏差，如图2-101所示。

图2-100 实体模型

图2-101 误差对比

2.8.5.8 文件输出

在菜单栏中，选择“文件”＞“输出”，选择需输出的图形，单击“OK”按钮弹出对话框，设置文件保存路径、文件名称和保存类型（STP、IGS等），然后单击“保存”按钮即可。

思考题

1. CAD定义是什么？
2. 形体的拓扑信息和几何信息的含义是什么？
3. 分析线框模型、表面模型和实体模型在表示形体上的不同特点。
4. CSG和B-rep实体造型方法各有什么优缺点？
5. 简述CSG和B-rep表示几何实体的基本原理。
6. 选择一个机械零件，用CSG法分析它是由哪些体素构成，画出CSG树。
7. 比较参数化建模和特征建模方法之间的区别和联系。
8. 概述自底向上和自顶向下的装配建模方法原理。
9. 简述特征建模与实体建模的关系和区别？
10. 特征的工程意义与作用是什么？特征分为哪几类？
11. 尺寸驱动和约束驱动的意义是什么？
12. 简述不同CAx系统之间进行数据交换的三种方式的特点和作用。
13. 产品数据模型包含哪些内容？
14. 简述专家系统的基本结构。
15. 简述逆向设计的流程。

16. 请用拉伸建模的方法完成图 2-102 所示零件图，忽略图中的公差等标示。

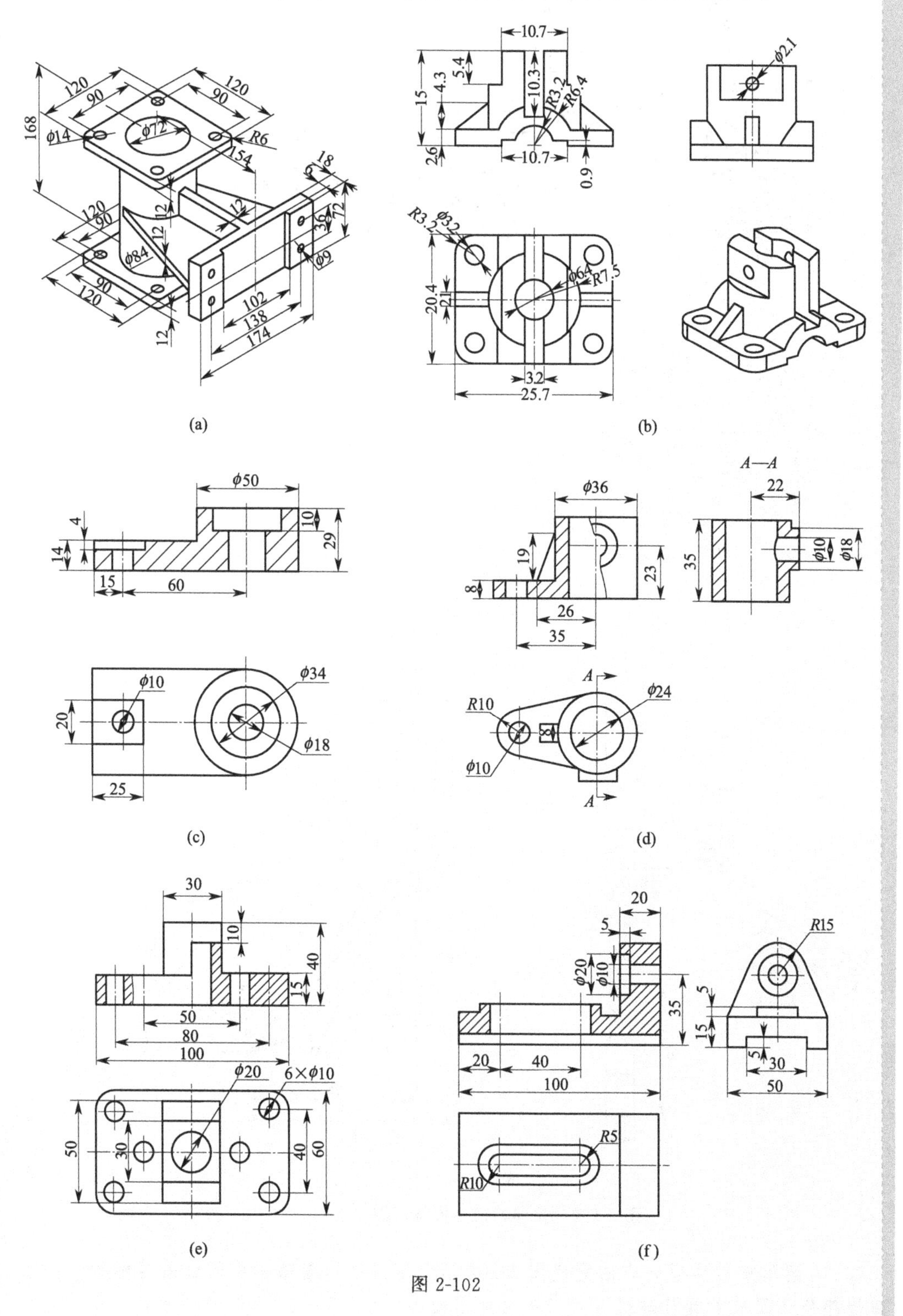

图 2-102

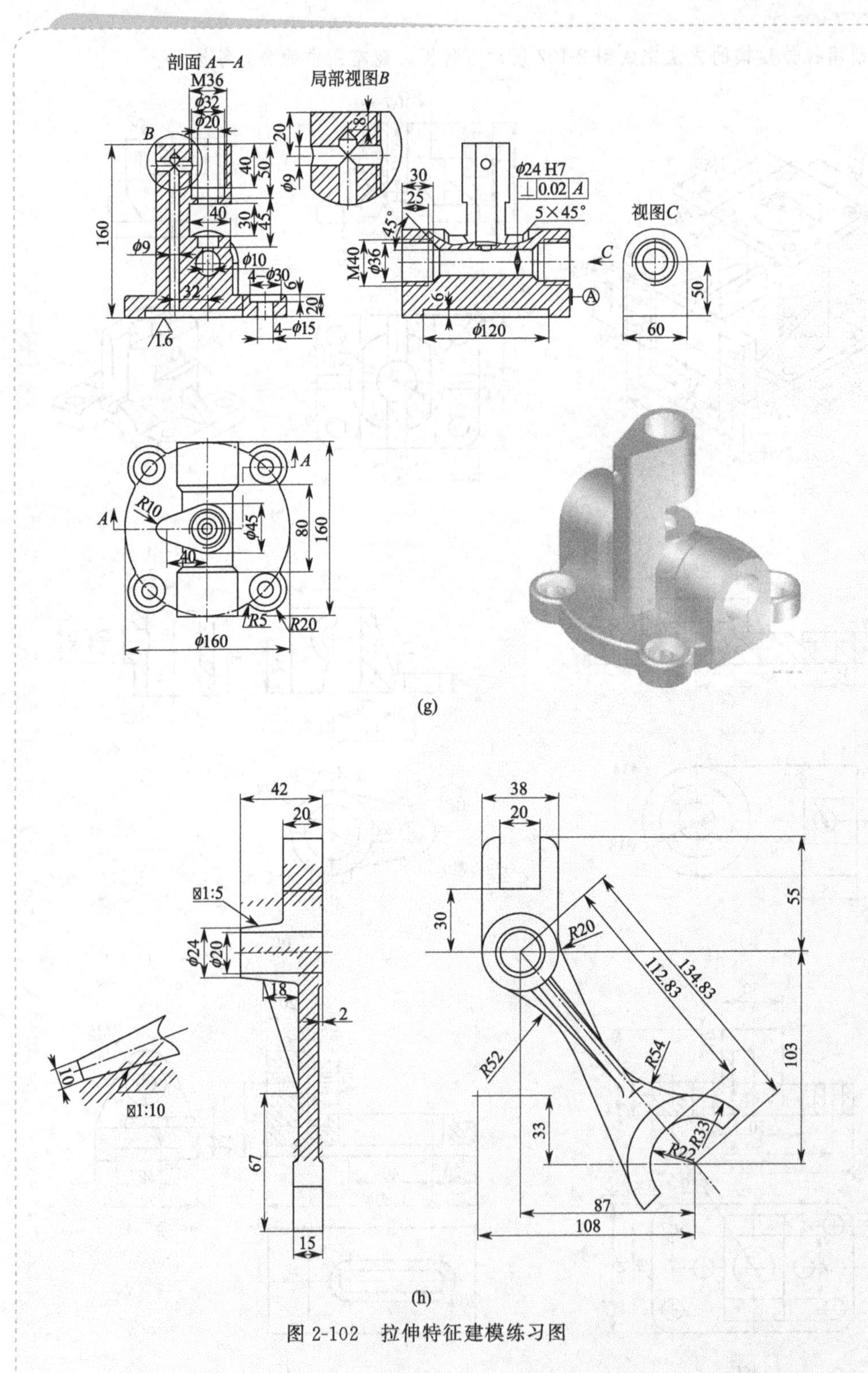

图 2-102 拉伸特征建模练习图

17. 请用旋转建模的方法完成图 2-103 所示零件图，忽略图中的公差等标示。要求回转部分必须采用旋转建模方法，不得使用拉伸。

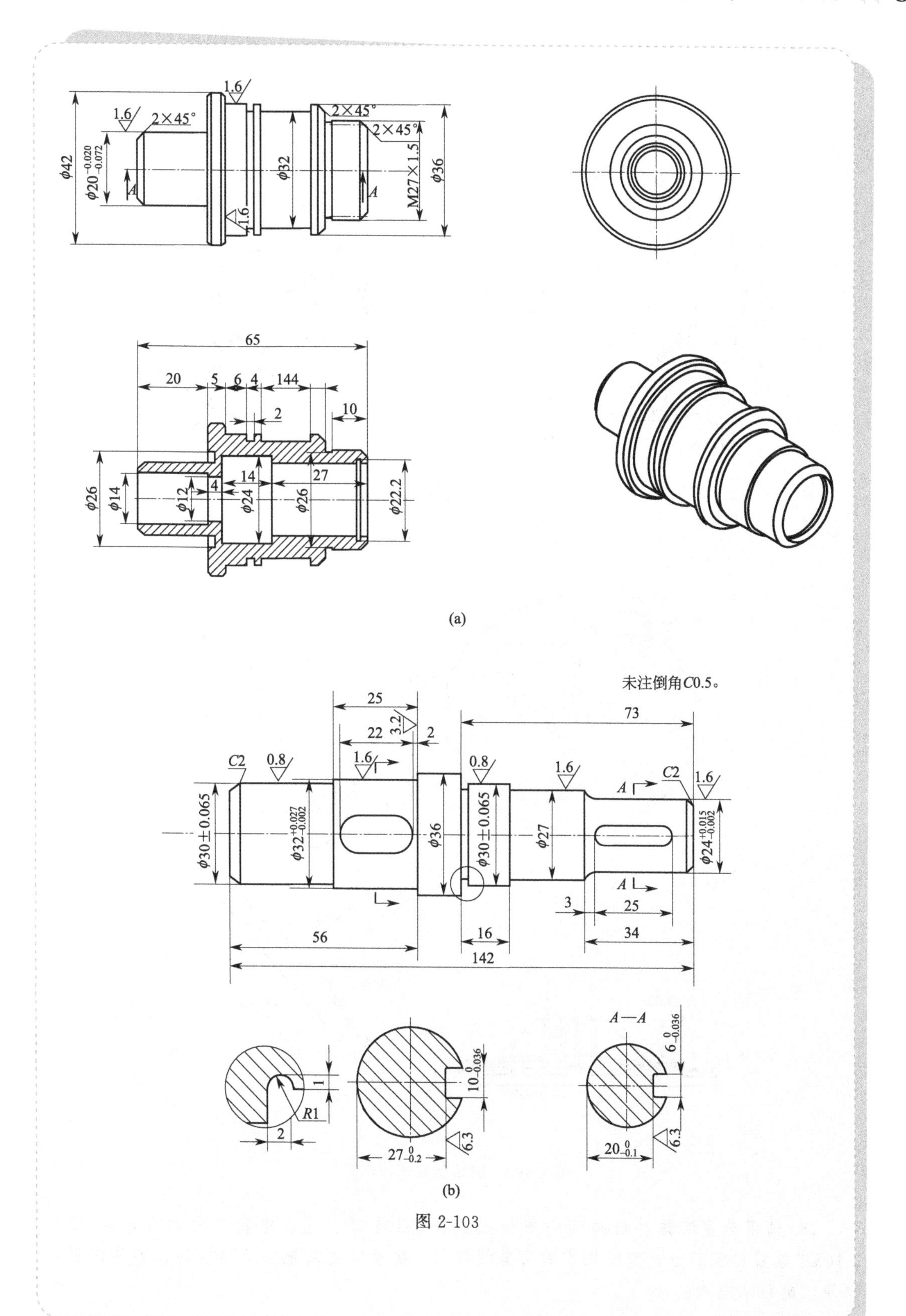

1.6
2×45°
1.6
φ42
φ20-0.020 -0.072
A
φ32
2×45°
2×45°
M27×1.5
φ36
A
1.6
65
20
5
6
4
144
10
2
14
27
4
φ26
φ14
φ12
φ24
φ26
φ22.2
未注倒角C0.5。
25
73
22
3.2
2
C2
0.8
1.6
0.8
1.6
A
C2
1.6
φ30±0.065
φ32+0.027 -0.002
φ36
φ30±0.065
φ27
φ24+0.015 -0.002
A
3
25
56
16
34
142
A—A
6 0 -0.036
1
R1
2
10 0 -0.036
6.3
27 0 -0.2
6.3
20 0 -0.1

(a)

(b)

图 2-103

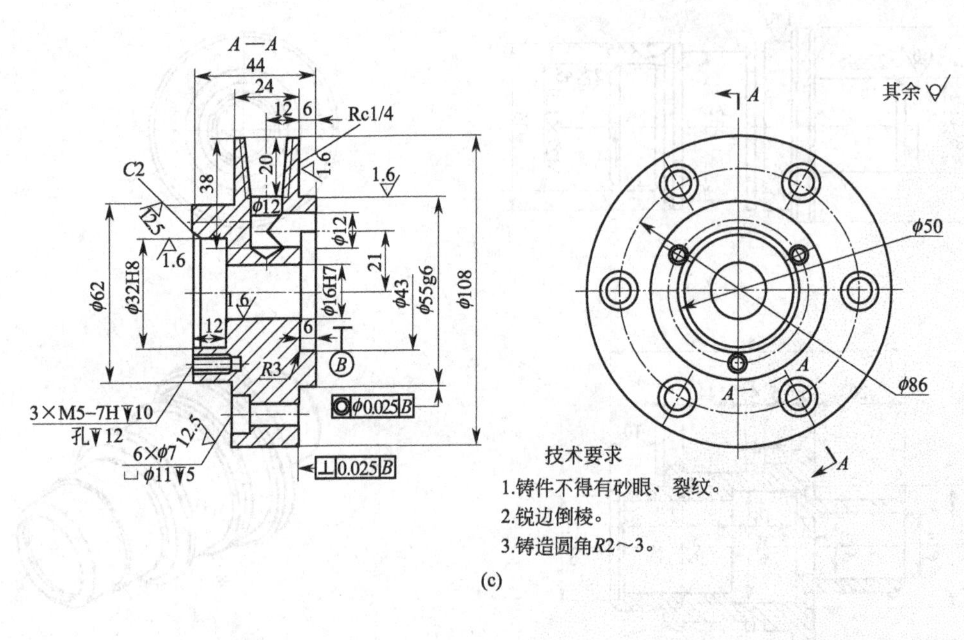

(c)

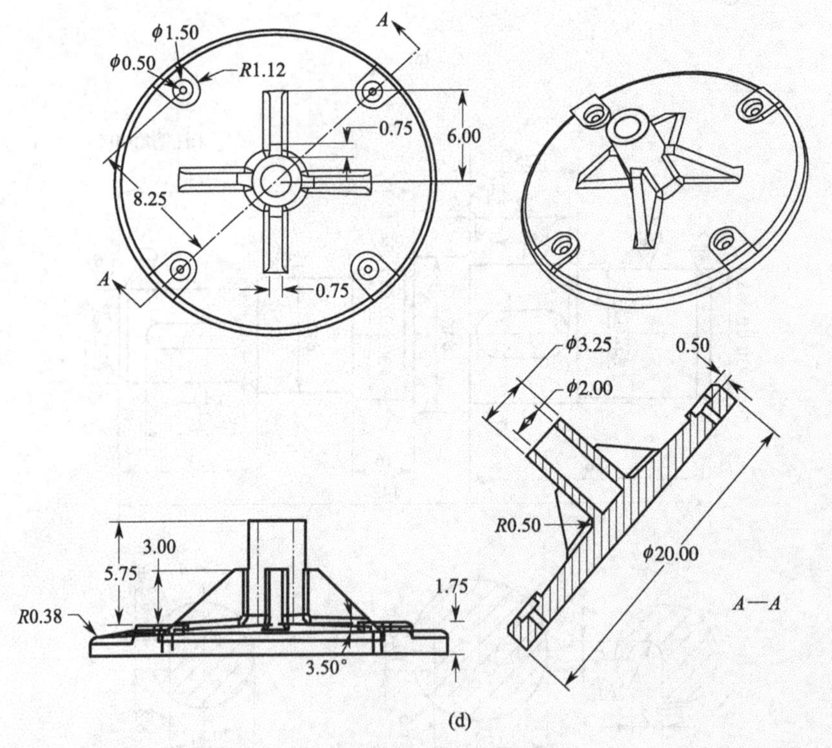

(d)

图 2-103 回转特征练习图

18. 请用放置实体特征建模的方法完成图 2-104 零件图，重新完成图 2-102、图 2-103中放置特征部分，忽略图中的公差等标示。要求能用放置特征建模的，不得使用拉伸、旋转来完成。

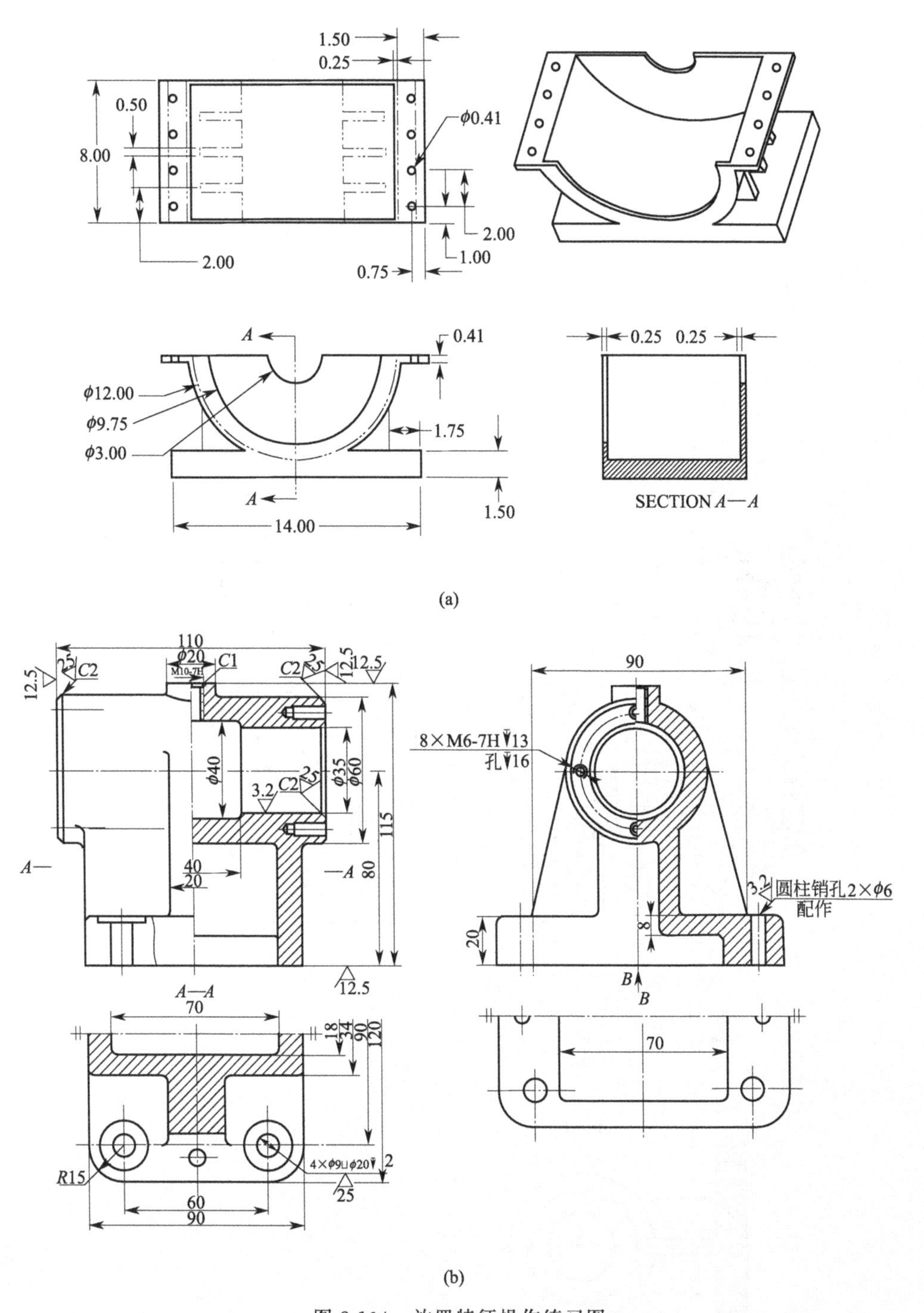

(a)

(b)

图 2-104 放置特征操作练习图

19. 请用扫描特征建模的方法完成图 2-105 所示练习图，图(a)、(b) 尺寸自定义，忽略图中的公差等标示。要求能采用扫描的特征必须采用旋转建模方法，不得使用其他方法。

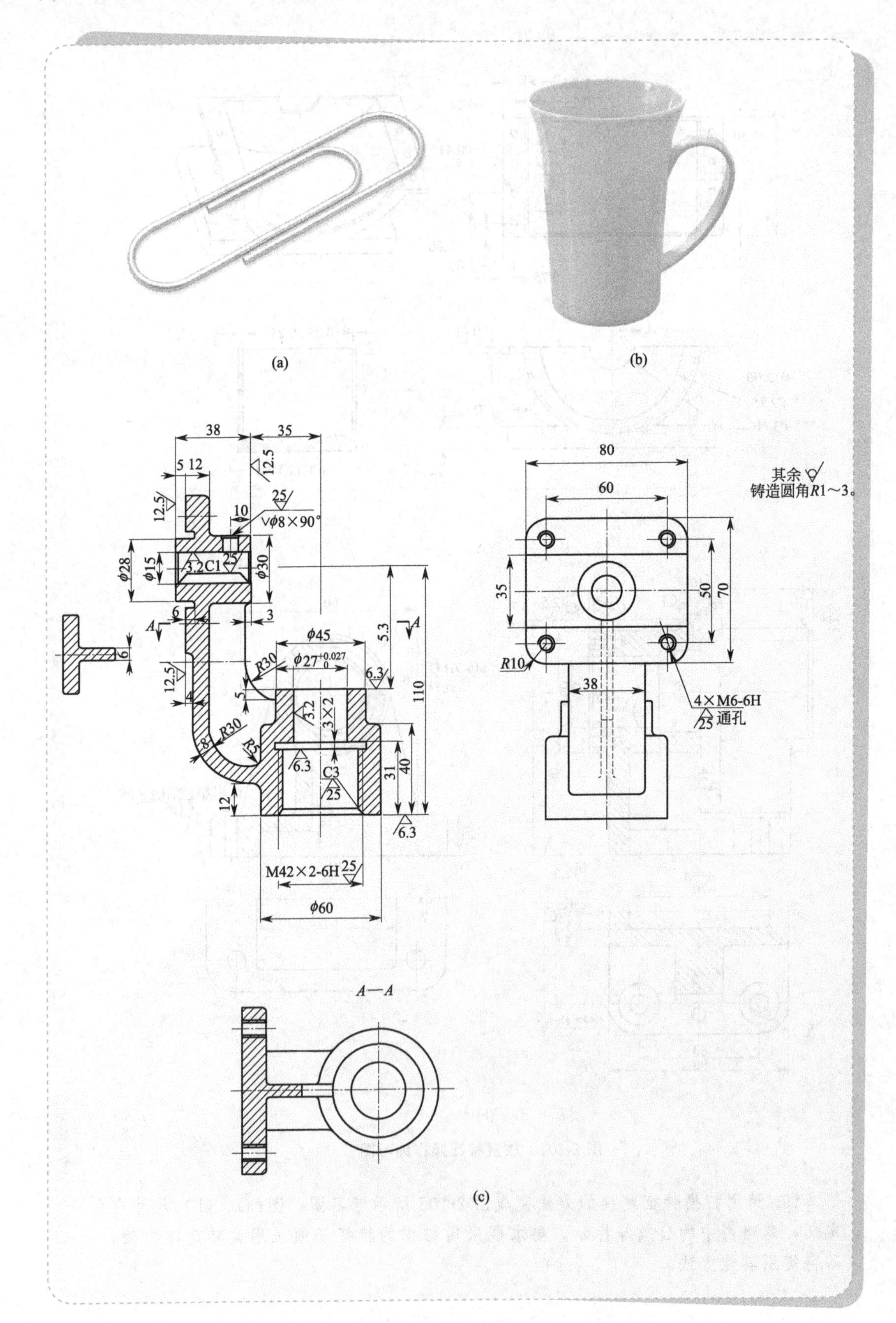
38
35
5 12
12.5
25
10
⌄φ8×90°
φ28
φ15
3.2
C1
φ30
6
3
A
5.3
φ45
R30
φ27$^{+0.027}_{0}$
6.3
12.5
5
4
3.2
3×2
R30
R5
8
6.3
C3
25
31
40
110
12
6.3
M42×2-6H
φ60
80
60
35
50
70
R10
38
4×M6-6H
25 通孔
其余
铸造圆角R1～3。
A—A

(a)

(b)

(c)

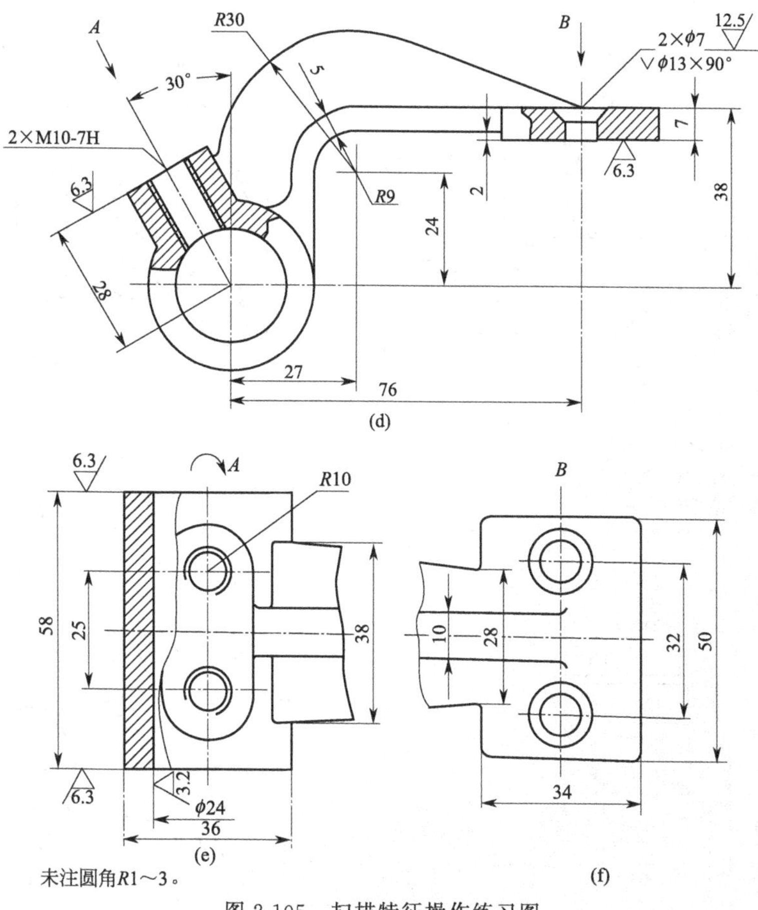

未注圆角R1～3。

图 2-105　扫描特征操作练习图

20. 请用实体建模方法，完成图 2-106 所示零件图，建模方法自取，忽略图中的公差配合关系。

21. 请用曲面建模方法，完成图 2-107 所示零件图，建模方法自取，忽略图中的公差配合关系。

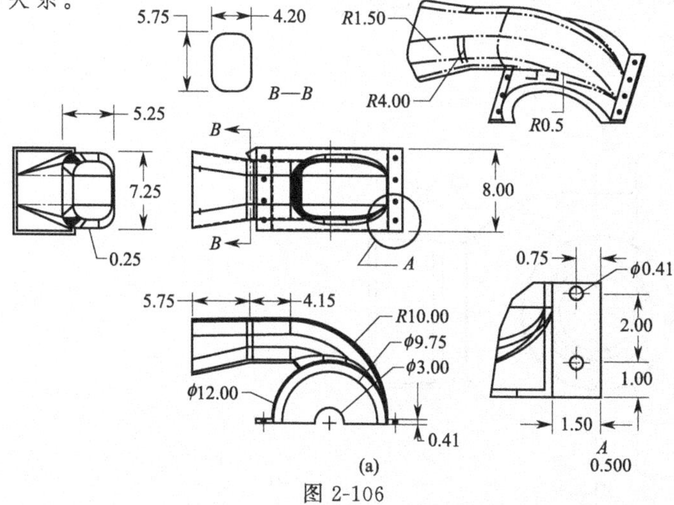

图 2-106

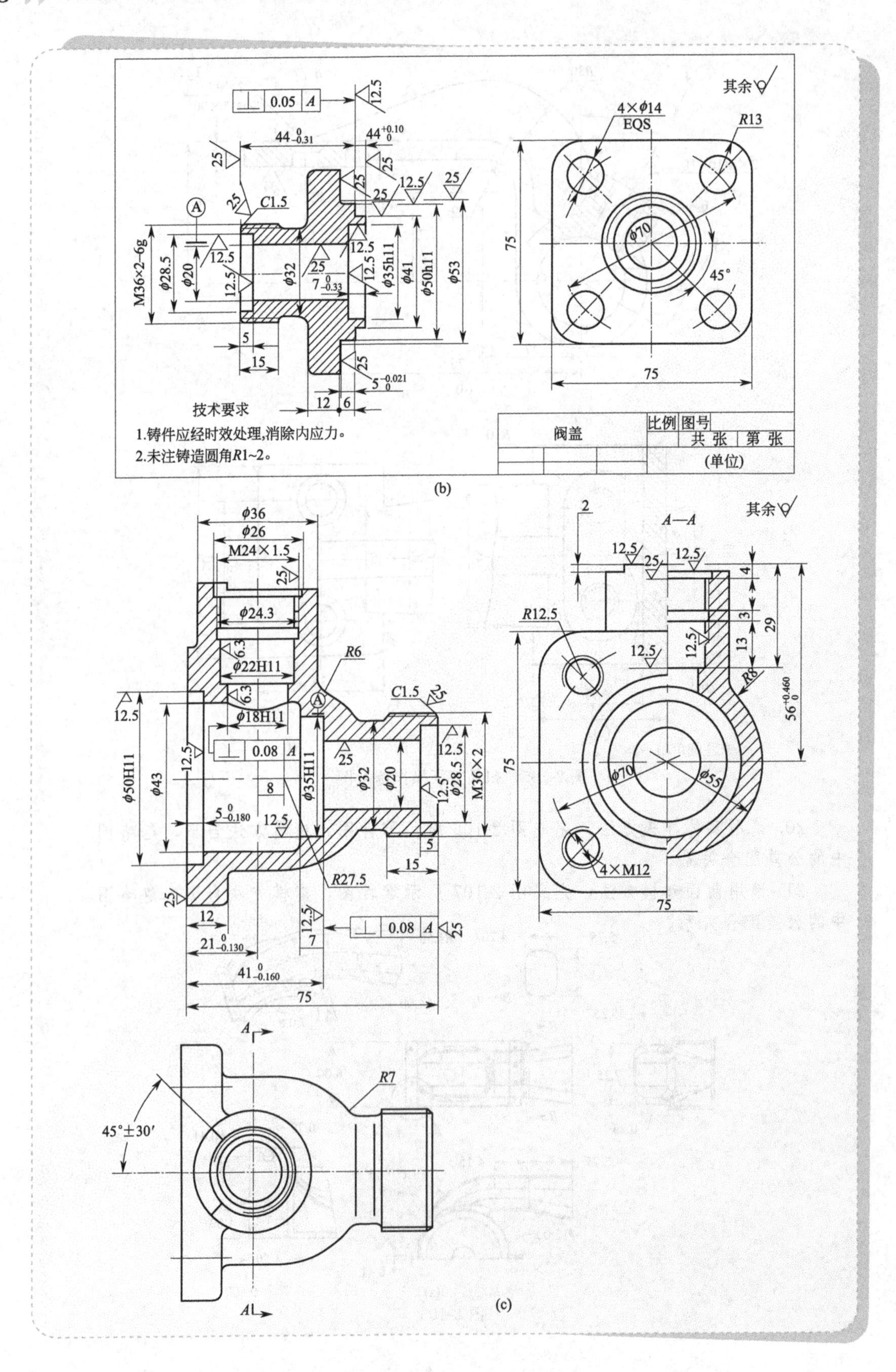

其余
4×φ14
EQS
R13
φ70
45°
75
75
M36×2–6g
φ28.5
φ20
φ32
φ35h11
φ41
φ50h11
φ53
C1.5
技术要求
1.铸件应经时效处理,消除内应力。
2.未注铸造圆角R1~2。
阀盖
比例
图号
共 张
第 张
(单位)
(b)
φ36
φ26
M24×1.5
φ24.3
φ22H11
φ18H11
R6
C1.5
φ50H11
φ43
φ35H11
φ32
φ20
φ28.5
M36×2
R27.5
A—A
R12.5
R8
φ70
φ55
4×M12
75
75
R7
45°±30′
(c)

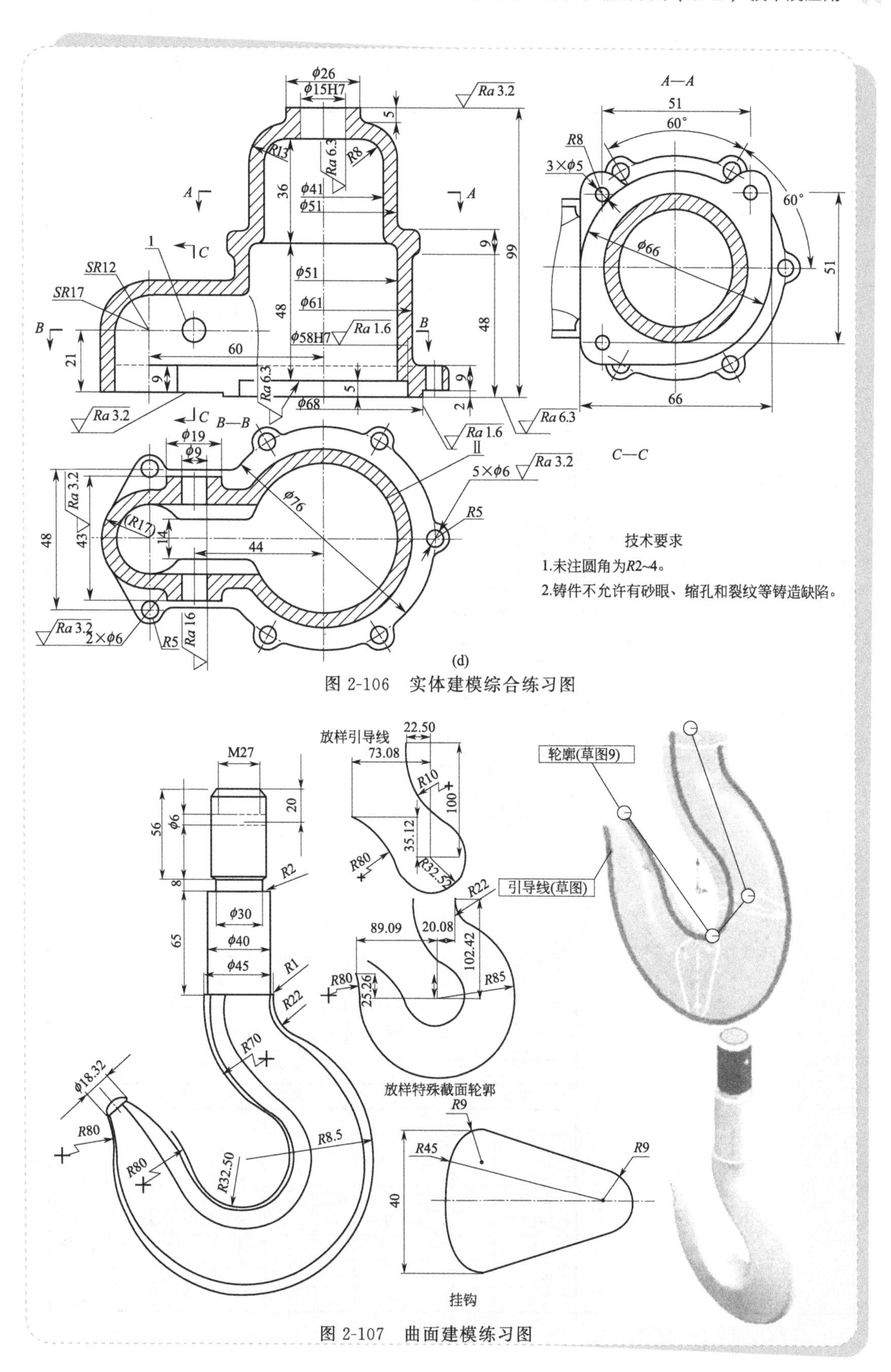

图 2-106　实体建模综合练习图

图 2-107　曲面建模练习图

22. 请用装配建模方法，完成图 2-108、图 2-109 所示装配图的装配过程，并做分解视图。

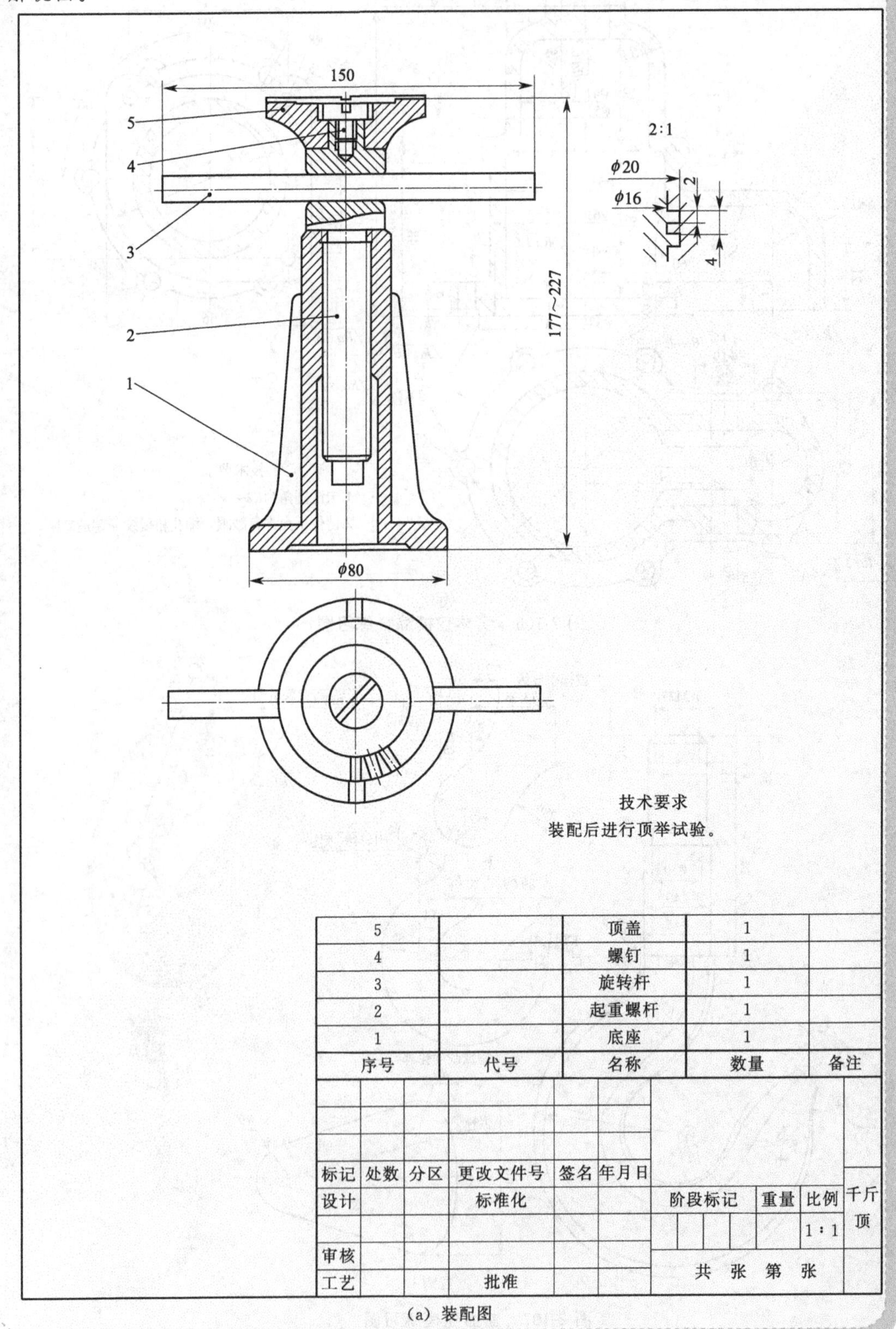

(a) 装配图

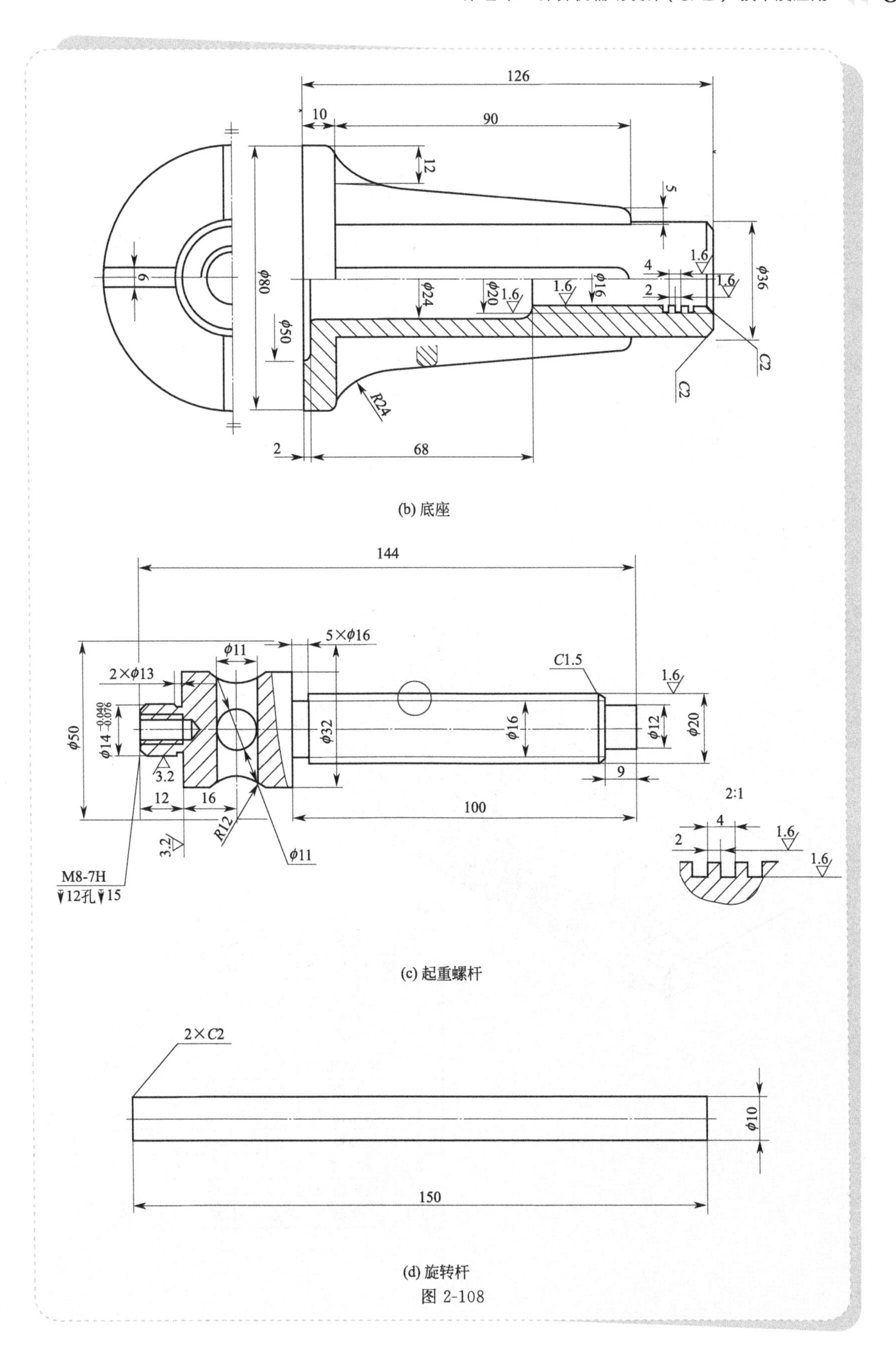

(b) 底座

(c) 起重螺杆

(d) 旋转杆

图 2-108

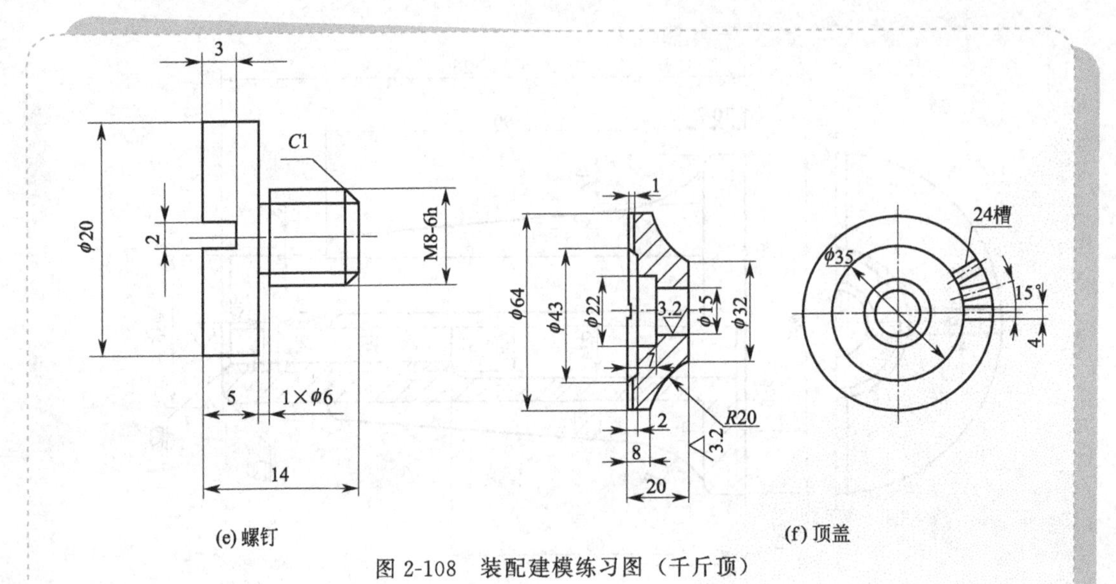

(e) 螺钉　　(f) 顶盖

图 2-108　装配建模练习图（千斤顶）

序号	名称	数量	材料	备注
11	垫圈	1	Q235	
10	螺钉 M6×20	4	Q235	GB 168—2000
9	螺母	1	HT150	
8	螺杆	1	45	
7	环	1	35	
6	钢 AVX26	1	35	GB 117—2001
5	垫圈	1	Q235	
4	活动钳身	1	HT150	
3	螺钉	1	45	
2	钳口板	2	45	
1	固定钳身	1	HT150	

(a)

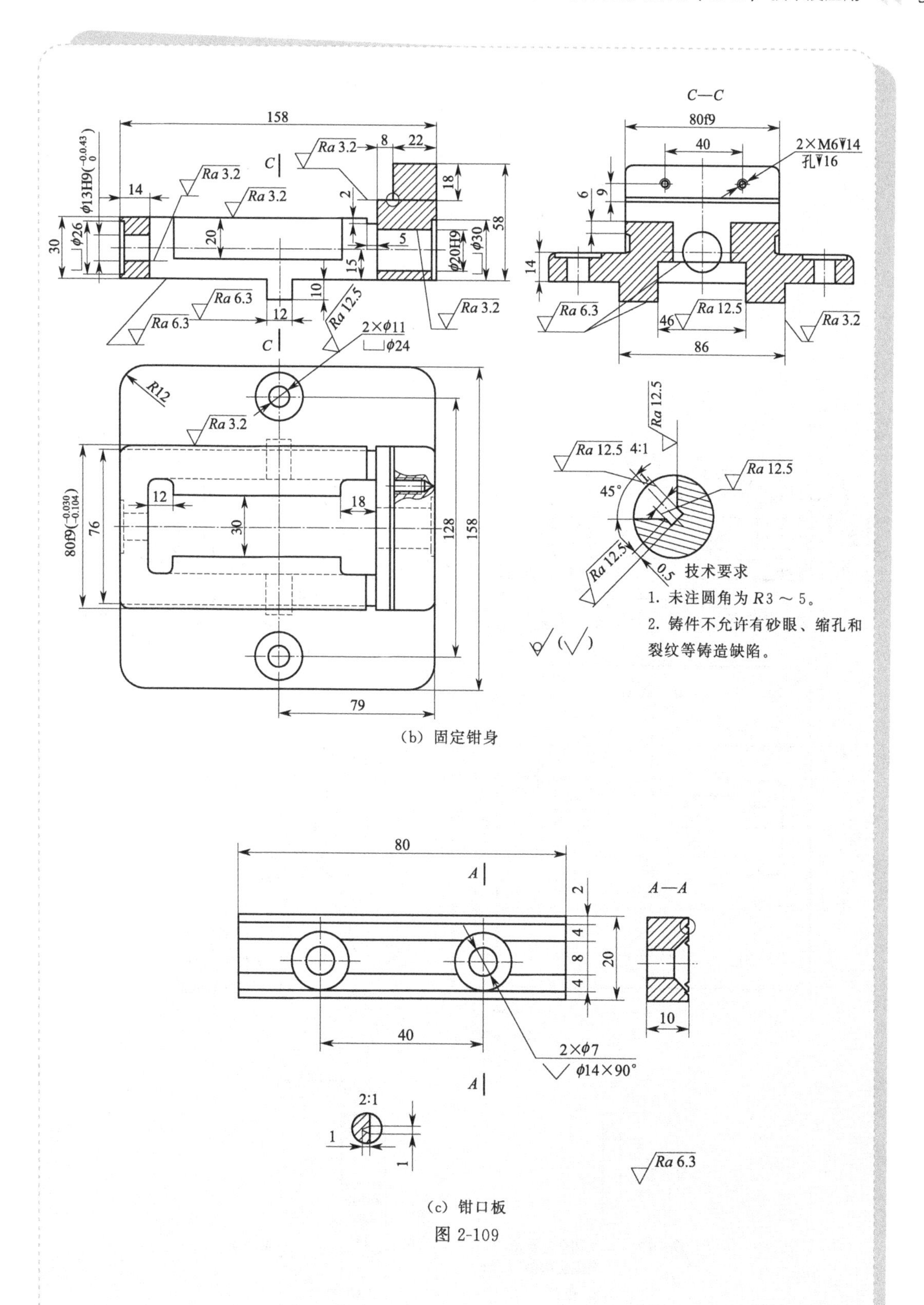

(b) 固定钳身

(c) 钳口板

图 2-109

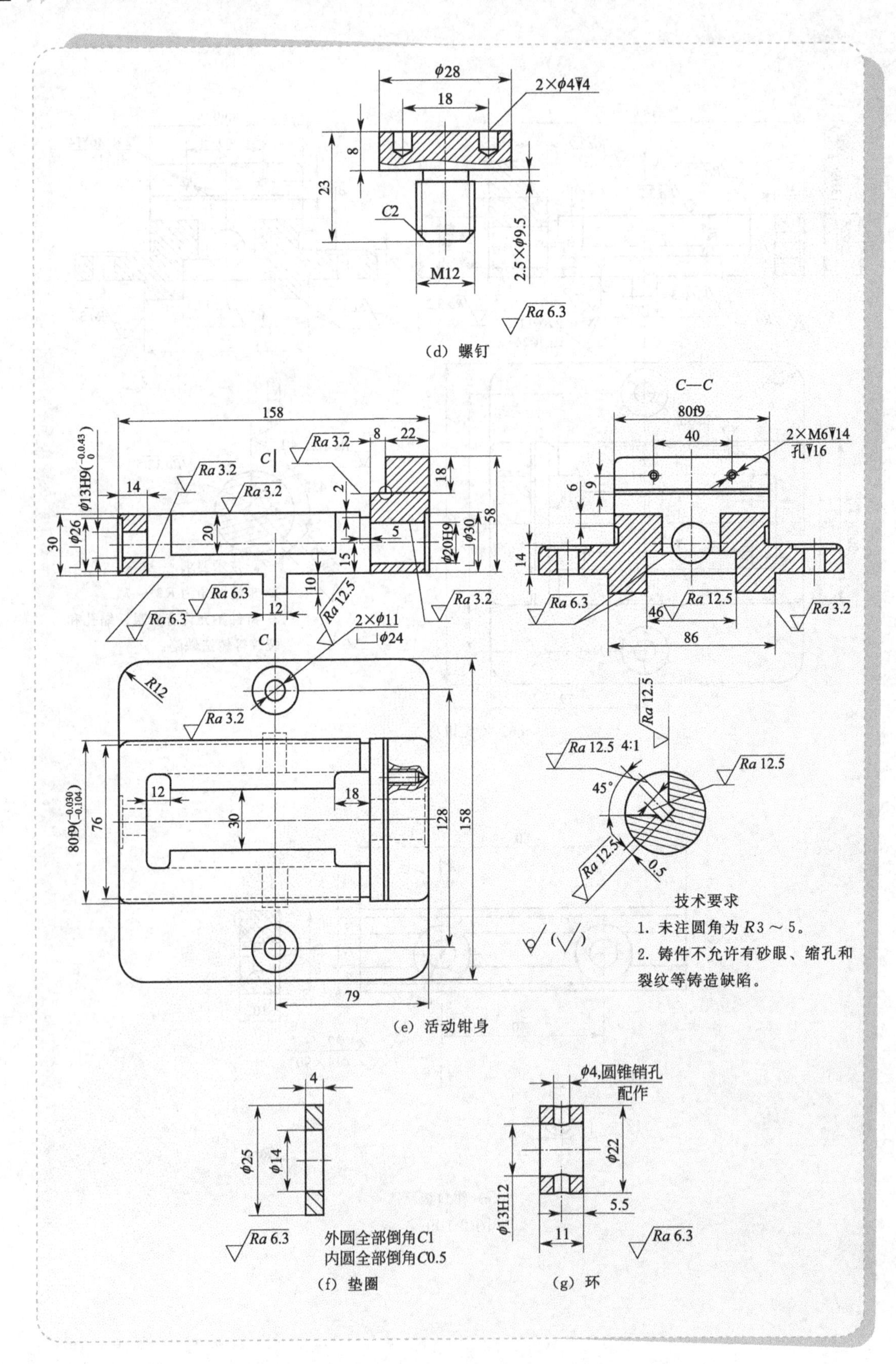

(d) 螺钉

(e) 活动钳身

(f) 垫圈

(g) 环

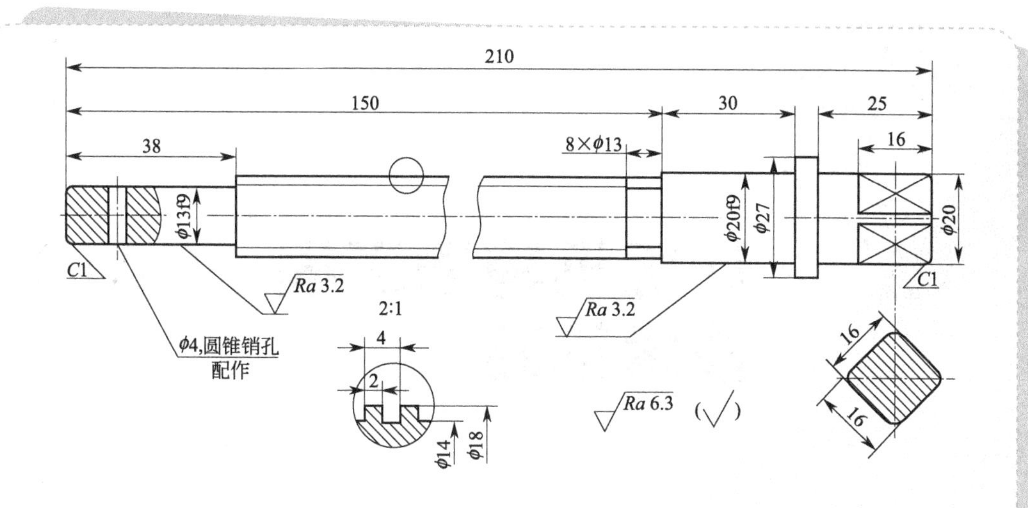

（h）螺杆

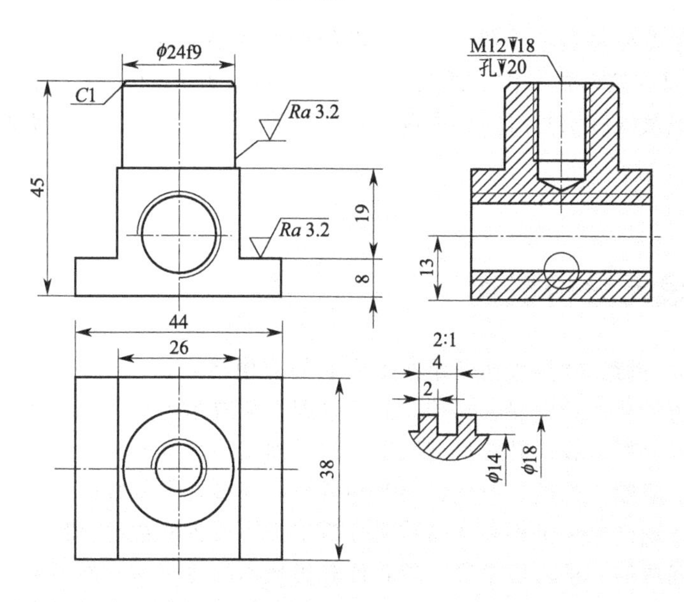

（i）螺母

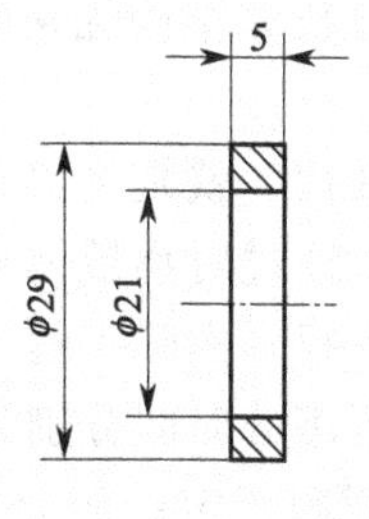

（j）垫圈

图 2-109 装配建模练习图（虎钳）

第3章 计算机辅助工程（CAE）技术基础

有限元和有限差分是目前支撑CAE技术的两类主流数值方法，几乎所有的材料成形CAE分析软件都是在这两种方法（或其中之一）基础上开发的。本章将介绍有限元法与有限差法的入门知识及其应用数值方法模拟材料成形的一些注意事项，以便为后续章节的学习打下基础。

3.1 有限元分析概述

有限元法从20世纪60年代初开始在工程上的应用至今，已经历了三十多年的发展史，其理论和算法经历了从蓬勃发展到日趋成熟的过程，从汽车到航天飞机几乎所有的设计制造都已离不开有限元分析计算，其在机械制造、材料加工、航空航天、汽车、土木建筑、电子电器、国防军工、船舶、铁道、石化、能源和科学研究等各个领域的广泛使用已使设计水平发生了质的飞跃，现已成为工程和产品结构分析中必不可少的数值计算工具，同时也是分析连续体力学各类问题的一种重要手段。随着计算机技术的普及和不断提高，有限元分析系统的功能和计算精度都有很大提高，各种基于几何造型的有限元分析系统应运而生，计算机辅助有限元分析（Computer Aided Finite Element Analysis，CAFEA）已成为计算机辅助工程（CAE）的重要组成部分，是结构分析和结构优化的重要工具，同时也是CAX系统的重要环节。

有限元法的核心思想是结构的离散化，就是将实际的结构假想地离散为有限数目的规则单元组合体，实际结构的物理性能可以通过对离散体分析，得出满足工程精度的近似结果来替代对实际结构的分析，这样可以解决很多实际工程需要解决而理论分析又无法解决的复杂问题。根据经验，有限元分析各阶段所用的时间分别为：40%～45%用于模型的建立和数据输入；50%～55%用于分析结果的判断和评定；而分析计算只占5%左右。针对这种情况，人们采用计算机辅助设计技术来建立有限元分析的几何模型和物理模型，完成分析数据的输入，通常称这一过程为有限元分析的前处理。同样，对有限元分析的结果也需要用CAD技术生成形象的图形输出，如生成位移图、应力、温度、压力分布的等值线图，表示应力、温度、压力分布的彩色明暗图，以及随机械载荷和温度载荷变化生成位移、应力、温度、压力等分布的动态显示图。我们称这一过程为有限元的后处理。在计算机辅助有限元分析的过程中前、后处理是最重要的工作。

图 3-1 为应用有限元法求解工程问题的一般流程。注意：图中的载荷是广义的，因具体工程问题而定。例如，分析模拟塑料制件的注射模塑过程，其载荷主要为注射压力和注射速率；分析模拟汽车覆盖件的拉深过程，其载荷主要为拉深速率和压边力。此外，图中的几何模型仅仅是有限元模型的物理载体，只有将其他相关元素（单元、材料参数、载荷、初边值条件）加入这个载体上，才会获得求解实际工程问题的有限元模型。

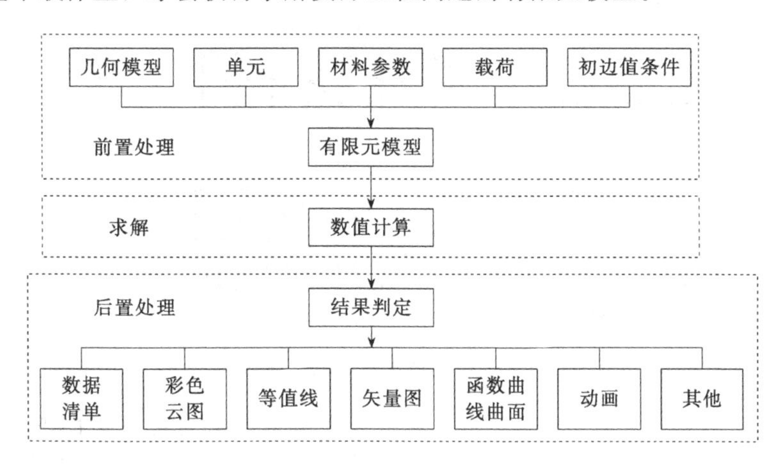

图 3-1　应用有限元法求解工程问题的一般流程

3.2 有限元法基础

3.2.1　基本概念与思路

(1) 基本概念

有限元法（或称有限单元法、有限元素法）是复杂工程和产品结构强度、刚度、屈曲稳定性、动力响应、热传导、三维多体接触、弹塑性等力学性能的分析计算以及结构性能的优化设计等问题的一种近似数值分析方法。它的基本概念是将一个复杂的连续体的求解区域分解为有限个形状简单的子区域（单元），即将一个连续体简化为由有限个单元组成的等效组合体；通过将连续体离散化，把求解连续体的场变量（应力、位移、压力和温度等）问题简化为求解有限个单元节点上的场变量值。此时求解的基本方程将是一个代数方程组，而不是原来的描述真实连续体场变量的微分方程，得到近似的数值解。求解的近似程度取决于所用的单元类型、数量以及对单元的差值函数。

(2) 基本思路

有限元法的思路是：将一个连续求解域（对象）离散（剖分）成有限个形状简单的子域（单元），利用有限个节点将各子域连接起来，使其分别承受相应的等效节点载荷（如应力载荷、热载荷、流速载荷等），并传递子域间的相互作用；在此基础上，借助子域插值函数和“平衡”条件构建各子域的物理场控制方程；将这些方程按照某种规则组合起来，在给定的初始条件和边界条件下进行综合计算求解，从而获得对复杂工程问题的近似数值解。其中，离散和子域插值是有限元法的技术基础。

图 3-2 是对离散概念的图解说明。离散求解域的目的是为了将原来具有无限自由度的连续变量微分方程和边界条件转换成只含有限个节点变量的代数方程组，以方便计算机处理。

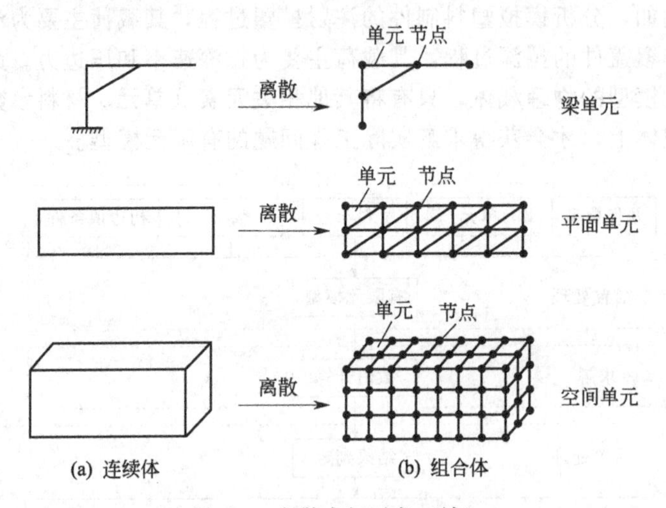

图 3-2 离散求解对象（域）

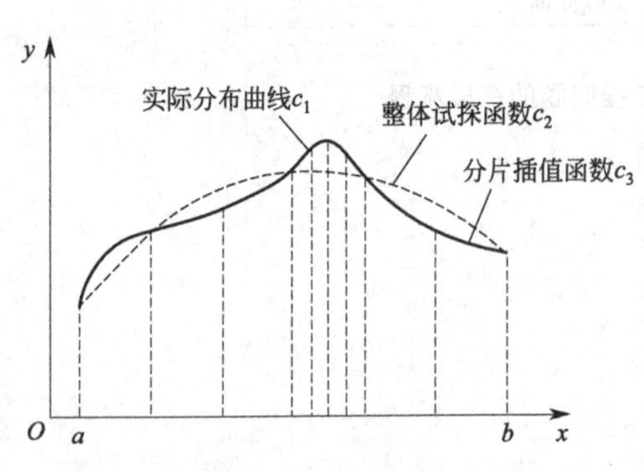

图 3-3 一维函数的整体插值与分片插值

分片插值的概念可以借助图 3-3 加以说明。假设真实函数为曲线 c_1，求解域为 $[a,b]$。理论上讲，只要定义在 $[a,b]$ 上的试探函数（亦称插值函数）c_2 具有足够高的阶次就能逼近真实函数 c_1，但实际上 c_2 对 c_1 局部特征的逼近并不理想。如果将求解域划分成若干长度不等的小区间，则可在每一个小区间内用较低阶（例如一阶或二阶）的试探函数 c_3 来逼近 c_1，并且通过适当调整求解域局部小区间的数量或尺寸来提高逼近精度，从而获得真实函数 c_1 的近似解。

通常，将构建子域物理场方程的过程称为“单元分析”，将在初边值条件支持下综合求解子域方程组的过程称为“整体分析”，因此，有限元法的中心思想又可简略描述为：离散求解域→单元分析→整体分析。

利用子域（单元体）离散连续求解域（实体模型或对象）的过程又被形象地称为网格划分，由此得到的离散模型被称为网格模型。

(3) 技术优势

有限元法的技术优势主要体现在：该方法把连续体简化成由有限个单元组成的等效体（物理上的简化），针对等效体建立的基本方程是一组代数方程，而不是原先用于描述真实连续体的常微分或偏微分方程。由于不存在数学上的近似，故有限元法的物理概念清晰，通用性强，能够灵活处理各种复杂的工程问题。

3.2.2 有限元方程的建立与应用

针对不同工程问题构建的有限元方程（有限元模型）是有限元法应用的基础，而变分法和加权余量法是建立有限元方程的两类常用数学方法。本节将以求解平面弹性力学刚度问题为例，分别介绍这两类方法的实施要点。

3.2.2.1　预备知识

(1) 弹性力学基本方程

① 平衡方程。当弹性体中任一质点上的应力达到平衡时，有：

$$L\sigma + p = 0(\text{在 } \Omega \text{ 域内}) \tag{3-1}$$

式中　L——微分算子；

σ——应力；

p——体积力（一般为重力）向量。

对于平面问题有 $L=\begin{bmatrix} \frac{\delta}{\delta x} & 0 & \frac{\delta}{\delta y} \\ 0 & \frac{\delta}{\delta y} & \frac{\delta}{\delta x} \end{bmatrix}$，$\sigma^{T}=\{\sigma_{x}\ \sigma_{y}\ \tau_{xy}\}$，$p^{T}=\{p_{x}\ p_{y}\}$。

② 几何方程。几何方程表征质点位移与应变之间的关系。

$$\varepsilon = Lu(\text{在 } \Omega \text{ 域内}) \tag{3-2}$$

式中　ε——应变；

u——质点位移矢量。

对于平面问题有 $\varepsilon^{T}=\{\varepsilon_{x}\ \varepsilon_{y}\ \gamma_{xy}\}$，$u^{T}=\{u_{x}\ u_{y}\}$。

③ 本构方程。即材料的应力-应变关系。

$$\sigma = \boldsymbol{D}\varepsilon(\text{在 } \Omega \text{ 域内}) \tag{3-3}$$

式中　$\boldsymbol{D}$——弹性矩阵；

E，μ——材料的弹性模量和泊松比。

对于平面问题有 $\boldsymbol{D}=\frac{E}{1-\mu^{2}}\begin{bmatrix} 1 & \mu & 0 \\ \mu & 1 & 0 \\ 0 & 0 & \frac{1-\mu}{2} \end{bmatrix}$。

④ 边界条件。

$$\Gamma = \Gamma_{F} + \Gamma_{u}(\text{在 } \Omega \text{ 的边界上}) \tag{3-4}$$

式中　Γ_{F}——面力和集中力边界；

Γ_{u}——位移边界。

(2) 变分法

变分法的基础是变分原理，而变分原理是求解连续介质问题的常用数学方法之一。

例如：一维稳态热传导的定解问题。

$$\begin{cases} A(\phi)=k\dfrac{d^{2}\phi}{dx^{2}}+Q(x)=0 \quad (0<x<l) \\ \phi=0: x=0; \phi=\bar{\phi}: x=l \end{cases} \tag{3-5}$$

$$Q(x)=\begin{cases} 0 & 0\leqslant x\leqslant l/2 \\ 1 & l/2<x\leqslant l \end{cases}$$

式中　ϕ——未知温度场函数；

k——热导率；

$Q(x)$——沿 x 方向分布的热载荷。

式(3-5) 中的温度场 ϕ 可以借助傅里叶积分求得。

如果采用变分原理求解这类定解问题，则应首先建立定解问题的积分形式：

$$\Pi=\int_{\Omega} F\left(u, \frac{\partial u}{\partial x}, \cdots\right) \mathrm{d} \Omega+\int_{\Gamma} E\left(u, \frac{\partial u}{\partial x}, \cdots\right) \mathrm{d} \Gamma \tag{3-6}$$

式中 u——未知函数；

F，E——特定算子；

Ω——连续求解域；

Γ——Ω 的边界；

Π——泛函数（即未知函数 u 的函数）。

此时，如果连续介质问题有解 u，则解 u 必定使泛函 Π 对于微小变化 δu 取驻值（极值），即泛函的“一阶变分”等于零。

$$\delta \Pi=0 \tag{3-7}$$

这就是所谓求解连续介质问题的变分原理。

可以证明：用微分方程加边界条件求解连续介质问题同用约束或非约束变分法求解连续介质问题等价：即一方面满足微分方程及其边界条件的函数将使泛函取得驻值（极值）；另一方面，从变分角度看，使泛函取得驻值（极值）的函数正是满足连续介质问题的微分方程及其边界条件的解。

在建立有限元方程时应用变分法的目的，就是将求微分方程的定解问题转变成求泛函的驻值问题，以方便试探函数的分片插值和分片积分。

(3) *虚位移方程（位移变分方程）*

虚位移方程是变分原理在求解弹性力学问题中的具体应用，它等价于几何微分方程和应力边界条件。所谓虚位移，是指在约束条件允许的范围内，弹性体内质点可能发生的任意微小位移。虚位移的产生与弹性体所受外力及其时间无关。

弹性体在外力的作用下发生变形，表明外力对弹性体做了功。若不考虑变形过程中的热损失、弹性体的动能和外界阻尼，则外力功将全部转换为储存于弹性体内的位能（应变能）。根据能量守恒定律，有：

$$\int_{\Omega} \delta \varepsilon^{\mathrm{T}} \sigma \mathrm{d} \Omega=\int_{\Omega} \delta u^{\mathrm{T}} p \mathrm{d} \Omega+\int_{\Gamma_f} \delta u^{\mathrm{T}} \vec{f} \mathrm{d} \Gamma \tag{3-8}$$

$$\delta u^{\mathrm{T}}=\{\delta u \quad \delta v \quad \delta w\}$$

$$\delta \varepsilon^{\mathrm{T}}=\{\delta \varepsilon_x \ \delta \varepsilon_y \ \delta \varepsilon_z \ \delta \gamma_{yz} \ \delta \gamma_{zx} \ \delta \gamma_{xy}\}$$

式中 Ω——弹性体内部；

Γ_f——Ω 的面力边界（假设边界上无离散的集中力）；

$\vec{f}$，p——面力和体积力；

δu——虚位移；

$\delta\varepsilon$——虚应变（即对应虚位移的任意可能应变）。

式(3-8) 表明，外力（包括 Ω 内的体积力和边界 Γ_f 上的面力）使弹性体产生虚位移所做的功等于弹性体因虚应变而提高的能量。

3.2.2.2 有限元方程建立与计算

下以平面刚度问题为例，来讲述有限元方程的建立与求解过程。

(1) 离散处理

假设分析对象(构件)的厚度尺寸非常小,可以近似将其处理成厚度为常数的平面问题。用三节点三角形单元离散该对象及其边界条件[图 3-4(a)],并从中任取一子域进行单元分析[图 3-4(b)]。

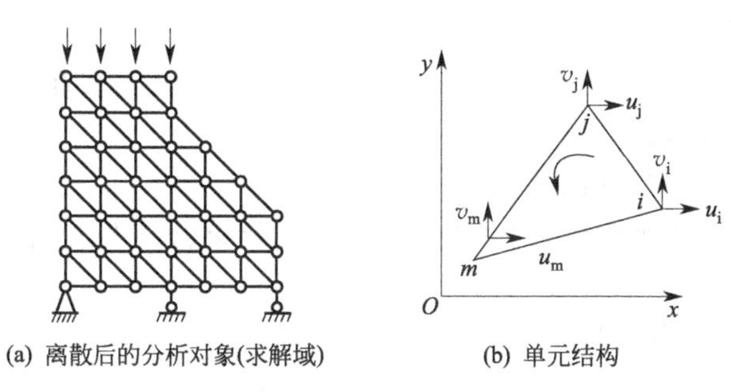

图 3-4 离散后的分析对象(求解域)与单元结构

图 3-4 中,单元节点 i、j、m 按逆时针排布。

(2) 单元刚度分析

① 单元位移与单元形函数 一个三节点三角形单元共有 12 个自由度(6 个节点位移分量和 6 个节点转动分量),在线弹性范围内,6 个节点转动分量可以忽略不计,由此可给出单元位移 a^e 的向量表达式如下:

$$a^e=\{a_i\ a_j\ a_m\}^T=\{u_i\ v_i\ u_j\ v_j\ u_m\ v_m\}^T \tag{3-9}$$

求解离散后的平面刚度问题存在两种情况:①位移分量是节点坐标的已知函数,此时,可直接利用单元节点位移分量求出单元应变分量(几何方程),再由单元应变分量求出单元应力分量(本构方程),最后综合起来便可得到整个平面刚度问题的解;②只有几个结点的位移分量已知,不能直接求出应变和应力分量。对于后者,为了利用结点位移表示单元应变和应力,必须构造一个位移模式(位移函数)。理论上,定义于某一闭区域内的任意函数总可以被一个多项式逼近,所以,位移函数常常取为多项式。现选用一次多项式作为三节点三角形单元的位移模式(位移插值函数),于是有:

$$\begin{aligned} u&=a_1+a_2x+a_3y \\ v&=a_4+a_5x+a_6y \end{aligned} \tag{3-10}$$

式中 u,v——单元内任意一点的位移分量;

$a_1\sim a_6$——待定系数。

将三角形的三个节点坐标代入式(3-10),得:

$$\begin{aligned} u_i&=a_1+a_2x_i+a_3y_i \qquad v_i=a_4+a_5x_i+a_6y_i \\ u_j&=a_1+a_2x_j+a_3y_j \qquad v_j=a_4+a_5x_j+a_6y_j \\ u_m&=a_1+a_2x_m+a_3y_m \qquad v_m=a_4+a_5x_m+a_6y_m \end{aligned} \tag{3-11}$$

应用克莱姆法则求解式(3-11),并化简:

$$\begin{aligned} u&=N_iu_i+N_ju_j+N_mu_m \\ v&=N_iv_i+N_jv_j+N_mv_m \end{aligned} \tag{3-12}$$

$$A=\frac{1}{2}\begin{vmatrix}1 & x_i & y_i\\ 1 & x_j & y_j\\ 1 & x_m & y_m\end{vmatrix}$$

$$N_k(x,y)=\frac{1}{2A}(a_k+b_kx+c_ky)$$

式中　u_k，v_k——节点位移，$k=i,j,m$（下同）；

$N_k(x,y)$——三节点三角形单元的形函数（一个与单元类型和单元内部节点坐标有关的连续函数）；

A——三角形单元的面积；

a_k，b_k，c_k——与节点坐标有关的常数，$a_k=x_jy_m-x_my_j$，$b_k=y_j-y_m$，$c_k=-x_j+x_m$。

用矩阵表示式(3-12)，得：

$$\begin{Bmatrix}u\\ v\end{Bmatrix}=\begin{bmatrix}N_i & 0 & N_j & 0 & N_m & 0\\ 0 & N_i & 0 & N_j & 0 & N_m\end{bmatrix}\{u_i\ v_i\ u_j\ v_j\ u_m\ v_m\}^T$$

$$=[\boldsymbol{I}N_i\quad \boldsymbol{I}N_j\quad \boldsymbol{I}N_m]\begin{Bmatrix}a_i\\ a_j\\ a_k\end{Bmatrix}=[N_i\quad N_j\quad N_m]a^e=\boldsymbol{N}a^e \tag{3-13}$$

式中　$\boldsymbol{I}$——单位矩阵；

$\boldsymbol{N}$——形函数矩阵；

a^e——单元节点位移列阵。

式(3-12) 和式(3-13) 即为采用多项式插值构造的三节点三角形单元位移模式，它表明只要知道了节点位移，就能借助单元形函数求得单元内任意一点的位移。换句话说，节点位移通过形函数控制整个单元的位移分布。

单元形函数具有以下两条基本性质：

a. 在任一节点上，形函数满足：

$$N_k(x_s,y_s)=\begin{cases}1 & s=k\\ 0 & s\neq k\end{cases}\qquad (k=i,j,m;\ s=i,j,m)$$

b. 针对单元内任一点，有：

$$N_i(x,y)+N_j(x,y)+N_m(x,y)=1$$

② 单元应变矩阵与应力矩阵　将式(3-13) 代入几何方程式(3-2)，可得单元应变表达式：

$$\varepsilon=Lu=L\boldsymbol{N}a^e \tag{3-14}$$

$$=[B_i\quad B_j\quad B_m]a^e=\boldsymbol{B}a^e$$

式中　$\boldsymbol{B}$——单元应变矩阵，其分块子矩阵为：

$$\boldsymbol{B}_k=\frac{1}{2A}\begin{bmatrix}b_k & 0\\ 0 & c_k\\ c_k & b_k\end{bmatrix}\quad (k=i,j,m) \tag{3-15}$$

再将单元应变表达式(3-14) 代入本构方程(3-3)，可得单元应力表达式：

$$\sigma=\boldsymbol{D}\varepsilon=\boldsymbol{D}\boldsymbol{B}a^e=sa^e \tag{3-16}$$

$$s=\boldsymbol{D}\boldsymbol{B}=\boldsymbol{D}[B_i\quad B_j\quad B_m]=[s_i\quad s_j\quad s_m]$$

式中　s——单元应力矩阵。

其分块矩阵为：

$$s_k=\boldsymbol{DB}_k=\frac{E_0}{2(1-\mu_0^2)A}\begin{bmatrix}b_k & \mu_0\\ \mu_0 b_k & c_k\\ \frac{1-\mu_0}{2}c_k & \frac{1-\mu_0}{2}b_k\end{bmatrix}\quad (k=i,j,m) \tag{3-17}$$

式中　E_0，μ_0——材料常数；

　　E，μ——材料的弹性模量和泊松比。

对于平面应力问题，$E_0=E$，$\mu_0=\mu$；对于平面应变问题，$E_0=\frac{E}{1-\mu^2}$，$\mu_0=\frac{\mu}{1-\mu}$。

由于应变矩阵 $\boldsymbol{B}$ 中的每一个非零元素均是由节点坐标决定的常数，而节点坐标为定值，所以，应变矩阵 $\boldsymbol{B}$ 是常量矩阵。同理，应力矩阵 $\boldsymbol{s}$ 也是常量矩阵。这表明由式(3-14)和式(3-16)计算获得的单元内各点的应变值相同，应力值亦相同。可以证明，在弹性力学范围内，由节点位移引发的应变和应力主要通过相邻单元的边界节点进行传递。

③ 单元刚度矩阵与单元刚度方程　现利用3.2.2.1小节介绍的虚位移原理建立单元刚度方程。假设：在外力 q^e（相邻单元或体积力、边界载荷）的作用下，单元结点 i，j，m 发生了虚位移 δa^e，虚位移引起虚应变 $\delta\varepsilon$，由此得到单元的虚位移方程：

$$(\delta a^e)^{\mathrm{T}}q^e=\iint_{\Omega^e}\delta\varepsilon^{\mathrm{T}}\sigma t\,\mathrm{d}x\,\mathrm{d}y \tag{3-18}$$

$$=(\delta a^e)^{\mathrm{T}}\iint_{\Omega^e}\boldsymbol{B}^{\mathrm{T}}\boldsymbol{DB}t\,\mathrm{d}x\,\mathrm{d}y a^e$$

式中　t——单元厚度。

因虚位移可以是任意的，由此得单元刚度方程（单元刚度模型）：

$$q^e=\boldsymbol{k}^e a^e \tag{3-19}$$

式中　$\boldsymbol{k}^e$——单元刚度矩阵，表明单元 e 中各节点产生单位位移而引发（或需要）的节点力。

$$\boldsymbol{k}^e=\begin{bmatrix}k_{\mathrm{ii}} & k_{\mathrm{ij}} & k_{\mathrm{im}}\\ k_{\mathrm{ji}} & k_{\mathrm{jj}} & k_{\mathrm{jm}}\\ k_{\mathrm{mi}} & k_{\mathrm{mj}} & k_{\mathrm{mm}}\end{bmatrix} \tag{3-20}$$

$$k_{\mathrm{rs}}=\iint_{\Omega^e}\boldsymbol{B}_{\mathrm{r}}^{\mathrm{T}}\boldsymbol{DB}_{\mathrm{s}}t\,\mathrm{d}x\,\mathrm{d}y \tag{3-21}$$

$$=\frac{E_0 t}{4(1-\mu_0^2)A}\begin{bmatrix}b_{\mathrm{r}}b_{\mathrm{s}}+\frac{1-\mu_0}{2}c_{\mathrm{r}}c_{\mathrm{s}} & \mu_0 b_{\mathrm{r}}c_{\mathrm{s}}+\frac{1-\mu_0}{2}c_{\mathrm{r}}b_{\mathrm{s}}\\ \mu_0 c_{\mathrm{r}}b_{\mathrm{s}}+\frac{1-\mu_0}{2}b_{\mathrm{r}}c_{\mathrm{s}} & c_{\mathrm{r}}c_{\mathrm{s}}+\frac{1-\mu_0}{2}b_{\mathrm{r}}b_{\mathrm{s}}\end{bmatrix}$$

$$(r=i,j,m;\ s=i,j,m)$$

单元刚度矩阵 $\boldsymbol{k}^e$ 具有以下特征。

a. 对称性，即 $k_{\mathrm{rs}}=k_{\mathrm{sr}}$。

b. 奇异性，即单元刚度矩阵不存在其逆矩阵。

c. 各行、各列元素之和恒为0（因在力的作用下，整个单元处于平衡状态）。

d. 主对角元素恒为正，即 $k_{\mathrm{ii}}>0$，表明节点位移与施加其上的节点力同向。

④ 单元等效节点力　作用在单元上的外力 q^e 由等效节点力构成，即：

$$q^e=q_{\mathrm{p}}^e+q_{\mathrm{f}}^e+q_{\mathrm{c}}^e \tag{3-22}$$

$$q_{\mathrm{p}}^{e}=\int_{\Omega^{e}} N^{\mathrm{T}} p t \mathrm{d}\Omega$$

$$q_{\vec{\mathrm{f}}}^{e}=\int_{\Gamma^{e}} N^{\mathrm{T}} \vec{f} t \mathrm{d}\Gamma$$

$$q_{\mathrm{c}}^{e}=N^{\mathrm{T}} P_{\mathrm{c}}$$

式中　q_{p}^{e}，$q_{\vec{\mathrm{f}}}^{e}$，q_{c}^{e}——体积力 p、面力 $\vec{f}$ 和集中力 P_{c} 产生的等效节点力。

所谓等效节点力，是指由作用在单元上的体积力、面力和集中力按照能量等效原则（即原载荷与等效节点载荷在虚位移上做功相等原则）移置到节点上而形成的节点力。

图 3-5 是作用在单元上的外力举例，表 3-1 是对应于图 3-5 的等效节点力表达式。

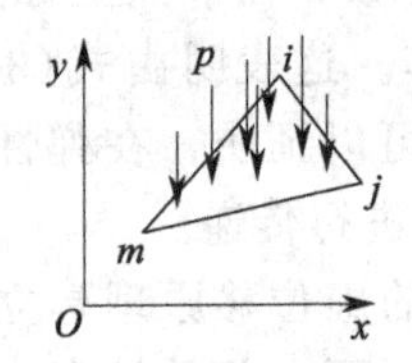

(a) 单元体积力(平行y轴)

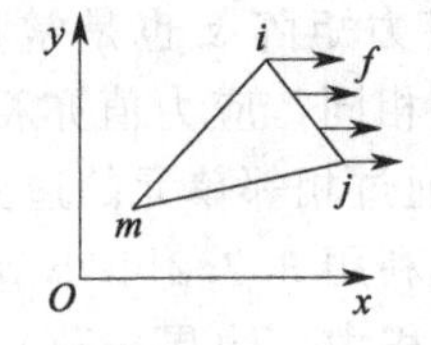

(b) 作用在i-j边且平行于x轴的面力

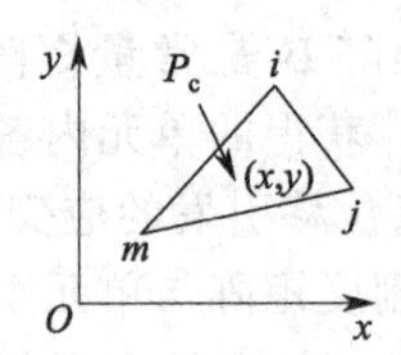

(c) 作用在单元内任意点(x,y)的集中力

图 3-5　体积力、面力和集中力举例

表 3-1　对应于图 3-5 的等效节点力

外力类型	作用力表达式	等效节点力表达式	说　明
体积力	$p=\{0\ -\rho g\}^{\mathrm{T}}$	$q_{\mathrm{p}}^{e}=-\frac{1}{3}\rho g t A\{0\quad 1\quad 0\quad 1\quad 0\quad 1\}^{\mathrm{T}}$	ρ——单元密度 g——重力加速度
面力	$\vec{f}=\{q\quad 0\}^{\mathrm{T}}$	$q_{\vec{\mathrm{f}}}^{e}=\frac{1}{2}qlt\{1\quad 0\quad 1\quad 0\quad 0\quad 0\}^{\mathrm{T}}$	A——单元面积 t——单元厚度 q——单位面力
集中力	$P_{\mathrm{c}}=\{p_{\mathrm{cx}}\quad p_{\mathrm{cy}}\}^{\mathrm{T}}$	$q_{\mathrm{c}}^{e}=\{q_{\mathrm{ix}}\quad q_{\mathrm{iy}}\quad q_{\mathrm{jx}}\quad q_{\mathrm{jy}}\quad q_{\mathrm{mx}}\quad q_{\mathrm{my}}\}^{\mathrm{T}}$	l——ij 边的边长

(3) 整体刚度分析

① 建立总刚度矩阵与总刚度方程　将式(3-19) 改写成如下形式：

$$q_{\mathrm{r}}^{e}=\sum_{s=i,j,m} k_{\mathrm{rs}} a_{\mathrm{s}}^{e} \quad r=i,j,m \tag{3-23}$$

式(3-23) 表明，当单元内任一节点发生位移时，都将在该节点处产生节点力（实际上是由节点力引起位移），大小等于单元中各节点位移所引起的节点力之和。

因为在被离散对象的整体结构中，一个节点往往为若干比邻单元所共有，根据线性叠加原理，作用在该节点上的力应等于所有比邻单元的等效节点力之和，即：

$$Q_{\mathrm{i}}=\sum_{e=1}^{n_{\mathrm{e}}} q_{\mathrm{i}}^{e} \tag{3-24}$$

式中　Q_{i}——作用在节点 i 上的合力；

$\sum_{e=1}^{n_{\mathrm{e}}} q_{\mathrm{i}}^{e}$——比邻单元施加给 i 的等效节点力之和；

n_{e}——比邻单元个数。

将式(3-23) 代入式(3-24)，取 $r=i$，得到当节点 i 处于平衡状态时的合力表达式：

$$Q_i=\sum_{e=1}^{n_e}\sum_{s=i,j,m}k_{is}a_s^e \tag{3-25}$$

假设被离散对象（区域）有 n 个节点，于是该对象中所有节点的平衡方程为：

$$\sum_{i=1}^{n}Q_i=\sum_{i=1}^{n}\sum_{e=1}^{n_e}\sum_{s=i,j,m}k_{is}a_s^e \tag{3-26}$$

用矩阵表示，有：

$$\boldsymbol{K}a=\boldsymbol{Q} \tag{3-27}$$

$$\boldsymbol{K}=\sum_{i=1}^{n}\sum_{e=1}^{n_e}\sum_{s=i,j,m}k_{is}=\sum_{e=1}^{n_e}k^e$$

$$\boldsymbol{Q}=\sum_{i=1}^{n}Q_i$$

式中　$\boldsymbol{K}$——总刚度矩阵；

$\boldsymbol{Q}$——总结点载荷列阵；

a——总节点位移列阵。

式(3-27) 为利用虚位移方程和节点力叠加原理建立起来的平面刚度问题的整体平衡方程(整体刚度模型)，即用有限元格式表示的平面问题总刚度方程。

总刚度矩阵 K 具有以下性质。

a. 对称性。总刚度矩阵由单元刚度矩阵叠加形成，所以，与单元刚度矩阵一样具有对称性，即 $\boldsymbol{K}=\boldsymbol{K}^{\mathrm{T}}$。

b. 稀疏性。由于任一节点仅与少数节点和单元比邻，相对于该节点，其无关节点在 $\boldsymbol{K}$ 中的对应元素为零，因此，存在于 $\boldsymbol{K}$ 中的大量零元素使总刚度矩阵具有稀疏性（稀疏矩阵）。

c. 带状性。总刚度矩阵中的所有非零元素均集中分布在主对角线附近，从而形成所谓带状矩阵。

d. 奇异性。对于无任何节点约束或约束不足的结构件，其总刚度矩阵奇异（$|\boldsymbol{K}|=0$），物理上表现为在力的作用下，结构件整体作刚性运动，即方程(3-27) 的解不唯一。

总刚度矩阵的上述特性，为其在计算机中的存储与处理，以及解的唯一性判别和计算方法的选取提供了良好的数学依据。

② 设置位移边界条件　由于总刚度矩阵具有奇异性，因此，在求解总刚度方程(3-27) 之前，必须设置一些节点位移约束，以防止结构件产生整体刚性运动。节点的位移约束一般施加在被离散对象的边界上，故称之为位移边界条件，见图 3-4(a)。边界上节点的位移约束通常分为两大类。

a. 零位移约束。设某一结点沿某一方向的位移为零（例如 $a_m=0$），则平面构件的总刚度方程变成：

$$\begin{Bmatrix}Q_1\\Q_2\\\vdots\\0\\\vdots\\Q_n\end{Bmatrix}=\begin{bmatrix}k_{11}&k_{12}&\cdots&0&\cdots&k_{1n}\\k_{21}&k_{22}&\cdots&0&\cdots&k_{2n}\\\vdots&\vdots&&\vdots&&\vdots\\0&0&\cdots&1&\cdots&0\\\vdots&\vdots&&\vdots&&\vdots\\k_{n1}&k_{n2}&\cdots&0&\cdots&k_{nn}\end{bmatrix}\begin{Bmatrix}a_1\\a_2\\\vdots\\a_m\\\vdots\\a_n\end{Bmatrix} \tag{3-28}$$

观察式(3-28) 可以发现：总刚度矩阵中与零位移节点 a_m 对应的主对角元素 k_{nn} 为 1，

其余相关元素（即下角标中含有 n 的 k 元素）均为 0；载荷列阵中与零位移结点对应的元素 Q_n 为 0。

b. 非零已知位移约束。已知某一结点沿某约束方向位移为 $\vec{a}_m$，其平面构件的总刚度方程转变成：

$$\begin{Bmatrix} Q_1 \\ Q_2 \\ \vdots \\ \alpha k_{mm}\vec{a}_m \\ \vdots \\ Q_n \end{Bmatrix} = \begin{bmatrix} k_{11} & k_{12} & \cdots & 0 & \cdots & k_{1n} \\ k_{21} & k_{22} & \cdots & 0 & \cdots & k_{2n} \\ \vdots & \vdots & & \vdots & & \vdots \\ k_{m1} & k_{m2} & \cdots & \alpha k_{mm} & \cdots & k_{mn} \\ \vdots & \vdots & & \vdots & & \vdots \\ k_{n1} & k_{n2} & \cdots & 0 & \cdots & k_{nn} \end{bmatrix} \begin{Bmatrix} a_1 \\ a_2 \\ \vdots \\ a_m \\ \vdots \\ a_n \end{Bmatrix} \tag{3-29}$$

此时，式(3-29) 表现为：总刚度矩阵中与已知结点位移 $\vec{a}_m$ 对应的主对角元素 k_{mm} 乘以一个足够大的正数 α（例如，$\alpha=10^{20}$），相关列元素（即第二个下角标是 m 的 k 元素）均为零，并且载荷列阵中的 Q_m 被 $\alpha k_{mm}\vec{a}_m$ 所代替。

实际上，两类位移边界条件常常同时存在，所以可根据情况将式(3-28) 和式(3-29) 组合在一块进行化简。

③ 设置载荷边界条件　设置载荷边界条件实际上是为总载荷列阵中的各分量元素赋初值。结合位移边界条件设置可以简化赋值过程，即只针对未经式(3-28) 和式(3-29) 处理的载荷元素赋值。需要注意的是：除零位移和已知位移节点外，载荷中的等效体积力应平均加载到所有剩余节点上，等效面力应加载到面力边界节点上，而等效集中力则应根据情况加载到相应单元的节点上。这样处理后的总载荷列阵中，有的载荷分量可能为零（对应零位移节点），有的载荷分量可能是 2～3 种等效节点力的叠加（例如，某边界节点既受等效面力作用，又受等效体积力作用）。

(4) *求解总刚度方程*

代入约束和载荷边界条件的总刚度方程可写成：

$$\bar{\boldsymbol{K}}a=\bar{\boldsymbol{Q}} \tag{3-30}$$

式中　$\bar{\boldsymbol{K}}$、$\bar{\boldsymbol{Q}}$——经约束边界条件和载荷边界条件处理后的总刚度矩阵与总节点载荷列阵。

式(3-30) 是一个关于节点位移分量的线性方程组，利用迭代法、高斯法、波前法或带宽法等数值方法可以求出节点位移列阵 a 中的各分量，然后代入几何方程求解应变分量，再代入本构方程求解应力分量，于是便获得已知边界条件下平面刚度问题的全部近似解。

3.2.3 有限元解的收敛性与误差控制

基于单元形函数插值的有限元解是原应用问题的近似解。近似解是否收敛于真实解，近似解收敛速度有多块，近似解是否稳定，近似解误差有多大，这些都是决定有限元法能否成功用于具体工程问题的关键。

3.2.3.1 解的收敛性

有限元解的收敛性取决于所构建的试探函数（插值函数）逼近真实函数的程度，因此，试探函数的选择是关键。试探函数的选择必须遵循两条基本准则。

① 完备性准则　如果出现在泛函(3-6) 中的场函数最高导数是 m 阶，则有限元解收敛

的条件之一是单元内场函数的试探函数至少是 m 次完全多项式。

满足完备性准则的单元被称为完备单元。

② 协调性准则　如果出现在泛函(3-6) 中的场函数最高导数是 m 阶，则试探函数在单元的交界面上必须具有 C_{m-1} 连续性，即在相邻单元的界面上，试探函数应具有直至 $m-1$ 阶连续导数。

满足协调性准则的单元被称为协调单元。

完备性是有限元解收敛的必要条件，而协调性是有限元解收敛的充分条件。显然，对于绝大多数工程问题而言，选择多项式作为单元插值函数一般都能满足完备性和协调性准则。采用既完备又协调的单元离散求解域，所获得的有限元解一定收敛，即当单元尺寸趋近于零时，有限元解趋近于真实解。但是，某些非协调单元在一定的条件下也能使有限元解收敛于真实解。

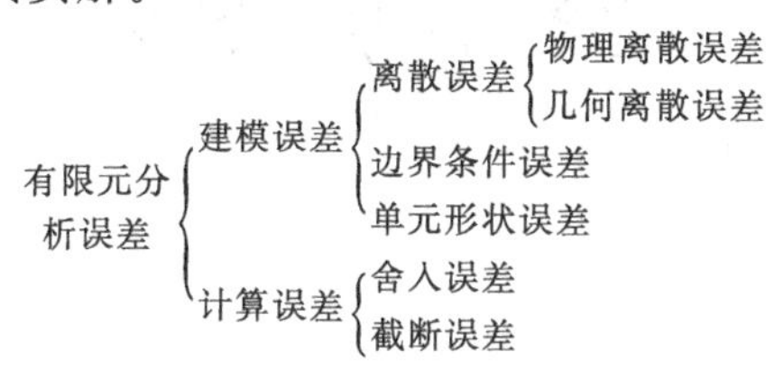

图 3-6　有限元解的误差组成

3.2.3.2　误差来源与控制

有限元解的误差主要来源于有限元建模误差和数值计算误差，其中，有限元建模误差包括求解对象（域）离散误差、边界条件误差和单元形状误差。图 3-6 是有限元解（或有限元分析）的误差组成。

（1）离散误差

离散误差有物理离散误差与几何离散误差之分。前者是插值函数（试探函数）与真实函数之间的差异，后者是单元组合体与原求解对象在几何形状上的差异。

物理离散误差量级可以定性地用以下公式估计：

$$E=O(h^{p-m+1}) \tag{3-31}$$

式中　h——单元特征尺寸；

p——单元插值函数（一般为多项式）的最高阶次；

m——单元插值函数的最高阶导数。

对于三节点三角形单元，其插值函数是线性的，即 $p=1$。由于求解位移不涉及插值函数的求导，所以 $m=0$，于是可推断出位移误差的量级为 $O(h^2)$，位移解的收敛速度量级与位移误差相同，也为 $O(h^2)$。反之，节点位移与单元应变的几何方程中存在位移函数的一阶求导（$m=1$），故应变误差的量级为 $O(h)$，应变解收敛速度的量级也为 $O(h)$。同理，根据本构方程可推断出应力误差与应力解收敛速度的量级均为 $O(h)$。由此可见，在弹性力学刚度分析中，节点位移误差对其后应力应变解的精确度影响极大。

控制物理离散（即用插值函数代替真实函数）误差的方法主要有两种。

① 减小单元特征尺寸　换句话说，就是增加网格划分密度。通过减小单元特征尺寸来提高有限元解精确度的方法被称为 h 法。

② 提高插值函数的阶次　即采用较高阶的多项式插值单元离散求解域。通过提高插值函数的阶次来提高有限元解精确度的方法被称为 p 法。

此外，根据工程实际问题，混合使用高、低阶插值函数单元离散求解域的不同部分，也是控制物理离散误差的有效方法之一。

几何离散误差主要来自被离散对象的边界。如图 3-7 所示，中心带孔的平面圆被四边形单元均匀离散，其四边形的直边与内外圆周边之间存在间隙（即几何离散误差）。控制几何离散误差常用的方法有两种。

① 网格局部加密（图 3-8）。

② 选择边和（或）面上带有节点的单元，因为这类单元的边和（或）面可以弯曲（图 3-9）。

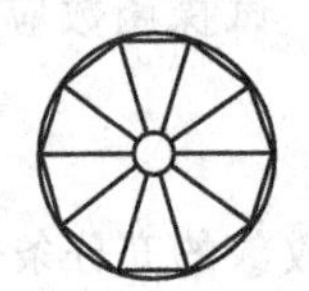

图 3-7 几何离散误差

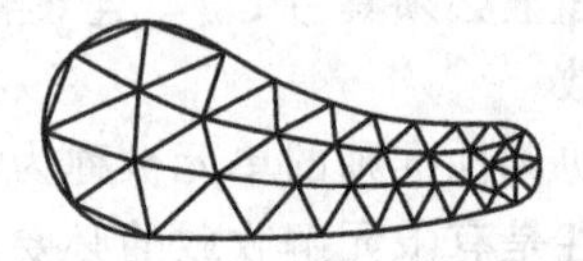

图 3-8 网格局部加密

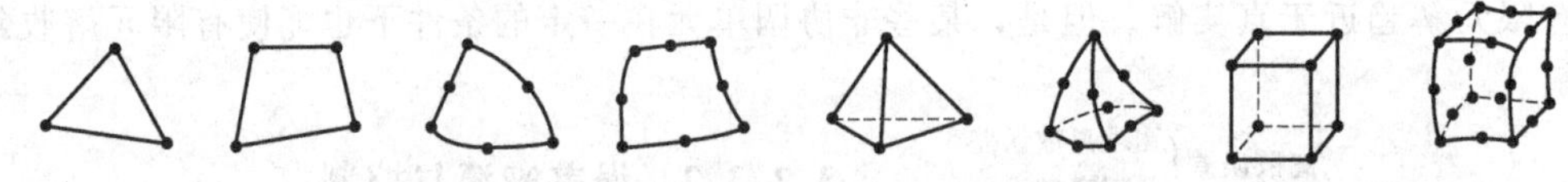

图 3-9 常用 2D 和 3D 单元举例

（2）边界条件误差

边界条件误差主要源于两个方面。

① 物理边界的量化误差 物理边界量化误差实际上包括边界数据采集误差和边界数学模型误差，前者与某些边界条件的复杂性和边界数据采集的难度有关，后者与边界条件的理论研究和数学建模有关。例如：在钣金件冲压过程中，板料与模具之间的摩擦是动态变化的，而且依赖于具体的界面工况，很难准确地测定其摩擦数据，并利用基于理论分析与物理实验的界面摩擦模型加以描述。

② 边界载荷等效移置误差 这类误差主要影响与边界载荷等效移置相关的局部区域特征，而对工程问题的整体求解影响不大。

控制边界条件误差的途径如下。针对第一种误差，尽量采用各种先进的技术方法与实验手段，准确测定工程问题求解所需的边界数据；同时深入开展理论与实验研究，不断完善描述界面条件的数学模型。针对第二种误差，细分重点关注的边界区域网格（例如：模拟焊接热应力时的热影响区），以减少或消除因载荷等效移置带来的求解精度损失。

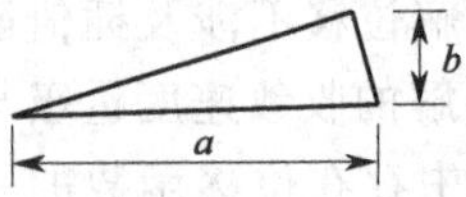

图 3-10 三角形单元的底高比

（3）单元形状误差

单元形状误差由极度不规则的单元结构产生。例如：当图 3-10 所示三节点三角形单元的底高比（即 a/b）非常大时，就会造成单元的严重畸变或退化，从而影响有限元求解精度，极端情况下还将导致求解失败或数值计算无法进行。

单元形状误差的影响一般仅限于畸变单元内部或相邻单元，因此，应有针对性地通过局部细分或单元编辑调整关键区域（例如，应力集中区）的网格。

（4）计算误差

计算误差可能来源于计算方法、程序设计、运算次数、误差累积，以及解题性质与解题规模等多个方面。计算误差又分为舍入误差和截断误差，前者主要与计算机内部用于数据存储和字长处理、求解线性方程组和数值积分所需要的运算次数、数值计算采用的计算方法，以及计算方法在程序实现中的误差控制等因素有关，而后者主要与数值计算采用的计算方法、解题性质和解题规模有关。

对于计算误差的控制，可根据实际计算情况，具体问题具体解决。例如：如果计算误差是由解题规模过大引起，则应采用适当措施降低解题规模，以减少运算次数和由此带来的累积误差；如果属于因计算方法选择不当而导致计算效率降低和计算误差增大，则应重新选择高效高精度的计算方法。

3.2.4 非线性问题的有限元法

前面结合有限元方程建立与应用所举的例子为线性问题，在材料成形领域，线弹性体系的刚度分析可用于各种成形模具、工装夹具和焊接结构等的开发与设计，稳态传热分析可用于工件保温、退火、自然冷却、人工时效和砂型铸模传热等过程模拟。然而，材料成形过程中大量遇到的却是一些非线性工程问题，例如：固态金属冲压和锻造中的冷、热塑性变形，液态金属铸造中的流动、凝固与传热，固体材料熔化焊中的传热、物理冶金与焊缝凝固，热塑性塑料注射成型中的黏性流动与冷却固化，模具零件淬火热处理中的传热与相变等。

有限元法在主要材料成形领域（如冲压、锻压、铸造、焊接、注射等）中应用所涉及的某些专业知识，将根据需要分散到后续章节讨论与补充，本小节仅简要介绍与材料成形相关的非线性问题基本概念和求解非线性方程组的基本方法。

3.2.4.1 材料成形领域中的非线性问题

材料成形领域遇到的非线性问题主要体现在以下三个方面。

① 材料非线性　材料非线性是指材料变形时的应力与应变关系（本构关系）非线性。图 3-11 分别为弹塑性、刚塑性、刚黏塑性和黏弹塑性材料在拉伸或压缩变形时的典型应力应变曲线。

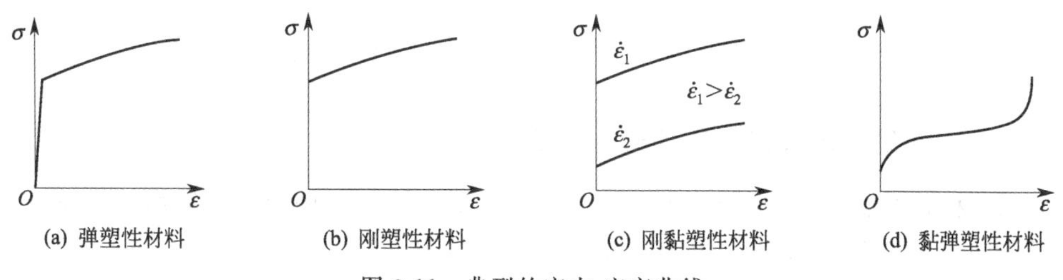

图 3-11　典型的应力-应变曲线

比较图 3-11 中的各曲线特征可知，当前三类材料的变形进入塑性区后，均存在某种程度的应变硬化现象，即随着材料塑性变形量的增加，维持其变形所需的应力（流动应力）也增加，并且两者之间的关系是非线性的；刚（黏）塑性材料与弹塑性材料的区别在于前者的弹性变形相对于其塑性变形可以忽略不计，即假设材料屈服前为刚性；刚塑性材料与刚黏塑性材料的区别在于后者的应力应变关系还与应变速率有关；最后一类黏弹塑性材料的应力应变关系属于高度非线性，其典型代表为（中等结晶的）热塑性塑料。

实际上，不同的成形加工方法会使同样材料呈现不同的非线性性质。例如：金属材料的冲压成形，其应力应变遵循弹塑性本构关系；锻压成型，遵循刚（黏）塑性本构关系；铸造成型，遵循牛顿黏性流体本构关系。

② 几何非线性　几何非线性是指由物体内质点的大位移和大转动引起的非线性，力学

上表现为研究对象的几何方程不满足线性关系。例如图 3-12 所示的材料弯曲，塑变区的材料质点不仅存在大位移，而且还存在某种程度的转动。

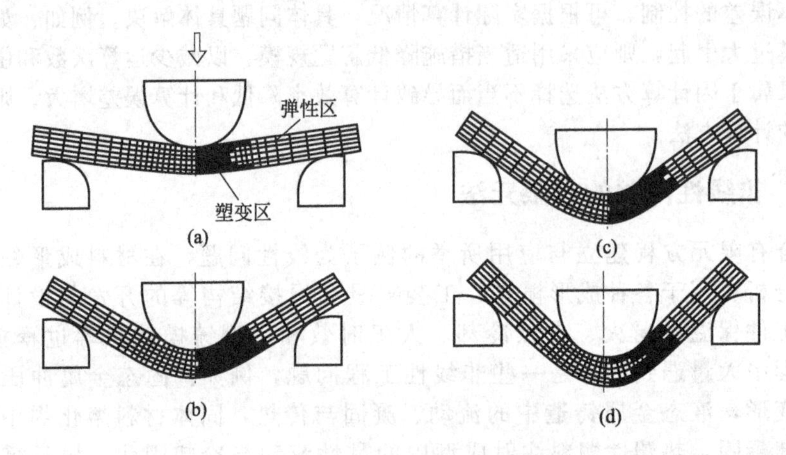

图 3-12　几何非线性举例（材料弯曲）

③ 边界非线性　边界非线性是指边界条件呈现非线性变化。例如：模锻时，毛坯与模膛表面的接触和摩擦（图 3-13），即使不考虑软硬质点的黏着问题，其接触点 3 也不会沿模膛表面呈线性滑动。

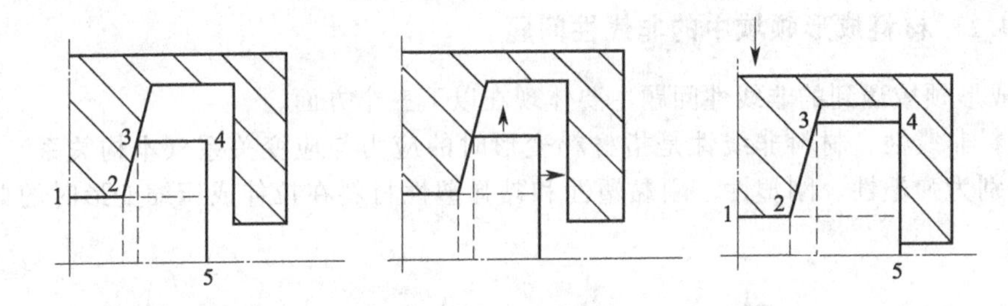

图 3-13　边界非线性举例（毛坯与模具的接触）

3.2.4.2　求解非线性方程组的基本方法

无论是材料非线性问题或是几何非线性问题，经有限元法处理后，最终都将被归结为求解非线性方程组。离散化的非线性方程组一般可表示为：

$$\boldsymbol{K}(\boldsymbol{a})a=Q \tag{3-32}$$

或

$$\Psi(a)\equiv P(a)-Q\equiv \boldsymbol{K}(\boldsymbol{a})a-Q=0$$

式中　a——未知场函数的近似解；

$\boldsymbol{K}(\boldsymbol{a})$——非线性方程组的系数矩阵；

Q——外载荷列阵。

由式(3-32) 可知，非线性方程组的系数矩阵是变量矩阵。在工程上，常常借助增量法将载荷或时间离散成若干个增量步，针对每一步载荷或时间增量，“线性化”方程组(3-32)，即将非线性问题转化成一系列线性问题进行求解。具体做法概括起来如下：

① 离散载荷或时间为 m 个增量步；

② 设全局载荷初值或时间初值，利用迭代法计算第一增量步（$i=1$）内的“线性”方程组；

③ 当第一增量步内的迭代计算误差小于规定值后，即将最后一次的迭代结果作为第一增量步的解；

④ 判断 m 个增量步是否全部计算完毕，即不等式 $i>m$ 是否成立；

⑤ 如果 $i\leqslant m$，则 $i=i+1$，并以当前增量步的迭代解作为初值，进行下一增量步的迭代计算；

⑥ 循环第④、⑤步工作，直到 $i>m$。

3.2.4.3 非线性有限元解的稳定性

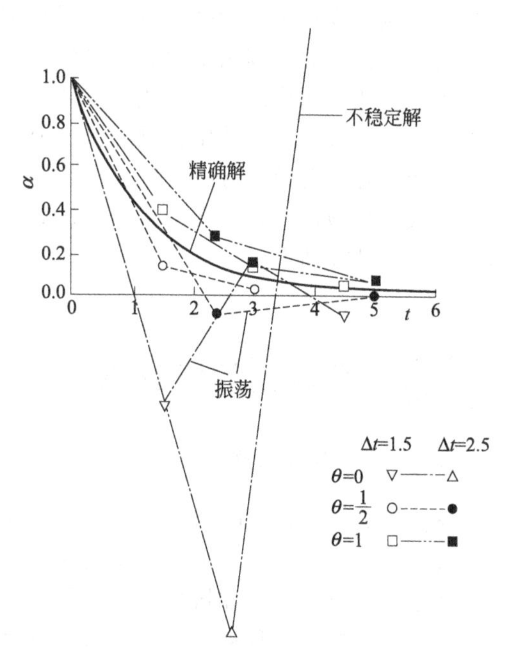

图 3-14 有限元解的稳定性举例

当利用增量-迭代混合法求解方程组(3-32)时，增量步长的选取对有限元解的稳定性影响极大。所谓有限元解的稳定性，是指当载荷步或时间步的长度（步长）取不同值时，方程组(3-32) 的收敛误差是否趋于恒定或波动最小。如果增量步长取任意值，误差都不会无限增长，则称有限元解为无条件稳定；如果增量步长只有在满足一定条件时，误差才不会无限增长，则称有限元解为条件稳定。图 3-14 表示计算某瞬态传热过程，当时间步长 Δt 分别取 1.5 和 2.6 时所对应的有限元解收敛误差变化轨迹。其中，横坐标表示迭代次数，纵坐标表示迭代计算的收敛误差。增量步长的选取受多种因素影响，具体方法请参阅后续章节的相关内容。

3.2.5 有限元求解应用问题的一般步骤

对于不同物理性质和数学模型的问题，有限元求解法的基本步骤是相同的，只是具体公式推导和运算求解不同。有限元求解问题的基本步骤如下。

第一步：问题及求解域定义。根据实际问题近似确定求解域的物理性质和几何区域。

第二步：求解域离散化。将求解域近似为具有不同有限大小和形状且彼此相连的有限个单元组成的离散域，习惯上称为有限元网络划分。显然，单元越小（网格越细），则离散域的近似程度越好，计算结果也越精确，但计算量将增大，因此求解域的离散化是有限元法的核心技术之一。

第三步：确定状态变量及控制方法。一个具体的物理问题通常可以用一组包含问题状态变量边界条件的微分方程式表示，为适合有限元求解，通常将微分方程化为等价的泛函形式。

第四步：单元推导。对单元构造一个适合的近似解，即推导有限单元的列式，其中包括选择合理的单元坐标系，建立单元试函数，以某种方法给出单元各状态变量的离散关系，从而形成单元矩阵（结构力学中称刚度阵或柔度阵）。

为保证问题求解的收敛性，单元推导有许多原则要遵循。对工程应用而言，重要的是应注意每一种单元的解题性能与约束。例如，单元形状应以规则为好，畸形时不仅精度低，而且有缺秩的危险，将导致无法求解。

第五步：总装求解。将单元总装形成离散域的总矩阵方程（联合方程组），反映对近似求解域的离散域的要求，即单元函数的连续性要满足一定的连续条件。总装是在相邻单元结点进行，状态变量及其导数（可能的话）连续性建立在结点处。

第六步：联立方程组求解和结果解释。有限元法最终导致联立方程组。联立方程组的求解可用直接法、迭代法和随机法。求解结果是单元结点处状态变量的近似值。对于计算结果的质量，将通过与设计准则提供的允许值比较来评价并确定是否需要重复计算。

简而言之，有限元分析可分成三个阶段：前置处理、计算求解和后置处理。前置处理是建立有限元模型，完成单元网格划分；后置处理则是采集处理分析结果，使用户能简便提取信息，了解计算结果。

3.3 有限差分法基础

3.3.1 基本概念

有限差分法（FDM）是计算机数值模拟最早采用的方法之一，在材料成形领域的应用较为普遍，同有限元法一道成为材料成形计算机模拟的两种主要方法。目前，有限差分法在材料加工的传热分析（如铸造过程传热、锻压过程传热、焊接过程传热等）和流动分析（如铸液充型、焊接熔池移动等）方面占有较大比重。特别是在流动场分析方面，有限差分法显示出独特的优势，因而成为MAGMA（德国）、NOVACAST（瑞典）、华铸CAE（中国）等铸造模拟软件的技术内核之一。另外，一向被认为是有限差分法弱项的应力分析，如今也在技术开发与工程应用上取得了长足进步。即使是在有限元法占主导地位的一些材料加工领域，也能见到有限差分法涉足的身影，例如材料非稳态成形中与时间交互相关的部分，常常用有限差分法进行离散求解。由此可以预见，随着有限差分技术与计算机技术的不断发展，有限差分法将在材料加工领域得到更加广泛的应用。

有限差分法的基本思想是：将连续求解域划分成差分网格（最简单的差分网格为矩形网格），用有限个节点代替原连续求解域，用差商代替控制微分方程中的导数，并在此基础上建立含有限个未知数的节点差分方程组；代入初始条件和边界条件后求解差分方程组，该差分方程组的解就是原微分方程定解问题的数值近似解。

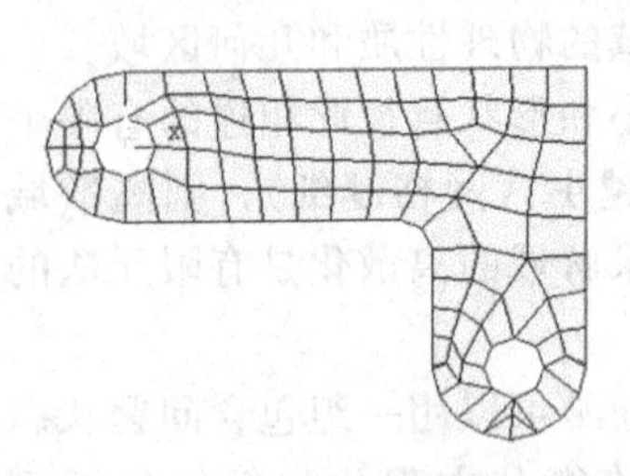

(a) 有限元网格

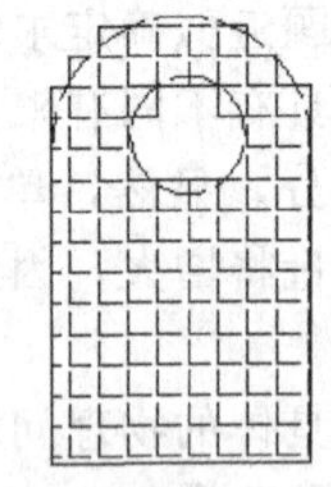

(b) 有限差分网格

图 3-15 有限元网格与有限差分网格

有限差分法是一种直接将微分问题转变成代数问题的近似数值解法，其最大特点是网格划分规整，无需构建形函数，不存在单元分析和整体分析，数学建模简便，但不太适合处理具有复杂边界条件的工程问题。如图3-15所示，有限差分网格在处理求解对象的几何边界上缺乏灵活性，即边界节点（网格交点）没有全部坐落在边界线（面）上。有限差分法多用于传热、流动等工程问题的求解。

构造有限差分的数学方法有很多种，目前普遍采用的是泰勒（Taylor）级数展开法，即将展开式中求解连续场控制方程的导数用网格节点上函数值的差商代替，进而建立起基于网格节点函数为未知量的代数方程组。常见的差分格式有：一阶向前差分、一阶向后差分、一阶中心差分和二阶中心差分等，其中前两种格式为一阶计算精度，后两种格式为二阶计算精度。考虑到时间因子的影响，差分格式可以分为显格式、隐格式和显隐交替格式等。通过不同差分格式的组合，可以灵活求解时间与空间的交互问题。

3.3.2 有限差分数学知识

3.3.2.1 差分概念

设自变量 x 的解析函数为 $y=f(x)$，则根据微分学中的函数求导原理，有：

$$\frac{\mathrm{d}y}{\mathrm{d}x}=\lim_{\Delta x\to 0}\frac{\Delta y}{\Delta x}=\lim_{\Delta x\to 0}\frac{f(x+\Delta x)-f(x)}{\Delta x} \tag{3-33}$$

式中 $\mathrm{d}y$，$\mathrm{d}x$——函数和自变量的微分；

$\frac{\mathrm{d}y}{\mathrm{d}x}$——函数对自变量的一阶导数（亦称微商）；

Δy，Δx——函数和自变量的差分；

$\frac{\Delta y}{\Delta x}$——函数对自变量的一阶差商。

因为 Δx 趋近于零的方向任意，所以，与微分对应的差分项有三种表达方式：

向前差分 $$\Delta y=f(x+\Delta x)-f(x) \tag{3-34}$$

向后差分 $$\Delta y=f(x)-f(x-\Delta x) \tag{3-35}$$

中心差分 $$\Delta y=f\left(x+\frac{1}{2}\Delta x\right)-f\left(x-\frac{1}{2}\Delta x\right) \tag{3-36}$$

仿照式(3-34)~式(3-36)，可以推导出二阶差分、二阶差商和 n 阶差分、n 阶差商的数学表达式。以向前差分和差商格式为例：

$$\begin{aligned}\Delta^2 y&=\Delta(\Delta y)\\&=\Delta[f(x+\Delta x)-f(x)]\\&=\Delta f(x+\Delta x)-\Delta f(x)\\&=[f(x+2\Delta x)-f(x+\Delta x)]-[f(x+\Delta x)-f(x)]\\&=f(x+2\Delta x)-2f(x+\Delta x)-f(x)\end{aligned} \tag{3-37}$$

$$\frac{\Delta^2 y}{\Delta x^2}=\frac{f(x+2\Delta x)-2f(x+\Delta x)-f(x)}{(\Delta x)^2} \tag{3-38}$$

$$\begin{aligned}\Delta^n y&=\Delta(\Delta^{n-1}y)\\&=\Delta[\Delta(\Delta^{n-2}y)]\\&\cdots\cdots\\&=\Delta\{\Delta\cdots[\Delta(f(x+\Delta x)-f(x))]\}\end{aligned} \tag{3-39}$$

$$\frac{\Delta^n y}{\Delta x^n}=\frac{\Delta\{\Delta\cdots[\Delta(f(x+\Delta x)-f(x))]\}}{(\Delta x)^n} \tag{3-40}$$

还可以推导出多元函数差分、差商的一阶、二阶和 n 阶等表达式。例如，自变量为 x_1，x_2，…，x_n 的多元函数 $f(x_1,x_2,\cdots,x_n)$ 的一阶向前差商：

$$\frac{\Delta f(x_1,x_2,\cdots,x_n)}{\Delta x_1}=\frac{f(x_1+\Delta x_1,x_2,\cdots,x_n)-f(x_1,x_2,\cdots,x_n)}{\Delta x_1} \tag{3-41}$$

$$\frac{\Delta f(x_1,x_2,\cdots,x_n)}{\Delta x_2}=\frac{f(x_1,x_2+\Delta x_2,\cdots,x_n)-f(x_1,x_2,\cdots,x_n)}{\Delta x_2} \tag{3-42}$$

$$\frac{\Delta f(x_1,x_2,\cdots,x_n)}{\Delta x_n}=\frac{f(x_1,x_2,\cdots,x_n+\Delta x_n)-f(x_1,x_2,\cdots,x_n)}{\Delta x_n} \tag{3-43}$$

3.3.2.2 差分方程

在数学上，微分和导数对应于连续数域，而差分和差商对应于离散数域。同理，在工程应用上，微分方程用于求解连续对象问题，而差分方程用于求解离散对象问题。例如：求解一维非稳态对流的初值问题，其微分格式为：

$$\begin{cases}\dfrac{\partial \zeta(x,t)}{\partial t}+\alpha\dfrac{\partial \zeta(x,t)}{\partial x}=0\\ \zeta(x,0)=\overline{\zeta}(x)\end{cases} \tag{3-44}$$

式中 α——对流系数；

$\zeta(x,t)$——对流场函数；

$\overline{\zeta}(x)$——初始条件下的某已知函数。

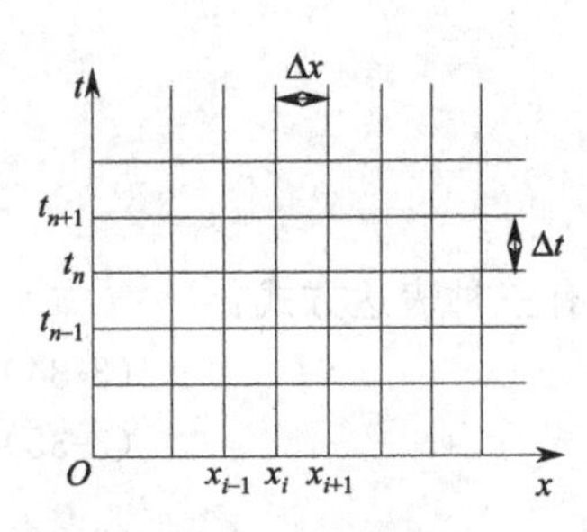

图 3-16 差分网格

将式(3-44) 的求解域离散成有限差分网格（见图 3-16），其中：Δx、Δt 分别称为空间步长和时间步长。通常，差分网格中的水平间距 Δx 取等步长（空间等距差分），当然也可取变步长（空间变距差分）；而垂直间距 Δt 一般同 Δx 和 α 有关，当 Δx 和 α 为常数时，Δt 也取常数（时间等距差分）。对于等距差分，域内任一节点（x_i,t_n）的坐标可以用初始结点坐标（$x_0,0$）表示，即：

$$x_i=x_0+i\Delta x \qquad i=0,1,2,\cdots$$
$$t_n=n\Delta t \qquad n=0,1,2,\cdots$$

于是，初值问题式(3-44) 在离散域节点（x_i,t_n）处可表示为：

$$\begin{cases}\left(\dfrac{\partial \zeta}{\partial t}\right)_i^n+\alpha\left(\dfrac{\partial \zeta}{\partial x}\right)_i^n=0\\ \zeta_i^0=\overline{\zeta}(x_i)\end{cases} \tag{3-45}$$

式中 α——假设为常数。

若 α 是 x 的函数，则应改写成 α_i。

如果式(3-45) 中的时间导数用一阶向前差商、空间导数用一阶中心差商表示，即：

$$\left(\frac{\partial \zeta}{\partial t}\right)_i^n\approx\frac{\zeta_i^{n+1}-\zeta_i^n}{\Delta t},\ \left(\frac{\partial \zeta}{\partial x}\right)_i^n\approx\frac{\zeta_{i+1}^n-\zeta_{i-1}^n}{2\Delta x}$$

则有：

$$\begin{cases}\dfrac{\zeta_i^{n+1}-\zeta_i^n}{\Delta t}+\alpha\dfrac{\zeta_{i+1}^n-\zeta_{i-1}^n}{2\Delta x}=0\\ \zeta_i^0=\overline{\zeta}(x_i)\end{cases} \tag{3-46}$$

式(3-46) 即为一维对流问题的时间向前差分、空间中心差分（FTCS）格式。

$$\frac{\zeta_i^{n+1}-\zeta_i^n}{\Delta t}+\alpha\frac{\zeta_{i+1}^n-\zeta_{i-1}^n}{2\Delta x}=0,\ \zeta_i^0=\overline{\zeta}(x_i) \tag{3-47}$$

式(3-47) 称为一维非稳态对流初值问题的差分格式控制方程(简称差分方程）和初始条件。

同理，还可用时间和空间均向前差分（FTFS)，或时间向前、空间向后差分（FTBS）等格式表示初值问题式(3-44)。

三种差分格式的几何示意图见图 3-17。

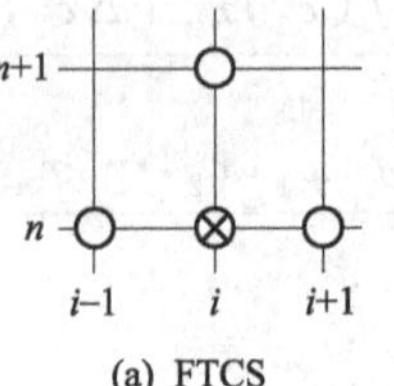

(a) FTCS

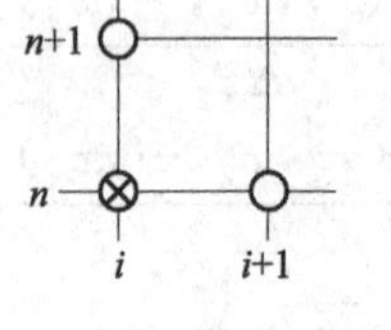

(b) FTFS

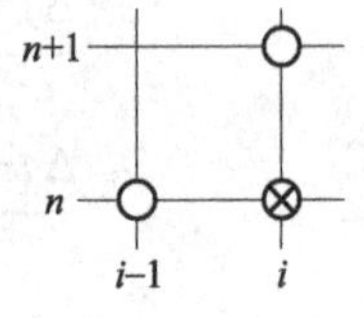

(c) FTBS

图 3-17 三种差分格式示意图

3.3.3　利用 FDM 求解应用问题的一般步骤

现以一维非稳态传热问题为例，介绍利用有限差分法求解的一般步骤。其中，建立满足实际应用需要的差分格式（包括控制方程和初边值条件）是求解问题的关键。

设一维对象的长度为 L，材料的热物性已知并为常数；初始条件为 T_0（即被求解对象的初始温度），边界条件固定且已知为 T_w（即对象两端的界面温度）。在此基础上建立定解问题的微分格式如下：

$$\frac{\partial T}{\partial t}=\alpha\frac{\partial^2 T}{\partial x^2}\quad(0<x<L,t>0) \tag{3-48}$$

$$T(x,0)=T_0 \tag{3-49}$$

$$T(0,t)=T(L,t)=T_w \tag{3-50}$$

式中　$\alpha=\lambda/(\rho c_p)$——热扩散系数；

λ，ρ，c_p——材料的热导率、密度和比热容。

① 离散求解域（$0<x<L$，$t>0$）。

$$x_i=i\Delta x(i=1,2,\cdots,m-1)$$
$$t^n=n\Delta t(n=0,1,2,\cdots) \tag{3-51}$$

式中　$i=0\rightarrow x_i=0$；

$i=m\rightarrow x_i=L$。

② 用时间向前差分和空间中间差分格式代替控制方程(3-48)的对应项。

$$\left(\frac{\partial T}{\partial t}\right)_i^n=\frac{T_i^{n+1}-T_i^n}{\Delta t},\ \left(\frac{\partial^2 T}{\partial x}\right)_i^n=\frac{T_{i+1}^n-2T_i^n+T_{i-1}^n}{(\Delta x)^2} \tag{3-52}$$

③ 将式(3-52)代入式(3-48)并改写成显式差分格式，同时将初边值条件式(3-49)、式(3-50)也差分化，最后得：

$$\begin{cases}T_i^{n+1}=fT_{i+1}^n+(1-2f)T_i^n+fT_{i-1}^n\\ T_i^0=T_0\\ T_0^n=T_w,T_m^n=T_w\end{cases} \tag{3-53}$$

$$f=\frac{\alpha\Delta t}{(\Delta x)^2}$$

④ 选择适当的计算方法求解线性代数方程组(3-53)。

⑤ 将求解结果用云图、等值线、动画等方式展示出来，供实际应用参考。

从上述一般步骤可知，利用有限差分法求解工程问题不需要构建形函数，也无积分矩阵计算，其数学处理要比有限元法简洁得多。

3.4 CAE 分析的若干注意事项

为了提高 CAE 分析的计算效率和精度，尽量使分析结果与实际材料成形问题相吻合，一些必要的注意事项需要在此加以说明。

3.4.1　简化模型

在不影响模拟结果的真实性或关注数据的准确性前提下，适当简化分析对象的几何模型或有限元模型，对于节约计算资源，缩短求解时间，提高模拟速度非常有帮助。

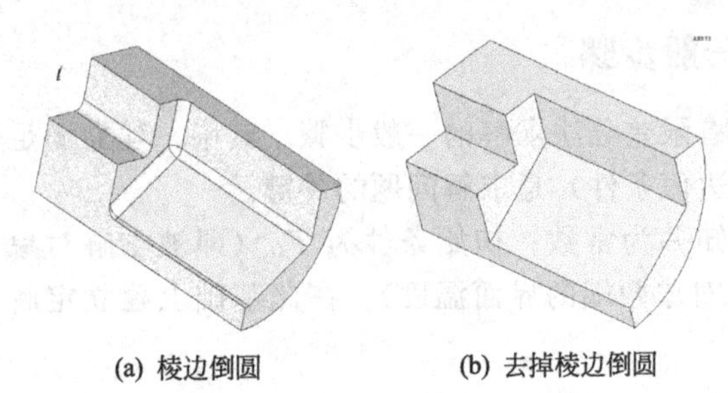

图 3-18 棱边倒圆的简化

例如：在热分析中，由于结构细部对结构整体的温度分布影响很小，一般不会引起局部高温，如果不计算热应力，则细部结构可以忽略（图 3-18）。

又如：分析图 3-19(a) 砂型铸件的凝固过程。理论与实践证明，除了两端部区外，铸件主体各截面的凝固属性完全相同，因此，仅需在铸件主体区任意取一截面进行凝固模拟［见图 3-19(b)］。此外，考虑到截面的对称性，还可进一步将分析模型简化成图 3-19(c) 的形式（已划分网格）。

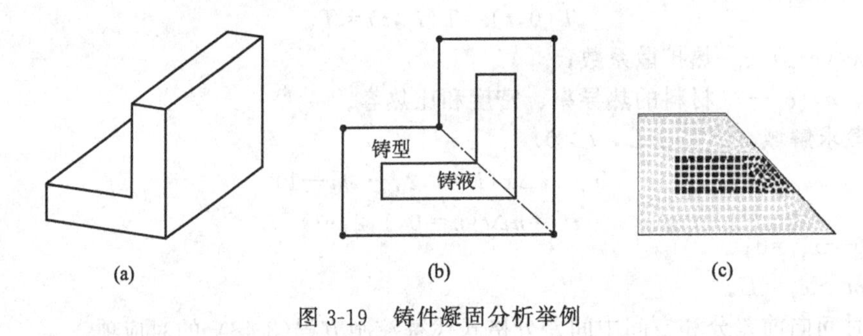

图 3-19 铸件凝固分析举例

再如：分析图 3-20(a) 所示 S 轨零件的冷冲压过程。由于冲压板料的厚度尺寸相对于其长、宽尺寸而言可以忽略不计，因此，可将板料抽象成二维或三维面。同理，如果忽略冲压过程中的模具应力传递和摩擦热传递，可把凸、凹模和压料圈等模具零部件简化成三维面［图 3-20(b)］，这样处理将极大减少后续网格划分的单元数，从而缩短模拟求解的计算时间。

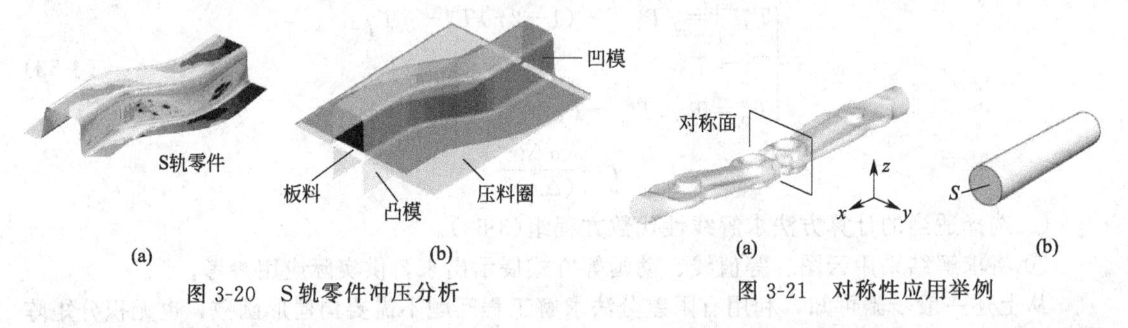

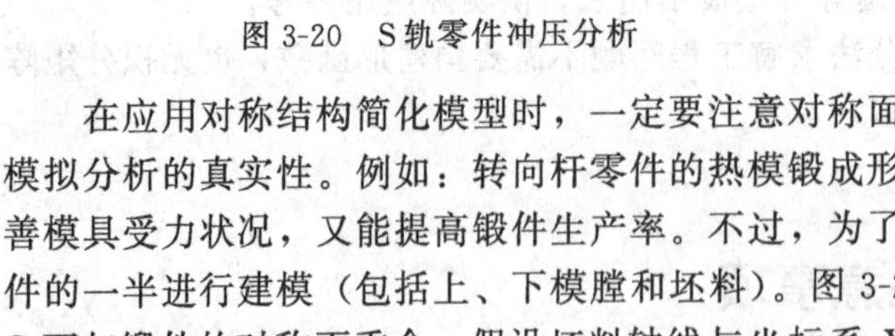

图 3-20 S 轨零件冲压分析

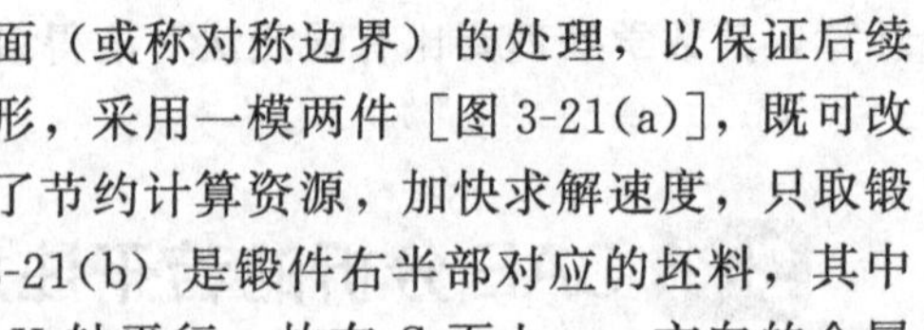

图 3-21 对称性应用举例

在应用对称结构简化模型时，一定要注意对称面（或称对称边界）的处理，以保证后续模拟分析的真实性。例如：转向杆零件的热模锻成形，采用一模两件［图 3-21(a)］，既可改善模具受力状况，又能提高锻件生产率。不过，为了节约计算资源，加快求解速度，只取锻件的一半进行建模（包括上、下模膛和坯料）。图 3-21(b) 是锻件右半部对应的坯料，其中 S 面与锻件的对称面重合。假设坯料轴线与坐标系 X 轴平行，故在 S 面上，x 方向的金属流动速率为零，并且 S 面不与外部环境进行热交换，据此设置 S 面上的边界条件。

图 3-22 是一些容易被忽略，但又十分常见的对称结构举例。其中，轴对称结构既可取其过中轴线的 1/2 截面，也可取其过中轴线的 $1/n$ 实体进行建模。

3.4.2 选择单元

通常，分析对象的几何特征、数学模型（即数理方程）和求解精度决定了有限元的单元

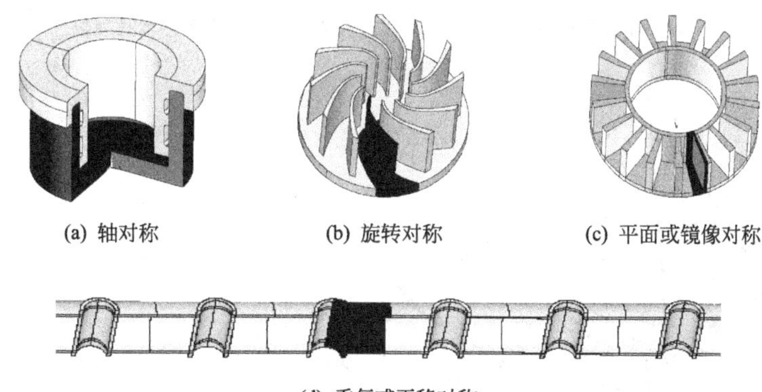

(a) 轴对称　　(b) 旋转对称　　(c) 平面或镜像对称

(d) 重复或平移对称

图 3-22 对称结构举例

类型及其属性，而单元类型及其属性又与单元自身的几何结构、节点数、自由度、内部坐标，以及依附在单元上的材料性质、表面载荷和特殊参数等因素有关。当以多项式作为单元插值函数时，单元形函数的阶次与项数由单元类型、单元节点数和单元节点的分布所决定，例如图 3-23 所示的三角形单元。

$$\phi=a_0+a_1x+a_2y$$

$$\phi=a_0+a_1x+a_2y+a_3xy+a_4x^2+a_5y^2$$

$$\phi=a_0+a_1x+a_2y+a_3xy+a_4x^2+a_5y^2+a_6x^3+a_7x^2y+a_8xy^2+a_9y^3$$

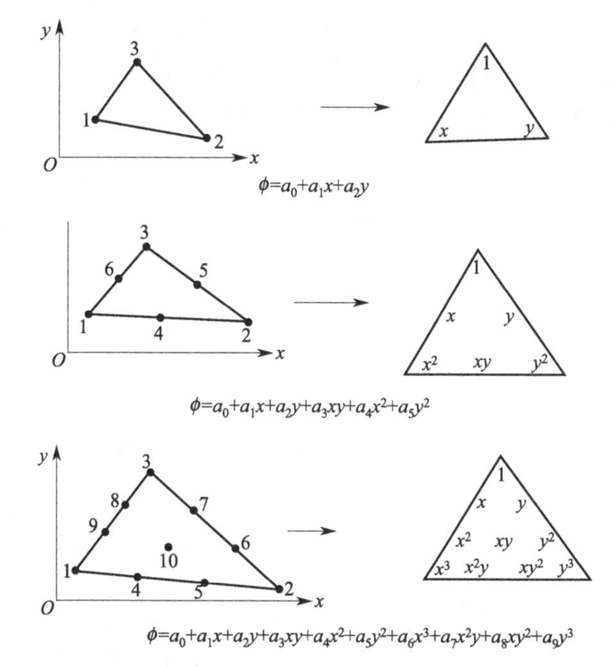

图 3-23 三角形单元的形函数阶次与项数

可以证明，对于二维单元，其形函数阶次与项数的选择必须满足数学上的巴斯卡三角形（图 3-24），而对于三维单元，其形函数阶次与项数的选择则必须满足数学上的帕斯卡尔三角锥（图 3-25）。

巴斯卡三角形	多项式最高阶次	完备多项式项数
1	0	1
$x \quad y$	1	3
$x^2 \quad xy \quad y^2$	2	6
$x^3 \quad x^2y \quad xy^2 \quad y^3$	3	10
$x^4 \quad x^3y \quad x^2y^2 \quad xy^3 \quad y^4$	4	15

图 3-24 巴斯卡三角形对应的多项式阶次与项数

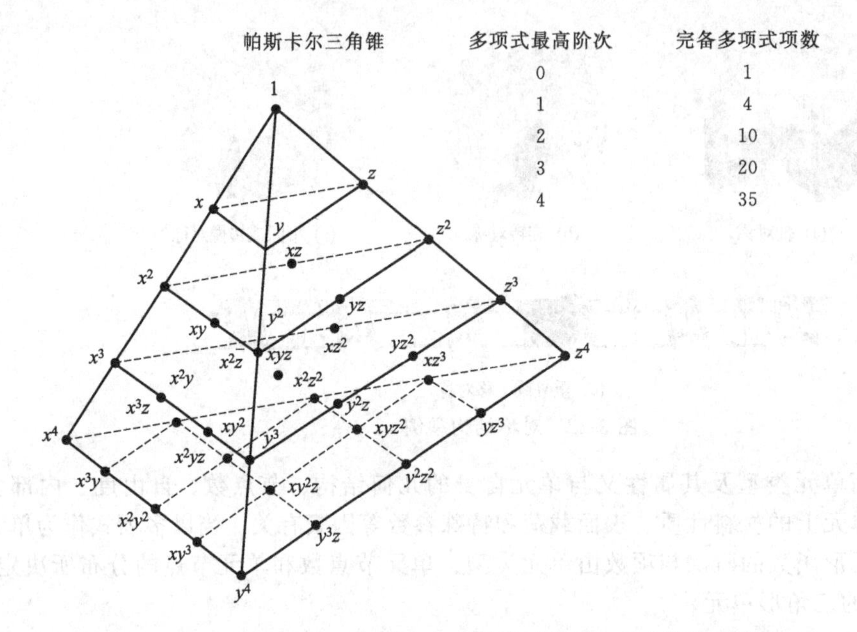

图 3-25　帕斯卡尔三角锥对应的多项式阶次与项数

尽管采用高阶次形函数将有助于提高单元插值精度（见图 3-26），但是却使求解有限元方程组的计算量大大增加，因此，在选择单元时应遵循以下原则。

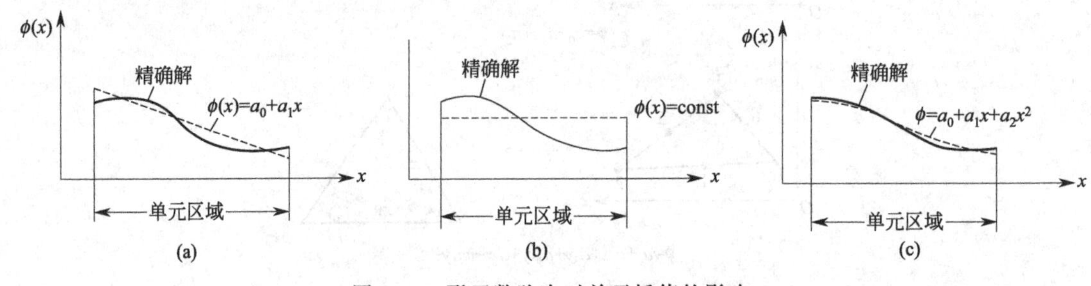

图 3-26　形函数阶次对单元插值的影响

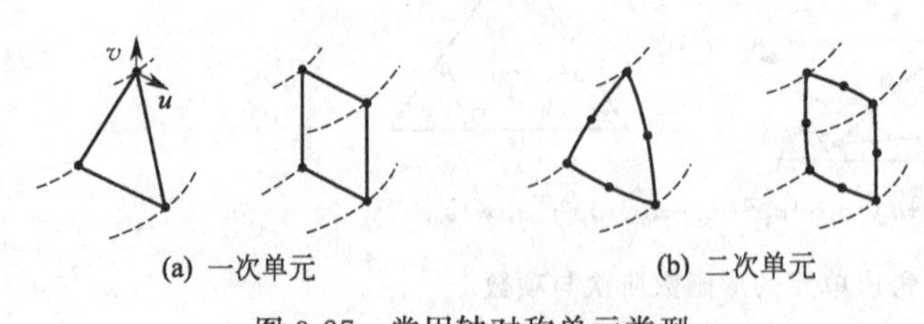

图 3-27　常用轴对称单元类型

① 针对具体问题，尽量采用结点数较少的单元。

② 如果分析对象的边界比较规整，则尽量选择只有端结点的单元；如果边界是曲线或曲面，则考虑选择带边结点或面结点的单元。

③ 对于具有轴对称结构的分析对象，可考虑选择轴对称单元（图 3-27）。

此外，选择单元时，还需考虑使其类型与分析对象的数学模型相吻合。例如，金属板料冲压成形一般选用壳单元或膜单元，铸件成型一般选用六面体或四面体 3D 单元，而构建塑料注射成型的浇注系统一般选用梁单元或杆单元。

对于利用有限差分法计算模拟材料成形过程，不存在单元选择问题。

3.4.3　划分网格

所谓划分网格，实际上就是利用选择好的单元去离散连续的分析对象（求解域）。一般说来，增加网格密度（即缩小单元尺寸）的优势如下：

① 减少几何离散误差，使网格边界更好地逼近分析对象的真实边界；

② 在单元尺度内，使同一单元插值函数更好地逼近真实函数；

③ 使计算结果更好地反映求解对象物理场的分布及其变化细节。

但是，网格划分得越细，节点数就越多，形成的方程组规模就越大，最终将导致计算资源占用量增加，网格划分和计算求解时间延长。

为了解决上述矛盾，通常采用变网格技术，即根据求解实际工程问题的需要，在分析对象的不同区域静态地或动态地定义不同的网格密度。动态定义网格密度的技术又称为网格自适应技术（注：除了动态定义或调整网格密度外，网格自适应技术也包括动态增加或降低单元形函数阶次）。图 3-28 是为了仿真某叶片模锻成形过程，按其上、下模和锻件的网格划分实例。其中，上、下模膛的网格密度远大于模具主体，属于静态变密度网格（即在前处理中一次性划分，不随后续叶片成形过程变化）；而叶片各成形阶段（例如第二锤、第六锤）的网格采用自适应技术，由 CAE 分析系统根据网格畸变程度自动划分。

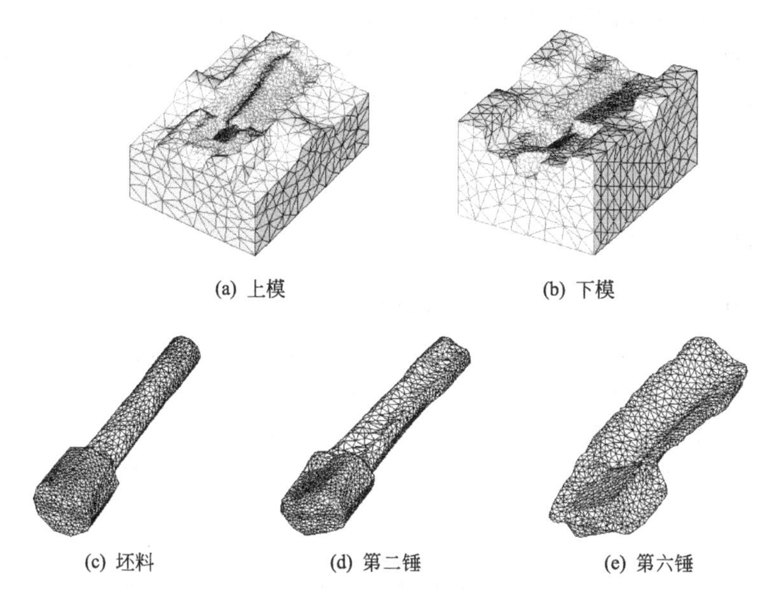

(a) 上模　(b) 下模

(c) 坯料　(d) 第二锤　(e) 第六锤

图 3-28　叶片模锻成形过程的网格划分，以及上、下模的网格划分

目前，变网格技术在有限差分法中也得到广泛应用。

3.4.4　建立初始条件和边界条件

对于绝大多数材料成形过程模拟，初始条件一般为分析对象的初始温度场、初始速度场等；而边界条件主要包括几何边界（自由边界、约束边界）和载荷边界（点、线、面、体载荷，以及静、动态载荷等）条件。必须根据实际问题建立合理的初始条件和边界条件，以保证求解结果的正确性。例如：针对图 3-19 的砂型铸件凝固过程模拟，所需要的初始条件为金属液浇注温度和铸型预热温度（忽略金属液充型结束前的热交换），边界条件为环境温度和铸型表面与环境之间的热交换系数（对流传热膜系数）。

确定初始条件和边界条件的常用方法有物理实验法、现场经验法、类比法（同类成形对象与过程的借鉴）和近似计算法（利用传统公式或前一阶段模拟结果）等。例如，模具零件的淬火热处理，其初始温度有时可近似取出炉温度（忽略零件与夹持工具、空气等的热交换）。

动态边界条件通常是指随时间、载荷或行程变化的边界条件，例如图 3-13。根据实际工况及具体过程，动态建立行之有效的边界条件仍然是目前需要花大力解决的难题。

3.4.5 定义材料参数

准确定义材料参数无疑是保证分析结果与工程实际相吻合的关键因素之一，应该根据具体分析任务合理定义（选用）材料参数。例如，模拟图 3-19 的砂型铸件凝固过程，由于不涉及金属液的流动充型，所以，需要的材料参数为：型砂——密度、比热容、热导率；金属——随温度变化的热导率和热焓。又如，热锻模具应力分析需要的材料参数主要是：基于不同温度的弹性模量、泊松比、热胀系数，以及热导率和比热容。再如，模拟塑料熔体注射过程中流动充模所需的材料参数一般为：黏度（与剪切速率和温度相关）、密度、比热容和 P、V、T 数据等。如果热塑性塑料熔体流动充模结束后，还要模拟其保压补缩和冷却凝固过程，则需补充热导率、收缩率、结晶度（结晶型塑料），以及熔/固转变温度（已包含在 P、V、T 数据中）等材料参数。

材料参数数据库一般由 CAE 分析系统的开发商及其合作伙伴提供。但是需要注意，即使同一种牌号的材料，由于生产厂家、生产批次不同，其材质可能会存在一些差异，因此，在条件许可的前提下，最好通过物理实验，测试并获取尽量准确的材料参数。

思考题

1. 有限元法的中心思想是什么？其技术核心是什么？
2. 应用有限元法求解工程问题一般经历三个过程，请简述这三个过程的作用。
3. 求解线弹性问题需要哪些物理参数和边界条件？
4. 何谓虚位移、虚应变？虚位移方程的物理意义是什么？
5. 何谓单元形函数？形函数对求解对象而言是几何近似还是物理近似？为什么？
6. 分别简述单元刚度矩阵和总刚度矩阵的基本特征，这些特征对于数值求解有何意义？
7. 求解物体内部由于温度变化而引发的热应力需要哪些物理参数？
8. 求解稳态热传导问题需要哪些物理参数和边界条件？
9. 简述有限元解收敛的必要条件和充分条件？
10. 有限元解的误差主要来自何方？怎样解决？
11. 有限元解的收敛性、收敛速度和稳定性对工程应用有何影响？
12. 材料成形的非线性问题主要表现在几个方面？
13. 建立有限元方程的主要途径有哪些？请简述其基本原理。
14. 有限差分基本原理是什么？同有限元法相比，利用有限差分法求解工程问题有何特点？
15. 何谓差分、差商、差分方程，以及逼近误差、截断误差？
16. 为什么要简化分析模型？简化模型有哪些技巧？
17. 怎样确定有限元或有限差分的网格密度？

第4章 塑料注射成型CAE技术及应用

4.1 概述

4.1.1 塑料注射成型CAE技术的研究内容

注射成型是相当复杂的物理过程。非牛顿的高温塑料熔体通过流道、浇口向较低温度的模具型腔充填，熔体一方面由于模具传热而快速冷却；另一方面因高速剪切而产生热量，同时伴有熔体固化、体积收缩、取向、结晶等过程。因此，全面、深刻地理解注射成型过程要有高分子物理学、流变学、传热学、注射成型工艺学等多方面的知识。显然，传统的人工经验和直觉难以全面考虑这些因素。早期的纯数学方法及实验研究也无法解决这一难题。解决这一难题的关键在于使注射模的设计与制造、注射成型工艺的制定以科学分析为基础，突破经验的束缚。

CAD/CAE技术的发展和计算机技术的应用，为模拟注射过程、优化注射工艺条件，提高模具设计与制造质量，降低生产成本，缩短模具设计制造周期提供了有效手段。模具结构的人工绘制被计算机自动绘图取代，数据库、标准图形库的建立和使用，使设计速度提高；在模具制造前的计算机模拟，可获得可行的或优化的模具结构参数和工艺参数；数控设备的应用提高了模具加工的精度和效率。资料表明，应用计算机技术后，模具的设计时间缩短50%，制造时间缩短30%，成本下降10%，塑料原料节省7%。因此，计算机辅助工程技术，即CAE技术在塑料成型加工方面的应用是提高塑料制品质量及其附加值的关键。

注射模CAE的目的是通过对塑料材料性能的研究和注射工艺过程的模拟，为制品设计、材料选择、模具设计、注射工艺的制定及注射过程的控制提供科学依据。注射模CAE的研究内容很广泛，主要包括：①注射成型充填流动过程的模拟；②保压模拟；③冷却分析；④结晶、取向分析；⑤翘曲/应力分析。

4.1.2 CAE技术在塑料注射成型中的应用

(1) 某电器底座的成型外观质量改进

本案例的塑件为一电器底座，采用一模一腔，中央侧进浇，注射材料为三星PP-HJ730。原始方案的成品外观有气穴，加强筋及凸耳的背面有明显的缩痕（图4-1），并且成型周期偏长（55s）。原设计方案中的浇口位置见图4-2。研究任务：找出电器底座成型的主要问题及其改善产品质量和提高成型效率的途径。

表征三星 PP-HJ730 材料流动性的熔体黏度随温度和剪切速率变化关系见图 4-3。其中，横坐标表示剪切速率，纵坐标表示黏度；四条曲线从上到下的实验温度依次为 200℃、225℃、250℃、275℃。图 4-4 为 PP-HJ730 熔体的体积-压力-温度（*P-V-T*）曲线，其中，横坐标代表温度，纵坐标代表比热容；五条曲线从上到下所对应的压力依次为 0MPa、50MPa、100MPa、150MPa、200MPa。

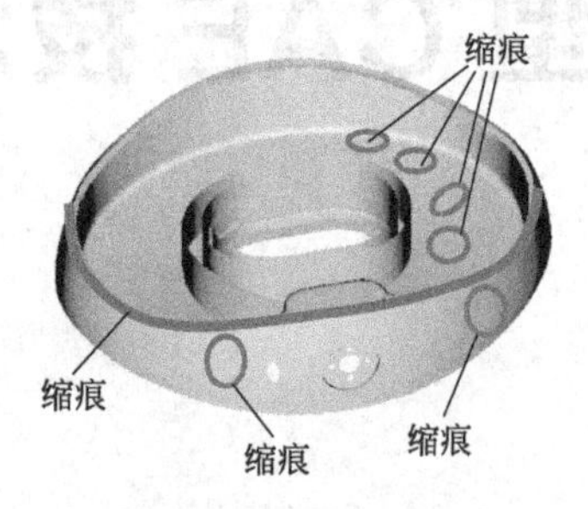

图 4-1 原产品缺陷

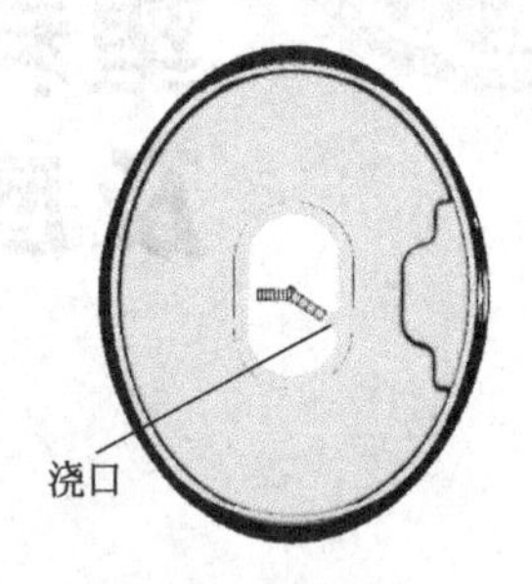

图 4-2 原浇口位置

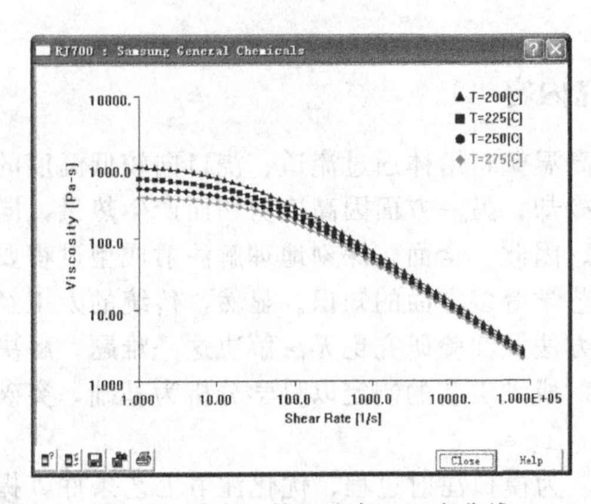

图 4-3 黏度—剪切速率—温度曲线

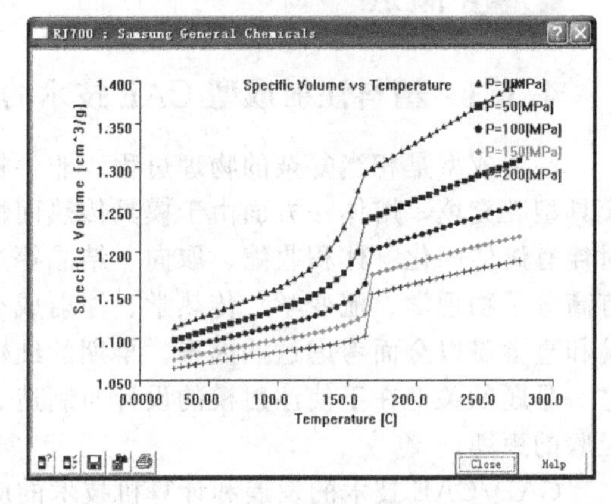

图 4-4 压力—体积—温度曲线

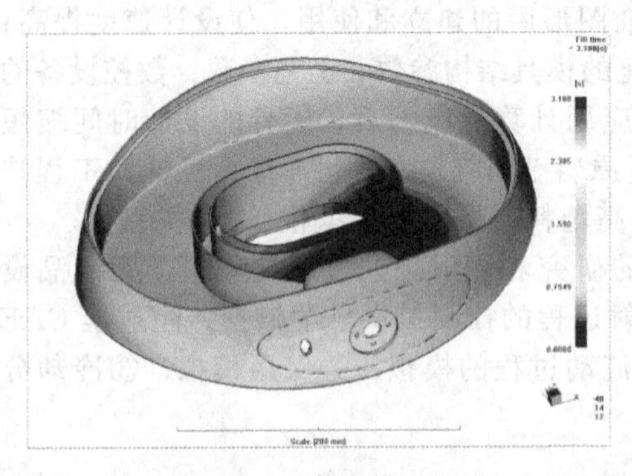
图 4-5 熔体充模时间

根据原浇口设计方案注射成型模拟的结果分别见图 4-5～图 4-7。其中，图 4-5 表示充模过程中熔体流经各区域所耗费的时间（即充模时间 Fill Time），该图的动画形式可表示熔体前沿的流动过程。分析表明：熔体充模过程中的流动不太均衡，靠近浇口区（图中深色区域）先充填，远离浇口区后充填；熔体流动的不均衡容易引起保压力分布的不均衡，从而有可能使塑件产生局部飞边。

熔体前沿的流动过程还可用等高线（即轮廓线）变化方式表示。等高线的疏密和均匀程度一般用来判别熔体充模流动的均衡性。间距均匀表示充模流动均匀，间距突变且密集则表明充模流动出现滞流，可能会引发塑件质量问题，需加以留意，并结合温度、压力的分析数据进一步判断。由图 4-6 观察发现，电器底座的加强筋部位有明显的滞流现象，即当熔体流经此区域时速度大大减慢，导致其温度将下降较多（见图 4-7）。一旦冷料流入表面并与周边的热料融合在一块，便会引发塑件表面缺陷。

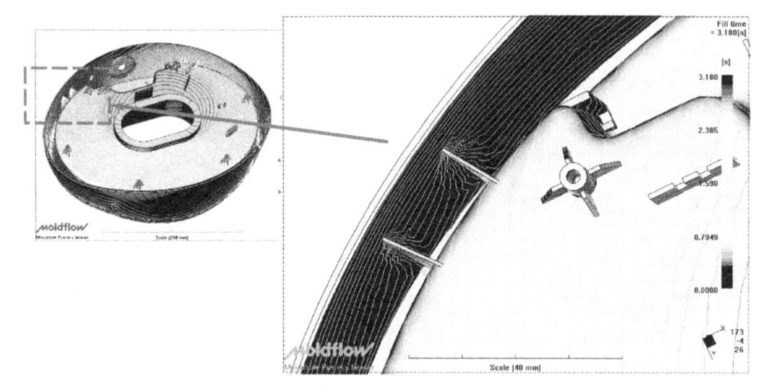

图 4-6 熔体前沿流动的等高线分布

图 4-7 为熔体前沿流动的温度分布。其中，塑件外表面白亮区域对应着背部的加强筋（见图 4-6）。由图 4-7 可见，肋位两侧区域的温度差别较大（约 28℃）。通常情况下，当前沿温差大于 20℃时，熔体的融合状况会变差并且大的温差还会造成涉及区域的熔体体积收缩差异变大，从而有可能引发翘曲变形等质量问题。

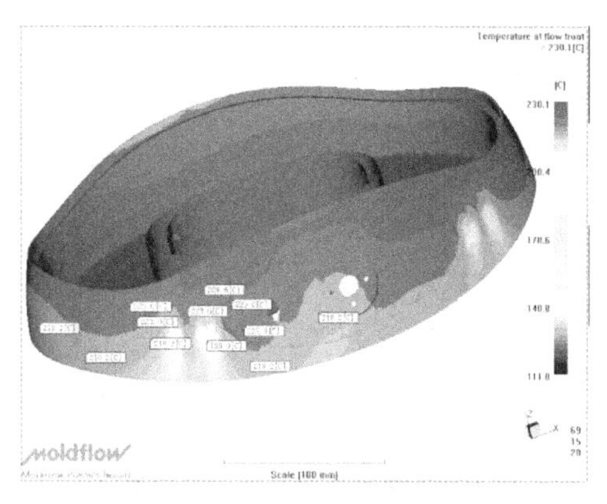

图 4-7 熔体流动前沿温度

图 4-8 是塑件成型的注射力、锁模力与注射机螺杆行程之间的关系曲线。从图上显示的结果数据（结合 MPI 的数据查询工具 Query Result）可知，成型电器底座所需最大注射力为 45.9MPa，最大锁模力为 110.3Ton，由此可作为选择注射机的依据。

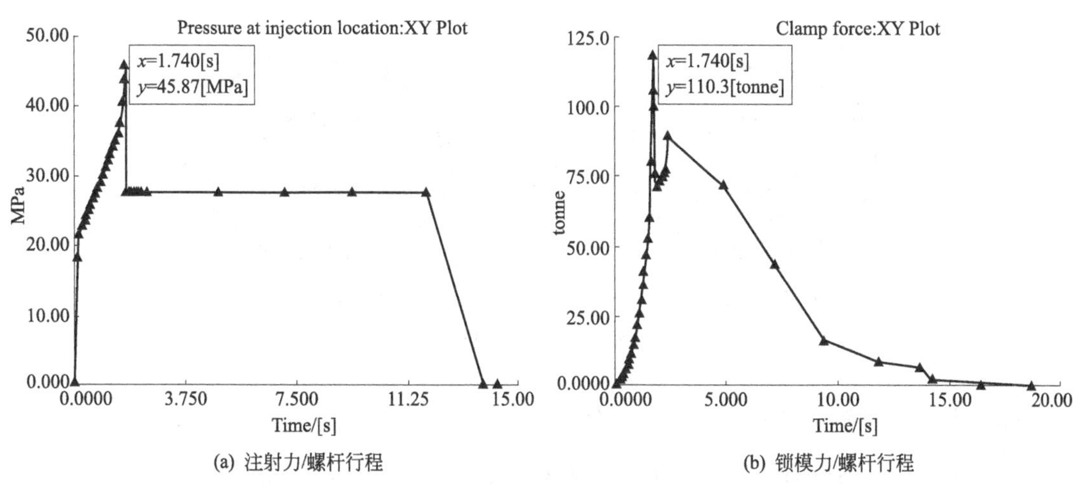

(a) 注射力/螺杆行程 (b) 锁模力/螺杆行程

图 4-8 电器底座的注射力和锁模力

图 4-9 为塑件厚度方向上的冻结分数。根据查询工具 Query Result 在图 4-9(a) 上的定点检索结果可知，侧浇口在 19s 时已经基本凝固（冻结分数为 0.9898），因此，19s－3.2s≈15s 为有效保压时间，其中 3.2s 为充模时间（见图 4-5）。到 42s，浇注系统流道也至少凝固

了 70%，塑件已经可以顶出，故电器底座的成型周期可控制在 42s＋6s（开模时间）＝48s 以内。

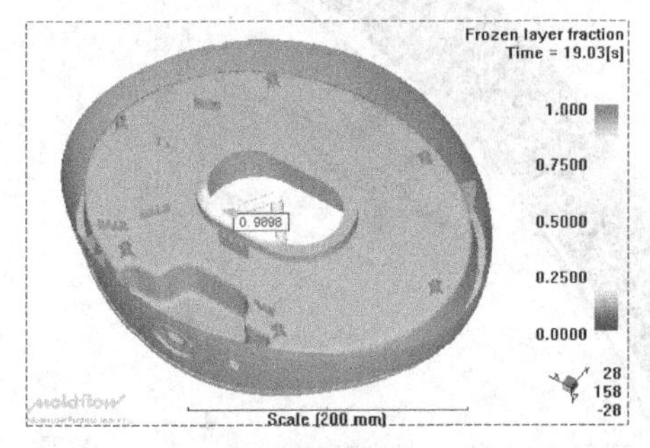

(a) 时间:19.03s

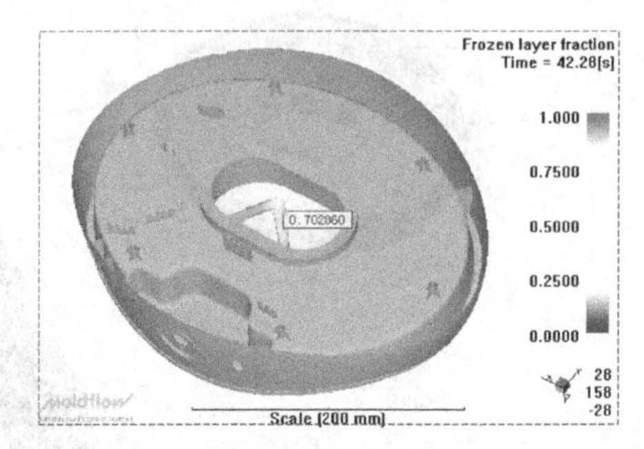

(b) 时间:42.28s

图 4-9　塑件厚度方向的冻结分数

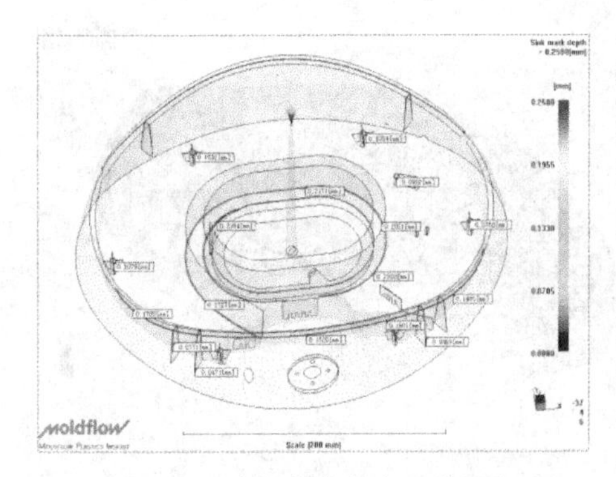

图 4-10　表面缩痕分布及其深度

图 4-10 显示的分析结果表明：塑件表面缩痕较大值分布在中间环形薄肋的背面（由于肋壁根部厚度较大，为 2.0mm），其余主要发生在加强筋的背面及塑件外圈的顶部。模拟计算的缩痕分布与深度同实际状况一致。

至此，通过 MPI 的分析模拟，明确了电器底座成型的主要问题及其改善产品质量和提高成型效率的途径如下：

① 改变浇口位置，增加浇口数量（图 4-11）；

② 强化保压条件；

③ 适当提高料温和模温。

按照上述思路，经多次改进成型方案，塑件外观质量问题（如流痕、缩痕、气穴和困气等）得到很好解决。

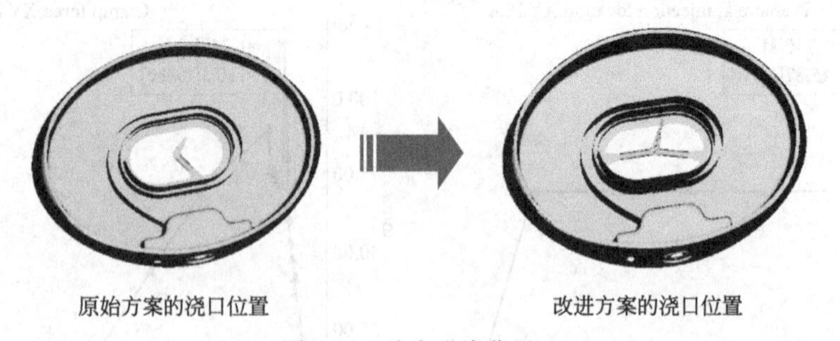

原始方案的浇口位置　　　　改进方案的浇口位置

图 4-11　改变进浇位置

(2) 汽车空调除霜口的注射浇口定位

某汽车空调除霜口的结构见图 4-12，成型质量要求除霜口的隔板部位不得有明显的熔接痕迹。研究任务：结合生产实际，利用 MPI 准确定位浇口，以注射成型出隔板部位无明显熔接痕迹的除霜口塑件。

图 4-13 是划分网格后的分析模型，一模两腔，潜伏式浇口。注射材料 ABS（Techno Polymer 公司的 Techno ABS 130），注射工艺：熔体温度 220℃，模具温度 50℃，保压时间

10s，保压压力39MPa。

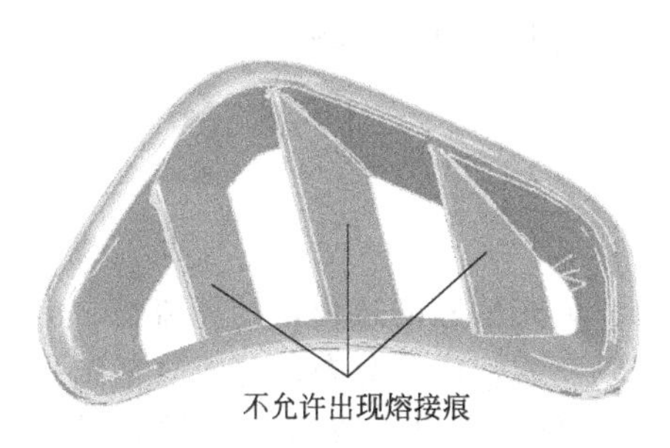

图4-12 空调除霜口的结构

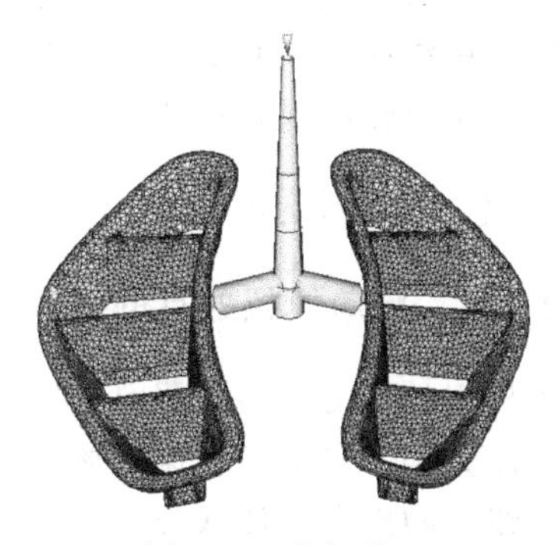

图4-13 分析模型

由于除霜口结构不对称，无法利用其几何特征准确定位浇口，所以，先根据经验初定一个浇口位置进行充模分析，然后视熔接痕分布情况，适当调整浇口位置。图4-14为浇口位置调整前后，塑件上熔接痕的分布情况。比较图4-14(a) 和 (b) 可以发现，通过浇口位置的调整，不但分布在塑件隔板区域的熔接痕得以消除，而且熔体充模速度也有所提高，最大充模时间由1.196s [图4-14(a)] 变成0.967s [图4-14(b)]。充模时间的缩短意味着充模期间熔体传递给模具的热量相对减少，模腔内熔体的整体温度提高 [见图4-15(b)，熔接痕区的温度平均提高5～10℃]，前沿熔体相互融合状况得以改善，其形成的熔接痕强度增加。

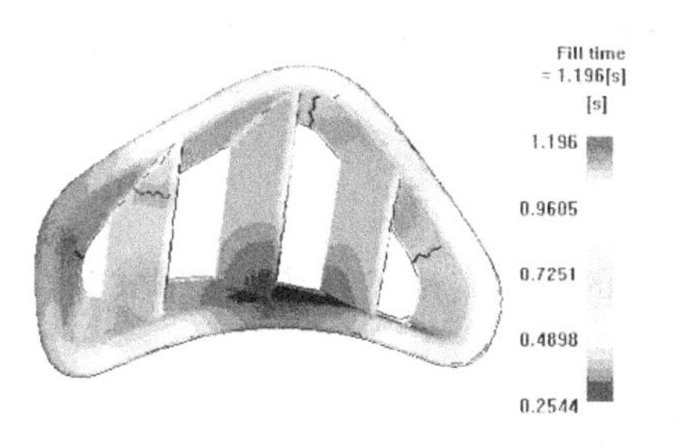

(a) 浇口调整前

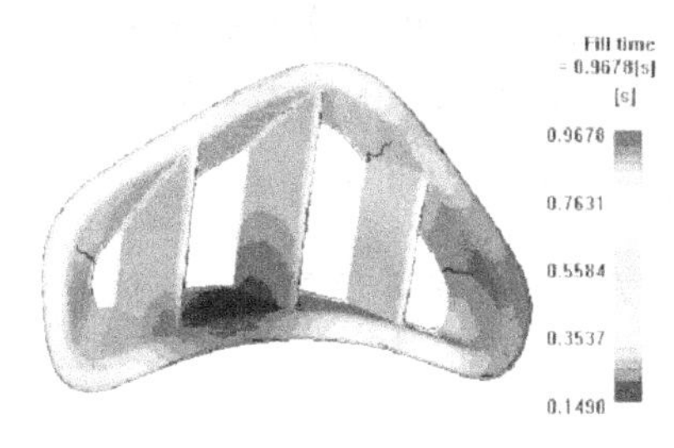

(b) 浇口调整后

图4-14 熔体充模结束时的熔接痕分布

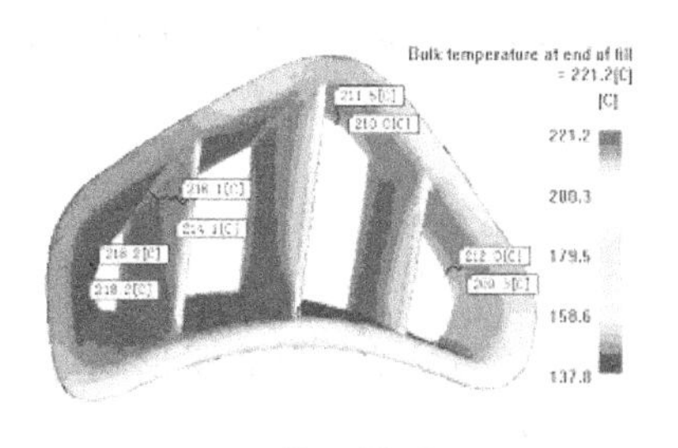

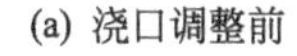

(a) 浇口调整前

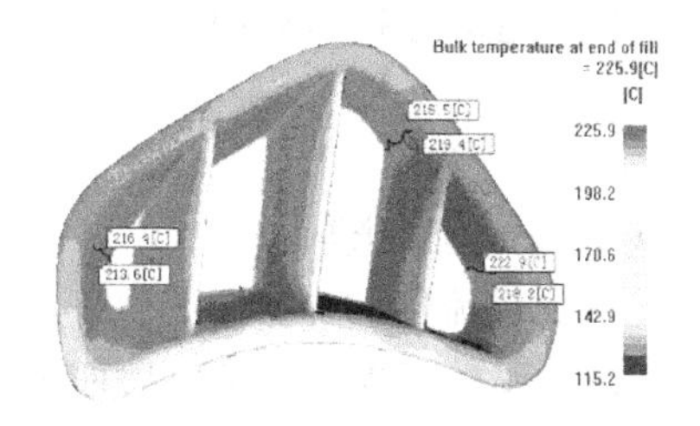

(b) 浇口调整后

图4-15 熔体充模结束时的塑件平均温度

4.2 注射成型CAE技术基础

由于熔体流动充模、保压补缩和冷却固化是热塑性塑料注射成型过程的三个主要阶段，而CAE技术在流动充模、保压补缩和冷却固化方面的工业化应用也比较成熟，因此本章将首先学习注射成型流动、保压和冷却 CAE 所涉及的基础知识与基本方法，然后再通过案例了解怎样应用注射成型 CAE 软件解决注射模塑中诸如方案制定、模具设计、质量控制等实际问题。由于篇幅所限，本章未给出结晶、取向和应力翘曲的数学模型。

4.2.1 流动模拟

4.2.1.1 流动模拟的目的

流动模拟的目的是预测塑料熔体流经流道、浇口、填充型腔的过程，计算流道、浇口及型腔内的压力场、温度场、速度场、剪切应变率分布以及剪切应力分布，并将这些结果以图表、等值线、阴影图等形式显示，供设计人员分析、评价模具设计参数和注射成型工艺条件。通过流动模拟，可帮助设计人员优化注射成型工艺参数，确定合理的浇口、浇道数目和位置，预测所需的注射压力及锁模力，并发现可能出现的注射不足、热降解、不合理的熔接线位置等缺陷。由于塑料熔体的非牛顿特性及充填过程的非稳态、非等温特性，模拟流动过程需要从连续介质的一般理论出发，运用质量守恒、动量守恒及能量守恒原理进行描述，并采用黏性、黏弹性本构关系，得到一组微分方程。对于一般的工程问题，通常用数值方法（有限差分法、有限元法、边界元法）来求解。

4.2.1.2 数学模型

塑料熔体绝大部分属于非牛顿黏弹性流体，具有非稳态、非等温流动特点。在其注射成型过程中存在流动、传热、分子链取向和相变等问题，必须对相关的黏性流体力学基本方程进行合理的简化，才能获得用于 CAE 分析的熔体流动控制方程。

(1) 黏性流体力学基本方程

① 连续方程　连续方程是运动流体质量守恒的数学表达式，其张量形式为：

$$\frac{\mathrm{d}\rho}{\mathrm{d}t}+\rho\frac{\partial v_{i}}{\partial x_{i}}=0 \tag{4-1}$$

式中　ρ——流体密度；

v_i——流体流速。

② 运动方程　运动方程是运动流体动量守恒的数学表达式，其张量形式为：

$$\frac{\partial \boldsymbol{\tau}_{ij}}{\partial x_{i}}+\rho F_{j}=\rho\frac{\mathrm{d}v_{j}}{\mathrm{d}t} \tag{4-2}$$

式中　$\boldsymbol{\tau}_{ij}$——Cauchy 应力张量；

F_j——单位质量流体的体积力。

③ 能量方程　能量方程是运动流体能量守恒的数学表达式，其张量形式为：

$$\rho c_{p}\frac{\mathrm{d}T}{\mathrm{d}t}=-p\frac{\partial v_{i}}{\partial x_{i}}+\Phi+\frac{\partial}{\partial x_{i}}\left(\lambda\frac{\partial T}{\partial x_{i}}\right)+\rho q \tag{4-3}$$

式中　q——单位质量流体的内热源强度；

λ——热导率；

c_p——比定压热容；

T——流体温度；

p——流体静压力；

Φ——流体黏性热（黏性流体流动时因内摩擦产生的热）。

④ 本构方程　广义牛顿内摩擦定律建立了一般情况下应力张量与应变速率张量之间的关系，称为黏性流体的本构方程，即：

$$\boldsymbol{\tau}_{ij}=2\eta\dot{\boldsymbol{\varepsilon}}_{ij}-\left(p-k\frac{\partial v_i}{\partial x_i}\right)\boldsymbol{\delta}_{ij} \tag{4-4}$$

式中　η——流体动力黏度，对于非牛顿流体，η 是流体温度和剪切速率的函数；

k——流体材质系数（膨胀黏性系数）；

$\boldsymbol{\delta}_{ij}$——单位张量；

$\dot{\boldsymbol{\varepsilon}}_{ij}$——应变速率张量。

$$\dot{\boldsymbol{\varepsilon}}_{ij}=\frac{1}{2}\left(\frac{\partial v_i}{\partial x_j}+\frac{\partial v_j}{\partial x_i}\right) \tag{4-5}$$

对于简单剪切模型，式(4-5) 即为剪切速率张量 $\dot{\gamma}_{ij}$ 的定义。

⑤ 状态方程　当流体可压缩时，须考虑热力学状态参数对流体运动的影响。由此建立压力 p、温度 T 与密度（单位体积质量）ρ 之间的关系。

$$p=p(\rho,T) \tag{4-6}$$

或压力 p，温度 T 与比热容（单位质量体积）V_m 之间的关系：

$$p=p(V_m,T) \tag{4-7}$$

式(4-6)、式(4-7) 均称为可压缩流体的状态方程。

塑料注射成型流动分析实质上是在一定的初边值条件下，求解满足连续方程(4-1)、运动方程(4-2)、能量方程(4-3)，以及可压缩流体状态方程(4-6) 的熔体流速场、温度场与压力场，并由应变速率方程(4-5) 和本构方程(4-4) 进一步求解熔体流动的切应变速率场与切应力场。理论上，上述方程组只要给出合适的初边值条件，即可求得一组封闭解；但实际上由于工程问题的复杂性，无论采用解析法或采用数值法求解上述方程组都是极为困难的。所以，通常情况下必须根据塑料熔体充模流动的特点，提出若干假设，使方程简化，才能进行问题求解或进行数值计算。

(2) 假设与简化

① 熔体充模流动的压力不高，熔体体积可视为不可压缩，即 $\frac{\partial v_i}{\partial x_i}=0$，此时状态方程为 $p=$常数。

② 熔体黏度大，惯性力和质量力相对于黏性剪切力可忽略不计，即忽略式(4-2) 中的 $\rho\frac{\mathrm{d}v_i}{\mathrm{d}t}$ 和 ρF_j 项，此时的流动可视为“蠕动”。

③ 模腔内的熔体在流动方向上，其传导热相对于对流传热可忽略不计，即忽略 (4-3) 中的 $\frac{\partial}{\partial x_i}\left(\lambda\frac{\partial T}{\partial x_i}\right)$ 项；另外，也常常忽略模腔厚度方向上的对流传热。

④ 熔体不含内热源（例如相变潜热等），即 $q=0$。

⑤ 熔体充模阶段的温度变化很小，其比定容热容 c_V 和热导率 λ 视为常数。

⑥ 忽略塑料熔体流动时的弹性行为。

⑦ 塑料熔体采用 Cross 黏度模型。

$$\eta=\frac{\eta_0(T,p)}{1+(\eta_0\dot{\gamma}/\tau^*)^{1-n}} \tag{4-8}$$

$$\eta_0=Be^{T_b/T}e^{\beta p}$$

式中 $\dot{\gamma}$——剪切速率；

n——牛顿指数；

η_0——零剪切黏度。

τ^*、B、β 和 T_b 为与塑料材料性质有关的四个参数。其中：τ^* 为流动剪切常数，同牛顿指数 n 一道描述热塑性塑料熔体的剪切黏度（即动力黏度，简称黏度，下同）；η 随剪切速率增加而减小的特性，即剪切变稀特性；B 为分子量影响系数；β 为压力敏感系数；T_b 为温度敏感系数，三者共同描述熔体零剪切速率时的黏度性质。τ^*、B、β、T_b 和 n 可根据黏度测定实验，采用曲线拟合的方法获得。式(4-8) 即所谓五参数（n，τ^*，B，T_b，β）Cross 黏度模型。

（3）*初边值条件*

求解上述偏微分方程组，需要给出初边值条件，以确定其积分常数。初边值条件包括初始条件和边界条件，初始条件指初始时间域内的熔体温度、压力等物理量分布；边界条件是指上述偏微分方程组中各相关物理量在边界上的已知值，主要包括三类。

① 速度边界条件　在速度边界上，给定熔体速度或给定速度梯度为零，即：

$$v_i = v_0 \quad 或 \quad \frac{\partial v_i}{\partial n_i} = 0,\ x \in \Gamma_v$$

塑料成型时，一般假设熔体是黏性连续流体，熔体在液固界面处的流动速度就是界面处固体的表面速度，即通常所说的界面无滑移假定。另外，熔体沿模腔厚度方向呈对称流动，故在对称面（线）上，熔体速度梯度为 0。

② 温度边界条件　在温度边界上，给定熔体温度或给定温度梯度为零，即：

$$T_i = T_0 \quad 或 \frac{\partial T_i}{\partial n_i} = 0,\ x \in \Gamma_T \tag{4-9}$$

式中　T_0——已知测量点的温度。

例如：浇口处温度可视为熔体入口温度，模壁处温度可视为模腔内壁温度。因为熔体温度沿模腔厚度方向呈对称分布，故在对称面（线）上，熔体温度梯度为 0。

③ 压力边界条件　在压力边界上，给定熔体压力或给定压力梯度为零，即：

$$p_i = 0 \quad 或 \frac{\partial p_i}{\partial n_i} = 0,\ x \in \Gamma_p$$

熔体流动前沿处的压力 $p=0$（或等于前沿被压缩空气的反作用力）；在型腔壁面和型芯壁面上，熔体压力梯度为零，即 $\frac{\partial p}{\partial n}=0$。

4.2.2 保压分析

型腔顺利充满是获得合格制品的先决条件，因此流动模拟的重要性是不言而喻的。但是型腔充满的保压过程与冷却过程对制品的内部结构性能、变形和尺寸稳定性有很大影响，因此对流动过程的模拟完成之后，有必要对保压阶段进行深入研究。通常认为保压阶段始于塑料熔体充满型腔时，止于浇口处熔体完全固结时。在保压阶段，有一部分熔体被注入型腔以补足熔体因冷却而引起的收缩。根据型腔内熔体压力的变化特征，保压阶段又可进一步分为压力迅速上升的增压阶段和压力从峰值降到浇口冻结为止的补料阶段。保压阶段对于提高制品的密度，减少收缩和克服制品的缺陷有重要作用，尤其是对于厚壁制件和精密成型的情况。保压模拟的目的是：预测保压过程中型腔内熔体的压力场、温度场、密度分布和剪切应力分布等，帮助设计人员确定合理的保压压力和保压时间，改进浇口设计，以减少型腔内熔体体积收缩的变化。保压模拟是实现注射全过程分析的重要环节。

保压模拟的实质是求解可压缩非牛顿流体的非等温流动问题，其分析原理与充模流动模拟有以下不同。

① 保压阶段考虑熔体密度的变化　流动阶段，熔体密度变化很小，假定熔体是不可压缩的。在保压模拟中，熔体密度变化大，不可压缩的假定不再成立。保压过程正是利用熔体的可压缩性来解决其过量收缩问题。保压分析增加了密度这一新变量，所以，要引入Pressure-Volume-Temperature（P-V-T）状态方程进行求解。

② 保压过程的物性参数值不能作为常量考虑　因为保压过程熔体的温度变化较大，所以要采用适于更宽温度范围的黏度模型，必须考虑熔体的比热容、热导率随温度的变化。

③ 压力场求解的边界条件不同　流动分析要不断更新流动前沿的位置，熔体流动前沿的压力等于大气压，注射压力是待求量；而保压分析中，计算区域固定，分析过程中设定压力，求出型腔内的压力分布。

尽管保压分析起步早，但由于塑料的状态方程（P-V-T关系）难以测定，加上保压过程中温度变化显著、压力梯度大、熔体的可压缩性等特点，使其模拟难度很大。保压分析仍是当今的研究热点之一。近几年关于保压分析的研究内容有：P-V-T关系的研究；对实际生产有指导意义的保压时间、浇口凝固时间、收缩率等内容的研究；流动、保压、冷却注射全过程的研究。

塑料注射成形的保压过程从模腔被熔体完全充满，到浇口凝固或保压力撤除以致无法继续注料为止。保压的基本目的是：在一定压力的作用下，继续向模腔注料，以弥补因模腔温度降低而导致的熔体体积收缩，或因熔体部分固化而导致的塑件体积收缩。保压过程的实质是补料（后充填），当然也有防止在浇口冻结之前模腔内熔体回流的作用。

保压过程持续时间较长，模腔内温度和压力变化较大，造成熔体密度的较大波动。可压缩性是塑料熔体在保压过程中表现出的最重要的特征，保压过程就是利用熔体的可压缩性来解决过度收缩问题。补料量以熔体密度为“桥梁”，从而建立熔体密度同温度、压力的变化关系。

保压过程对塑件内部结构、性能、变形和尺寸稳定性有很大影响。保压不足（体现在压力不够或时间太短），容易引发塑件的凹陷、缩孔等缺陷；反之，若保压压力太高或保压时间过长，则有可能使塑件产生飞边或产生较大翘曲变形。因此，对保压过程进行研究，预测模腔内熔体的温度、压力等物理量的变化，为确定模具结构参数和成型工艺参数提供科学依据，对于获得满足尺寸精度、性能、外观等要求的优质产品具有重要的意义。

（1）假设与简化

保压分析与充模分析的不同之处在于：一是需要考虑熔体的可压缩性；二是熔体比热容和热导率随温度变化的特性不能忽略。根据熔体在保压过程中流动的特点，做如下假设和简化。

① 熔体在模腔中的流动为蠕流，惯性力和质量力可忽略不计。

② 模腔厚度方向的压力变化不予考虑$\left(\text{即}\dfrac{\partial p}{\partial z}=0\right)$，厚度方向上的流速分量忽略不计。

③ 熔体可压缩（体现在密度的变化），其比热容和热导率随温度变化。

④ 忽略厚度方向上的对流传热和流动方向上的传导、传热。

⑤ 忽略熔体的弹性效应和结晶效应。

⑥ 熔体采用 Cross 黏度模型。

⑦ 模腔内压力降低到大气压以前，塑件不脱离模腔壁。

(2) 数学模型

利用上述假设和简化，由黏性流体力学的基本方程导出模腔内熔体保压的连续方程、动量方程和能量方程如下。

$$\frac{\partial \rho}{\partial t}+\frac{\partial(\rho u)}{\partial x}+\frac{\partial(\rho v)}{\partial y}+\frac{\partial(\rho w)}{\partial z}=0 \tag{4-10}$$

$$\frac{\partial p}{\partial x}-\frac{\partial}{\partial z}\left(\eta\frac{\partial u}{\partial z}\right)=0,\quad \frac{\partial p}{\partial y}-\frac{\partial}{\partial z}\left(\eta\frac{\partial v}{\partial z}\right)=0 \tag{4-11}$$

$$\rho c_p\left(\frac{\partial T}{\partial t}+u\frac{\partial T}{\partial x}+v\frac{\partial T}{\partial y}\right)=\beta T\frac{\partial p}{\partial t}+\frac{\partial}{\partial z}\left(k(T)\frac{\partial T}{\partial z}\right)+\eta\dot{\gamma}^2 \tag{4-12}$$

式中 u，v，w——熔体在 x、y、z 方向上的流速分量；

ρ，c_p，k，η，$\dot{\gamma}$——熔体密度、比定压热容、热导率、黏度和剪切速率；

T，p，t——熔体温度、保压力和保压时间；

β——热胀系数。

其中，剪切速率$\dot{\gamma}$可进一步表示为：

$$\dot{\gamma}=\sqrt{\left(\frac{\partial u}{\partial z}\right)^2+\left(\frac{\partial v}{\partial z}\right)^2} \tag{4-13}$$

式(4-13) 即所谓黏塑性流体的流变方程。

比较熔体充模流动阶段的能量方程可以发现：在熔体保压阶段，引起模腔中温度场变化的主要因素，除了沿流动平面的热对流（等式左边括号内第二、三项）、黏性剪切热（等式右边第三项），以及沿厚度方向的热传导外（等式右边第二项），还包括熔体的可压缩项 $\beta T\frac{\partial p}{\partial t}$。

假设熔体的流动关于模腔中面对称，且模腔壁处采用无滑移边界条件，即：

在 $z=\pm b$ 处，$u=v=w=0$（即模腔壁处的熔体流速为 0），$T=T_m$（T_m 为模腔内壁温度），其中 b 为模腔半厚（即中面到模壁的距离）。

在 $z=0$ 处，$\frac{\partial u}{\partial z}=\frac{\partial v}{\partial z}=0$，$\frac{\partial T}{\partial z}=0$（即模腔中面上垂直于 z 向的熔体流速梯度与温度梯度为 0)。

由式(4-10) 和式(4-11)，以及上述边界条件，可推导出保压过程的压力场控制方程：

$$\frac{\partial \rho}{\partial t}-\frac{\partial}{\partial x}\frac{\rho}{b}\left(S_1\frac{\partial p}{\partial x}+S_2\frac{\partial}{\partial t}\frac{\partial p}{\partial x}\right)-\frac{\partial}{\partial y}\frac{\rho}{b}\left(S_1\frac{\partial p}{\partial y}+S_2\frac{\partial}{\partial t}\frac{\partial p}{\partial y}\right)=0 \tag{4-14}$$

$$\frac{\partial \rho}{\partial t}=\left(\frac{\partial \rho}{\partial p}\right)_T\frac{\partial p}{\partial t}+\left(\frac{\partial \rho}{\partial T}\right)_p\frac{\partial T}{\partial t}$$

$$\left(\frac{\partial \rho}{\partial T}\right)_p=\beta$$

$$\left(\frac{\partial \rho}{\partial p}\right)_T=\alpha$$

$$S_1=\int_0^b\frac{z^2}{\eta}dz$$

$$S_2=\int_0^b \frac{\lambda z^2}{\eta}\mathrm{d}z$$

式中　$\frac{\partial \rho}{\partial t}$——温度、压力、时间对熔体密度的影响；

$\left(\frac{\partial \rho}{\partial T}\right)_p$——热胀系数；

$\left(\frac{\partial \rho}{\partial p}\right)_T$——压缩系数；

S_1——熔体流动率；

S_2——考虑大分子链松弛时间 λ 后的熔体流动率。

求解式(4-14) 的初边值条件如下。

① 初始条件。初始温度场、压力场分别为熔体充模结束瞬间的温度场和压力场。

② 边界条件。除了满足在推导式(4-14) 过程中提到的边界条件外，还应满足：a. 模腔面上任一点的$\frac{\partial p}{\partial n}=0$（即模腔面无渗透）；b. 熔体入口（浇口）处的压力 p 已知。

4.2.3 冷却分析

注射成型从生产工艺上可分为充模流动、保压和冷却三个阶段。在注射成型的生产循环中，冷却占整个生产周期的 2/3 以上，因此冷却系统的设计直接影响注射生产率；另一方面注射件的残余应力及变形常常是由于冷却不均匀产生的。所以，冷却系统设计不合理，不仅无法充分利用注射机的生产能力，而且还会出现塑件的质量问题。冷却分析的目的是对注射模具的热交换效率和冷却系统的设计方案进行模拟，从而获得制品表面温度分布、热流量分布，冷却回路的热交换率及最小冷却时间等数据，帮助设计人员确定冷却时间、冷却管路布置及冷却介质的流速、温度等冷却工艺参数，使型腔表面的温度尽可能均匀。

注射模的实质是一个热交换装置，有效且均匀的冷却能显著减少冷却时间，提高生产率，改善塑件质量。注射模的冷却装置涉及许多设计参数，与冷却效果有关的因素如下。

① 塑件的几何特征性、热物理特性。包括塑件的密度、热导率、塑件的厚度、表面积。

② 模具的几何特性、热物理特性。包括模具材料的密度、热导率、比热容及模具尺寸。

③ 冷却介质的热流变特性。包括冷却介质的密度、热导率、比热容、黏度。

④ 冷却回路的设计。包括冷却管道的形状、尺寸、位置及分布。

⑤ 冷却工艺参数。包括熔体初始温度、冷却介质温度、冷却介质流率和脱模温度。

注射模冷却过程是一瞬态不稳定的导热过程。模具内任一点的温度和热流受冷却系统中各几何参数和物理参数的影响，需要用具有周期边界条件的三维热扩散方程来求解，而且完整的分析还应考虑熔体与模具之间具有温度突变的相互热作用。由于模具温度场求解的边界条件复杂，影响因素多，在一定假设基础上建立的数学模型常用数值方法求解。因为计算效率的要求，注射模温度场数值求解以边界元法应用最广泛。

实践表明，塑料制品注射成型的冷却时间约占整个注射周期的三分之二。塑料制品的翘曲变形和局部凹陷等缺陷常常与冷却不良有关。因此，注射模冷却系统的设计将直接影响制品的生产效率与质量。冷却系统的设计可以根据热平衡原理，利用传统公式计算出冷却面积，再按照冷却系统设计原则和经验，确定冷却管道尺寸和布置。但是，模腔表面的温度是否均匀一致；改变管道尺寸和布局，或者改变冷却介质的流速和温度后，模腔温度将如何变化等，这些都是人工事先不易估计的。借助计算机数字模拟技术（即模塑 CAE 技术），可以得到模具内温度的分布规律，为正确设计冷却系统提供科学依据。

模腔内塑件的冷却主要通过模具体、模具外表面和模具中的冷却系统实现。其中，模具体可以看成是熔体充模结束后，塑件向外环境传热的关键载体。同模具外表面的自然对流传热相比，冷却系统中介质的强制对流传热在塑件冷却中起着十分重要的作用，所以，注射成型冷却分析通常以模具体为对象，研究冷却系统（含系统结构、尺寸、介质类型与流速等）对模具温度分布及其变化的影响，从而借助模具载体研究塑件的冷却过程及其规律，预测与冷却相关的塑件质量等。

4.2.3.1 基本假设

① 忽略模腔壁温的周期性变化。

② 模具材料均质且各向同性，没有内热源。

③ 塑件与模腔壁完全接触，塑件表面温度与模腔壁温度相等。

④ 塑件较薄，模腔内的热流仅沿模腔壁外法线（即塑件厚度）方向传递。

⑤ 模具外表面的散热忽略不计。

4.2.3.2 热传导模型

(1) 热传导微分方程

针对均质、各向同性、无内热源的模具体非稳态传热，其热传导偏微分方程为：

$$\rho c_p \frac{\partial T}{\partial t}=\lambda\left(\frac{\partial^2 T}{\partial x^2}+\frac{\partial^2 T}{\partial y^2}+\frac{\partial^2 T}{\partial z^2}\right) \tag{4-15}$$

式中 ρ——模具材料密度；

c_p——模具材料比定压热容；

t——传热时间；

T——模具体温度（场）；

λ——模具材料热导率。

式(4-15) 表示，单位时间内造成模具体中任一微元体温度变化所需的热量应等于从 x、y、z 三个方向上传入或传出微元体的热量。当模具体热传导处于稳态时，式(4-15) 变成拉普拉斯（Laplace）方程：

$$\frac{\partial^2 T}{\partial x^2}+\frac{\partial^2 T}{\partial y^2}+\frac{\partial^2 T}{\partial z^2}=0 \tag{4-16}$$

(2) 边界条件

求解拉普拉斯方程需要给出边界条件，才能唯一地确定一组解。通常有三类传热边界条件。

① 第一类边界条件（强制边界条件），边界上给定温度。例如，模具与空气接触，其界面部分温度恒定且等于大气（环境）温度 T_0，即 $T=T_0$。

② 第二类边界条件（自然边界条件），边界上给定热流量。例如在模具的对称面上，热流量为零，即对称面上的法向温度梯度$\frac{\partial T}{\partial n}=0$。

③ 第三类边界条件（自然边界条件），边界上给定对流换热：

$$-\lambda \frac{\partial T}{\partial n}=K(T-T_0) \tag{4-17}$$

式中　K——界面传热系数；

T_0——环境温度。

同模具传热相关的边界有三种（其中，模具温度均为 T）。

① 模具/空气边界，T_0为空气温度，K 为模具-空气界面上的传热系数。

② 模具/冷却水边界，T_0为冷却水温度，K 为模具-冷却水界面上的传热系数。

③ 模具/塑件边界，T_0为塑件开始冷却前的初始温度，可取熔体注射温度或充模结束瞬间的熔体温度；K 为模具-塑件界面上的传热系数，此时的 K 应取一个冷却周期内的平均值。

4.2.4　结晶、取向分析

结晶、取向属于塑料制品的微（形态）结构问题。注射制品的性能取决于制品的形态结构，而形态结构又强烈地依赖于成型条件，因此有探讨注射成型条件、形态结构和制品性能之间关系的必要。

注射成型中熔体的流动特性在很大程度上取决于聚合物分子的取向趋势。聚合物分子取向不仅使流动中的熔体黏度降低，而且会造成注射制品的各向异性。取向对工艺过程和制品质量有重要影响。取向分析的目的是模拟塑料熔体在成型加工时经历的热、力物理过程，确定制品的微结构，以便预测制品的物理性能及成型质量，其微结构包括：结晶度、双折射率各分量、剪切模量变化，取向角、取向分布状态以及取向形成的应力等。取向分析对充模流动、成型工艺条件确定以及制品质量预测有重要意义，尤其是塑料光学制品。

4.2.5　应力与翘曲分析

（1）应力模拟

注射成型 CAE 应力模拟分析的主要任务是求解驻留在成型塑件内部的残余应力大小及其分布。残余应力是指塑件脱模后未松弛而残留在其中的各种应力之和。残余应力主要由两部分构成：一部分是熔体流动诱导的分子取向应力；另一部分是塑件不均匀冷却诱导的热应力。

在塑料注射成型的充模、保压阶段，熔体的非等温、非稳态流动会产生沿流动方向的剪切应力和垂直于流动方向的法向应力。随着冷却阶段温度的迅速下降，上述两种与分子取向密切相关的应力来不及通过分子热运动（宏观上表现为分子链卷曲）得到完全松弛，而被“冻结”在塑件内部，形成所谓残余流动应力。

在冷却阶段，由于塑件中各区域的冷却速度不一致（由表及里冷速逐渐变慢）、温度分布不均匀（同一时刻，厚壁区温度高，薄壁区温度低），加之模腔的约束，最终造成塑件收缩不均匀，从而引发热应力（温度应力＋收缩应力）。尽管聚合物的热黏弹性会使塑件的热应力在模腔内以及脱模后得到某种程度的松弛，但是仍有部分热应力会遗留下来转变成所谓残余热应力。残余热应力通常比残余流动应力高出 1～2 个数量级。

此外，保压阶段过高的模腔压力、结晶聚合物的相变应力、塑件非平衡顶出的机械应力等，都有可能成为残余应力的组成部分。过高的残余应力容易导致塑件的翘曲或扭曲变形。

（2）翘曲分析

从狭义上讲，翘曲是注射制品常见的一种缺陷。注射过程中产生的应力作用于制件，使其产生变形，平行边的变形称为翘曲，对角边部分的变形成为扭曲。习惯上常将塑件的变形统称为翘曲变形。翘曲一直是困扰注射件的重要质量问题之一。制品和模具的设计，基本上决定了塑件的翘曲趋势。注射模CAE的目的就是保证生产出合格的产品，因此预测注射制品最终成型的形状尺寸、机械性能是CAE极具挑战性和应用价值的一项工作。在设计阶段完成塑件外观尺寸的预测，必将给设计人员带来更多、更直接的信息。翘曲分析的目的就是预测在给定加工条件下，塑件脱模后的外观质量、几何尺寸、应力分布及机械性能，帮助设计人员修正塑件、模具设计方案，进一步预测塑件的使用性能。翘曲作为评定产品质量的一个重要指标，一直是研究的热点。塑件翘曲产生的原因很多，除与塑件自身的结构、材料有关外，还与注射过程的流动、保压、冷却各阶段有关，这是翘曲研究起步较晚的原因。

翘曲问题的研究与残余应力的研究密切相关。不均衡的残余应力是翘曲产生的重要原因。虽然残余应力本身对模具设计者没有任何意义，但是由残余应力求出变形结果，其现实意义是巨大的；而且残余应力的研究有助于塑件成型质量、使用性能的研究。因而注射件的残余应力也一直是研究的热点。注射件的残余应力主要有流动引入的应力（流动残余应力）和温差引起的热应力（热残余应力）两类。总的残余应力是流动残余应力和热残余应力共同作用的结果。一些学者的研究表明，温差应力比流动应力大1～2个数量级。因此，与翘曲相关的残余应力多以温差热应力为研究对象。残余应力的CAE分析多采用热黏弹本构关系。总体来说，现阶段的残余应力和翘曲变形CAE有以下特点：

① 残余应力研究以热残余应力为主，忽略流动残余应力的影响。

② 塑料原料考虑了纤维增强塑料、非晶型塑料和结晶型塑料。纤维增强塑料的理论基础是复合材料力学，非晶型塑料和结晶型塑料的理论基础是黏弹性力学。

③ 本构关系以黏弹性为主，取向效应明显是按正交各向异性处理；否则按各向同性处理。

④ 翘曲变形的数值计算以有限元法为主，能够计算形状复杂的塑件。

⑤ 逐步与流动、保压、冷却分析等模块集成，综合考虑工艺参数、模具结构、塑件形状等因素对残余应力和翘曲变形的影响。

4.3 主流专业软件简介

图4-16是一个典型的注射成型CAE分析技术的注射模塑CAE架构。其中，作为分析对象之一的塑件模型多从CAD系统（如UG、Pro/E、Solidworks、AutoCAD等）导入，CAE系统自身提供的几何造型工具及其支撑数据库中的几何元素，仅仅用于对塑件结构作某些补充和完善，以及建立多型腔、浇注系统、冷却水道、模具轮廓和镶嵌零件等。

4.3.1 Moldflow

澳大利亚的MOLDFLOW公司（该公司在2000年并购Ac-Tech公司后，顺利登陆美国，成为名副其实的美国公司）是一家专业从事塑料注射成型CAE软件开发和技术咨询的公司，该公司自1976年发行世界上第一套注射模塑CAE系统以来，一直主导塑料注射成型CAE分析软件市场。Moldflow实际上是一组系列产品，包括三大部分：面向产品设计的“注射产品优化顾问（Moldflow Plastics Advisers，MPA）”、面向工艺设计与模具设计的“注射成型模拟分析系统（MoldFlow Plastics Insight，MPI）”和面向生产现场的“注射成

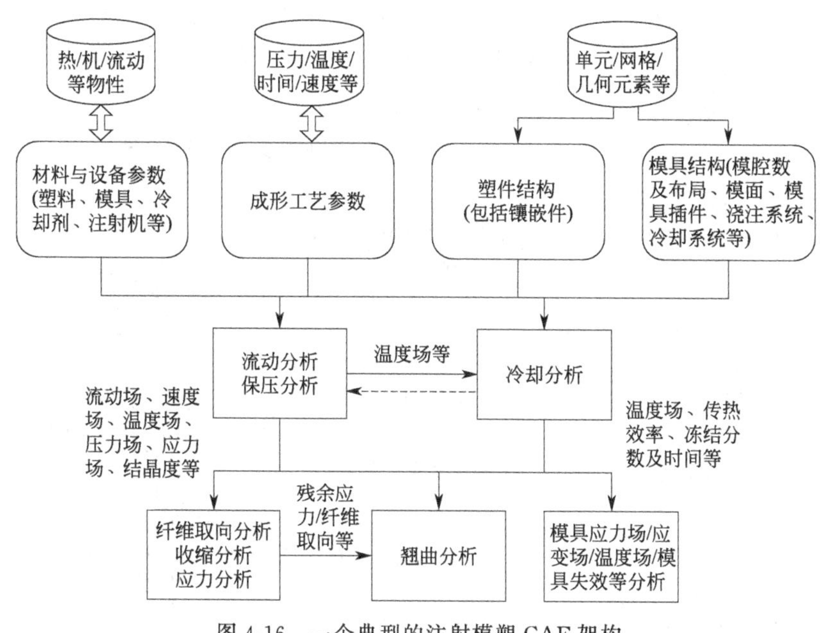

图4-16 一个典型的注射模塑CAE架构

型过程控制专家（MoldFlow Plastics Xpert，MPX）”。作为Moldflow旗舰产品的MPI拥有强大的数值分析、可视化前后处理和用户项目管理等能力，可对塑料制品注射成型的全过程进行数值分析模拟，其主要功能涉及流动模拟、冷却模拟、结构质量模拟、反应注射模拟、注射工艺优化等。

利用Moldflow分析模拟塑件成型的典型流程见图4-17。在具体工程应用中，个别流程步可能会因模塑类型、分析序列、研究目的和实验要求的不同而有所增减。分析模拟结果能否用于指导模塑方案及模具设计、能否缩短试模周期、能否解决塑件生产的质量问题，在很大程度上取决于Moldflow使用者的专业背景和现场经验，以及分析模拟所需参数（包括材料、工艺、模具、设备等）的准确性。后者应从同生产现场密切相关的物理实验或生产调试中获取数据。

注意事项如下。

① 解决冷却问题的途径，除了修改冷却系统设计外，还可以更换冷却介质的种类或调节冷却介质的流速。

② 如果浇口设置正确，可以试一下更改浇注系统设计方案或其局部结构。

4.3.2 其他软件

(1) C-Mold

1974年美国康乃尔大学的Prof. K. K. Wang（王国钦）和他的学生Dr. V. W. Wang（王文伟）开发出了C-Mold软件，并于1986年成立高级CAE技术有限公司（Ac-Tech）销售该软件，之后又于1988年成立了专业从事塑料材料物性测试的C-Mold聚合物实验室。

20世纪同Moldflow齐名的C-Mold软件提供有三个层次的解决方案：第一层次Process Solution（注射过程解决方案）用于塑料制品的初始阶段的设计；第二层次Productivity Solution（生产能力解决方案）是软件的主体，包括3D流动模拟C-Flow、3D冷却分析C-COOL

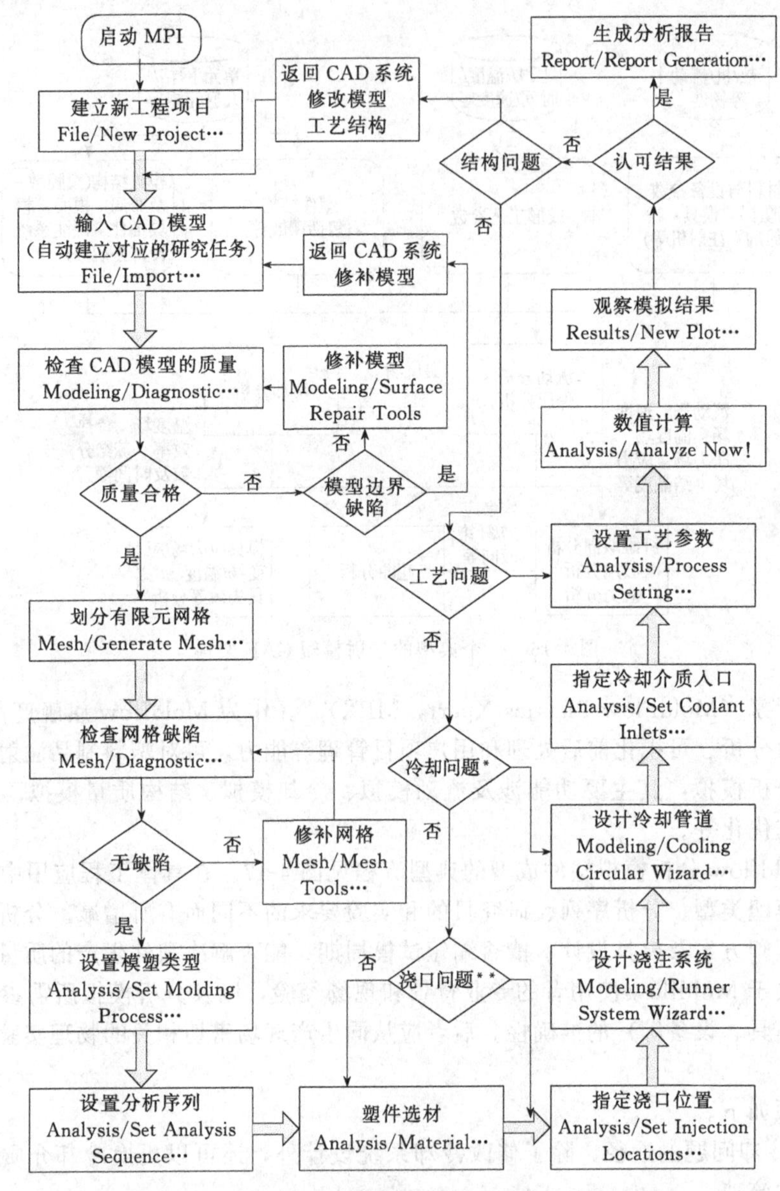

图4-17 MPI应用的典型流程

和保压分析C-PACK；第三层次Performance Solution（产品质量解决方案）是基于第二层的流动、保压、冷却分析结果，进行纤维定向、制品应力和翘曲等分析。

2000年Ac-Tech公司被Moldflow公司并购，后者于2001年底发布了整合有C-MOLD核心技术的Moldflow Plastics Insight 3.0（MPI 3.0），号称Synergy（Moldflow协同技术平台）。

（2）CadMould

德国IKV研究所的CADMOULD软件主要包括模具方案构思与设计（Layout & Design）、二维流动模拟（Flow Pattern Lay-flat）、三维流动分析（MEFISTO）、二维冷却分析（Thermal Layout）和模具强度、刚度分析（Mechanical Layout of Moulds）等模块。

(3) HsCAE

HsCAE 是华中科技大学模具技术国家重点实验室华塑软件研究中心研制的注射成型CAE 系统，主要用于模拟、分析、优化和验证塑料零件注射成型和模具设计。该系统采用国际上流行的 OpenGL 图形技术和高效精确的数值仿真技术作为其软件内核，支持如 STL、UNV、INP、MFD、DAT、ANS、NAS、COS、FNF、PAT 等十余种通用的 CAD/CAE 数据交换格式，同时支持 IGES 格式的流道和冷却管道数据交换。目前国内外流行的 CAD 软件（如 Pro/E、UG、Solid Edge、I-DEAS、ANSYS、Solid Works、InteSolid、金银花 MDA 等）所生成的几何模型均可通过上述任一格式导入并转换到 HsCAE 系统中，进行方案设计、分析计算和可视化显示。HsCAE 包含了丰富的材料数据参数和上千种型号的注射机参数，保证了分析结果的准确可靠。华塑软件研究中心还可以帮助用户测定塑料的流变参数，并将测定数据添加到 HsCAE 的材料数据库中，使分析结果更加符合实际的生产情况。

HsCAE 的流动过程分析模块能够预测熔体前沿位置、熔接纹和气穴、温度场、压力场、剪切应力场、剪切速率场、表面定向、收缩指数、密度场以及锁模力等物理量；冷却过程分析模块支持常见的多种冷却结构，为用户提供模腔表面温度分布数据；应力分析模块可以预测制品在出模时的应力分布情况，为最终的翘曲和收缩分析提供依据；翘曲分析模块可以预测制品出模后的变形情况，预测最终的制品形状；气辅分析模块用于模拟气体辅助注射成型过程，可以模拟具有中空零件的成型和预测气体的穿透厚度、穿透时间，以及气体体积占制品总体积的百分比等结果。利用这些分析数据和动态模拟，可以极大限度地指导用户优化浇注系统、优化冷却系统和工艺参数，缩短设计周期、减少试模次数、提高和改善制品质量，从而达到降低生产成本的目的。

(4) Z-MOLD

Z-MOLD 是郑州大学橡塑模具国家工程中心开发的具有自主知识版权的橡塑材料成型过程计算机模拟及模具优化设计集成系统，可以为注塑产品设计和生产提供先进的成型过程模拟分析工具；可以动态仿真分析热塑性塑料注射成型中的充填、保压、冷却过程，以及制品的翘曲变形等；预测并消除制品注射成型及注射模具设计中的潜在问题，优化产品设计、模具设计和注射成型工艺条件。Z-MOLD 软件主要包括：前后处理模块，中面、双面和三维充填、保压模块，冷却和翘曲分析模块，浇口和浇注系统优化设计模块等。在 Z-MOLD 软件的帮助下，产品设计、模具设计和工艺设计等人员可以更好地优化塑料制品设计（例如塑件壁厚）、优化模具设计（包括型腔尺寸、浇口位置及尺寸、流道尺寸和冷却系统等的优化）和优化注射工艺参数（包括确定最佳注射压力、锁模力、模温、熔体温度、注射时间、保压压力和保压时间、冷却时间等）。

(5) Moldex

Moldex（即 Mold Expert，模具专家）是中国台湾地区科盛科技公司研发并商业化的塑料注射成型计算机辅助工程分析软件。借助该软件，用户可仿真塑料注射成型中的充填（filling）、保压（packing）、冷却（cooling）过程，以及脱模塑件的翘曲（warping）现象，并能准确预测塑料熔胶流动状况和温度、压力、剪切应力、体积收缩量等变量在各时段结束瞬间的分布情形，以及模腔压力、锁模力等物理量随时间的变化历程、熔接线（welding line）和气穴（air trap）可能出现的位置。同时，Moldex 也可用来评估冷却系统的好坏并预估成型件的收缩翘曲行为。

4.4 CAE 前处理参数设置

4.4.1 网格模型技术

图 4-18 是 Moldflow 支持的三种有限元分析模型示意图。

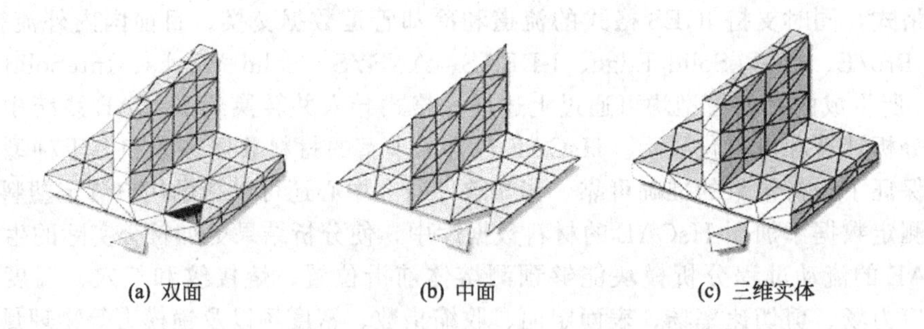

图 4-18 Moldflow 支持的三种有限元分析模型

MPI 通常在图形交互方式下运行，但也可利用命令方式运行 MPI 内置或用户自定义的命令脚本（即应用程序）。

(1) 中性面模型技术

中性面模型技术是最早出现的注射成型模拟技术，其采用的工程数值计算方法主要包括基于中性面的有限元法、有限差分法、控制体积法等，Moldflow 系列软件可以直接读取任何 CAD 表面模型文件并进行分析。在使用者采用线框和表面造型文件时，首先 MPI 可以自动分析出塑料制品的中间面模型并准确计算其厚度，接着在这些中面上生成二维平面三角网关，利用这些二维平面三角网格进行有限元计算，计算出各时间段的温度场、压力场；同时用有限差分的方法计算出厚度方向上温度的变化，用控制体积法追踪流动前沿，并将最终的分析结果在中面模型上显示。

基于中性面模型的注射成型模拟技术能够成功地预测充模过程中的压力场、速度场、温度分布、熔接痕位置等信息，具有技术原理简单，网格单元数量少，计算量小的特点。

但是，在中性面技术中，由于考虑到产品的厚度远小于其他两个方向（即流动方向）的尺寸，塑料熔体的黏度较大，将熔体的充模流动视为扩展层流，忽略了熔体在厚度方向上的速度分量，并假定熔体中的压力不沿厚度方向变化，由此将三维流动问题简化为流动方向的二维问题和厚度方向的一维分析。由于采用了简化假设，它产生的信息是有限的、不完整的。

因此，中性面技术在注射成型分析中的应用虽然简单、方便，但是具有一定的局限性，所以表面模型和三维实体模型技术便应运而生。

(2) 表面模型技术

取代中性面模型技术的最直接办法是采用三维有限元或三维有限差分方法来代替中性面技术中的二维有限元（流动方向）与一维有限差分（厚度方向）的耦合算法。然而，三维流动模拟技术难点多，经历实践考验的时间短、计算量巨大、计算时间长，与中性面技术的简明、久经考验、计算量小等形成了鲜明的反差。在三维流动模拟技术举步维艰的时刻，一种既保留中性面技术的全部特点，又基于实体（表面技术）模型的注射流动新方法——表面模型技术出现了。

表面模型技术是指模型型腔或制品在厚度方向分成两部分。与中性面不同，它不是在中面，而是在型腔或制品的表面产生有限元网格，利用表面上的平面三角网格进行有限元分析。相应地，与基于中面的有限差分在中性面两侧（从中性层至两模壁）进行不同，厚度方向上的有限差分仅在表面内侧（从模壁至中性层）进行。在流动过程中，上、下两表面的塑料熔体同时并且协调地流动。

从本质上讲，表面模型技术所应用的原理和方法与中性面模型相比没有本质上的差别，其主要不同之处是采用了一系列相关算法，将沿中性面流动的单股熔体演变为沿上下表面协调流动的双股流。由于上下表面的网格无法一一对应，而且网格形状、方位与大小也不可能完全对称，如直接进行注射成型分析，会导致分析过程中上下两个表面的熔体流动模拟各自独立进行，彼此之间毫无关联、互不影响，这与塑料制品在注射过程中的实际情况不相符。因此，为了解决这个问题，必须将所有表面网格的节点进行厚度方向的配对，是有限元分析算法能根据配对信息协调上、下两个表面的熔体流动过程，将上、下对应表面的熔体前沿所存在的差别控制在允许的范围内。

虽然，从中性面模型技术跨入表面模型技术，可以说是一个巨大的进步，并且得到了广大用户的支持和好评。但是，从实质上讲，表面模型技术仍然存在着一些缺点。

① 分析数据不完整　由于表面模型仍然采用和中性面模型一样的二维半的简化模型假设，所有它除了用有限差分法求解温度在壁厚方向的差异外，基本上没有考虑其他物理量在厚度方向上的变化。

② 无法准确解决复杂问题　随着塑料成型工艺的进步，塑料制品的结构越来越复杂，壁厚差异越来越大，物理量在壁厚方向上的变化变得不容忽视。

③ 真实感缺乏　由于在表面模型中，熔体仅仅沿着制品的上下表面流动，因此，分析结果缺乏真实感，与实际情况仍有一定距离。

从整体上讲，表面模型技术只是一种从二维半数值分析（中性面模型）向三维数值分析（实体模型）的过渡。要实现严格意义上的注射成型产品的虚拟制造，必须大力开发实体模型技术。

（3）三维实体模型技术

实体模型技术在数值分析方法上与中性面技术有较大差别。在实体模型技术中熔体在厚度方向的速度分量不再被忽略，熔体的压力随厚度方向变化。实体流动技术直接利用塑料制品的三维实体信息生成三维立体网格，利用这些三维立体网格进行有限元计算，不仅获得实体制品表面的流动数据，还获得实体内部的流动数据，计算数据完整。

与中性面模型或表面模型相比，由于实体模型考虑了熔体在厚度方向上的速度分量，所以其控制方程要复杂得多，相应的求解过程也复杂得多，计算量大，计算时间过长，这是基于实体模型的注射流动分析目前所存在的最大问题。

三种注射成型分析技术，在技术特点上各有千秋。在实际工程应用中，要对制品的情况有一个合理的认识，要认清问题的关键所在，从而采用最为合适的分析技术，利用最少的成本，得到相应的分析结果。

4.4.2　网格统计与修复

尽管 MPI 的网格划分功能十分强大，但是除了少数几何形状非常规整的 CAD 模型外，几乎所有针对具体 CAD 模型生成的有限元网格或多或少都存在某些缺陷，这也属于正常现象。因为目前还没有哪一种 CAE 软件能够自动划分出完美无缺的有限元网格。质量不高的

```
Mesh Statistics
    Mesh area                          38.4068 cm^2

Edge details-----------------------------------
    Free edges                         0
    Manifold edges                     13860
    Non-manifold edges                 0

Orientation details----------------------------
    Elements not oriented              0

Intersection details---------------------------
    Element intersections              7
    Fully overlapping elements         4
    Duplicate beams                    0

Surface triangle aspect ratio------------------
    Minimum aspect ratio               1.157394
    Maximum aspect ratio               18.937451
    Average aspect ratio               1.641235

Match ratio------------------------------------
    Match ratio                        91.6%
    Reciprocal ratio                   80.5%

                Close
```

图 4-19 网格划分结果统计

有限元网格不仅能对分析计算结果的精确性和准确性产生影响，而且当网格缺陷严重时还会导致分析计算失败。

(1) 统计网格划分结果信息

利用 MPI 的网格划分结果信息统计工具，可以大致了解网格自动划分的质量（如划分网格的实体数、边界细节、交叠单元数、单元定向、三角形单元的底高比等），然后有针对性地对网格缺陷进行修补。堵盖网格自动划分后的统计信息如图 4-19 所示。

提示：要启动网格划分结果统计功能，可用鼠标左键单击工具图标，或直接拾取主菜单项"Mesh→ Mesh Statistics…"。

一个高质量的基于 Fusion 模型的网格必须满足以下基本条件。

连通域（Connectivity regions）数为 1。

自由边（Free edges）和非共享边（Non-manifold edges）数为 0。

未定向单元（Elements not oriented）数为 0。

交叉单元（Element intersections）数为 0。

完全重叠单元（Fully overlapping elements）数为 0。

三角形单元底高比（Aspect ratio）的数值视具体情况而定，一般最大值应控制在 10 以内。

上下表面对应单元匹配率（Match ratio，仅针对 MPI 的双面模型）应大于 85%。

观察统计结果信息可知，堵盖的网格存在单元交叉、底高比过大等质量问题，需要在以下操作中逐一解决。

(2) 检查、编辑重叠和交叉单元

首先利用重叠单元诊断工具（Overlapping Elements）搜索出网格模型中的交叉与重叠单元。

用鼠标左键单击工具图标，或拾取主菜单项"Mesh→Overlapping Elements Diagnostic…"，激活弹出对话框上的相应复选项（图 4-20），并按"显示诊断结果（Show）"键。检测出的交叉单元和重叠单元被自动放置在一个名为"诊断结果（Diagnostic results）"的图层中。

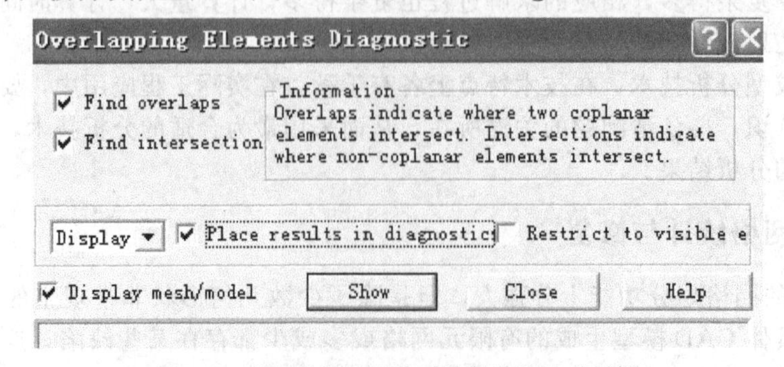

图 4-20 "交叉与重叠单元诊断设置"对话框

关闭图层控制面板上除"新结点（New Nodes）"和"诊断结果（Diagnostic results）"外的所有层，便可清楚地观察到如图 4-21 所示缺陷类型及其位置。为更好地查看和编辑缺陷单元，将缺陷区域放大。

激活图层控制面板上的"新三角形单元（New Triangles）"层，以便进一步观察和分析缺陷单元产生的原因及其与周围单元的关系（图 4-22）。经过同原始 CAD 模型比较发现，交叉单元产生的原因是在模型附加面上划分了网格所致。由此可见，CAD 模型导入的质量会直接影响有限元网格的划分。

明确缺陷产生的原因之后，再对该区域的网格缺陷进行编辑。编辑方法对本案例而言相对简单，只需将图 4-22 中的交叉单元删除即可。

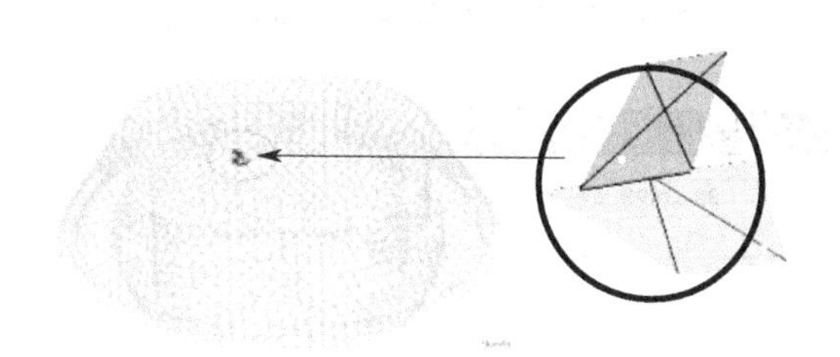

图 4-21　交叉与重叠单元位置及其局部视图

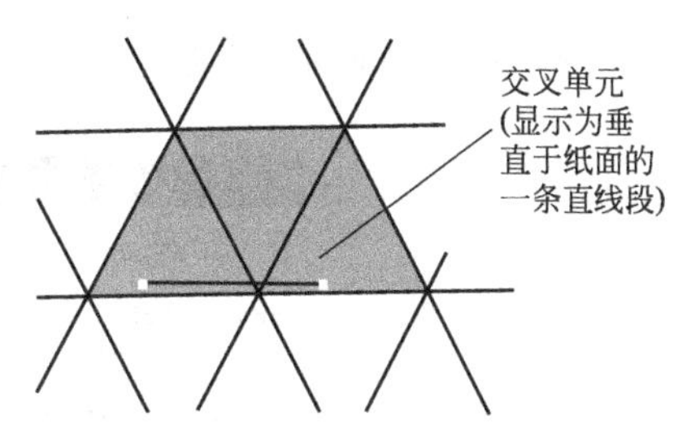

图 4-22　交叉单元细节

(3) 检查、编辑单元的底高比

三角形单元底高比过大会引起网格局部畸变，导致求解精度降低或计算失败。理想的底高比应控制在 10 以内，但实际上可根据网格编辑情况和研究任务要求而定。

用鼠标左键单击工具图标，或拾取主菜单项"Mesh →Aspect Ratio Diagnostic…"，弹出"单元底高比诊断"对话框，见图 4-23。

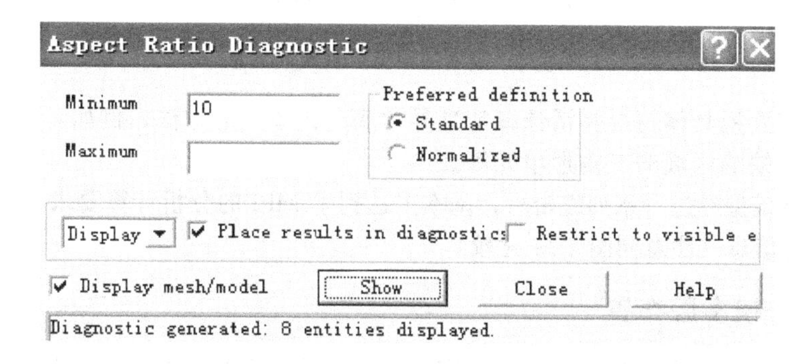

图 4-23　三角形"单元底高比诊断"对话框

在对话框的"最小底高比（Minimum）"文本框中输入 10，"最大底高比（Maximum）"文本框保持空白，然后按"显示诊断结果（Show）"键，这样底高比大于 10 的所有三角形单元都会被 MPI 检测出来（图 4-24）。根据图 4-23 对话框下部的消息提示可知，本案例共有 8 个单元的底高比超过 10。

结合图 4-24 中的指示条和彩色标识线快速定位底高比大于临界值 10 的三角形单元，然后借助网格编辑工具（Mesh Tools）清理底高比过大的缺陷单元。例如：找到图 4-25 所示的底高比异常单元；利用网格编辑工具中的"焊合结点（Merge Nodes）"选项合并结点 1 和 2，其中，1 为基准结点（Node to merge to）、2 为被合并结点（Nodes to merge from）。

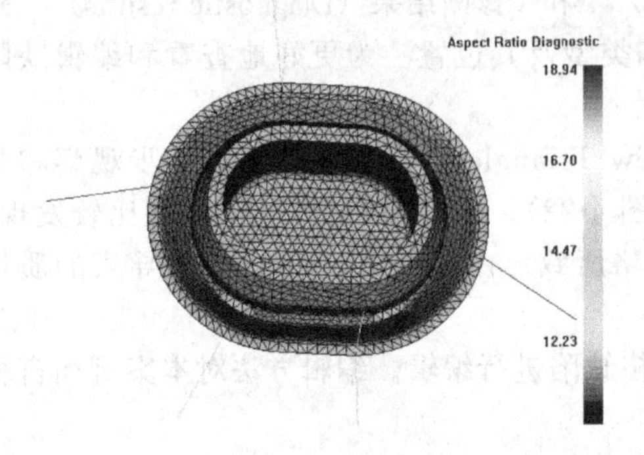

Aspect Ratio Diagnostic
18.94
16.70
14.47
12.23

图 4-24 单元底高比诊断结果

底高比异常单元
1
2

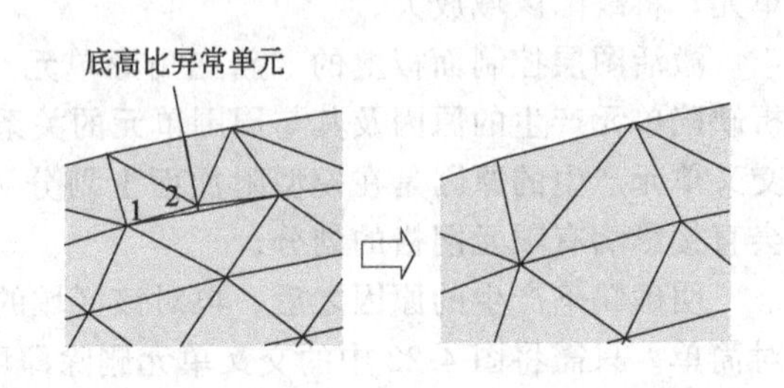

图 4-25 底高比异常单元清理举例

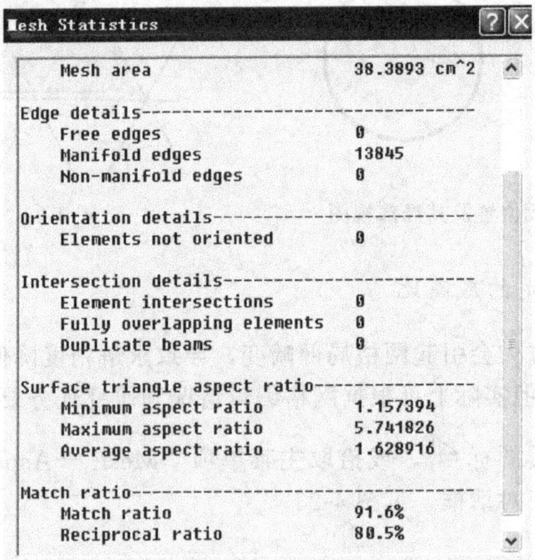

Mesh Statistics
Mesh area 38.3893 cm^2
Edge details
Free edges 0
Manifold edges 13845
Non-manifold edges 0
Orientation details
Elements not oriented 0
Intersection details
Element intersections 0
Fully overlapping elements 0
Duplicate beams 0
Surface triangle aspect ratio
Minimum aspect ratio 1.157394
Maximum aspect ratio 5.741826
Average aspect ratio 1.628916
Match ratio
Match ratio 91.6%
Reciprocal ratio 80.5%

图 4-26 最终的网格质量统计信息

提示：一定要视具体情况灵活选择清理异常底高比单元的方法，例如：焊合结点、交换单元边界、重建缺陷区域的三角形单元等。

堵盖的网格模型经过一系列编辑后，基本上达到了 MPI 的分析计算要求。图 4-26 是最终的网格质量统计信息（注意同图 4-19 比较）。

4.4.3 一模多腔布置

在型腔复制之前，应确保堵盖的网格模型无重大质量问题，否则一旦多腔模构成后，再编辑网格就非常麻烦了。此外，如果要利用 MPI 的浇注系统生成向导（Runner System Wizard）自动建立多腔模的潜伏式浇注系统，还必须首先在堵盖的网格模型上设置浇口（型腔复制之前设置）。MPI 系统默认的塑件拔模方向是 Z 轴正向。因此，在构建多型模之前，还必须把堵盖模型旋转到正确的位置上。

型腔复制也可以在 CAD 软件里面排布好，多个型腔整体保存后导入 MPI 中。

4.4.4 浇注系统和冷却水道创建

浇注系统通常由主流道、分流道（多腔模特有）和浇口三大部分组成。其作用是将来自注射机的塑料熔体顺利地送入模腔，并确保充模和保压阶段的压力传递，以获得外形轮廓清晰、内在质量优良的塑料制品。作为缩短塑件成型周期、改善其成型质量的冷却系统（有时称为模温调节系统）是模具结构的重要组成部分。

① 建立浇注系统和冷却系统最简单、快捷的方法就是使用 MPI 的浇注系统设计向导（Runner System Wizard）和冷却系统设计向导（Cooling Circuit Wizard）功能，当然也可以利用 MPI 提供的造型工具自行构建。本案例建立的浇注系统和冷却系统如图 4-27 所示。

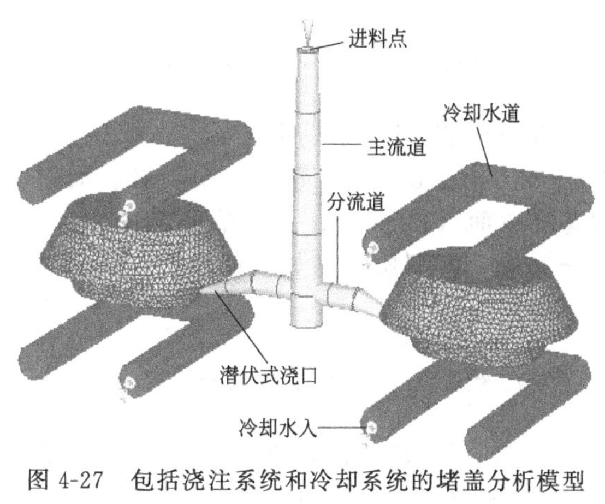

图 4-27 包括浇注系统和冷却系统的堵盖分析模型

② 利用 MPI 线条工具创建流道和水道的线条，指定属性，再划分柱状单元。

③ 可以在 CAD 软件中草绘出流道及冷却水道的线条，然后添加到 MPI 中，避免了 MPI 勾画线条的烦琐（需要准确给出线条首尾的端点坐标）。

4.5 操作实例

堵盖塑件结构见图 4-28，材料为热塑性硫化橡胶。研究任务：了解塑件注射成型情况，判断有无潜在的质量问题（如翘曲变形），以及提出相应的解决方案。

4.5.1 模拟分析前的准备

模拟分析前的准备工作主要包括以下几点。

① 创建工程项目与研究任务。

② 导入、检查和编辑塑件的 CAD 模型。

③ 划分、检查和编辑塑件的有限元网格。

④ 设定模塑类型与分析序列。

⑤ 选择塑件材料。

⑥ 建立浇注系统和冷却系统。

⑦ 设置成型工艺参数。

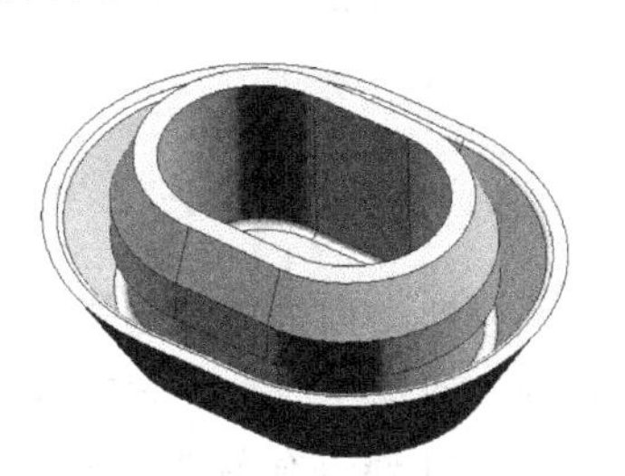

图 4-28 塑料堵盖

上述工作完成后，任务流程管理面板（Study Tasks）中的各流程步前方都应出现标识“√”，见图 4-29。

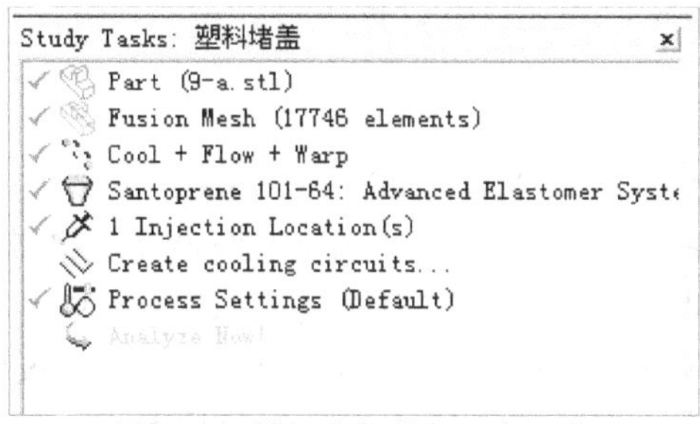

图 4-29 模拟分析前的准备工作

(1) 创建工程项目，导入堵盖的CAD模型

堵盖模型可以利用当今任何一种流行的CAD软件系统（如Pro/E、UG、Solidworks、AutoCAD等）建立，然后通过STL或Step格式导入MPI。其中，网格模型选择双面（Fusion）、尺寸单位定义为毫米（Millimeters）。导入CAD模型后，应及时检查和编辑模型质量（如模型的表面连通性、边界缺陷等），确认无误后，再进行有限元网格划分。

(2) 为堵盖划分有限元网格

被分析模型的网格划分和编辑是准备工作中最为重要同时也是最为复杂、烦琐的环节，需要耐心和仔细。网格划分的质量将直接影响到产品的最终分析结果。图4-30是利用MPI默认参数自动生成的堵盖网格模型。

(3) 检查和编辑网格

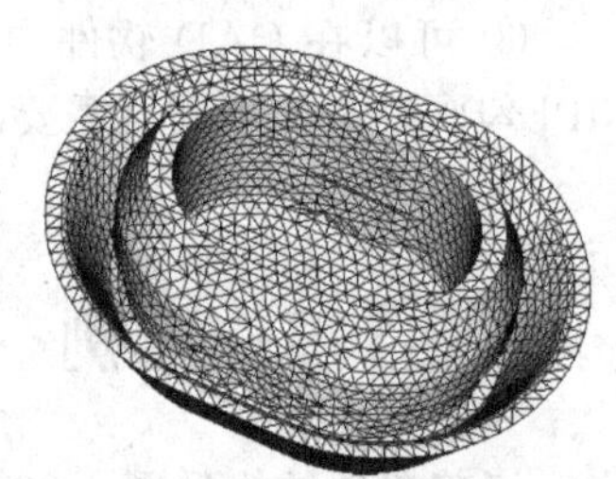

图4-30 堵盖网格模型

尽管MPI的网格划分功能十分强大。但是，除了少数几何形状非常规整的CAD模型外，几乎所有针对具体CAD模型生成的有限元网格或多或少都存在某些缺陷，这也属于正常现象。因为目前还没有哪一种CAE软件能够自动划分出完美无缺的有限元网格。质量不高的有限元网格不仅能对分析计算结果的精确性和准确性产生影响，而且当网格缺陷严重时还会导致分析计算失败。

(4) 设置模塑类型与分析序列

模塑类型选择“热塑性塑料注射模塑（Thermoplastics Injection Molding）”，分析序列选择“冷却＋流动＋翘曲（Cool ＋ Flow ＋ Warp）”。

MPI提供有两种分析序列可用于本案例塑件的翘曲研究，即冷却—流动—翘曲（Cool-Flow-Warp，CFW）和流动—冷却—流动—翘曲（Flow-Cool-Flow-Warp，FCFW）。两种分析序列的差异主要在冷却分析之前的初始温度设置上：CFW假设熔体充模的前沿温度恒定，冷却计算开始时，所有单元的初始化温度均为熔体前沿温度；FCFW假设模壁温度均匀且恒定，熔体和模壁之间存在热交换，充模结束时，熔体中每个单元的瞬态温度即为该单元冷却计算开始时的初始温度。实践证明：对于预测翘曲变形，CFW序列的计算结果更准确，所以MPI建议首选Cool-Flow-Warp分析序列。

(5) 为堵盖产品选材

本案例所采用的注射材料为Advanced Elastomer Systems公司的热塑性硫化橡胶（TPV），其牌号为Santoprene 101-64。TPV的全名叫做硫化聚烯烃弹性体，是以动态硫化的聚丙烯（PP）与含双环戊二烯的三元乙丙橡胶（EPDM）为基材的共混物。该共混物在－60～130℃的温度范围可保持均一性质，不易龟裂和发黏，有极佳的耐老化性及抗油脂性，无需硫化，废料可循环再用，满足塑料堵盖产品的使用要求。Santoprene 101-64的主要成型性能见表4-1。

表 4-1　Santoprene 101-64 的主要成型性能

热导率/[W/(m·℃)]	0.142	最大剪切压力/MPa	0.3
比热容/[J/(kg·℃)]	2268.00	最大剪切速率/s^{-1}	40000
熔体密度/(kg/m^3)	837.07		

注：表中热导率值和比热容值均为注射温度 205℃对应的数据。

(6) 复制型腔构成多腔模

型腔复制操作既可借助 MPI 的型腔复制向导，也可利用主菜单项的“Modeling→Move/Copy”命令完成。如果是后者，将弹出实体移动或复制对话框（图 4-31），然后进行以下操作。

① 选择操作列表中的映射（Reflect）项。
② 拾取（Select）堵盖模型上的所有节点和三角形单元。
③ 选择 *YZ* 坐标面为映射面（Mirror）。
④ 输入映射参考点（Reference）坐标，默认为（0，0，0）。
⑤ 激活复制（Copy）单选按钮。
⑥ 按“应用（Apply）”键，即建立起以 *YZ* 坐标面为对称面的双模腔。

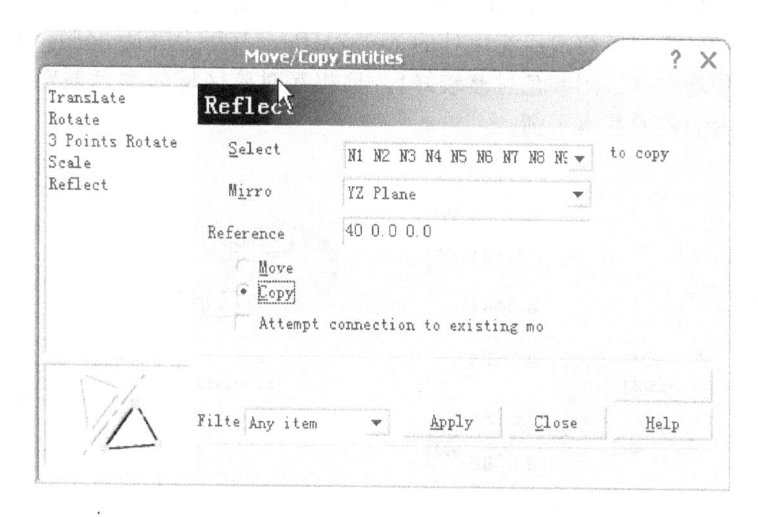

图 4-31　镜像复制堵盖模型的操作对话框

(7) 建立浇注系统和冷却系统

使用 MPI 的浇注系统设计向导（Runner System Wizard）和冷却系统设计向导（Cooling Circuit Wizard）功能，建立的浇注系统和冷却系统如图 4-27 所示。

(8) 设置成型工艺参数

成型工艺参数设置（Process Setting）既包括熔体充模、保压、冷却，以及模温、开合模时间等工艺条件参数的设置，也包括模具材料、注塑机控制单元等相关参数的设置，还包括 MPI 求解器参数的设置。多数情况下，可以采用 MPI 默认的工艺参数设置。成型堵盖制品的主要工艺参数设置如表 4-2 所示。

表 4-2 堵盖制品的主要工艺参数设置

模具温度/℃	40	保压时间/s	10
熔体温度/℃	205	冷却时间/s	20
注射时间/s	1.2	冷却介质温度/℃	25
保压压力/MPa	10		

4.5.2 分析结果及其应用

(1) 流动分析结果

① 熔体充模时间 (Fill time) 熔体充模时间的输出结果是动态的。通过对熔体充模时间输出结果的观察，可以了解在工艺设定（或 MPI 默认）的注射时间内，熔体充模的全过程（结合动画展示）、最终的充模时间、是否存在短射现象，以及熔体在模腔中的流动是否均匀（结合等值线图形）等信息。图 4-32 为熔体充模结束时的等值线图形输出，图中信息条显示的数据由 MPI 的结点（或单元）信息查询功能获得。从图 4-32 上可以看出，等值线的分布及间距比较均匀，到模腔末端且等距的熔体充填时间相同（0.9833s），这说明熔体在两个模腔中的流动平稳且均衡，基本上同一时刻充满各自的模腔。

② 充模结束时的模腔压力分布 (Pressure end of filling) 充模结束时的模腔压力分布输出见图 4-33。由图 4-33 可知，熔体在整个流动路径上的压力降还是比较大的，从主流道进料口的 10.07MPa 降到模腔最后充填处的 1.627MPa，其压力降达 84%。但是，两个模腔内的压力变化比较均匀（云图颜色过渡较好），且相互对应区域的颜色差别不大，说明注射压力在两个模腔内的传递基本平衡。

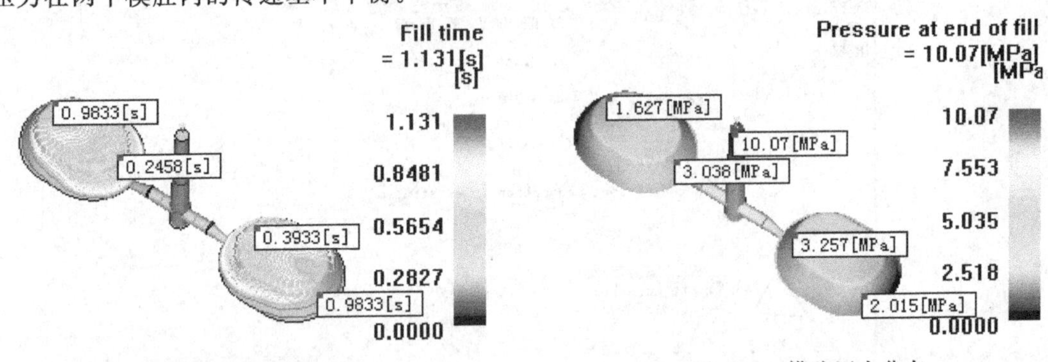

图 4-32 熔体填充时间　　图 4-33 模腔压力分布

③ 进料口的压力变化 (Pressure at injection location: XY Plot) 观察主流道进料口压力随时间的变化曲线，一方面可以了解曲线上的关键点数据是否与前期工艺过程参数的设置相吻合；另一方面还可以近似了解注射压力在熔体充模和保压阶段是否传递稳定；图 4-34 是进料口压力变化曲线。

④ 熔体充模结束时的平均温度 (Bulk temperature at end of fill) 该温度是综合考虑熔体传热、熔体流速和塑件壁厚等因素后的加权平均温度。通常情况下，熔体流动畅通区域有较高的平均温度，而流动严重受阻处，平均温度会急剧下降。图 4-35 展示了本案例熔体充模结束时的平均温度分布。由图可见，模腔内各处温度的变化比较均匀，无明显过热、过冷区；最高平均温度 205.2℃，没有超过聚合物的降解温度（260℃）。

⑤ 熔接痕 (Weld line) 熔接痕影响产品外观，容易使产品强度降低，特别是受力部位的熔接痕会造成产品结构缺陷。图 4-36 上标识的黑色线条即为堵盖成型后留下的熔接痕。

将熔接痕输出叠加在熔体充模时间（Fill time）图形上还可以分析产生熔接痕的原因，从而有针对性地修改注射工艺参数、浇口位置或塑件工艺结构。由于部分熔接痕出现在堵盖表面（见图 4-37），而堵盖材料又是弹性较强的热塑性硫化橡胶，所以，在设计成型方案和模具方案时就需要引起高度重视。

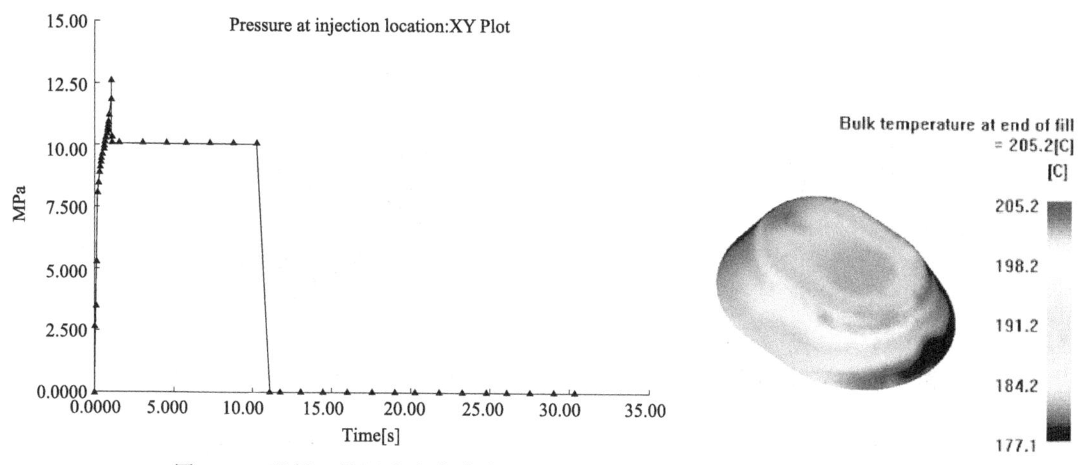

图 4-34　进料口的压力变化曲线

图 4-35　熔体充模结束时的平均温度

（2）冷却分析结果

① 冷却结束时塑件壁厚截面的温度分布（Temperature profile，part）　冷却结束时，堵盖壁厚截面的温度分布如图 4-38 所示。由图可见，在工艺过程参数设定的时间内，塑件冷却效果较好，其最高温度值为 56.55℃，没有超过 TPV 材料的脱模温度（90℃），可以正常取出塑件。

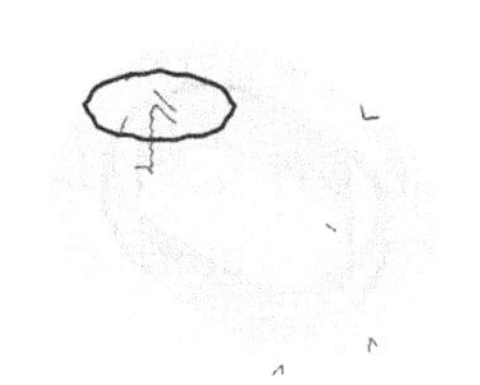

图 4-36　堵盖上的熔接痕

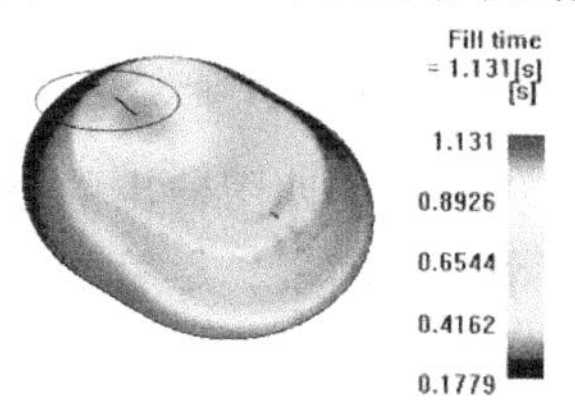

图 4-37　焊接痕与充模时间的叠加

② 冷却介质温度（Circuit coolant temperature）　该温度展示塑件冷却阶段结束时，冷却管道回路中介质的温度分布（见图 4-39）。通过冷却介质的温度分布，可以了解冷却系统设置及其结构是否合理，传热效果是否满足要求。正常情况下，冷却回路进出口的介质温差应小于 2～3℃，而本案例的介质温差仅 0.04℃。

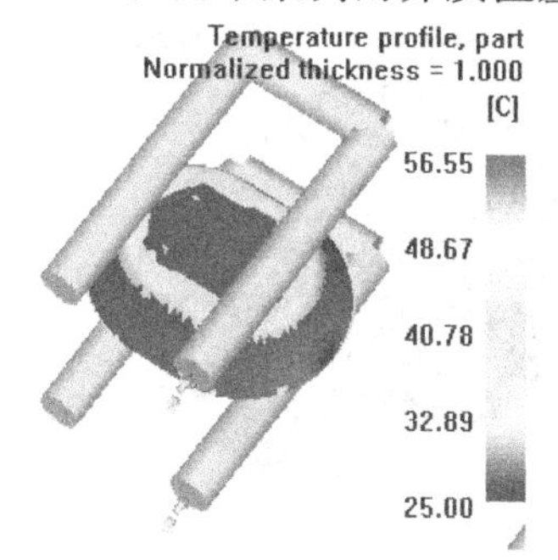

图 4-38　冷却结束时塑件壁厚温度

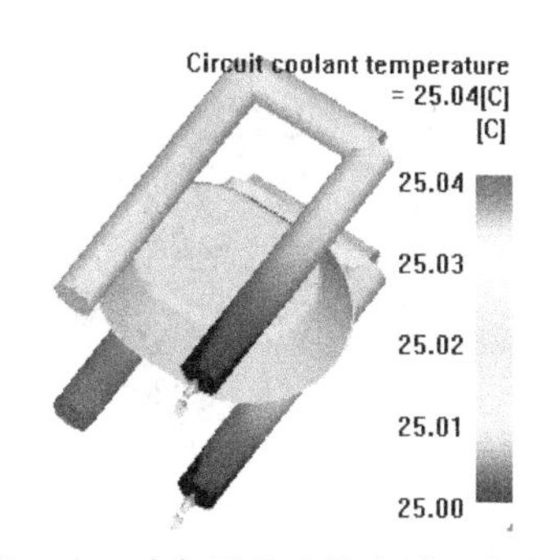

图 4-39　冷却回路中的介质温度分布

(3) 翘曲分析结果

图 4-40～图 4-43 分别表示堵盖成型后的翘曲变形和因冷却不均、收缩不均以及分子链取向引发的变形对堵盖总翘曲变形的贡献。其中，翘曲变形量用挠度（Deflection）值表示。

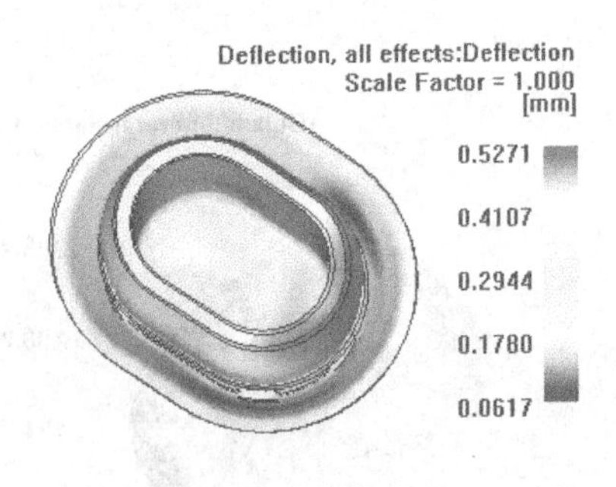

图 4-40 堵盖的翘曲

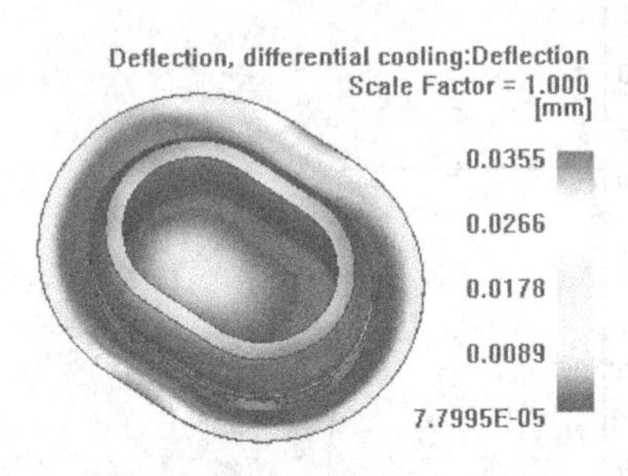

图 4-41 冷却不均对堵盖翘曲的贡献

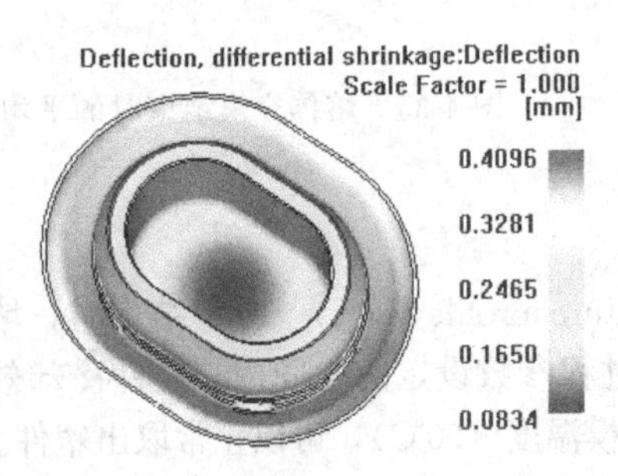

图 4-42 收缩不均对堵盖翘曲的贡献

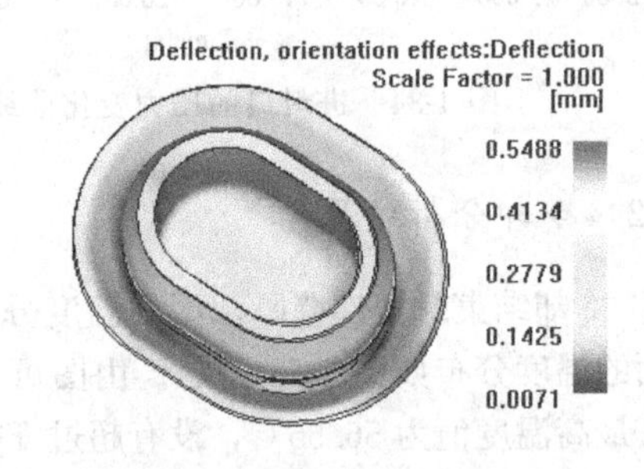

图 4-43 分子链取向对堵盖翘曲的贡献

分析、比较上述四图输出的最大翘曲值可知，大分子取向和制件收缩不均是造成堵盖翘曲变形的两个主要因素。尽管如此，堵盖零件的最大翘曲量（0.5271mm）没有超过产品设计的技术要求。

4.5.3 堵盖成型的裂纹问题

通过对堵盖零件注射成型过程中的充模、保压、冷却、翘曲的模拟分析，预测堵盖成型潜在的质量问题可能会与熔接痕有关，实际生产的堵盖产品验证了 MPI 模拟分析的结果：熔接痕部位出现了微细裂纹，如图 4-44 所示。

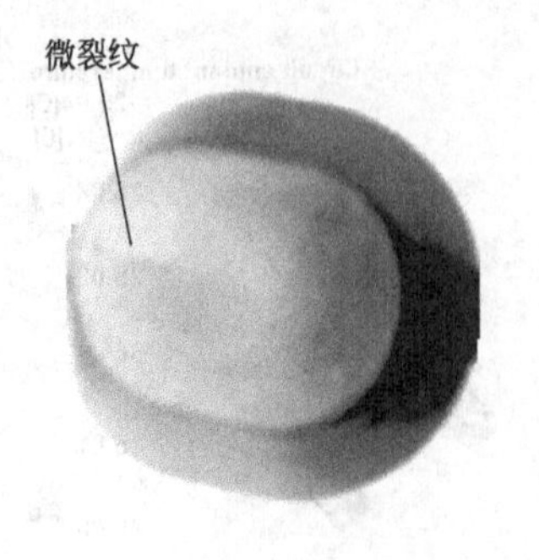

图 4-44 堵盖产品上的裂纹

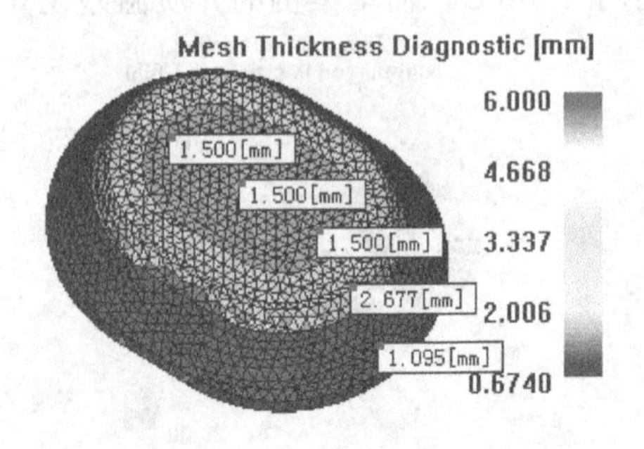

图 4-45 堵盖原始壁厚

针对堵盖产品，可以采用以下几种方法消除熔接痕或改善前沿熔体熔合质量。

① 适当增加熔接区域的塑件壁厚。

② 尽量减少塑件的壁厚差。

③ 调整浇口位置和尺寸。

④ 提高熔体的注射温度、注射速度、注射压力、保压压力或模具温度。

根据对失效产品的解剖观察发现，堵盖裂纹区域的壁厚较小，并且处于塑件的顶出部位。产品脱模时，顶杆稍加用力，熔接痕部位就产生裂纹。在综合考虑各方面因素（包括产品结构、成形参数、模具制造等）基础上，决定采用调整塑件壁厚的方法来改善熔接痕附近的熔体流动状况，以提高熔体前沿彼此熔合的质量。

为稳妥起见，在正式调整塑件壁厚之前，再次利用 MPI 进行 CAE 分析实验，以验证裂纹起因探讨的正确性。

（1）检查塑件原始壁厚（见图 4-45）

提示：将厚度诊断（Mesh →Thickness Diagnostic…）输出与数据查询（Results →Query Result）结合起来检查。注意：原始壁厚值既与产品结构设计有关，也与 CAD 造型误差和 CAD 模型转换误差有关，需仔细分析。

（2）调整塑件各区域壁厚

调整塑件壁厚的方法有两种：a. 返回 CAD 系统修改塑件壁厚；b. 直接在 MPI 中修改网格模型的厚度。这里采用后者。

① 在需要调整壁厚的区域任选一个单元（被选中单元变色）。

② 单击鼠标右键，或拾取主菜单项“Edit →Properties…”，弹出被选中单元所依附实体（此处 Fusion 模型面片）的属性编辑对话框（图 4-46）。

③ 改变厚度（Thickness）下拉菜单中的选项为自定义（Specified）。

④ 输入需要改变的厚度值（如 1.8mm）。

⑤ 给厚度属性取一个名。

⑥ 确认“应用更改值给所有共享该属性的实体（Apply to all entities that share this property）”复选框被激活（打“√”）。

提示：如果“Apply to all entities that share this property”复选框未激活，则意味着更改的厚度值（或其他属性值）仅适用于被选中单元对应的局部实体。

⑦ 按“确定（OK）”键。

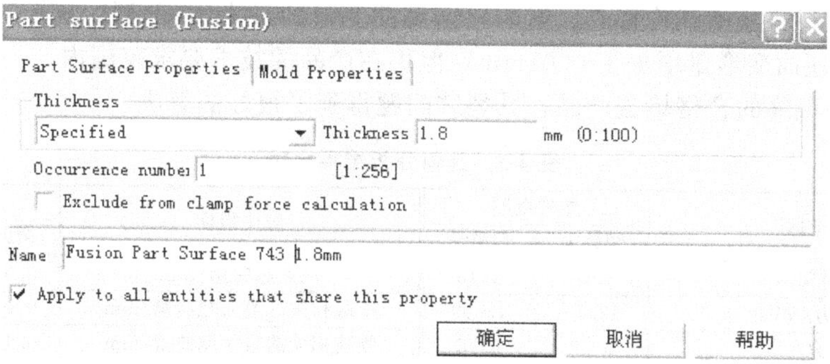

图 4-46　实体属性编辑对话框

各区域壁厚属性调整结束后，检查堵盖壁厚的情况见图 4-47。

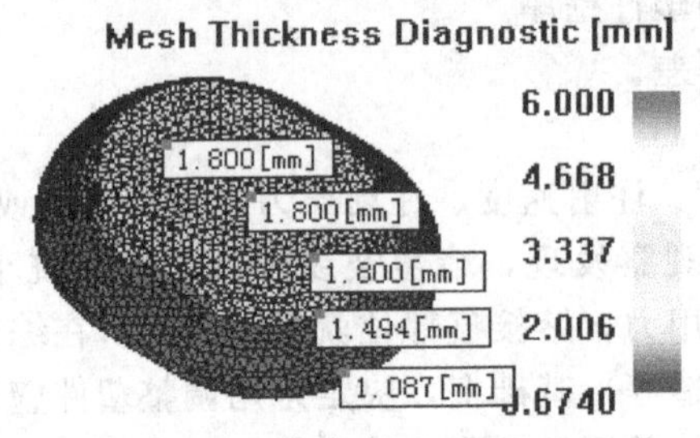

图 4-47 调整后的堵盖壁厚

(3) 对堵盖重新进行成型分析

在原设定的注射工艺参数下，对壁厚调整后的堵盖重新进行成型分析。

(4) 观察、比较、分析数值实验结果

图 4-48、图 4-49 分别表示堵盖中的熔接痕分布和表面出现熔接痕的情况。同图 4-48、图 4-49 比较发现，堵盖壁厚调整后：a. 熔接痕的数量减少、尺寸变小；b. 熔接痕不再贯穿到塑件表面。这意味着熔接痕附近的熔体熔合程度得到了有效改善，该区域的强度会随之提高。

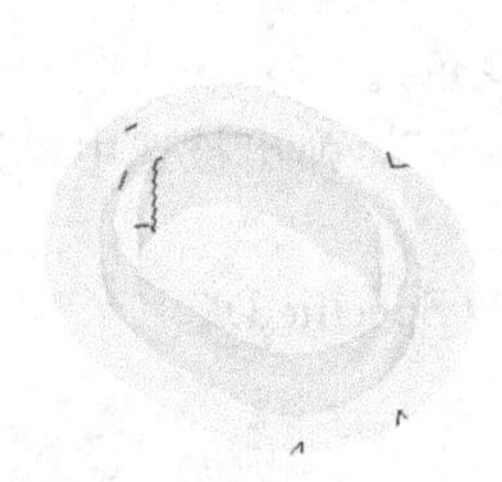

图 4-48 堵盖上的熔接痕

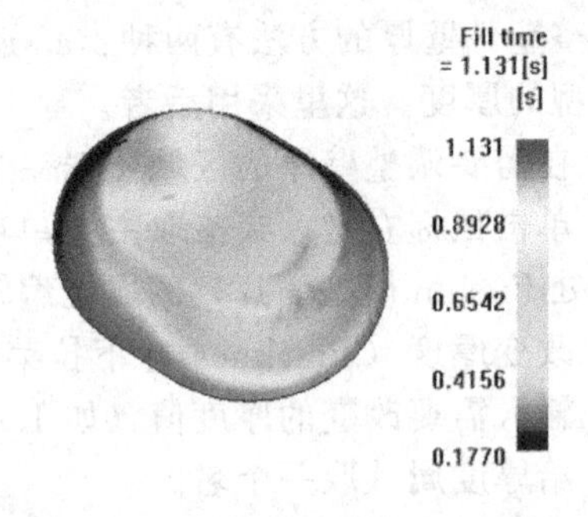

图 4-49 熔接痕与充模时间的叠加

其他分析结果的对比数据见表 4-3。由表 4-3 可知：

① 塑件壁厚调整前后，数值分析获得的注射时间、注射压力和锁模力完全相同，生产周期和设备条件没有发生变化；

② 由于调整了壁厚，塑件的质量略有增加（约 1.7%）；

③ 由于材料自身的结构特点，影响堵盖翘曲变形的最大因素仍然是分子取向；相对于壁厚调整前，翘曲变形量增加了 0.01mm，但仍在产品的技术要求范围内。

图 4-50 是最终的合格堵盖产品，其裂纹问题得到了很好的解决。

表 4-3 其他分析结果比较

对比指标	塑件壁厚		对比指标	塑件壁厚	
	调整前	调整后		调整前	调整后
注射时间/s	1.13	1.13	最大翘曲量/mm	0.5271	0.5392
注射压力/MPa	12.59	12.59	冷却相关的最大翘曲量/mm	0.0355	0.0377
锁模力/t	0.78	0.78	收缩相关的最大翘曲量/mm	0.4096	0.4093
塑件质量/g	6.4346	6.5450	分子取向相关的最大翘曲量/mm	0.5488	0.5949

图 4-50　最终合格产品

思考题

1. 简述 CAE 技术在塑料注射成型中的典型应用。

2. 注射成型流动模拟基于哪些假设与简化?

3. 描述塑料熔体流动状态的控制方程有哪些? 其中本构关系受哪些因素影响?

4. 求解流动熔体控制方程的初边值条件有哪些? 怎样设置?

5. 在 CAE 分析中怎样确定熔体流动前沿的位置?

6. 注射成型保压模拟基于哪些假设与简化?

7. 求解熔体保压控制方程的初边值条件有哪些? 怎样设置?

8. 保压分析的连续方程、动量方程和能量方程同流动分析的对应方程相比有何特点? 你能说明其中的缘由吗?

9. 塑件冷却 CAE 分析的前提条件（即基本假设）是什么?

10. 在注射成型冷却模拟中，塑件、模具体和冷却介质之间的关系是怎样的?

11. 塑件注射成型的应力通常来自何处? 塑件内的残余应力与哪些因素有关?

12. 简述塑件翘曲的起因及其影响因素。

13. 简述 Moldflow 软件的特点。

14. 结合图 4-17 的典型流程和本章给出的应用实例，说明 CAE 软件怎样辅助人们解决塑料注射成型诸方面的实际问题。

金属铸造成型 CAE 技术及应用

金属材料铸造成型历史悠久，铸造行业一直是材料加工领域重要的支柱之一。然而，铸造生产常常伴随较大废品率，究其原因，主要是传统的铸造工艺设计和铸型设计多依赖于经验积累，缺乏在动态、定量数据支持下的结果预测方法与设计优化手段，进而很难把握铸造产品的最终质量。事实上，造成废品率过高的铸造缺陷（如缩孔、缩松、裂纹、变形等）绝大部分形成于铸液充型与凝固过程。正是由于对准确揭示铸液充型与凝固过程的物理细节及其变化规律、科学预测铸件成型质量、有针对性地优化工艺方案与铸型设计、大力提高铸造产品的合格率等迫切需求促进了 CAE 分析技术在铸造行业的推广应用。

5.1 概述

5.1.1 铸造 CAE 技术的研究内容

目前，金属铸造成型 CAE 主要研究内容包括以下几个方面。

① 流动场分析　利用流体力学原理，分析并仿真铸液在浇冒口系统和铸型型腔中的流动状态及其吸气过程，通过优化浇注条件和浇冒系统设计，减轻或消除流股分离、卷气和夹渣现象，降低铸液对铸型的冲蚀。

② 温度场分析　利用传热学原理，分析铸造成型的传热过程及其对应的温度场变化，在此基础上仿真铸件的冷却凝固细节，检验工艺条件，预测凝固缺陷，优化冷却系统设计。

③ 热-流耦合分析　利用流体力学和传热学原理，在仿真铸液充型流动的同时，计算其传热过程，以预测和控制氧化、冷隔、浇铸不足等铸造缺陷的产生，同时为铸件后续的凝固过程模拟计算提供初始温度条件。

④ 应力场分析　利用力学原理和温度场模拟数据，分析铸件的应力分布，仿真铸件内的应力应变分布及其变化，预测和控制热裂、冷裂、变形等铸造缺陷的产生。

⑤ 铸件组织分析　利用金属学原理和温度场模拟数据，分析仿真铸液在凝固过程中的晶粒形核、晶粒生长，以及溶质扩散等物理现象，并以此为基础，预测、控制和优化铸件的

宏/微观组织结构及其分布，预测、控制和优化同铸件宏/微观组织相适应的机械性能。

5.1.2 CAE技术在铸造成型中的应用

(1) 铝合金轮毂的重力铸造

图5-1～图5-3是中国台湾地区一家企业提供的铝合金轮毂在重力铸造中的充型流动与冷却凝固案例，CAE分析平台为ProCAST。由图5-1可知，整个铝合金液的充型时间为16s，且充型过程存在热交换现象，这将影响后续凝固模拟时铸液和铸型初始温度的确定。此外，从图5-1第8s对应的小图上可观察到卷气现象（一个明显的空洞），虽然该铝合金液的流动性良好，卷气产生的气泡最终可以顺利排除。但是，如果能够避免此现象，则将有助于进一步提高铸件质量。图5-1中的圆圈代表轮毂铸件上可能形成热节的部位。铸件凝固期间传热的不均匀致使其无法自下而上的有序冷却，于是在胎圈和轮辐的交接区出现集中热。如果位于该区域的铝合金液在凝固过程中无法顺利得到胎圈上部冒口或（和）中央冒口的补缩，则将导致铸件缺陷的产生。图5-2反映了80～150s期间的轮毂凝固情况（以固相率表示），图中圆圈所示部位的固相率低于该铸铝合金液宏观流动的临界固相率（0.7），而圆圈周围合金的固相率均高于圆圈所示部位，因此，圆圈内将出现缩孔和缩松。CAE预测的缺陷部位同轮毂铸件实物的收缩缺陷部位非常吻合（图5-3）。

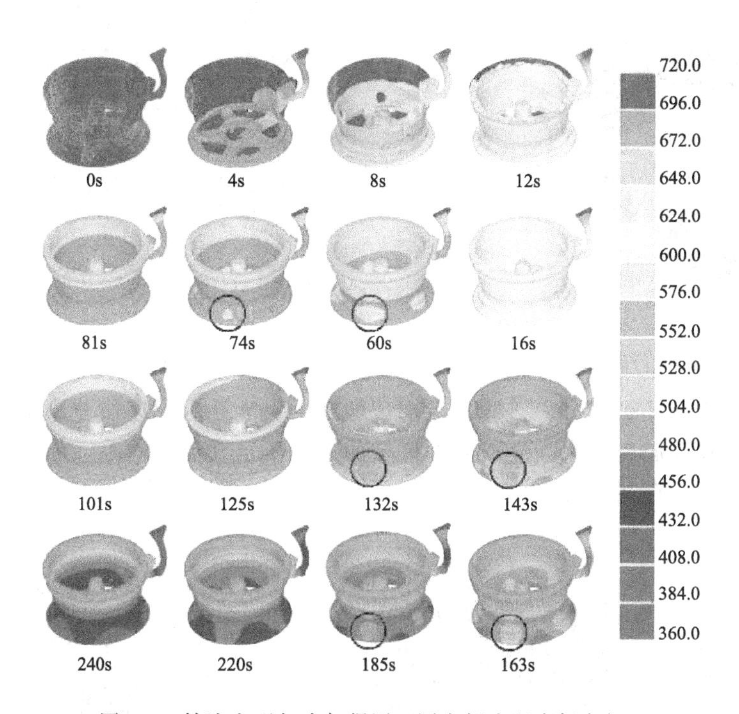

图5-1 铸液充型与冷却凝固（图右侧为温度场色标）

(2) 优化压铸件工艺结构

准备利用CAE分析实验优化的一模五腔压铸CAD模型如图5-4所示。其中，压铸零件在实际生产中遇到的问题主要有两个：①铸液不能同时充模；②铸件中气孔较多。因此，对CAE分析实验提出的要求是：①优化浇口结构；②重新定位溢料槽与排气穴；③解决各模腔同步充型问题（其中，第③个要求不在这里介绍）。

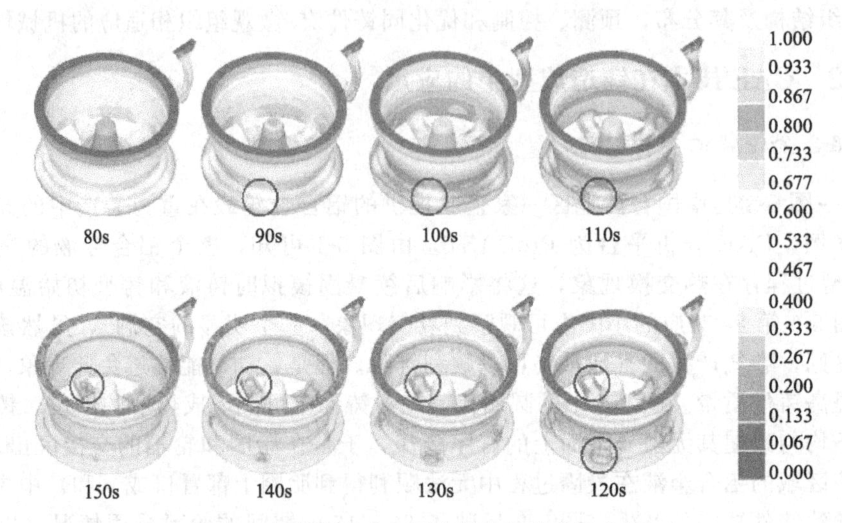

图 5-2　固相率分布（图右侧为固相分数色标）

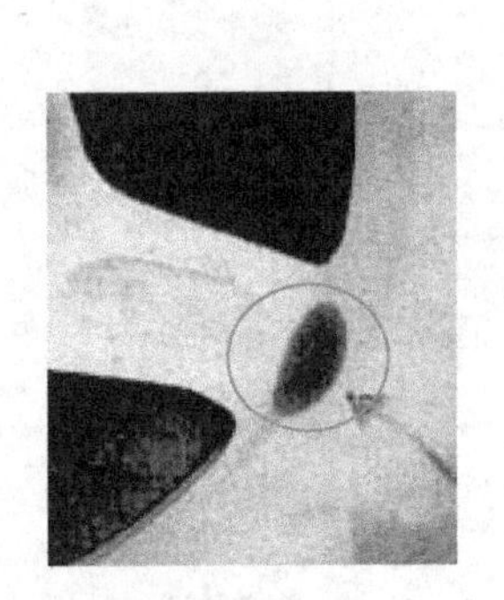

图 5-3　轮毂铸件的收缩缺陷

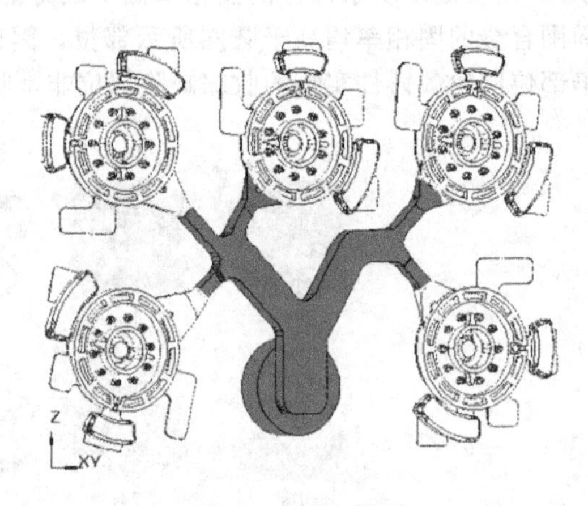

图 5-4　CAD 模型

原始设计采用分叉型浇口，造成其后部区域和中央大孔后部区域充型不足（图 5-5）。

将原浇口结构改成扇形后，浇口后部区域的充型不足现象被消除，但中央大孔后部区域的充型不足现象依然存在（图 5-6）。

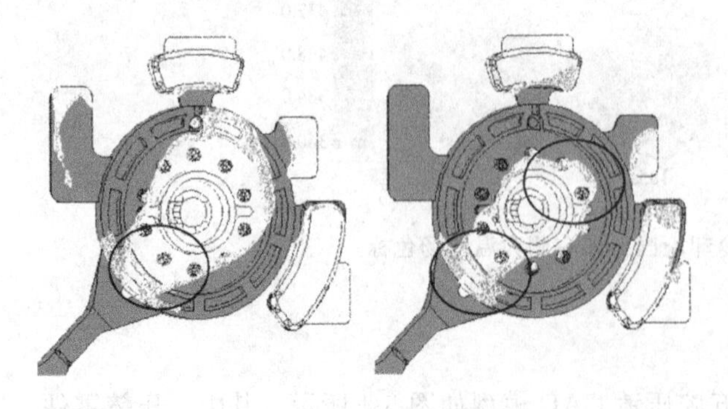

图 5-5　原浇口设计缺陷

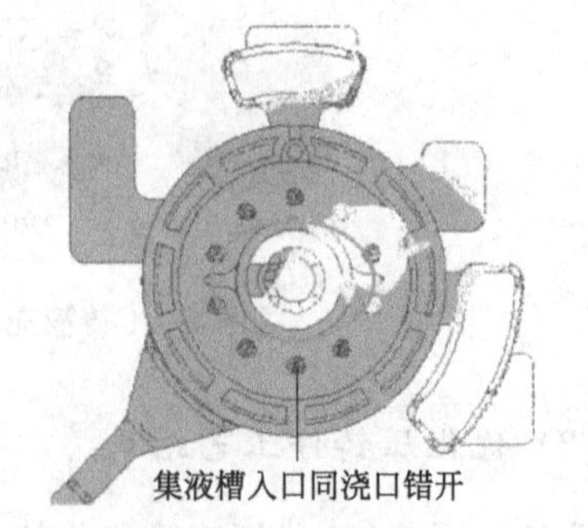

图 5-6　浇口结构改成扇形

将位于中央大孔内的集液槽入口改成 2 个，并使 2 个入口的轴线与浇口轴线共线。再次模拟发现（图 5-7）：虽然可以让充型铸液提前进入中央集液槽来减轻大孔后部区域的充型不足，但是困气问题还是存在。

修改浇口结构为切向进浇，由于切入角设计不正确，尽管阻止了铸液过早进入中央集液槽，但中央大孔后部的困气问题并没有得到有效解决（图 5-8）。

将浇口切入角改成 30°，并在铸液最后充型部位增加一个溢料槽（兼有排气作用，见图 5-9）。这样，铸件中的多孔问题得到了圆满解决。

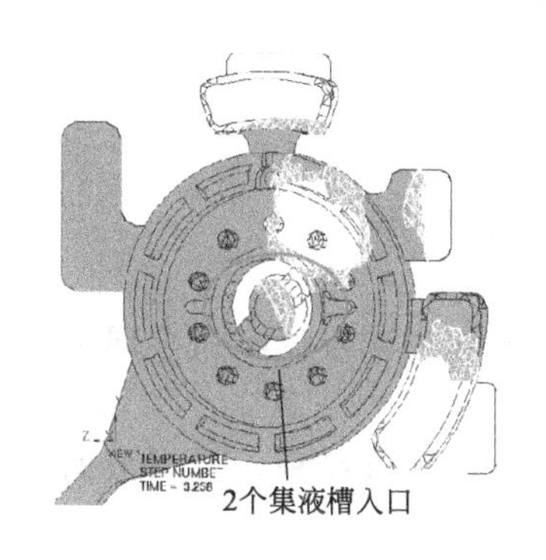

图 5-7 改变中央集液槽入口位置

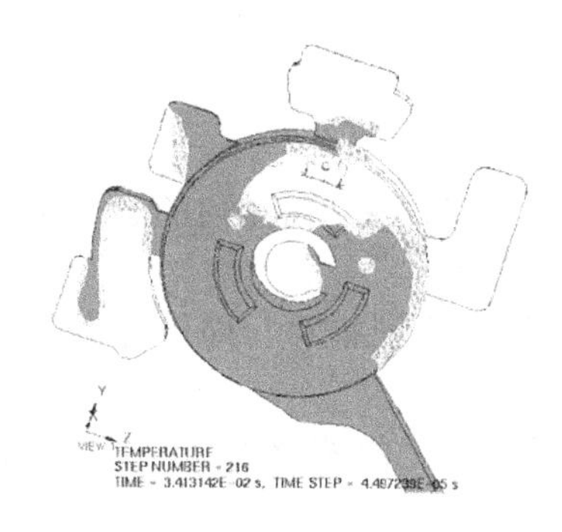

图 5-8 切向进浇

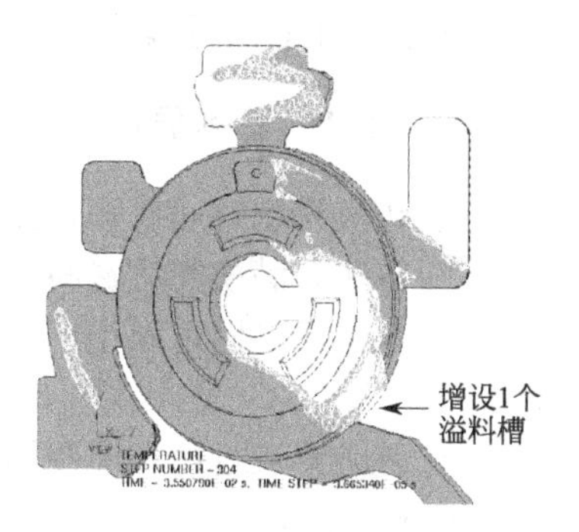

图 5-9 将切入角改成 30°

图 5-10 是在模拟分析基础上拟定的铸件工艺结构优化方案。从图 5-11 中可以观察到，通过工艺结构的优化，基本上解决了铸件中的多气孔问题，同时还减少了铝合金用料近 20％。注意：本案例的所有截图均未取自最终计算结果。

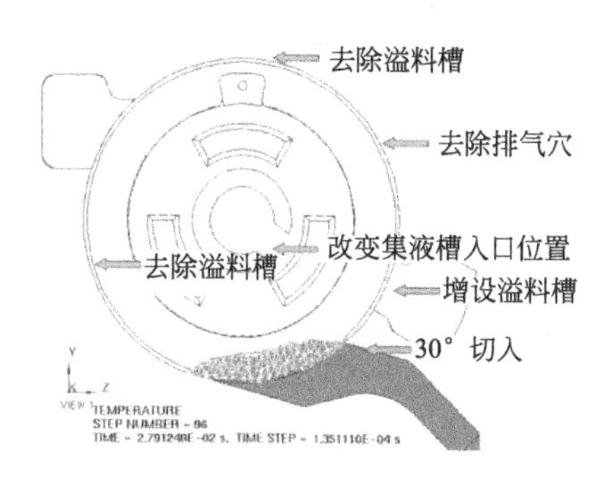

图 5-10 优化方案

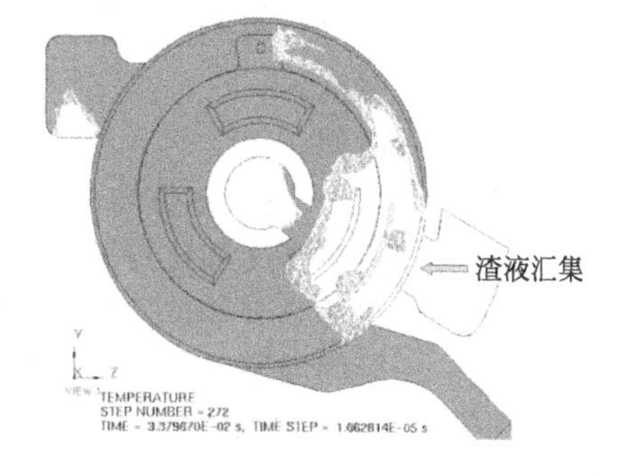

图 5-11 优化方案的验证

5.2 铸造成型 CAE 技术基础

5.2.1 铸件凝固过程 CAE

金属铸造成型中的凝固过程是指高温液态金属由液相向固相的转变过程。在这一过程中，高温液态金属所含热量必然会通过各种途径向铸型和周围环境传递，逐步冷却并凝固，最终形成铸件。其中，铸件/铸型系统的热量传递包括：铸液及高温铸件与环境间的热辐射、铸液内部的热对流、铸件和铸型内部的热传导、铸型与环境间的热辐射，以及铸液与铸型、铸液与已凝固层、铸型与大气间的界面对流换热等。实际上，自然界中的三类基本传热方式在金属铸造成型过程中均有所体现。

铸件凝固过程 CAE 分析的主要任务就是建立凝固过程的传热模型，然后在已知初边值条件下利用数值方法求解该传热模型，获取其温度场变化信息，并根据温度场的分布及其变化仿真铸件凝固过程，了解与温度场或温度梯度变化相关的物理现象和预测铸件成型质量，例如：冷却速度、凝固时间与凝固分数、液/固相变、晶粒形核与生长，以及缩孔、缩松、冷隔、残余应力与应变、宏微观组织与性能等。

数值求解凝固过程温度场的常用方法包括：有限差分法、有限元法和边界元法。考虑到有限差分法在处理诸如铸造温度场、流动场方面的简捷性与广泛性，本章只介绍利用有限差分法求解铸件凝固过程的温度场变化。

5.2.1.1 基本假设

① 铸液充型时间极短，充型期间铸液和铸型内的温度变化可忽略不计。

② 铸液充满模腔后瞬间开始凝固。

③ 不考虑凝固过程中的液/固相界面推移，即不考虑传质影响（该假设不适合厚大铸件）。

④ 忽略铸液过冷，即凝固是从给定的液相线温度开始至固相线温度结束，金属液的凝固在平衡状态下完成。

⑤ 铸件/铸型系统传热主要受铸件、铸件凝固层、铸型，以及铸件/铸型界面和铸件/铸型界面涂料层（如果有）的热传导控制。

5.2.1.2 热传导控制方程（Fourier 方程）

$$\rho c\frac{\partial T}{\partial t}=\frac{\partial}{\partial x}\left(k_{x}\frac{\partial T}{\partial x}\right)+\frac{\partial}{\partial y}\left(k_{y}\frac{\partial T}{\partial y}\right)+\frac{\partial}{\partial z}\left(k_{z}\frac{\partial T}{\partial z}\right)+\rho L\frac{\partial f_{s}}{\partial t} \tag{5-1}$$

式中 T——温度；

t——时间；

k_x，k_y，k_z——沿 x、y、z 方向的传热系数；

ρ，c——材料密度和比热容；

L——比潜热（单位质量液相转变成固相释放的结晶潜热）；

f_s——凝固温度区间内的固相质量分数。

式(5-1)表明：基于能量守恒原理，微体单位时间温度变化获得（或散失）的热量等于单位时间由 x，y，z 三个方向传入（或传出）微体的热量加上微体单位时间相变释放（或吸收）的热量。对于铸件/铸型系统中无相变材料（例如铸型）的导热而言，式(5-1)右边最后一项等于零。

在实际生产中，铸件/铸型系统的热传导控制分三种情况。

① 铸件热导率远大于铸型热导率（如砂型铸造），铸件中的温差相对于砂型温差而言可以忽略不计，铸件/铸型系统的热传导取决于砂型导热。

② 铸件在厚涂料金属型中凝固，铸件和铸型的热导率相对于涂料而言很大，铸件/铸型系统的热传导取决于涂料导热。

③ 铸件在钢锭模中凝固，铸件与铸型紧密接触，铸件、铸型和铸件/铸型界面的热导率接近，铸件/铸型系统的热传导由铸件、铸型共同决定。

5.2.1.3 结晶潜热的处理

由于凝固金属的液相内能大于固相内能，因此，当铸件金属由液相转变为固相时，会发生内能的变化。这个内能变化即称为凝固（或结晶）潜热。潜热的处理与铸件金属或合金的凝固特性有关，常用方法有等效比热容法、热焓法和温度补偿法。

(1) 等效比热容法

该方法认为：铸件凝固过程中的比热容由两部分组成；一是铸件材料的真实比热容；二是结晶潜热对相变过程比热容的贡献。即：

$$c_E = c + L_0 \tag{5-2}$$

式中　c_E——等效（或当量）比热容；

c——真实比热容；

L_0——结晶潜热对相变比热容的贡献。

现将式(5-1) 的潜热项移到等号左边并化简，得：

$$\rho\left(c - L\frac{\partial f_s}{\partial T}\right)\frac{\partial T}{\partial t} = \frac{\partial}{\partial x}\left(k_x\frac{\partial T}{\partial x}\right) + \frac{\partial}{\partial y}\left(k_y\frac{\partial T}{\partial y}\right) + \frac{\partial}{\partial z}\left(k_z\frac{\partial T}{\partial z}\right)$$

或

$$\rho c_E\frac{\partial T}{\partial t} = \frac{\partial}{\partial x}\left(k_x\frac{\partial T}{\partial x}\right) + \frac{\partial}{\partial y}\left(k_y\frac{\partial T}{\partial y}\right) + \frac{\partial}{\partial z}\left(k_z\frac{\partial T}{\partial z}\right) \tag{5-3}$$

显然

$$c_E = c - L\frac{\partial f_s}{\partial T}$$

$$L_0 = -L\frac{\partial f_s}{\partial T} \tag{5-4}$$

由式(5-4) 可知，当铸件材料一定时，其凝固过程所释放的结晶潜热与固相质量分数 f_s 和实际凝固温度 T 有关。因此，等效比热容法的关键是怎样确定凝固过程中 f_s 与 T 之间的关系。通常，利用铸件合金的平衡相图可以较好地解决该问题。

图 5-12 是某二元合金相图的一部分，其中：C_0、C_S、C_L 分别为给定合金的原始成分（组元 B 的质量百分数，下同）、温度为 T 时的固相成分和液相成分，T_f、T_L、T_S 分别为组元 A 的熔点、合金 C_0 开始结晶的液相线温度和结晶完毕的固相线温度。

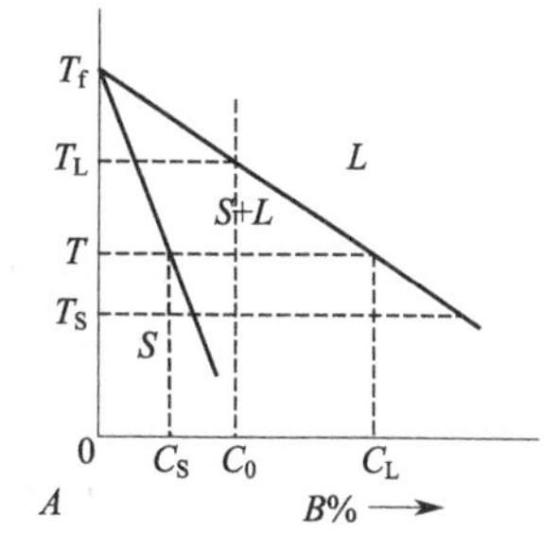

图 5-12　二元合金相图（局部）

为了简化数学处理，假设相图中的液相线和固相线均为直线，因而在凝固区间的任何温度下，液固两相的浓度（成分）分配比为一常数，即：

$$k = \frac{C_S}{C_L} \tag{5-5}$$

针对图 5-12 应用杠杆定理，可计算获得凝固温度为 T 时，单位质量合金 C_0 结晶出的固相质量分数：

$$f_s = \frac{C_0 - C_L}{C_S - C_L} \tag{5-6}$$

将式 (5-5) 代入式 (5-6) 得到液相成分 C_L 与原始成分 C_0、已结晶固相质量分数 f_s 和浓度分配比 k 之间的关系：

$$C_L = \frac{C_0}{1 + f_s(k-1)} \tag{5-7}$$

由于假设液相线为直线，因此有：

$$T = T_f - \frac{T_f - T_L}{C_0}C_L \tag{5-8}$$

将式(5-7) 代入式(5-8) 并化简，得：

$$T=T_f-\frac{T_f-T_L}{1+f_s(k-1)}$$

于是有：

$$f_s=\frac{1}{1-k}\times\frac{T_L-T}{T_f-T} \tag{5-9}$$

$$\frac{\partial f_s}{\partial T}=\frac{1}{1-k}\times\frac{T_L-T_f}{(T_f-T)^2} \tag{5-10}$$

如果合金凝固期间液、固两相的浓度分配比 k 不为常数或未知，则可借助下述方法处理 $\partial f_s/\partial T$。

先利用热分析法求出合金凝固开始温度 T_L 和结束温度 T_S，然后假设：

① T 与 f_s 呈线性关系，即 $T=T_L-(T_L-T_S)f_s$，于是：

$$\frac{\partial f_s}{\partial T}=-\frac{1}{T_L-T_S} \tag{5-11}$$

② T 与 f_s 呈二次关系，即 $T=T_L-(T_L-T_S)f_s^2$，于是：

$$\frac{\partial f_s}{\partial T}=\frac{1}{2\sqrt{(T_L-T)(T_L-T_S)}} \tag{5-12}$$

根据应用情况，将 $\partial f_s/\partial T$ 代入式(5-4)，即可获得二元合金凝固过程中的等效比热容 c_E。需要注意的是，合金凝固过程中的等效比热容选取与实际冷却温度 T 有关，一般：

$$c_E=\begin{cases}c_L & T\geqslant T_L\\ c+L_0 & T_S<T<T_L\\ c_S & T\leqslant T_S\end{cases} \tag{5-13}$$

式中 c_L，c_S——液态和固态下的合金比热容；

c——真实比热容（可以理解为无结晶潜热的系统比热容）。

等效比热容法适合于处理凝固温度区间较宽合金的潜热问题。对于凝固温度区间较窄合金和共晶合金的潜热处理必须进行温度修正，否则便会产生显著误差。

(2) 热焓法

热焓法是利用铸件凝固过程中的热焓随温度变化来处理结晶潜热。对于历经凝固的已知成分合金系统，其热焓 H 被定义为：

$$H=\int_0^T c\,dT+(1-f_s)L \tag{5-14}$$

将式(5-14) 对温度求导：

$$\frac{\partial H}{\partial T}=c-L\frac{\partial f_s}{\partial T} \tag{5-15}$$

将式(5-15)代入式(5-1)即得：

$$\rho\frac{\partial H}{\partial t}=\frac{\partial}{\partial x}\left(k_x\frac{\partial T}{\partial x}\right)+\frac{\partial}{\partial y}\left(k_y\frac{\partial T}{\partial y}\right)+\frac{\partial}{\partial z}\left(k_z\frac{\partial T}{\partial z}\right) \tag{5-16}$$

热焓法与等效比热容法类似，适用于有一定结晶温度范围的合金。

(3) 温度回升法

对于纯金属或凝固温度区间很窄或共晶成分合金的结晶潜热处理，通常采用温度回升法。

就上述合金或纯金属而言，在整个凝固过程中，其温度基本上维持在凝固点附近。这是由于铸件凝固释放的结晶潜热补偿了其“显”热的散失，从而抵消了冷却传热造成的温度下降。假设在时间 Δt 内，从液相中结晶出质量分数为 f_s 的固相释放热量：

$$Q_1 = Lf_s \tag{5-17}$$

同一时间内，该固相散失热量为：

$$Q_2 = cf_s\Delta T \tag{5-18}$$

式中　ΔT——因热量散失导致的温度下降。

当 $Q_1 = Q_2$ 时，意味着释放的潜热完全弥补了冷却的散热，于是又使温度回升 ΔT。最后由式(5-17)和式(5-18)可得：

$$L = c\Delta T \tag{5-19}$$

式（5-19）即是利用温度回升法导出的结晶潜热表达式。

5.2.1.4　铸件/铸型系统的其他传热方式

(1) 对流传热

铸液与铸型内壁、铸液与已凝固铸件层、铸型外壁与周围空气，以及铸液内部存在对流换热。对流换热的数理描述通常依据牛顿（Newton）定理：

$$q_f = \alpha(T_f - T_w) \tag{5-20}$$

式中　q_f——热流密度（单位面积界面上的对流传热量）；

α——对流传热系数；

T_f——流体（例如铸液、空气等）温度；

T_w——固体（例如铸型、已凝固铸件层等）边界温度。

需要注意的是，式(5-20) 并不涉及铸液（流体）内部的对流传热。由于处理对流传热比处理单纯热传导复杂，因此，在实际计算中常予以简化。

(2) 辐射传热

铸件、铸型与周围空气之间的换热方式还包括辐射传热，特别是在静止空气中冷却且铸件或铸型温度相对较高时，铸件或铸型表面与大气之间的换热以辐射方式为主。辐射传热遵循斯忒藩-玻耳兹曼定律（Stefan-Boltzman）定理。

$$q_r = ES(T^4 - T_\infty^4) \tag{5-21}$$

式中　q_r——单位面积界面上的辐射传热量；

E——铸件或铸型的表面黑度；

S——Stefan-Boltzman 常数；

T，T_∞——铸件或铸型的表面温度和环境（空气）温度。

5.2.1.5　热传导控制方程的差分格式

根据第 3 章介绍的有限差分原理，将式(5-1) 中的各项改写成差分格式：

$$\frac{\partial T}{\partial t} = \lim_{\Delta t \to 0}\frac{\Delta T}{\Delta t} \approx \frac{T' - T}{\Delta t} \tag{5-22}$$

$$\frac{\partial^2 T}{\partial x^2} = \lim_{\Delta x \to 0}\left[\frac{\left(\lim\limits_{\Delta x \to 0}\dfrac{\Delta T}{\Delta x}\right)_{x+\Delta x} - \left(\lim\limits_{\Delta x \to 0}\dfrac{\Delta T}{\Delta x}\right)_x}{\Delta x}\right]$$

$$\approx \frac{(T_{x+\Delta x}-T_x)-(T_x-T_{x-\Delta x})}{\Delta x\Delta x}$$

$$=\frac{T_{x+\Delta x}+T_{x-\Delta x}-2T_x}{\Delta x\Delta x} \tag{5-23}$$

当 $\Delta x=\Delta y=\Delta z$ 且假设 $k_x=k_y=k_z=\lambda$（热导率各向同性）时，有：

$$\frac{\partial^2 T}{\partial x^2}+\frac{\partial^2 T}{\partial y^2}+\frac{\partial^2 T}{\partial z^2}=\frac{T_{x+\Delta x}+T_{x-\Delta x}+T_{y+\Delta y}+T_{y-\Delta y}+T_{z+\Delta z}+T_{z-\Delta z}-6T}{\Delta x\Delta x} \tag{5-24}$$

综合上述各式，得到铸件/铸型系统热传导控制方程的差分格式：

$$\rho c\,\frac{T'-T}{\Delta t}=\frac{\lambda(T_{x+\Delta x}+T_{x-\Delta x}+T_{y+\Delta y}+T_{y-\Delta y}+T_{z+\Delta z}+T_{z-\Delta z}-6T)}{\Delta x\Delta x}+\rho L\,\frac{\partial f_s}{\partial t} \tag{5-25}$$

式中 T——当前时刻（即 t）时刻温度；

T'——下一时刻（即 $t+\Delta t$）时刻温度；

Δt——时间步长。

5.2.1.6 温度场数值解稳定收敛的基本条件

将式(5-25) 改写成数值迭代形式：

$$a=\frac{\lambda}{\rho c}$$

$$T'=T+a\,\frac{\sum_{i=1}^{6}T_i-6T}{\Delta x\Delta x}\Delta t+\frac{L}{c}\,\frac{\partial f_s}{\partial t}\Delta t$$

$$\sum_{i=1}^{6}T_i=T_{x+\Delta x}+T_{x-\Delta x}+T_{y+\Delta y}+T_{y-\Delta y}+T_{z+\Delta z}+T_{z-\Delta z} \tag{5-26}$$

式中 a——热扩散系数；

令 $\overline{T}_i$ 表示同单元 i 相邻的 6 个单元温度的平均值，于是有：

$$\overline{T}_i=\sum_{i=1}^{6}T_i/6$$

$$\Delta T=a\,\frac{6(\overline{T}_i-T)}{\Delta x\Delta x}\Delta t+\frac{L}{c}\times\frac{\partial f_s}{\partial t}\Delta t \tag{5-27}$$

无相变时（例如铸型导热），式(5-27) 转变成：

$$\Delta T=a\,\frac{6(\overline{T}_i-T)}{\Delta x\Delta x}\Delta t \tag{5-28}$$

此时，单元 i 的温度变化 ΔT 取决于该单元当前温度 T 与相邻 6 个单元平均温度之差 $\overline{T}_i-T$。差值 $\overline{T}_i-T$ 即为驱使单元 i 温度变化的动力，而单元 i 温度变化的终极目标是趋向周围 6 个相邻单元温度的平均值，即 $\Delta T=0$。作为实际过程数值模拟的迭代计算，必须真实地反映这一现象：任何时刻，任何单元都不能出现温度变化的反常。显然，如果式 (5-28) 中的时间步长 Δt 取值不当，就会造成迭代计算的温度值振荡。换句话说，Δt 的取值必须保证单元温度的变化 ΔT 满足下面条件：

$$|\Delta T|<|\overline{T}_i-T| \tag{5-29}$$

将式(5-28) 代入式(5-29)，有：

$$a\,\frac{6|\overline{T}_i-T|}{\Delta x\Delta x}\Delta t<|\overline{T}_i-T|$$

化简得到温度场数值解稳定收敛的基本条件：

$$\Delta t<\frac{\Delta x\Delta x}{6a}=\frac{\rho c}{6\lambda}\Delta x\Delta x \tag{5-30}$$

即按式(5-30)选取时间步长，可保证式(5-27)在无相变前提下存在稳定收敛的数值解。对存在液、固相变的铸件导热，将上述对结晶潜热处理的表达式代入式(5-26)，然后再代入(5-29)，同样可推导出相应热传导控制方程的有限差分格式和稳定数值解的收敛条件。

5.2.1.7　初边值条件的设定

(1) 初始条件

根据基本假设①和②，当 $t=0$ 时，有：

$$T(x,0)=T_c \quad (\text{铸件区})$$
$$T(x,0)=T_m \quad (\text{铸型区})$$

一般来说，将铸件初始温度 T_c 定义为等于或略低于铸液浇注温度，铸型初始温度 T_m 定义为铸型预热温度或室温。如果假设充型结束时，铸液与铸型完全接触，且其界面温度瞬间趋于一致，于是可用下式计算 $t=0$ 时的界面温度 T_0。

$$T_0=\frac{b_cT_c+b_mT_m}{b_c+b_m} \tag{5-31}$$

式中　b_c，b_m——铸件和铸型的储热系数，$b=\sqrt{a}$；
　　　a——热扩散系数。

(2) 边界条件

计算铸件凝固过程温度场最重要的边界条件是界面传热（换热）系数 h。涉及铸造凝固传热的界面按物质分类通常有：铸件/铸型、铸件/空气、铸件/涂料、涂料/铸型、铸件/冷铁、冷铁/砂型、冒口/空气、铸型/空气和铸型/大地等。应根据生产实际（如铸造方法、铸型类别、界面性质等）分别设置各界面的传热系数。此外，还需重视一些特殊边界的处理。例如：当铸件和铸型非紧密接触（两者之间也无涂料过渡）时，应该考虑界面间隙的辐射传热或（和）空气对流传热；同理，在金属型铸造或铸件明冒口顶部不加覆盖剂的场合，需适当考虑对流传热和辐射传热。又如：当铸件/铸型系统的几何形状和边界条件之间存在某种对称关系时，为了节约计算工作量，往往只对铸件/铸型系统中的一部分区域进行求解，此时的对称边界类似绝热边界，即在对称边界上，求解热传导方程（5-1）的第一、第二类边界条件应设置为 $T|_B=0$、$\partial T/\partial n|_B=0$。表5-1是铸件中常见的界面传热系数经验值，可作为一般数值计算参考。

表5-1　常见界面传热系数经验值

界面	传热系数/[W/(m²·K)]	粗略计算/[W/(m²·K)]
金属铸件/金属型	1000～5000	1000
金属铸件/砂型	300～1000	500
铸型/空气	5～10	静止空气 5 流动空气 10
铸型/水	3000～5000	流动水 3000 喷淋水 5000

严格来说，界面传热系数是温度和界面性质的函数。如果条件允许，应尽可能选择或通过物理实验获取真实的界面传热系数。

5.2.2 铸液充型过程CAE

铸液在充型流动过程中会产生氧化、裹气、散热，以及压力、温度、速度、黏度波动等一系列化学和物理的变化。因此，充型流动与铸件质量密切相关。采用CAE分析实验，不仅可以仿真铸液在铸型和浇冒系统中的流动状态（包括流速、压力等物理量的分布与变化），而且还可以仿真铸液流动过程中的温度分布及其变化，从而根据流速、压力、温度等物理量变化特征或规律优化浇冒系统设计，防止铸液吸气和氧化，减轻铸液对铸型的冲蚀，控制浇注不足和冷隔等缺陷的产生。铸液充型过程的CAE分析主要涉及铸液流动的自由表面处理、非稳态流场中的速度和压力求解，以及流动与传热的耦合计算等多个方面。需要说明的是，目前比较成熟的充型流动CAE分析技术大都基于层流模型或修正的层流模型，这给流动充型的实际仿真带来一定误差，因为铸液充型时的真实流动通常为非完全展开的紊流流动。尽管业界对铸液充型过程的紊流流动进行了长期深入的研究，而且也取得了一些有益的成果。但是，铸液充型的紊流问题仍然是当今流体力学和计算力学研究的热点。

5.2.2.1 铸液流动充型的数学模型

铸液充型过程的流动属于带有自由表面的不可压缩黏性非稳态流动。该流动过程包含质量传递、动量传递和能量传递，可用相应的数学模型（基本方程）加以描述。

(1) 连续方程（质量守恒方程）

连续方程是质量守恒定律在流体力学中的具体体现。对于带有自由表面不可压缩黏性非稳态流体流动，有：

$$D=\frac{\partial u}{\partial x}+\frac{\partial v}{\partial y}+\frac{\partial w}{\partial z}=0 \tag{5-32}$$

式中 D——散度；

u，v，w——流体在 x，y，z 三个方向上的流速分量。

方程(5-32) 表明：对于不可压缩流体的无源流动场而言，在充满流体的流动域中任何一点，流速的散度应该等于0，即无源无漏，质量守恒。

(2) 动量守恒方程

动量守恒方程是根据牛顿第二定律导出的黏性流体运动方程，该运动方程又称纳维-斯托克斯（Navier-Stokes）方程（简称N-S方程）。对于带有自由表面不可压缩黏性非稳态流体流动，动量守恒方程的表现形式如下：

$$\begin{aligned}
\rho\left(\frac{\partial u}{\partial t}+u\frac{\partial u}{\partial x}+v\frac{\partial u}{\partial y}+w\frac{\partial u}{\partial z}\right)&=-\frac{\partial p}{\partial x}+\rho g_x+\rho\mu\left(\frac{\partial^2 u}{\partial x^2}+\frac{\partial^2 u}{\partial y^2}+\frac{\partial^2 u}{\partial z^2}\right)\\
\rho\left(\frac{\partial v}{\partial t}+u\frac{\partial v}{\partial x}+v\frac{\partial v}{\partial y}+w\frac{\partial v}{\partial z}\right)&=-\frac{\partial p}{\partial y}+\rho g_y+\rho\mu\left(\frac{\partial^2 v}{\partial x^2}+\frac{\partial^2 v}{\partial y^2}+\frac{\partial^2 v}{\partial z^2}\right)\\
\rho\left(\frac{\partial w}{\partial t}+u\frac{\partial w}{\partial x}+v\frac{\partial w}{\partial y}+w\frac{\partial w}{\partial z}\right)&=-\frac{\partial p}{\partial z}+\rho g_z+\rho\mu\left(\frac{\partial^2 w}{\partial x^2}+\frac{\partial^2 w}{\partial y^2}+\frac{\partial^2 w}{\partial z^2}\right)
\end{aligned} \tag{5-33}$$

$$\mu=\eta/\rho$$

式中 g——重力加速度；

ρ——流体密度；

p——流体压强；

μ——流体运动黏度；

η——流体动力黏度。

方程(5-33)表明：由微元体内流体重力、微元体表面压力和流体自身运动的动力（加速力与黏性力之差）所产生的动量之和应为零。其中：等式左边代表加速力，左边括号中各项代表微元体在位置移动中的速度变化（即该微元的加速度）；等式右边第一项代表作用在微元体表面的压力，第二项代表流体重力，第三项代表黏性力。

(3) 能量守恒方程

能量守恒方程是热力学第一定律在流体力学中的具体体现。对于带有自由表面不可压缩黏性非稳态流体流动，有：

$$\rho c\frac{\partial T}{\partial t}+\rho c\left(u\frac{\partial T}{\partial x}+v\frac{\partial T}{\partial y}+w\frac{\partial T}{\partial z}\right)=\lambda\left(\frac{\partial^2 T}{\partial x^2}+\frac{\partial^2 T}{\partial y^2}+\frac{\partial^2 T}{\partial z^2}\right)+Q \tag{5-34}$$

式中　c——流体比热容；

Q——流体内热源；

λ——流体热导率。

方程(5-34)表明：流体流动引起的温度变化主要由流体自身导热和流体对流传热造成。其中：等式左边第一项代表同温度变化相关的能量，第二项代表同对流传热相关的能量；等式右边第一项代表同流体自身导热相关的能量，第二项代表同流体内热源相关的能量。

5.2.2.2　求解流动充型的初边值条件

(1) 初始条件

铸液充型流动的初始条件通常包括铸液进入铸型型腔或浇注系统瞬间（$t=0$）的初始速度和初始压力。

① 初始速度　初始速度一般是指$t=0$时的浇注系统入口处或铸型内浇道入口处（如果不考虑浇注系统）的铸液流动速度，该速度与浇注方式有关。

② 初始压力　初始压力一般是指$t=0$时的铸型内压。当铸型排气良好时，铸型内压可设为零，否则应根据具体情况将初始压力设为背压。

③ 其他初始条件　如果在求解速度场和压力场时需要耦合温度场计算，则还应给出初始温度条件。一般来说，铸液流动充型的初始温度取铸液的浇注温度或浇注系统入口处的铸液温度。

(2) 边界条件

边界条件指流体在其流动边界上应该满足的条件。铸液充型流动过程中经常遇到的边界条件有以下几个。

① 自由表面速度　自由表面是指铸液流动前沿的非约束（即不与铸型壁接触的）表面。在处理铸液流动的自由表面时，动量守恒方程依然可用，但连续方程因流动域的改变而不再适用，因此必须仔细设置其速度边界条件。如果铸液前沿液/气界面互不渗透，而且又满足不发生分离的连续性条件，则界面处的法向流速相等。

② 自由表面压力　自由表面的边界压力一般由两部分组成：一是因铸型排气不畅产生的阻碍铸液前沿流动的空气压力（背压）；二是铸液前沿自由表面的张力。通常情况下，如果型腔内的气体压力已知（例如背压p_0），则自由表面压力的法向分量p_n和切向分量p_t满足$p_n=-p_0$，$p_t=0$。

③ 约束表面的速度与压力　约束表面一般是指铸液与型腔壁接触的表面（亦称为铸液/铸型界面）。当铸液沿固定型腔壁流动时，其法向和切向速度分别为零，这就是所谓无滑移边界条件。当铸液沿运动型腔壁（如离心铸造）流动时，液/固体界面处的铸液流速等于型腔壁速度。当型腔壁多孔（如砂型铸造）且有铸液穿越壁面时，则切向速度为零，而法向速度等于铸液穿过壁面的速度。

④ 温度边界条件　是否给出温度边界条件一般由铸液充型流动数值模拟是否需要耦合温度场计算［即同时计算能量控制方程式(5-34)］决定。耦合求解流动场与温度场能够更加准确地描述铸液充型的真实流动过程。

5.2.2.3 数学模型的差分离散

为了统一本章的差分格式，以方便学习和理解，现采用非交错差分格式离散相应的连续方程（5-32）、动量方程（5-33）和能量方程（5-34）。

(1) 连续方程的离散：

$$D \approx \frac{u_{x+\Delta x}-u_x}{\Delta x}+\frac{v_{y+\Delta y}-v_y}{\Delta y}+\frac{w_{z+\Delta z}-w_z}{\Delta z}=0 \tag{5-35}$$

或

$$D \approx \frac{u_x-u_{x-\Delta x}}{\Delta x}+\frac{v_y-v_{y-\Delta y}}{\Delta y}+\frac{w_z-w_{z-\Delta z}}{\Delta z}=0 \tag{5-36}$$

(2) N-S 方程的离散

以式(5-33) 为例，将方程中的各偏微分项用相应的差分项代替：

$$u\frac{\partial u}{\partial x}+v\frac{\partial v}{\partial y}+w\frac{\partial w}{\partial z} \approx u\frac{u_{x+\Delta x}-u_x}{\Delta x}+v\frac{u_{y+\Delta y}-u_y}{\Delta y}+w\frac{u_{z+\Delta z}-u_z}{\Delta z} \tag{5-37}$$

$$\mu\left(\frac{\partial^2 u}{\partial x^2}+\frac{\partial^2 u}{\partial y^2}+\frac{\partial^2 u}{\partial z^2}\right) \approx \mu\left(\frac{u_{x+\Delta x}+u_{x-\Delta x}-2u_x}{\Delta x\Delta x}+\frac{u_{y+\Delta y}+u_{y-\Delta y}-2u_y}{\Delta y\Delta y}+\frac{u_{z+\Delta z}+u_{z-\Delta z}-2u_z}{\Delta z\Delta z}\right) \tag{5-38}$$

$$\frac{\partial u}{\partial t} \approx \frac{u'-u}{\Delta t} \tag{5-39}$$

$$\frac{\partial p}{\partial x} \approx \frac{p_{x+\Delta x}-p_x}{\Delta x} \tag{5-40}$$

将式(5-37)～式(5-40) 代入方程(5-33)，取 $\Delta x=\Delta y=\Delta z$，并化简成数值迭代形式：

$$u'=u+g_x\Delta t-\frac{1}{\rho}\frac{p_{x+\Delta x}-p_x}{\Delta x}\Delta t-\frac{uu_{x+\Delta x}+vu_{y+\Delta y}+wu_{z+\Delta z}-(u+v+w)u}{\Delta x}\Delta t+\mu\frac{u_{x+\Delta x}+u_{x-\Delta x}+u_{y+\Delta y}+u_{y-\Delta y}+u_{z+\Delta z}+u_{z-\Delta z}-6u}{\Delta x\Delta x}\Delta t \tag{5-41}$$

同理，也有：

$$v'=v+g_y\Delta t-\frac{1}{\rho}\frac{p_{x+\Delta x}-p_x}{\Delta y}\Delta t-\frac{uv_{x+\Delta x}+vv_{y+\Delta y}+wv_{z+\Delta z}-(u+v+w)v}{\Delta y}\Delta t+\mu\frac{v_{x+\Delta x}+v_{x-\Delta x}+v_{y+\Delta y}+v_{y-\Delta y}+v_{z+\Delta z}+v_{z-\Delta z}-6v}{\Delta y\Delta y}\Delta t \tag{5-42}$$

$$w'=w+g_x\Delta t-\frac{1}{\rho}\frac{p_{x+\Delta x}-p_x}{\Delta z}\Delta t-\frac{uw_{x+\Delta x}+vw_{y+\Delta y}+ww_{z+\Delta z}-(u+v+w)w}{\Delta z}\Delta t+$$

$$\mu \frac{w_{x+\Delta x}+w_{x-\Delta x}+w_{y+\Delta y}+w_{y-\Delta y}+w_{z+\Delta z}+w_{z-\Delta z}-6w}{\Delta z \Delta z}\Delta t \tag{5-43}$$

式中 u，v，w——坐标为（x，y，z）的流体单元当前时刻的流速分量；

u'，v'，w'——同一单元下一时刻的流速分量；

带下角标的 u、v、w 为当前时刻与单元（x，y，z）相邻的其他 6 个单元的流速分量；

Δt——时间步长。

借助式(5-41)～式(5-43)，可以利用当前时刻的单元流速分量 u，v，w 求得同一单元下一时刻的流速分量 u'，v'，w'。

(3) 能量方程的离散

将能量方程（5-34）等式两边各偏微分格式转换成相应的差分格式：

$$\frac{\partial T}{\partial t}+u\frac{\partial T}{\partial x}+v\frac{\partial T}{\partial y}+w\frac{\partial T}{\partial z}\approx\frac{T'-T}{\Delta t}+u\frac{T_{x+\Delta x}-T_x}{\Delta x}+v\frac{T_{y+\Delta y}-T_y}{\Delta y}+w\frac{T_{z+\Delta z}-T_z}{\Delta z} \tag{5-44}$$

$$\frac{\partial^2 T}{\partial x^2}+\frac{\partial^2 T}{\partial y^2}+\frac{\partial^2 T}{\partial z^2}\approx\frac{T_{x+\Delta x}+T_{x-\Delta x}-2T_x}{\Delta x\Delta x}+\frac{T_{y+\Delta y}+T_{y-\Delta y}-2T_y}{\Delta y\Delta y}+\frac{T_{z+\Delta z}+T_{z-\Delta z}-2T_z}{\Delta z\Delta z} \tag{5-45}$$

把式(5-44)、式(5-45) 代入能量方程（5-34），令 $\Delta x=\Delta y=\Delta z$，并化简成迭代形式，有：

$$T'=T+a\frac{T_{x+\Delta x}+T_{x-\Delta x}+T_{y+\Delta y}+T_{y-\Delta y}+T_{z+\Delta z}+T_{z-\Delta z}-6T}{\Delta x\Delta x}\Delta t-\left(\frac{uT_{x+\Delta x}+vT_{y+\Delta y}+wT_{z+\Delta z}-(u+v+w)T}{\Delta x}\right)\Delta t+\frac{Q}{\rho c}\Delta t$$

$$a=\frac{\lambda}{\rho c} \tag{5-46}$$

式中 a——热扩散系数；

T，T'——当前时刻与下一时刻的温度；

带下角标的 T——当前时刻与单元（x，y，z）相邻的其他 6 个单元的温度。

5.2.2.4 SOLA-VOF 求解法

求解带有自由表面非稳态流动问题的关键在于确定自由表面的位置，跟踪自由表面的移动，处理自由表面的边界条件。鉴于 SOLA-VOF 法在解决上述三个关键环节上的优势（如计算速度快、内存要求低等），目前，铸液充型过程数值模拟多采用 SOLA-VOF 法。

SOLA-VOF 法由两部分组成，其中的 SOLA 部分负责迭代求解流动域内各单元的速度场和压力场，VOF 部分负责处理流动前沿（自由表面）的推进变化。为了简化求解过程，暂且不考虑铸液充型流动中的热量散失，即仅利用式(5-33) 和式(5-32) 求解铸液的恒温流动。

(1) SOLA 法求解速度场和压力场

SOLA 法求解速度场和压力场的基本思路如下。

① 粗算速度值 以初始速度和初始压力 u_0、v_0、w_0、p_0 或当前时刻的速度和压力 u、v、w、p 为基础，利用差分方程（5-33），粗算下一时刻的速度值 u'、v'、w'。

② 压力、速度的修正及连续性校验 以粗算速度值 u'、v'、w'为基础，利用式(5-32)

校正压力值，并将该校正值代回到式（5-33）中修正速度值。校正压力值的目的是迫使铸液充型流动的速度场满足连续性条件［即质量守恒方程（5-32）］，也就是通过修正压力和修正速度将非零值的散度拉回到零或使之趋近于零。修正压力和修正速度的计算过程是一个循环迭代过程（见图 5-13）。其中，每一步迭代计算获得的速度逼近值，同时也是下一步计算修正压力的速度校验值；而每一步迭代计算获得的压力修正值又是下一步计算修正速度的初始值；如此循环，直到计算速度场满足连续性条件或接近连续性条件为止。

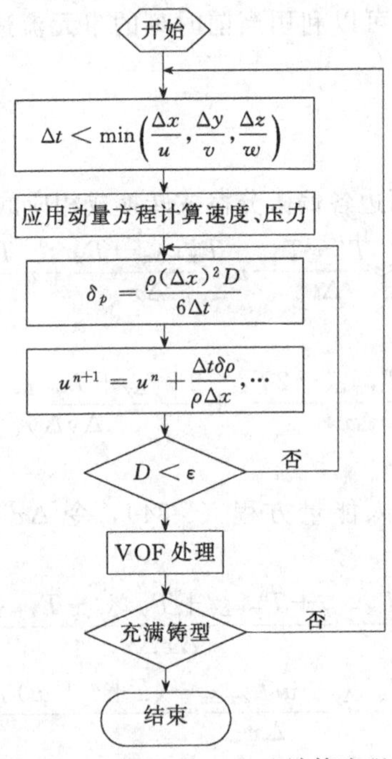

图 5-13 SOLA-VOF 法计算流程

由于压力值校正过程不能破坏流体流动的动量守恒关系，因此，必须在 N-S 方程的约束下进行。计算校正压力值的方法简述如下。

分别用 $u'+\delta u$、$p_x+\delta p$ 取代方程（5-41）中的 u' 和 p_x，再减去未取代前的原方程，得：

$$\delta u = \frac{\delta p}{\rho \Delta x} \Delta t \tag{5-47}$$

对于单元 $x+\Delta x$，采用类似步骤也有：

$$\delta u_{x+\Delta x} = -\frac{\delta p}{\rho \Delta x} \Delta t \tag{5-48}$$

将 δu 改写成迭代形式，并注意到 $\delta u^n = u^{n+1} - u^n$，于是可得式(5-47)、式(5-48) 的迭代过程表达式：

$$u_x^{n+1} = u_x^n + \frac{\Delta t \delta p}{\rho \Delta x}$$

$$u_{x+\Delta x}^{n+1} = u_{x+\Delta x}^n - \frac{\Delta t \delta p}{\rho \Delta x} \tag{5-49}$$

式中　n，$n+1$——第 n 次迭代计算和第 $n+1$ 迭代计算。

同理，可推导获得：

$$v_y^{n+1} = v_y^n + \frac{\Delta t \delta p}{\rho \Delta y}$$

$$v_{y+\Delta y}^{n+1}=v_{y+\Delta y}^{n}-\frac{\Delta t\delta p}{\rho\Delta y} \tag{5-50}$$

$$w_{z}^{n+1}=w_{z}^{n}+\frac{\Delta t\delta p}{\rho\Delta z}$$

$$w_{z+\Delta z}^{n+1}=w_{z+\Delta z}^{n}-\frac{\Delta t\delta p}{\rho\Delta z} \tag{5-51}$$

将式(5-49)～式(5-51)代入连续方程（5-32)，整理，得：

$$D^{n+1}=D^{n}-\frac{2\Delta t\delta p}{\rho}\left[\frac{1}{(\Delta x)^2}+\frac{1}{(\Delta y)^2}+\frac{1}{(\Delta z)^2}\right]$$

或

$$\frac{D^{n+1}-D^{n}}{\delta p}=-\frac{2\Delta t}{\rho}\left[\frac{1}{(\Delta x)^2}+\frac{1}{(\Delta y)^2}+\frac{1}{(\Delta z)^2}\right] \tag{5-52}$$

考虑近似关系$\frac{\partial D}{\partial p}\approx\frac{D^{n+1}-D^{n}}{\delta p}\approx\frac{D}{\delta p}$，于是有：

$$\delta p=-\frac{\dfrac{u_{x+\Delta x}-u_{x}}{\Delta x}+\dfrac{v_{y+\Delta y}-v_{y}}{\Delta y}+\dfrac{w_{z+\Delta z}-w_{z}}{\Delta z}}{\dfrac{\partial D}{\partial p}} \tag{5-53}$$

$$\frac{\partial D}{\partial p}=-\frac{2\Delta t}{\rho}\left[\frac{1}{(\Delta x)^2}+\frac{1}{(\Delta y)^2}+\frac{1}{(\Delta z)^2}\right]$$

由于 D 是连续性校验中计算出的散度值，校正压力的作用是要抵消不等于 0 的散度，使 D 回到 0，因此，式(5-53）前面有一负号。

当 $\Delta x=\Delta y=\Delta z$ 时，式(5-53）变成：

$$\delta p=-\frac{\rho\Delta x\,(u_{x+\Delta x}+v_{y+\Delta y}+w_{z+\Delta z}-u-v-w)}{6\Delta t} \tag{5-54}$$

式(5-54）即为立方体单元校正压力值的计算公式。将该式计算结果代入式(5-41）～式(5-43）便可得到新的修正速度。

在实际计算中，常常应用松弛迭代法来提高数值解的收敛速度，即给式（5-46）右边第二项乘上一个松弛因子 ω，使之成为：

$$\begin{aligned}
u_{x}^{n+1}&=u_{x}^{n}+\frac{\Delta t\delta p}{\rho\Delta x}\omega\\
u_{x+\Delta x}^{n+1}&=u_{x+\Delta x}^{n}-\frac{\Delta t\delta p}{\rho\Delta x}\omega\\
v_{y}^{n+1}&=v_{y}^{n}+\frac{\Delta t\delta p}{\rho\Delta y}\omega\\
v_{y+\Delta y}^{n+1}&=v_{y+\Delta y}^{n}-\frac{\Delta t\delta p}{\rho\Delta y}\omega\\
w_{z}^{n+1}&=w_{z}^{n}+\frac{\Delta t\delta p}{\rho\Delta z}\omega\\
w_{z+\Delta z}^{n+1}&=w_{z+\Delta z}^{n}-\frac{\Delta t\delta p}{\rho\Delta z}\omega
\end{aligned} \tag{5-55}$$

可以根据情况调整 ω 的取值，以改变迭代收敛的速度。一般来说，$0<\omega<2$；其中，$\omega\in$（0，1）为低松弛，$\omega\in$（1，2）为超松弛。

(2) VOF 法处理流动前沿的推进变化

利用 VOF 法处理铸液充型流动前沿推进变化的基本原理是：为流动域中的每一个单元

定义一个标志变量 F，用以跟踪流动前沿的推进；其中，流动前沿单元被定义成已填充区域与未填充区域之间的边界单元，而标志变量 F 被定义成单元内的流体体积与该单元容积之比，称为体积函数。由于单元内的流体净体积由相邻单元穿过界面的流量（即流速乘以时间）积累获得，因此，$F=0$ 表明该单元为空，处于未填充域；$0<F<1$ 表明该单元部分充填，处于流动前沿；$F=1$ 表明该单元已充填结束，处于流动域内。

从上述基本原理可知，确定自由表面的移动，需要求解体积函数方程：

$$\frac{\partial F}{\partial t}+u\frac{\partial F}{\partial x}+v\frac{\partial F}{\partial y}+w\frac{\partial F}{\partial z}=0$$

$$F=V_{\text{flow}}/V \tag{5-56}$$

式中 F——体积函数；

V_{flow}——单元内的流体体积；

V——单元容积。

边长为 Δx 的立方体单元在 Δt 时间段内的体积函数变化可由下式计算获得：

$$\Delta F=-\frac{\Delta t}{2\Delta x}(u_{x+\Delta x}-u_{x-\Delta x}+v_{y+\Delta y}-v_{y-\Delta y}+w_{z+\Delta z}-w_{z-\Delta z}) \tag{5-57}$$

实际上，式(5-57)表示由 6 个相邻单元供给单元（x，y，z）的流体净体积。显然：当 $\Delta F>0$ 时，流入单元（x，y，z）的流体量大于其流出量，意味着该单元内的流体体积增加；当 $\Delta F=0$ 时，流入量等于流出量，单元内的流体体积不变；当 $\Delta F<0$ 时，流入量小于流出量，单元内的流体体积减小。若出现 $\Delta F>1$，则表明单元（x，y，z）已经填充满，并由此产生新的边界单元。

在求解计算流动场之初，令浇注系统入口处或内浇道入口处（若不考虑浇注系统填充）单元层的标志变量 $F=1$，充型区（包括浇注系统与型腔或只含型腔）内其他所有单元的 $F=0$。此外，作为流体填充源的浇注系统入口处或内浇道入口处的单元层还必须赋予非 0 的初始速度值。一旦利用 SOLA 法迭代计算获得当前时刻单元的 u、v、w、p 值，就将其速度解代入式（5-57）计算体积函数的变化，然后根据变化的积累值判断流动前沿（自由表面）单元的状态与位置，并重新处理和设置其边界条件。

5.2.2.5 流动与传热的耦合计算

严格说来，高温铸液充型流动过程总是伴随热量的散失，特别是在金属型模具中流动时（如金属型铸造、高压铸造、低压铸造等），其热量损失速度将比较快。如果因热量损失导致温度下降过大，则会影响铸液的充型流动，最终可能在铸件中形成诸如冷隔、欠浇等质量缺陷。由动量守恒方程（5-33）和能量守恒方程（5-34）可知，铸液充型流动的温度变化将影响铸液的热熔、密度、热导率，以及黏度和流速等物理量，进而改变铸液充型的流动形式与流动状态。

流动与传热的耦合计算实际上就是将能量方程（5-34）纳入铸液充型流动过程一道求解，即利用每一时刻（增量步）的铸液流速更新铸液温度，再利用更新后的铸液温度修正动量方程和能量方程中的相关物理量（即铸液黏度 μ、密度 ρ、比热容 c 和热导率 λ），为下一时刻（下一增量步）迭代计算速度场和压力场准备参数。

5.2.2.6 充型流动数值计算的稳定性条件

同凝固过程数值计算稳定性条件的处理方式相同，就是怎样选取充型流动控制方程式(5-35)～式(5-46)中增量计算的时间步长 Δt。时间步长的选取一般应考虑以下几个因素。

① 在一个时间步长内，铸液流动前沿充满的单元数不超过一个（一维流动）或一层

（二维和三维流动），于是有：

$$\Delta t_1 < \min\left\{\frac{\Delta x}{|u|}, \frac{\Delta y}{|v|}, \frac{\Delta z}{|w|}\right\} \tag{5-58}$$

② 在一个时间步长内，动量扩散不超过一个或一层单元，由此得：

$$\Delta t_2 < \frac{3}{4} \times \frac{\rho}{\mu} \times \frac{(\Delta x)^2 (\Delta y)^2 (\Delta z)^2}{(\Delta x)^2 (\Delta y)^2 + (\Delta y)^2 (\Delta z)^2 + (\Delta z)^2 (\Delta x)^2} \tag{5-59}$$

③ 在一个时间步长内，表面张力不得穿过一个以上或一层以上的网格单元，于是有：

$$\Delta t_3 < \left(\frac{\rho v}{4\sigma} \Delta x\right)^{1/2} \tag{5-60}$$

④ 如果考虑权重因子 a，则有：

$$\max\left\{\left|u \frac{\Delta t_4}{\Delta x}\right|, \left|v \frac{\Delta t_4}{\Delta y}\right|, \left|w \frac{\Delta t_4}{\Delta z}\right|\right\} < a \leqslant 1 \tag{5-61}$$

最终，可根据下式选取满足数值计算稳定性条件的最小时间步长 Δt：

$$\Delta t = \min(\Delta t_1, \Delta t_2, \Delta t_3, \Delta t_4) \tag{5-62}$$

5.2.3 铸件凝固收缩缺陷的 CAE

大多数金属铸件在凝固过程中，随着温度降低，体积都将缩小。这是由于分子间距随温度降低而减小所致，这种现象通常被称为收缩。金属铸件在凝固中因相变收缩而产生的缩孔缩松缺陷一直是铸造生产质量控制的重要对象之一。

铸件收缩缺陷 CAE 分析的基础是凝固过程中的温度场计算和缩孔缩松判据的选择。目前，大多数判据在预测铸钢（包括诸如铸铝、铸铜等不含石墨的铸造合金）件的缩孔缩松缺陷方面比较成功，但是用在预测含石墨的铸铁件收缩缺陷方面却存在较大误差，这是因为铸铁件在凝固时的体积变化较铸钢件要复杂得多。

5.2.3.1 铸钢件的收缩缺陷模拟

（1）铸钢件凝固过程缩孔缩松形成机理

金属铸件在凝固过程中，由于合金的体积收缩，往往会在铸件最后凝固部位出现孔洞。容积大而集中的孔洞被称为集中缩孔（简称缩孔）；细小而分散的孔洞被称为分散缩孔（亦称缩松）。一般认为，金属凝固时，液固相线之间的体积收缩是形成缩孔及缩松的主要原因；当然，溶解在铸液中的气体对缩孔缩松形成的贡献有时也不能忽略。当铸液补缩通道畅通、枝晶没有形成骨架时，体积收缩表现为集中缩孔（一次或二次缩孔）且多位于铸件上部；而当枝晶形成骨架或者一些局部小区域被众多晶粒分割包围时，铸液补缩受阻，于是体积收缩表现为缩松（区域缩松或显微缩松）。

（2）铸钢件的缩孔缩松预测

在 CAE 分析计算中，常用于铸钢件的缩孔缩松预测方法及判据有以下几种。

① 等值曲线法　等值曲线法是指利用反映铸件凝固过程中某参数变化的等值曲线（或等值曲面）在各个时刻的分布来判断收缩缺陷的一种方法。常用的等值曲线法是等固相线法和临界固相率法。

a. 等固相线法。该法以固相线温度作为铸液停止流动和补缩的临界温度，通过等值曲线（或等值曲面）形成的闭合回路（或闭合空间）来预测缩孔缩松的产生。

b. 临界固相率法。该法以铸液停止宏观流动时的固相率（固体的质量分数或体积分数）作为临界固相率，同样通过等值线（或等值曲面）形成的闭合回路（或闭合空间）来预测缩孔缩松的产生。铸造合金的临界固相率取决于材质特性和工艺因素，常见合金的临界固相率见表5-2。临界固相率 f_{sc} 对缩孔形成的影响见图 5-14，图中，f_s 为铸液固相率（实际凝固百分数）。

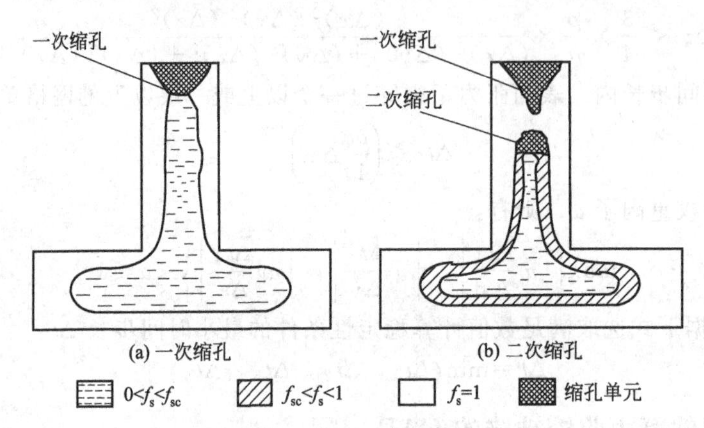

图 5-14 缩孔形成过程示意图

表 5-2 临界固相率举例

合金	临界固相率	合金	临界固相率
Al-2.4%Si	0.67	球墨铸铁	0.75
Al-4.5%Cu	0.85～0.87	铸钢	0.65
Al-13.8%Mg	0.7±0.1	不锈钢	0.70
Cu-0.8%Sn	0.8		

需要注意的是，利用等值曲线法判断铸件顶部是否形成缩孔比较困难，因为在顶部区域，等值曲线往往并不闭合。所以，通常需同时借助其他方法（如液面下降法）判断和处理铸件顶部的一次缩孔。

② 收缩量计算法　该法计算每一时间步长 Δt 内达到临界固相率的所有凝固单元总收缩体积 ΔV_s。如果总收缩体积大于凝固单元总体积，则从冒口或铸件顶部依次减去同凝固单元收缩体积相当的流动单元数，这样在宏观上即表现为冒口或铸件顶部的集中缩孔。可用以下方法计算时间步长 Δt 内的凝固单元总收缩体积 ΔV_s（忽略单元的液相收缩量和固相自身收缩量）。

$$\Delta V_{si}=\beta\times\Delta f_{si}\times \mathrm{d}x\,\mathrm{d}y\,\mathrm{d}z,\Delta V_s=\sum_{i=1}^{n}\Delta V_{si} \tag{5-63}$$

式中 ΔV_{si}——单元 i 的固态收缩量；

β——凝固（液固相变）收缩率；

Δf_{si}——单元 i 的固相率；

$\mathrm{d}x\,\mathrm{d}y\,\mathrm{d}z$——单元体积；

n——凝固单元数。

收缩量计算法的关键是可流动单元的判断，因为只有固相率小于临界固相率的单元（即图 5-14 中的 $0\leqslant f_s<f_{sc}$ 单元）才能作为流动单元进行补缩。值得注意的是，如果从冒口或铸件顶部减去了流动单元（实际是给被减流动单元作一标记），则一般需要重新设置相应的边界条件，以便反映真实液面的传热特性和温度场变化。

③ 温度梯度法　温度梯度法的基本思路为：根据铸件凝固进程中的温度场分布情况，分别计算任意凝固单元在时间步长 Δt 内与相邻可流动单元之间的温度梯度 G（代表铸液流

动补缩的驱动力）；取其中最大的温度梯度值 G_{max} 同表征铸液宏观流动和补缩停止的临界温度梯度值 G_{crt} 进行比较；若 $G_{max}<G_{crt}$，则表示该凝固单元将产生收缩缺陷。以图 5-15 为例，假设单元 2 是正在凝固的单元，单元 1 和单元 3 是相邻 8 个单元中的可流动单元，单元 2 与单元 1、3 之间的温度梯度分别为 $G_{2-1}=\dfrac{T_1-T_2}{\Delta l_{21}}$，$G_{2-3}=\dfrac{T_3-T_2}{\Delta l_{23}}$（式中，$T_1$，$T_2$，$T_3$ 为单元 1～3 在 $t+\Delta t$ 时刻的温度；Δl_{21}，Δl_{23} 为三个单元中心点之间的距离）；如果 $\max(G_{2-1},G_{2-3})<G_{crt}$ 成立，则单元 2 将产生收缩缺陷，因为流动单元 1 或 3 已经不可能在温度梯度的驱动下向单元 2 补缩了。

图 5-15　温度梯度法举例

④ $G/\sqrt{R}$ 法　$G/\sqrt{R}$ 法可看成是对温度梯度法的改进，因为 $G/\sqrt{R}$ 法将铸件形状、尺寸等因素对凝固特性的影响也纳入缩孔缩松的判据中。同温度梯度法类似，$G/\sqrt{R}$ 法先分别计算任意凝固单元在时间步长 Δt 内同相邻可流动单元之间的温度梯度 G 和该凝固单元自身的冷却速度 R，例如图 5-15 中单元 2 凝固时的冷却速度 $R_{2-3}=\dfrac{T_2'-T_2}{\Delta t}$（式中，$T_2$，$T_2'$ 分别为单元 2 在 t 和 $t+\Delta t$ 时刻的温度）；取其中最大的 $G/\sqrt{R}$ 值（代表周边单元向该单元补缩的能力）同给定临界值 $(G/\sqrt{R})_{sc}$ 进行比较，如果小于临界值，则该凝固单元便是可能产生收缩缺陷的单元。对碳钢而言，当 $G/\sqrt{R}<0.8\sim1.2$ 时就会产生缩松；一般来说，小件取下限，大件取上限。

图 5-16 是利用上述方法通过 CAE 分析预测的某铸钢试样收缩缺陷。同物理试验的解剖结果比较，$G/\sqrt{R}$ 法的模拟计算结果更接近实际。

5.2.3.2　球墨铸铁的收缩缺陷模拟

(1) 球墨铸铁的凝固特点

球墨铸铁的凝固同铸钢和灰铸铁凝固相比有着显著的差异，主要表现在以下几个方面。

① 共晶凝固温度范围较宽，液-固两相共存区间大。

② 粥状凝固特性强，凝固时间比铸钢和灰铸铁长得多。

③ 石墨晶核多，严重阻碍铸液的流动补缩。

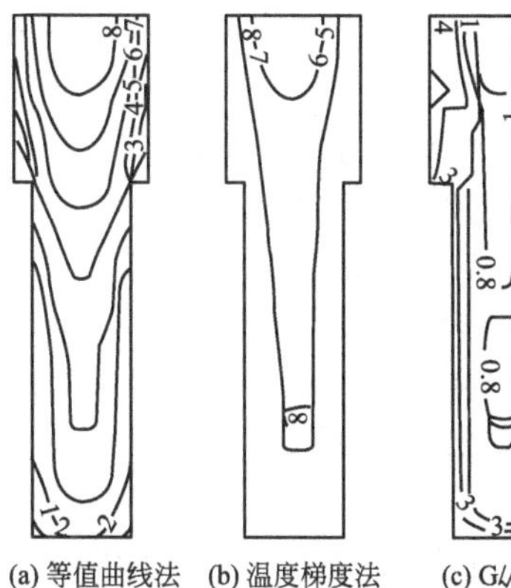

(a) 等值曲线法　(b) 温度梯度法

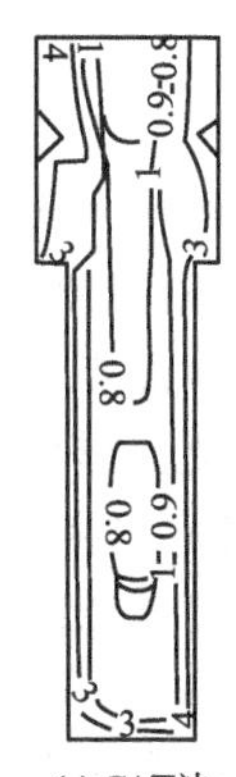

(c) $G/\sqrt{R}$ 法

(d) 解剖结果

图 5-16　铸件缺陷预测比较

④ 凝固收缩和石墨化膨胀共存，给收缩缺陷的预测带来一定困难。

⑤ 石墨化膨胀产生的胀形力容易使铸件外形尺寸变大。

由于球墨铸铁具有上述凝固特点，因此在实际生产中，其铸件形成缩孔缩松的倾向大于灰铸铁，并且缩松多属显微型。

(2) 球墨铸铁件的缩孔缩松预测

目前，预测球墨铸铁件的缩孔缩松多采用 DECAM 法（Dynamic Expansion and Contraction Accumulation Method，动态膨胀收缩叠加法）。该方法做了以下假设。

① 铸液在良好的冶金条件下凝固，球化彻底，基体组织中几乎无碳化物（小于 3%体积百分数）。

② 只有固相率小于临界固相率 f_{sc} 的凝固单元才能自由流动、补缩和膨胀。

③ 铸液在重力和石墨化膨胀力的共同作用下流动，忽略凝固期间铸液的热对流影响。

④ 在石墨化膨胀力的作用下，型壁单元可以位移。

⑤ 铸件缩孔缩松的总体积由液态收缩、初生石墨膨胀、共晶石墨膨胀、初生奥氏体收缩、共晶奥氏体收缩，以及型壁移动所引起的体积变化叠加而成。

⑥ 单元自身的几何体积保持不变，计算中涉及的单元体积膨胀或收缩仅仅是物理意义上的变化。

⑦ 凝固期间铸件的体积收缩和膨胀与温度及固相率呈线性关系。

基于上述假设，可建立在时间步长 Δt 内，反映球墨铸铁凝固时总体积变化的数学模型为：

$$\Delta V=\sum\Delta V_{iSL}+\sum\Delta V_{iGP}+\sum\Delta V_{iGl}+\sum\Delta V_{iAP}+\sum\Delta V_{iAl}+\Delta V_{nE} \tag{5-64}$$

为了准确反映铸件凝固过程中总体积的净变化量 ΔV，特规定式（5-64）中收缩体积变化项为正、膨胀体积变化项为负。

现借助 F_e-C 双重平衡相图（见图 5-17）和杠杆原理知识，简述式（5-64）中各部分体积变化的含义及其计算公式。

a. 铸液从浇注温度冷却到液相线温度引起单元 i 的体积收缩量 ΔV_{iSL} 为：

$$\Delta V_{iSL}=\alpha_{sl}\Delta T_i V_i \tag{5-65}$$

式中 α_{sl}——铸液的收缩系数；

ΔT_i——单元 i 的温度变化，$\Delta T=T_i^{t+\Delta t}-T_i^t$；

V_i——单元 i 的体积。

b. 析出初生奥氏体引起单元 i 的体积收缩量 ΔV_{iAP} 为：

$$\Delta V_{iAP}=\alpha_{AP}\frac{C_E-C_X}{C_E-C_A}(V_i-\Delta V_{iSL}) \tag{5-66}$$

式中 α_{AP}——初生奥氏体的收缩系数；

C_X——球墨铸铁件的含碳量；

C_E——共晶点的含碳量；

C_A——奥氏体中的最大含碳量。

式(5-66)表示即将发生共晶转变瞬间（即冷却温度到达图 5-17 中 A-E-G 线的瞬间，下同），从体积为 $V_i-\Delta V_{iSL}$、成分为 C_X 的液态亚共晶球墨铸铁中析出全部初生奥氏体所产生的体积收缩量。

c. 析出初生石墨引起单元 i 的体积膨胀量 ΔV_{iGP} 为：

$$\Delta V_{iGP}=\alpha_{GP}\frac{C_X-C_E}{C_G-C_E}(V_i-\Delta V_{iSL}) \tag{5-67}$$

式中 α_{GP}——初生石墨的体胀系数；

C_X——球墨铸铁件的含碳量；

C_G——石墨的含碳量，$C_G=100\%$。

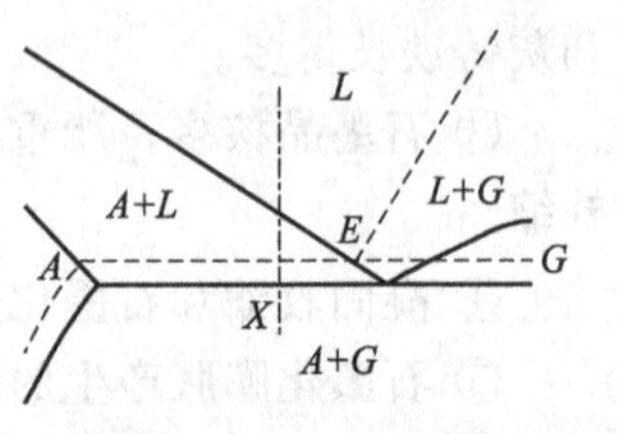

图 5-17 F_e-C 相图局部示意图

式(5-67) 表示即将发生共晶转变瞬间，从体积为 $V_i-\Delta V_{iSL}$、成分为 C_X 的液态过共晶球墨铸铁中析出全部初生石墨所产生的体积膨胀量。

d. 结晶出共晶石墨引起单元 i 的体积膨胀量 ΔV_{iGl} 为：

$$C_A < C_X < C_E : \Delta V_{iGl} = \alpha_{Gl} \frac{C_E - C_A}{C_G - C_A} \frac{C_X - C_A}{C_E - C_A} (V_i - \Delta V_{iSL}) \tag{5-68}$$

$$C_X = C_E : \Delta V_{iGl} = \alpha_{Gl} \frac{C_E - C_A}{C_G - C_A} (V_i - \Delta V_{iSL}) \tag{5-69}$$

$$C_E < C_X < C_G : \Delta V_{iGl} = \alpha_{Gl} \frac{C_E - C_X}{C_G - C_E} \frac{C_E - C_X}{C_G - C_E} (V_i - \Delta V_{iSL}) \tag{5-70}$$

式中 α_{Gl}——共晶石墨的体胀系数。

式（5-68）中的$\frac{C_X - C_A}{C_E - C_A}(V_i - \Delta V_{iSL})$和式（5-70）中的$\frac{C_E - C_X}{C_G - C_E}(V_i - \Delta V_{iSL})$分别表示从成分为$C_X$的亚共晶或过共晶铸液中先析出初生奥氏体或初生石墨后剩余的液相体积；此时，两者的成分均沿液相线转变成C_E。

e. 结晶出共晶奥氏体引起的单元i体积收缩量ΔV_{iAl}为：

$$C_A < C_X < C_E : \Delta V_{iAl} = \alpha_{Al} \frac{(C_E - C_X)}{(C_E - C_A)} \frac{C_X - C_A}{C_E - C_A} (V_i - \Delta V_{iSL}) \tag{5-71}$$

$$C_X = C_E : \Delta V_{iAl} = \alpha_{Al} \frac{C_G - C_E}{C_G - C_A} (V_i - \Delta V_{iSL}) \tag{5-72}$$

$$C_E < C_X < C_G : \Delta V_{iAl} = \alpha_{Al} \frac{C_G - C_X}{C_G - C_A} \frac{C_E - C_X}{C_G - C_E} (V_i - \Delta V_{iSL}) \tag{5-73}$$

式中 α_{Al}——共晶奥氏体的体积收缩系数。

f. 型壁位移产生的铸件体积膨胀量ΔV_{nE}为

$$\Delta V_{nE} = V_{nE}^{t+\Delta t} - V_{nE}^{t} \tag{5-74}$$

一旦利用式(5-64)计算出球墨铸铁凝固过程中的体积变化后，就可以结合相应判据预测其是否产生缩孔缩松缺陷了。实际上，预测球墨铸铁缩孔形状、大小、位置的方法和铸钢件基本一致，二者的区别主要在于凝固过程中的收缩量计算。由于铸件中各区域并非同时凝固，其体积收缩和膨胀也非均匀进行，因此需要通过适当算法找出在不同时间步长内可能产生收缩缺陷的区域。一种较为常用的算法思路如下。

① 根据温度场模拟结果，搜索铸件凝固过程计算中落在当前时间步长Δt内的封闭区和孤立区。

所谓封闭区，是指被临界固相率f_{sc}等值面围成的或汇同铸型壁（含自由表面，如液面）一道围成的空间域。封闭区内部的铸液固相率f_s小于临界固相率f_{sc}（即$f_s < f_{sc}$），并且在其后的凝固过程中得不到外界的任何补缩（相当于孤立熔池）。而孤立区则是指固相率介于临界固相率和1之间（即$f_{sc} < f_s < 1$）并包括封闭区的空间域。随凝固时间的延长，已有的封闭区将逐渐缩小并派生出新的更小的封闭区。

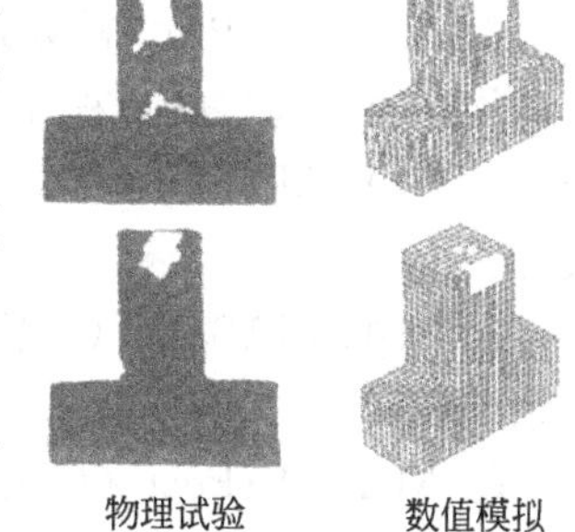

图5-18 球墨铸件缩孔预测

② 计算孤立区中全部单元的净体积变化。

③ 如果净体积变化表现为收缩，则在封闭区上部减去同净收缩体积相当的流动单元体积数；如果表现为膨胀，则在封闭区上部加上同净收缩体积相当的流动单元体积数。

④ 判断凝固过程是否结束？如果没有结束，则返回第①步进行下一个时间步长的搜索计算。

实践证明，DECAM法在预测球墨铸铁一次、二次缩孔方面非常有效，见图5-18。为了提高预测球墨铸铁缩松的精度，一些文献通过引入合金成分、球化孕育等影响因子对在预测铸钢件缩松方面行之有效的$G/\sqrt{R}$法进行了改造，从而获得适用于球墨铸铁件的缩松判据。

$$K_{\max}(G_i/\sqrt{R_i})<C$$
$$G_i=\max(G_k/\sqrt{R_k}),k=1,2,3,\cdots \tag{5-75}$$

式中 G_i——单元i与相邻单元k之间的温度梯度；

R_i——单元i的冷却速度；

C——缩松产生的临界判据值；

$K_{\max}$——同球墨铸铁的碳硅含量及球化处理有关的影响因子。

一般来说，碳硅含量越高，$K_{\max}$值越大；球化剂加入量和残Mg量越大，$K_{\max}$值越小。

5.3 主流专业软件简介

5.3.1 MAGMASoft

MAGMASoft是德国MAGMA公司开发的专业用于解决铸件生产和模具设计问题的CAE软件。该软件能够为企业改善产品质量、优化铸造工艺和模具设计、降低生产成本提供有力工具。MAGMASoft支持从合金熔炼、铸型制作、金属液浇注，到冷却凝固、铸件热处理，再到熔炉材料和熔炉修补等整个生产过程，适用于几乎所有铸造合金材料的成型（包括铸钢、铸铁、铸铝、铸镁等）。与此同时，MAGMASoft还针对不同的铸造工艺开发有专用技术模块（如压力铸造、重力铸造、倾转浇铸、半固态铸造、离心铸造、消失模铸造、应力应变分析、工艺优化和连铸生产线等）。

在有限差分技术的支持下，MAGMASoft利用经典物理学方程对铸造过程进行了更加接近实际的描述，从而获得准确度极高的模拟结果，其分析计算速度也非常快。

MAGMASoft软件的主要功能模块包括以下几个。

① MAGMAProject（作业管理） 存取铸件和模具的几何模型与属性，以及铸造工艺、环境条件等数据供后续模块调用；管理同一作业中不同版本，以便比较各种优化工艺与模具方案。

② MAGMAPre（前处理） 简便、快捷的构建铸件或模具的几何模型，并自动生成计算网格，也可通过接口程序直接输入其他CAD软件生成的几何数据加以利用。

③ MAGMAFill（充型分析） 研究铸液充型顺序及其流动模式，帮助优化浇冒系统设计。

④ MAGMASolid（凝固分析） 研究铸件凝固时间、温度梯度及其分布，帮助优化冷却系统设计。

⑤ MAGMAPost（后处理） 根据计算结果，可视化铸件关键区域信息、形象观察铸件和模具的温度变化，精确透视气孔、缩松等位置，动画显示铸液充型与凝固过程。

⑥ MAGMAData（材料数据库） 提供各种材料的热物理特性数据和过程参数，用户也可编辑或加入自己的材料数据。

⑦ MAGMABatch（多循环分析） 研究若干铸造周期后的金属模热负荷，帮助优化工艺参数设计。

5.3.2 ProCAST

ProCAST是ESI集团所属ProCAST公司（美国马里兰州）于1985年推出的旗舰产品，业界领先的铸造过程模拟软件，在强大的有限元求解器和各种高级选项的支持下，为满足铸造业的需求提供高效、准确的计算结果。与传统的尝试—出错—修改方法相比，ProCAST是减少制造成本，缩短模具开发时间，以及改善铸造过程质量的重要的、完美的解决方案。

ProCAST为铸造业提供整体软件解决方案，可以进行完整的铸造工艺过程预测评估，包括充型、凝固、微观组织，以及热力耦合模拟等，使设计人员和工艺人员能够方便快捷地观察、更改、优化模具开发与工艺设计，尽早进行正确的选择与决策。ProCAST广泛涵盖了各种铸造工艺（包括 高压铸造、低压铸造、砂型铸造、金属型铸造及倾斜浇注、熔模铸造、壳型铸造、消失模铸造、离心铸造和半固态铸造等）与铸造材料（包括铁基、铝基、钴基、铜基、镁基、镍基、钛基和锌基合金，以及某些非传统合金与聚合体）。

（1）重力铸造——砂型铸造、金属型铸造、倾斜浇注

重力铸造工艺成功的关键因素在于优化浇注系统，消除可能的收缩区域。基于对各种合金收缩缺陷的精确预测，技术人员可在计算机上研究冒口位置、保温套或放热套的作用，并直接从屏幕上观察结果，以达到最佳的铸件质量。

（2）熔模铸造——熔模铸造、壳模铸造

ProCAST设计了多种专用功能以满足熔模铸造厂的特殊需要。例如，ProCAST能够生成代表壳模的网格，该功能已考虑了非均匀厚度的混合与合并；含有角系数的辐射模型，包括阴影效应，可用于高温合金的熔模铸造工艺。

（3）低压铸造

为重现工业生产条件，应进行模具循环模拟，直至模具达到稳定温度状态。根据模具的热状态、充型过程及凝固结果，就可以调整工艺参数，实现最优工艺质量，同时缩短产品面市时间。

（4）压力铸造

ProCAST功能能够满足各种压力铸造（包括挤压铸造和半固态铸造）工艺的特殊要求。压头最优速度曲线、浇口设计以及溢流槽位置确定等，都可以采用模拟方法轻松完成，同样适用于薄壁结构铸件的成型。

（5）消失模铸造

消失模铸造工艺的模拟要求详细的背压物理模型，需要综合考虑泡沫材料的燃烧、涂料与砂子的渗透性等因素。ProCAST提供了精确的方法处理消失模铸造工艺中的复杂物理现象。

（6）应力分析——模具寿命

ProCAST具有处理传热、流动、应力耦合计算的独特能力，这种全面分析可同时在同样的网格上完成。技术人员能够研究充型铸液对模具的热冲击、铸件与模具界面气隙对凝固过程的影响等问题。同时，为解决铸件热裂、塑性变形、残余应力与模具寿命等业界普遍关

心的问题提供可靠的数据支撑。

(7) 反求工程

适用于科研或高级模拟计算，借助实测温度数据确定边界条件和材料热物理性能。

(8) 独特的材料热力学数据求解器

通过直接输入合金的化学成分，自动解析出并输出基于该合金成分的精确热力学数据（如热焓曲线、固相率曲线、黏度曲线和导热系数曲线等）。

5.3.3 华涛CAE

华涛CAE（InteCAST）是华中科技大学经20多年研究开发，并在长期生产实践检验中不断改进、完善起来的国内著名的铸造工艺分析系统，目前有数百套HZCAE软件在国内100多家工矿企业和科研院所运行使用，深受用户的好评。

华涛CAE（InteCAST）以铸件充型过程、凝固过程CAE分析技术为核心对铸件进行铸造工艺分析，可以完成多种合金材质（包括铸钢、球铁、灰铁、铸造铝合金、铜合金等）、多种铸造方法（砂型铸造、金属型铸造、压铸、低压铸造、熔模铸造等）下的铸件凝固分析、流动分析以及流动和传热耦合计算分析。实践应用证明，华铸CAE系统在预测铸件缩孔缩松缺陷的倾向、改进和优化工艺，提高产品质量，降低废品率、减少浇冒口消耗，提高工艺出品率、缩短产品试制周期，降低生产成本、减少工艺设计对经验对人员的依赖，保持工艺设计水平稳定等诸多方面都有明显的效果。

华涛CAE（InteCAST）由三个相对独立的模块组成，即前置处理部分（网格剖分模块）、计算处理部分和后置处理部分（图形显示部分）。上述三部分统一于系统控制平台，成为一个有机的整体，用户必须通过控制平台来操作整个华铸CAE系统。如图5-19所示，华铸CAE系统控制平台的界面由主菜单、工具栏、状态栏、三维图形显示区、信息树显示区以及新近工程列表区等组成。

华铸CAE（InteCAST）经过多年的努力，目前已成为一个比较成熟的商品化、实用化、集成化铸造工艺CAE系统。该系统在国际上已有一定影响，美国、英国、法国、德国、泰国、韩国等国家以及中国香港和中国台湾等地区对此都表现出浓厚的兴趣。目前，华铸CAE已销往新加坡、马来西亚等国。

5.3.4 其他软件

(1) FLOW-3D

FLOW-3D是由美国流动科学公司（Flow Science. Inc）于1985年正式推出的国际著名三维计算流体动力学和传热学分析软件。该软件功能强大，简单易用，能够很好地解决航天航空、金属铸造、镀膜处理、消费品生产、微喷墨头制造、海洋运输、微机电系统、水力开发等诸多领域的工程应用问题。

① FLOW-3D的主要特色

a. FLOW-3D采用了一种网格与几何体相互独立的技术（自由网格法），可以利用简单的矩形网格来表示任意复杂的几何形体，从而降低内存需求，提高求解的精度。

b. 流体体积法（VOF）是目前最成功的自由表面跟踪方法。该方法主要由三部分组成：一是定位表面；二是跟踪自由表面运动到计算网格时的流体表面；三是应用表面边界条件。

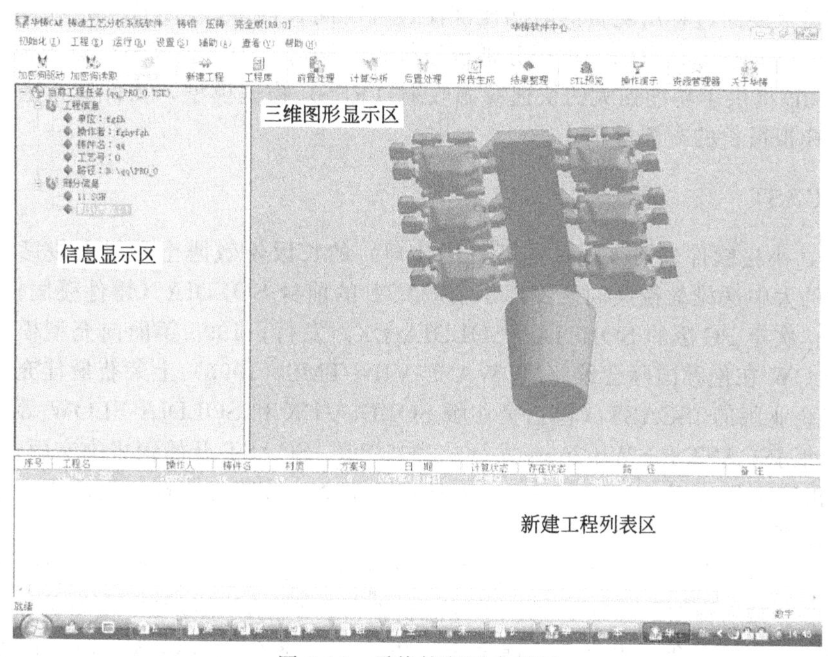

图 5-19　系统控制平台界面

许多计算流体动力学（CFD）软件仅仅执行了VOF中的两步，而FLOW-3D却开创了真实三步VOF法（Tru-VOF）来跟踪和处理流动前沿的推进变化，从而有效地避免了因“假VOF法”导致的某些错误结果。

c. FLOW-3D提供三种计算方法（分离隐式、显式和可改变方向的隐式算法），使之不但能够模拟低速不可压缩流动和跨声速流动，而且还可模拟压缩性较强的超声速和高超声速流动。支持求解牛顿流体和非牛顿流体。

d. FLOW-3D包含有丰富而先进的物理模型，使用户能够模拟无黏流、层流、紊流、传热、化学反应、颗粒运动、多相流、自由表面流、表面张力、相变流、凝固等复杂的物理现象；同时内置丰富的流体、固体材料库，支持材料属性的用户自定义。

e. 支持对流、热传导、热辐射等多种换热方式。

f. 提供友好的用户界面和二次开发接口，具有强大的后处理功能，能够以图形、曲线、矢量等多种方式对计算结果进行处理和显式。

② FLOW-3D在金属铸造方面的应用　高品质的铸件生产通常需要进行大量工艺实验和反复修模试模才能获得。利用FLOW-3D软件可以准确模拟铸液的浇注过程，给出金属液充型的速度场、压力场、温度场和自由表面变化，以及铸型的温度场；既能精确描述凝固过程，又能精确评估加热冒口和冷却或加热通道设计，给出用宏观变量（如温度梯度、凝固速率和凝固时间）表示的微观缩松判据［如Niyama准则、Lee. Chang. Chieu（LCC）准则等］，预测可能发生缩松、缩孔等缺陷的位置。为铸造工程师研制和开发新产品提供科学依据，缩短产品和模具的开发周期并且帮助工艺人员分析工艺质量，优化工艺设计。

FLOW-3D可以模拟尺寸大小不限的金属薄壁、厚壁零件的铸造成型和砂芯制造工艺中的气流冲砂过程。支持铸钢、铸铁、铝合金、高温合金等50多种铸造金属和呋喃树脂、酚醛树脂、壳型树脂、干型砂、湿型砂等十几种铸型材料，同时还提供有数据资料丰富的铸造工艺库，包括砂型铸造、消失模铸造、高/低压铸造、差压铸造、重力铸造、倾斜铸造、熔模铸造、壳型铸造、触变铸造（半固态铸造）等工艺。

考虑到铸液凝固过程所耗费的时间比浇注过程时间长得多，FLOW-3D 在保证计算结果精度的前提下，允许单独对两个过程分别进行模拟。同时，为了提高铸件凝固模拟的计算效率，FLOW-3D 提供了功能强大的快速凝固收缩（RSS）物理模型，在计算机上只需用很短的时间就可模拟很长的凝固过程。

（2）JSCAST

1986 年，小松软件公司（现日本高力科公司）的长坂悦敬博士和村上俊彦先生联合日本大阪大学的大中逸雄教授共同研发出了 JSCAST 的前身 SOLDIA（铸件凝固模拟），并成功推向市场；次年 PC 版的 SOLDIA（SOLDIA-EX）发行；1995 年面向充型模拟的企业版 SOLDIA-FLOW 在伦敦国际会议（MCWASP-VII，TMS，1995）上荣获最佳充型流动模拟奖；1996 年企业版的 JSCAST（包括企业版 SOLDIA-EX 和 SOLDIA-FLOW 等）开始正式发行；1999 年 JSCAST for Windows 发行；2005 年，JSCAST 开始销售中文版；到 2008 年 JSCAST 推出第 8 版。至此，JSCAST 成为日本乃至全球最著名的真正面向用户、面向工程实际的铸造模拟和优化系统之一。

JSCAST 适用于高/低压铸造、砂型铸造、金属型铸造、精密铸造、壳型铸造、重力铸造、倾斜铸造、减压铸造、差压铸造、半固态铸造等过程的动态模拟，支持铸铁、铸钢、高锰钢、不锈钢、高温合金、铝合金、镁合金、铜合金、钛合金等铸造材料，以及发热、保温、绝热、冷铁、冷却水、空气、加热器、金属模具、砂型（生砂、呋喃树脂砂）、型壳（陶瓷，石膏）和型芯等辅助材料或材料特性。

由于采用了标准化的通用用户界面，以及高性能的流动凝固求解器，因此，JSCAST 可以分析和优化几乎任何一种铸造工艺，既能评估设计方案（例如浇注系统、排气孔和溢流槽位置及个数、冒口位置及大小、冷铁布局、模具冷却等），也能评估现有铸造方案及铸造参数条件下，各种铸造缺陷的形成倾向。目前，JSCAST 可以准确地模拟型腔内部金属液的流动过程、型腔充满后的凝固过程、流动与凝固过程中卷气和夹杂的形成、卷入、流动及在浮力/重力作用下的沉浮，以及凝固过程中的缩孔、缩松等。

此外，JSCAST 完全基于 Windows 风格的操作界面、独特的工程化四视图显示、所有模块高度集成无需切换，以及面向普通用户的向导式菜单设计使之成为日本销量第一的铸造模拟软件。

（3）AnyCasting

AnyCasting 是韩国 AnyCasting 公司自主研发的新一代基于 Windows 操作平台的金属铸造成型模拟软件系统，于 1990 年作为商品化软件正式推向市场。AnyCasting 可以仿真各种铸造工艺过程（包括砂型铸造、熔模铸造、金属型铸造、倾转铸造、高压铸造、低压铸造、真空压铸、挤压铸造、离心铸造，以及连续铸造等）中的充型、传热、凝固和应力场等物理现象，预测铸造缺陷与铸件微观组织。AnyCasting 的特色主要表现在以下几个方面。

① 真正基于 Windows 平台，易学易用。

② 求解器模型先进，计算速度快。

③ 创新的充型和凝固缺陷预测模型及判据，使模拟结果更精确。

④ 完全面向铸造工艺过程，参数设置方便，界面传热系数自动设置。

⑤ 完全基于 OpenGL 的真 3D 图形功能支持动态剖面技术。

⑥ 自动变差分网格技术，划网速度极快。

⑦ 关系型材料数据库支持高达 80 多种黑色金属、100 多种有色金属和 30 多种非金属，

用户可自定义材料或编辑、更新已有材料。

⑧ 后处理功能强大，多模型分析，完善的铸件质量评价体系，图片、动画自动输出。

5.4 CAE分析参数设置（HZCAE重力铸造）

华铸CAE重力铸造总计有4种计算，分别为纯凝固传热计算（第1种计算）、纯充型流动计算（第2种计算）、充型与传热耦合计算（第3种计算）、基于耦合的凝固计算（第4种计算），适用范围如图5-20所示。

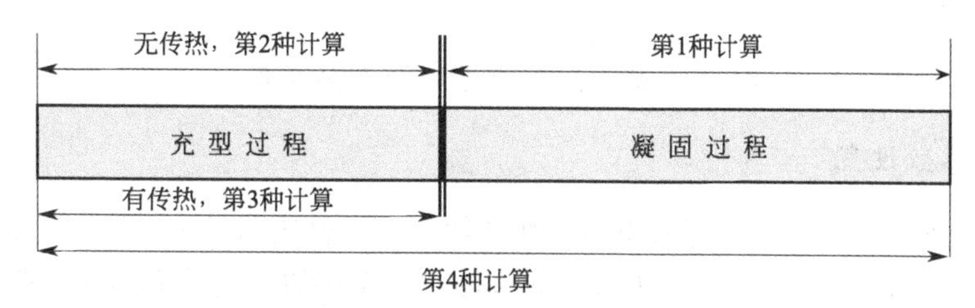

图5-20　重力铸造4种计算适用范围

5.4.1 网格划分及检查

无论哪一种计算，必须要先进行网格划分，然后进行网格检查。

(1) 网格参数

华铸CAE的均匀网格为等边长的立方体，故只需输入边长即可，该边长根据实际铸件情况确定。原则是对温度场计算保证最薄处有两个或两个以上网格；对流动场计算不能出现线（或点）接触网格，保证流体的贯通。华铸CAE的非均匀网格可为各边长不等的直六面体。详细说来不同网格的边长可不同，同一网格的各边也可不同。

网格参数包括缩尺参数、铸型/模壳（随形）自动生长参数、剖分结果文件名等参数的设置。

① 缩尺参数　指体收缩率，如在三维造型时已考虑了缩尺值为0，否则在此设定收缩率。例如收缩率为2%，这里输入0.02。

② 铸型/模壳（随形）自动生长参数　当三维造型没有输入铸型或熔模铸造的模壳时，利用此功能自动生成铸型或模壳。选择“铸型生长”或“模壳生长”，输入生长厚度，选择生长方向后，系统会自动生长出铸型或模壳来。

(2) 剖分结果检查

剖分完毕后一定要检查剖分结果的正确性。运行“剖分检查”，系统会进入另一个单独软件并自动显示当前的剖分结果。选择“缺陷判断/判断连通性”命令，系统将检查剖分结果的连通性，并自动给出序号。正确的剖分结果序号只应有一个“0”，如果出现1个以上的序号，说明铸件不连通。造成此剖分错误的原因是剖分网格尺寸太大，网格数太少。需要重新确定剖分的网格尺寸，并重新进行剖分。

如准备进行流动场或耦合场计算，需要选择“缺陷判断/搜索线触网格”命令。华铸CAE系统采用的是直六面体网格。在正常情况下，一个铸件网格与周围的铸件网格至少有一个面相接触。如果一个铸件网格与周围的铸件网格无面相接触或仅有线、点接触，则流动通道不通，此网格称为完全线接触网格。如果一个铸件网格与周围的铸件网格有面相接触，又有线、点接触，则流动通道畅通，此网格为部分线接触网格。流动场或耦合场计算应避免大量完全线接触网格出现。

5.4.2 纯凝固传热计算(第 1 种计算)

纯凝固计算只考虑凝固过程，没有考虑充型的影响，基于“瞬间充型，初温均布”假设。

选择任务命令区、工具栏或主菜单中的“纯凝固传热计算”，按照如下顺序即可完成新任务规划。

(1) 计算任务设定

主要完成设定 SGN、工作文件夹、计算参数以及合金种类等。

(2) 物性参数设置

用来设定铸件、铸型、砂芯等材料的物性参数。不同材质用“+”“-”按钮来选择，也可以通过下拉框来选择。当选择某一材质后需要输入相关参数。当下面的四个参数的编辑栏变灰，则说明没有当前材质，无需输入。选定一个材料后，如果右边的材料库变黑可用后，可以选择相关具体的材料来自动填写这些物性参数。完成本步后进入下一步“界面参数设置”

(3) 界面参数设置

用来设置各种材质间的界面热交换系数。用户需输入两种材质（在对话框顶部）间的界面导温系数。在左边列表栏里选择一材质（材质 A）；在右边列表栏里选择一材质（材质 B）；在上面编辑栏里输入两种材质间的界面热导率；完成本步后，进入下一步“其他参数设置”。

(4) 其他参数设置

用来设置重力补缩、结束控制、存盘控制和显示控制等参数。对重力补缩选项中各项进行如下设置。

①“搜索步长”，本应设为 1，其意义为凝固主体计算每进行一步，重力收缩即进行一步。这样做精度高，但比较费时，因此可以适当增大搜索步长，例如主体计算每进行 3 步再进行重力补缩计算。搜索步长越大越省时，但精度越低。

②“合金缩松倾向”，指当前合金的缩松倾向，例如球铁的缩松倾向比灰铁的大。

③“铸件缩松倾向”，主要指铸件的结构是易于形成缩松还是易于形成缩孔。例如顺序凝固的铸件缩松倾向小，同时凝固的铸件缩松倾向大。

④ 大致浇注时间，输入大概的浇注时间。

对于凝固计算的结束控制有 4 种方式，分别为按铸件凝固时间、按铸件冷却温度（指铸件的最高温度）、按铸件凝固比例（已凝固与全部铸件的比例）以及按计算机运行时间结束。

5.4.3 纯充型流动计算(第 2 种计算)

纯充型流动计算只考虑流动，并没有考虑充型过程中的热量传递。选择任务命令区、工具栏或主菜单中的“纯充型流动计算”，按照如下顺序即可完成新任务规划。

(1) 计算任务设定

计算任务设定操作同上述“纯凝固传热计算（第 1 种计算）的对应步骤一致。区别在于

“文件夹选择”时，对纯充型流动计算的文件夹名为：充型 1、充型 2……；完成本步后，进入下一步“流场参数设置”，如图 5-21 所示。

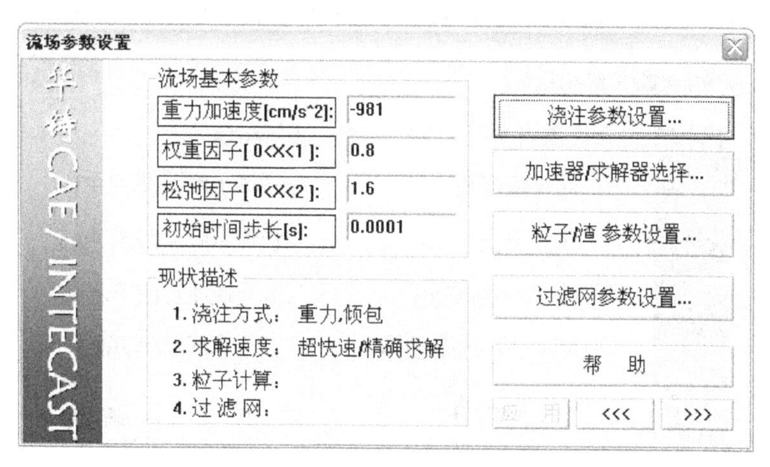

图 5-21　流动场参数设置

（2）流场参数设置

重力加速度：一般为$-981\mathrm{cm/s^2}$，向上为正，向下为负值。

权重因子：差分计算参数，一般采用 0.8 即可。

初始时间步长：最开始计算时的时间步长。

松弛因子（0～2）：松弛因子是为了加速流动场计算收敛速度，一般取 1.5～1.8，当计算网格长度（空间步长）特别大时（如大于 15mm），如系统显示错误的信息后，请适当调小松弛因子的取值（取 0.1～0.5 之间）。

浇注参数设置：见图 5-22，需要选择设置方式和相关参数。

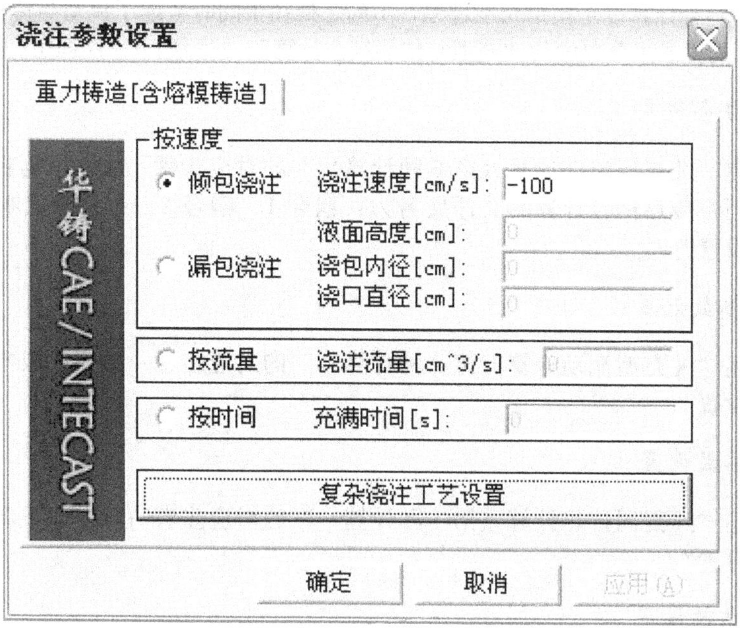

图 5-22　浇注参数设置

这里以重力铸造为例来进行说明，要选择倾包浇注（人工浇注），还是漏包浇注，也可以选择按浇注流量或者浇注时间。

加速器/求解器选择：“流场加速器/求解器选择”界面如图 5-23 所示。

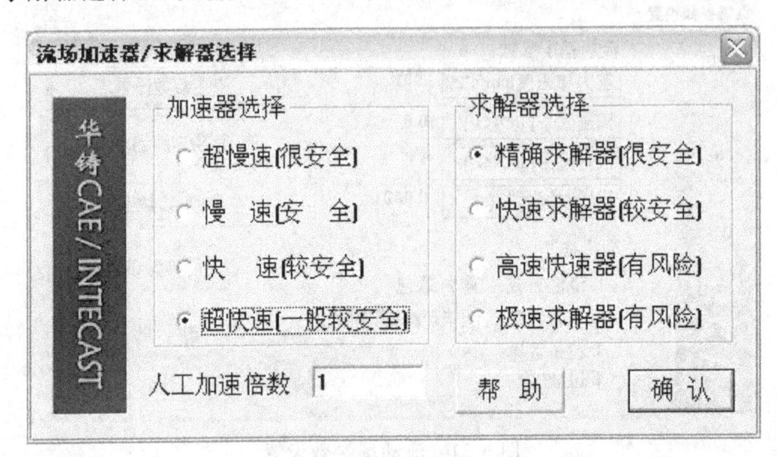

图 5-23 “流场加速器/求解器选择”界面

加速器包括四个速度档次，分别为超慢速、慢速、快速、超快速。但系统不保证计算绝对收敛（安全），快速、超快速有时会出现计算发散（计算完成的百分比随计算进程反而变小，计算无法向前进行）。在安全的情况下，超快比超慢计算速度提高 2～10 倍，并且精度一致。因极少会出现不安全（发散）现象，一般情况下建议用户选择超快速计算。

求解器包括精确、快速、高速和极速四种，系统默认为精确求解器，但用户愿意追求高速，可以牺牲精度，但有时会发生计算发散的危险。完成本步后，按“>>>”进入下一步“其他参数设置”。

5.4.4 充型与传热耦合计算(第 3 种计算)

充型与传热耦合计算也是模拟充型过程，不同之处在于同时考虑了流动与传热的影响。选择任务命令区、工具栏或主菜单中的“充型与传热耦合计算”，按照如下顺序即可完成新任务规划。

(1) 计算任务设定

操作同上述“纯充型流动计算（第 2 种计算）”的对应步骤一致。区别在于“文件夹选择”时，对充型与传热耦合计算的文件夹名为：耦合 1、耦合 2……；完成本步后进入下一步“流场参数设置”。

(2) 流场参数设置

操作同上述“纯充型流动计算（第 2 种计算）”的对应步骤一致。完成本步后进入下一步“物性参数设置”。

(3) 物性参数设置

操作同上述“纯凝固传热计算（第 1 种计算）”的对应步骤一致。完成本步后进入下一步“界面参数设置”。

(4) 界面参数设置

操作同上述“纯凝固传热计算（第 1 种计算）”的对应步骤一致。完成本步后进入下一步“其他参数设置”。

(5) 其他参数设置

完成本步后进入下一步“计算任务总结”。

(6) 计算任务总结

操作同上述“纯充型流动计算（第 2 种计算）”的对应步骤一致。

5.4.5　基于耦合的凝固计算(第 4 种计算)

上述第一种也就是“纯凝固传热计算”是基于“瞬间充型，初温均布”假设，只考虑凝固过程，没有考虑充型的影响。第一种计算虽然最快，也最常用，但用户希望能够提供更全面的解决方案，基于耦合的凝固计算就是这样一个分析。

基于耦合的凝固计算是凝固计算，但凝固计算的初始条件是来自充型耦合计算的最后的温度场，而非“瞬间充型，初温均布”。因此，第 4 种计算是先算耦合计算，后算凝固。

选择任务命令区、工具栏或主菜单中的“基于耦合的凝固计算”，按照如下顺序即可完成新任务规划。

(1) 计算任务设定

操作同上述 3 种计算的对应步骤基本一致，但也有较大区别。如图 5-24 所示，有两个剖分文件（SGN 文件）需要选择，分别用于耦合的计算和后续的凝固计算。这两个 SGN 选择可以是同一个 SGN 文件，即耦合和凝固都是基于同一个 SGN。

因耦合计算速度很慢，所以对应 SGN 的网格数不要太多，以保障计算速度；而后续的凝固计算速度很快，对应 SGN 的网格数可以很多，以提高计算的精度。为此，系统建议在前处理时对同一套 STL 文件剖分两次，生成两个 SGN：一个网格尺寸大（网格数少）；另一个网格尺寸小（网格数多）。耦合计算时计算速度慢，采用大网格（网格数少）；凝固模拟时计算速度快，采用小网格（网格数多）。耦合计算完毕后，“异位网格匹配”功能会自动将充型过程结束的温度场（基于大网格）匹配到小网格上，得到后续凝固模拟所需的初始温度场。

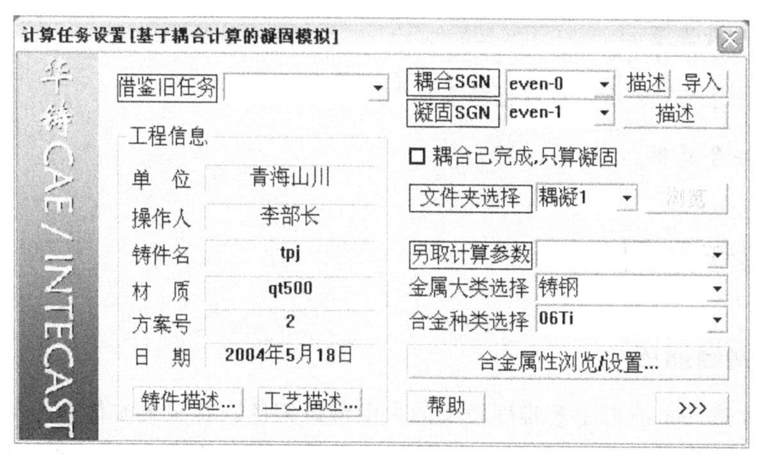

图 5-24　计算任务设置

图 5-24 中各选项说明如下。

耦合 SGN：耦合计算所需要的网格剖分文件；利用后面的“描述”可以得到当前 SGN

的详细信息。利用“导入”可以导入其他工程的 SGN 文件。

凝固 SGN：凝固计算所需要的网格剖分文件；利用后面的“描述”可以得到当前 SGN 的详细信息。

注意：上述两个 SGN 可为同一个 SGN 文件，如果是两个 SGN 文件，一定要确保是同一套 STL 文件的不同剖分结果。

耦合已完成，只算凝固：如果耦合计算（第 3 种计算）已经结束，便可以选择此项，在已完成的耦合计算的基础上直接进行凝固计算。如果不选此项，系统将首先进行耦合计算，然后进行凝固计算。

文件夹选择：如果耦合计算未进行，则此时会列出“耦凝 1”“耦凝 2”……这样的文件夹，选择其中一个进行计算；如果耦合计算已完成，则此时会列出“耦合 1”“耦合 2”……这样的文件夹，需要从中选择已完成的耦合计算所在的文件夹。特别强调，该文件夹对应的耦合计算与上面所选的“耦合的 SGN”所对必须是同一个计算；否则就会引起混乱，系统会自动检查并提醒、纠正。

完成本步后进入下一步，如果耦合未进行，则下一步是“流场参数设置”；否则是“物性参数设置”。

(2) 流场参数设置（如果耦合未进行）

操作同上述“充型与传热耦合计算（第 3 种计算）”的对应步骤一致。完成本步后进入下一步“物性参数设置”。

(3) 物性参数设置

操作同上述“纯凝固传热计算（第 1 种计算）”的对应步骤一致。完成本步后进入下一步“界面参数设置”。

(4) 界面参数设置

操作同上述“纯凝固传热计算（第 1 种计算）”的对应步骤一致。完成本步后进入下一步“其他参数设置”。

(5) 其他参数设置

完成本步后进入下一步“计算任务总结”。

(6) 计算任务总结

5.5 操作案例

5.5.1 问题描述

防喷器壳体是一个成形工艺难度较大的大中型铸钢件，其三维实体模型如图 5-25 所示。该防喷器壳体的外形尺寸为 ϕ1200mm×700mm，最大壁厚 152.5mm，最小壁厚 80.5mm，重量约 2.4t。批量生产，铸件材料 ZG25CrNiMo（$\sigma_b \geqslant$655MPa、$\sigma_{0.2} \geqslant$517MPa、$\delta \geqslant$18%、$\psi \geqslant$35%），其化学成分列于表 5-3。要求铸件尺寸偏差控制在Ⅱ级精度，超声波探伤，最大允许缺陷均为Ⅱ级，静水压强度实验 70MPa。此外，对铸件缩孔、缩松也有严格限制。

表 5-3 ZG25CrNiMo 的化学成分

化学成分	C	Si	Mn	P	S
质量分数/%	0.25	0.24	0.54	0.017	0.012

在实际生产中，常常发现铸件的某些部位容易形成热节（如图 5-26 所示 1、2、3 处），而且铸件材料的消耗率偏高。因此，本案例的任务是：利用铸件凝固过程 CAE 分析实验，找到和消除不合理的工艺设计，进而改善铸件质量，提高其材料利用率。

根据现场经验，初步设计防喷器壳体的铸造工艺如下（见图 5-27）。

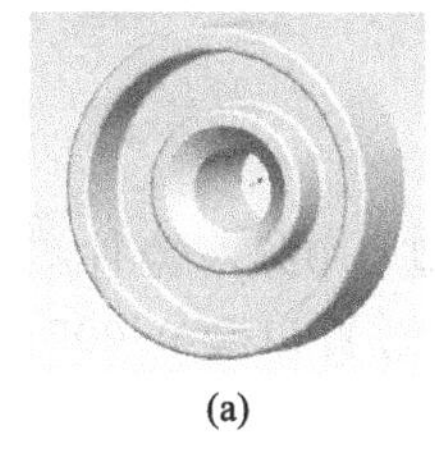
(a)
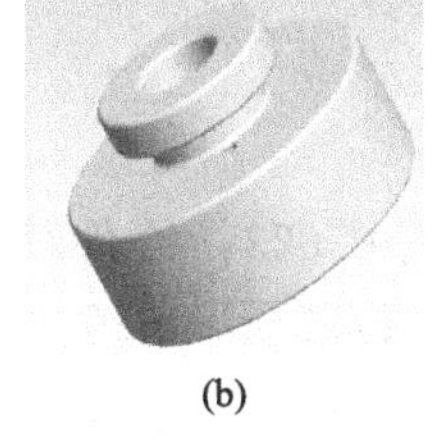
(b)

图 5-25 防喷器壳体的实体模型

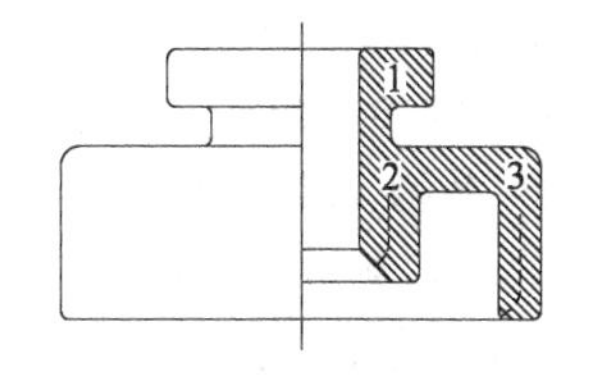

图 5-26 预测热节位置

① 砂型铸造，型砂材料取水玻璃砂，一箱一件，采用开放式顶注浇注系统。

② 铸件上部侧面开设一个 ϕ400mm×340mm 的圆柱形搭边保温型暗冒口，冒口套厚度 60mm。

③ 在热节 1 处增加工艺尺寸，使颈部凹轮廓与顶部圆环齐平；在 2、3 两个热节处增加补贴以实现顺序凝固。

④ 采用重力补缩，浇注时间 50s。

将铸件、浇注系统、芯子、冒口、铸型的三维实体模型装配后划分网格（网目尺寸 10mm，网格数 5508000）。数值实验平台为华铸 CAE，模拟计算需要的物性参数见表 5-4。

表 5-4 计算需要的物性参数

物性参数	密度/(g/cm³)	热导率 /[cal/(cm·s·℃)]	比热容 /[cal/(g·℃)]	初始温度/℃
铸件	7.60	0.053989	0.15	1530
铸型	1.60	0.001680	0.27	20
空气	0.0012	0.000062	0.24	20
冒口套	0.80	0.000800	0.15	20
芯子	1.55	0.001920	0.26	20

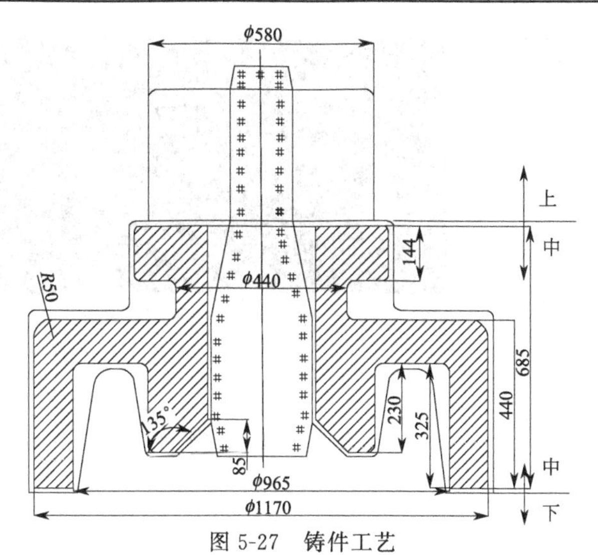

图 5-27 铸件工艺

其他所需参数（注意：1cal=4.184J）：

浇注温度：1550℃；

环境温度：20℃；

临界固相率：0.65；

结晶潜热：60cal/g；

液相线温度：1513℃；

固相线温度：1454℃；

热辐射系数：0.375；

液相收缩率：0.0001℃$^{-1}$；

相变收缩率：0.04；

界面换热系数 cal/(cm^2·s·℃)：铸件/空气 0.023，铸件/铸型 0.023，铸件/芯子 0.020，铸件/冒口套 0.005，空气/铸型 0.023，空气/芯子 0.020，空气/冒口套 0.005，铸型/芯子 0.020，铸型/冒口套 0.005，芯子/冒口套 0.005。

5.5.2 CAE 分析参数设置

(1) 新建工程项目

启动华铸 CAE 系统进入主控平台（图 5-28），单击“新建工程”图标，弹出“新工程”对话框（图 5-29）。在对话框上依次输入：单位、操作人、铸件名、工艺号和材料等基本信息，并在“硬盘选择”栏中指定工程项目保存路径；然后单击“确认”按钮，关闭对话框。

(2) CAD 模型导入及其属性设置

单击图 5-28 中的“前置处理”图标，进入华铸 CAE 前处理子系统（图 5-30）。单击工具栏“新建”图标，在弹出的网格剖分任务对话框中单击“下一步”按钮，然后弹出 CAD 模型材质属性设置对话框（图 5-31）；分别选择 STL 文件格式的 CAD 模型及其对应的材质属性，完成属性设置后的关联信息列于图 5-31 左下部的列表框。

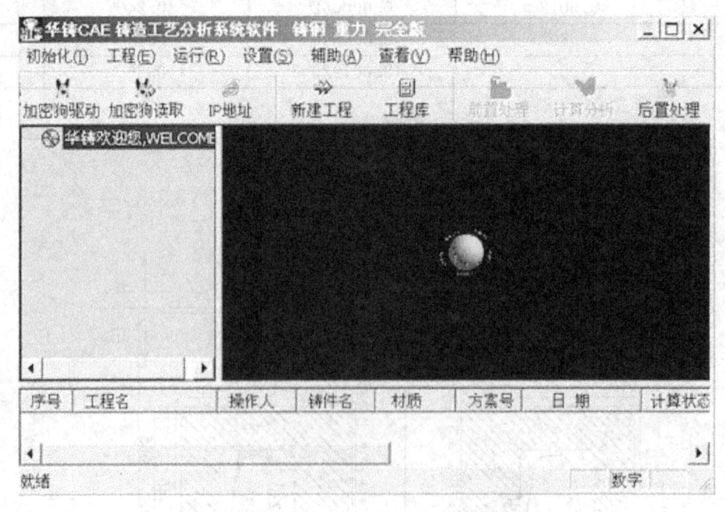

图 5-28 华铸 CAE 主控平台

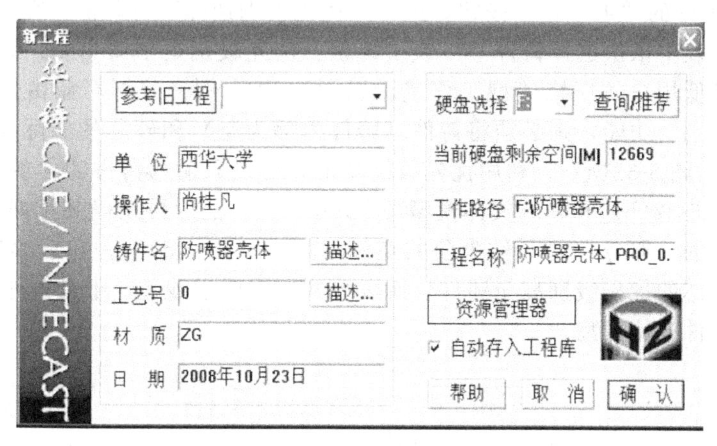

图 5-29 新建工程对话框

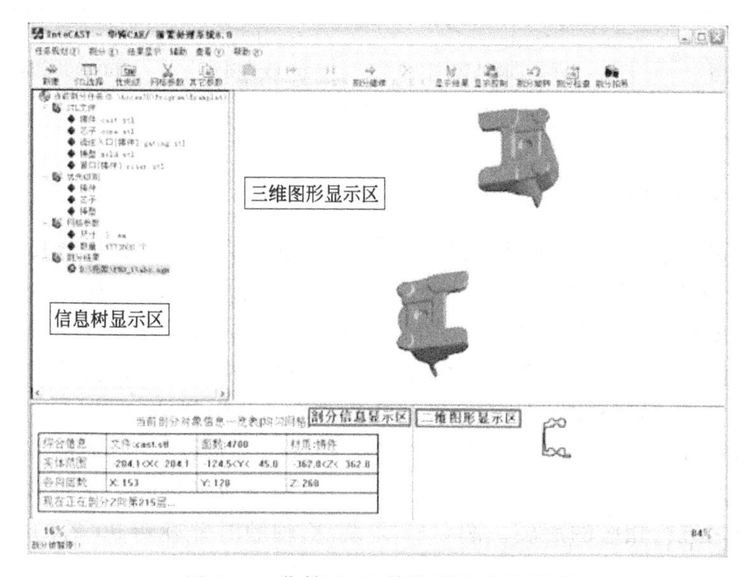

图 5-30 华铸 CAE 前处理子系统界面

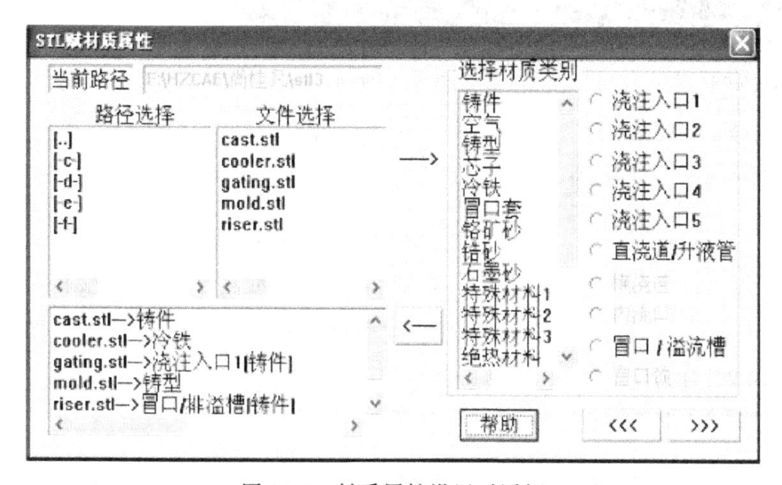

图 5-31 材质属性设置对话框

单击图 5-31 中的“下一步”按钮，进入“优先级别选择”对话框。在“优先级别选择”对话框的材质列表中依次选择铸件—冷铁—铸型。优先级别是华铸 CAE 特有的功能，灵活应用可以大大降低用户的三维造型工作量。以图 5-32 为例，分析对象由铸件与砂芯组成。如没有“优先级别”功能，则必须将铸件（铸件内部为空）和砂芯的实际模型输入计算机，再进行准确装配[图 5-32(a)]。利用优先级别功能，可以只输入铸件实体的外部形状［内部不必挖空，见图 5-32(b)］和砂芯实体模型[图 5-32(c)]，然后再正确装配两者。这样装配后的砂芯占据铸件的一部分空间［称为公共空间，见图 5-32（d）］。在后续进行的网格剖分中，因为定义砂芯的优先级别高于铸件，所以公共空间属于砂芯，于是铸件自动被掏空，从而形成准确的铸件实体模型。

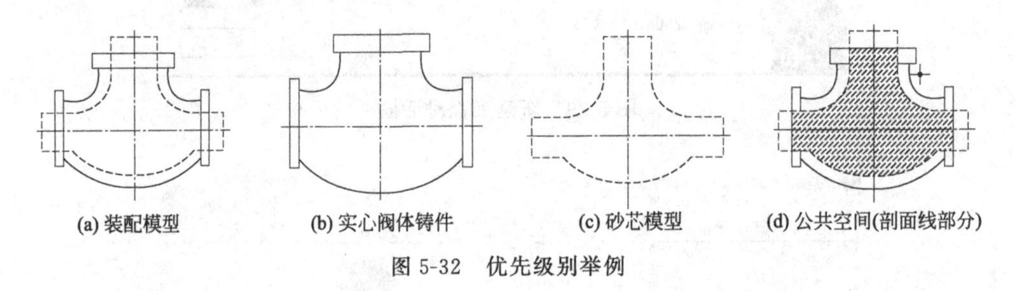

图 5-32　优先级别举例

（3）网格划分及检查

单击“下一步”按钮，进入网格划分参数设置对话框，输入均匀网格尺寸 10mm。华铸 CAE 采用等边长立方体网格离散分析对象，故只需输入边长即可。输入的边长值应根据铸件结构的复杂程度和尺寸大小确定。原则上，温度场计算时应保证铸件壁厚最薄处有两个或两个以上网格；流动场计算时不能出现线（或点）接触网格，以保证铸液的流动贯通。当前划分的网格数可单击“网格数”按钮查看。单击“下一步”进入“其他参数设置”对话框（图 5-33），输入存储剖分结果的文件名，例如“凝固（10mm）”。单击“接受”按钮，前处理子系统开始对模型进行网格划分。重力铸造的直浇道应竖直向上，如果剖分结果显示与之不符，就要对之进行相应的旋转。图 5-34 是绕 X 轴顺时针旋转 90°后的铸件模型（包括浇注系统和冒口）。

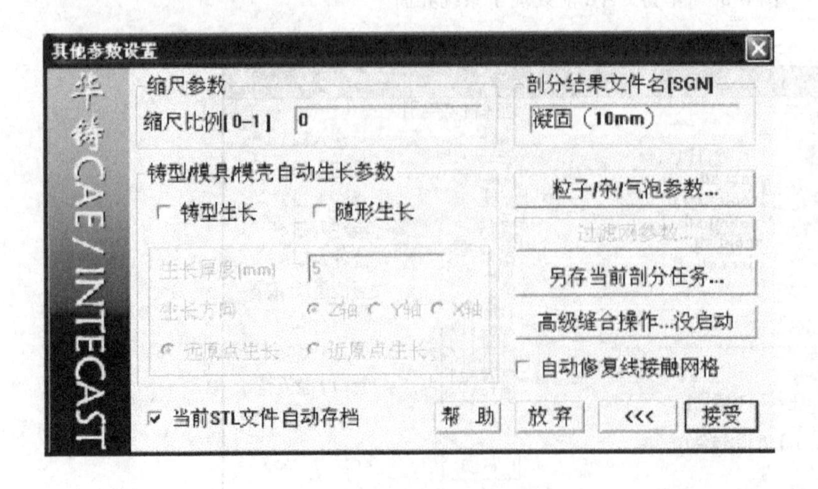

图 5-33　“其他参数设置”对话框

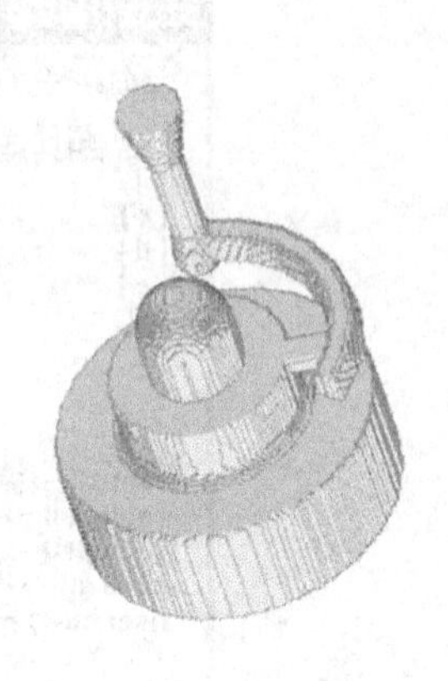

图 5-34　网格划分结果

(4) 分析类型设定

单击主控平台（图 5-28）上的“计算分析”图标，在弹出的分析类型设置界面上选择“纯凝固”，然后进入“计算任务设置”对话框（图 5-35）。从“选择 SGN”的下拉列表中选择网格剖分结果存储文件“凝固（10mm）”；再分别从“文件夹选择”和“金属大类选择”下拉列表中选择“凝固 1”和“铸钢”。

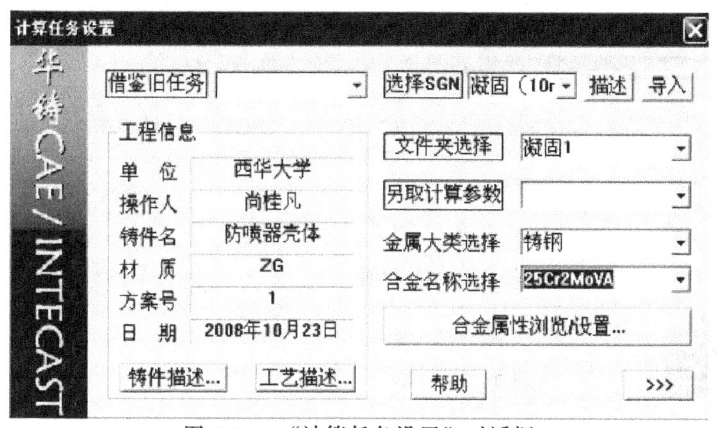

图 5-35　“计算任务设置”对话框

(5) 材料参数设置

单击图 5-35 中的“合金属性浏览/设置”按钮，弹出“合金属性设置”对话框（图 5-36）。在“合金成分”选项卡[图 5-36(a)]上依次输入合金元素碳、硅、锰、磷和硫的含量，然后单击“应用”按钮。再单击该对话框上的“物性参数”选项卡，切换到合金热物性设置界面[图 5-36(b)]。其中：临界固相率是指铸液停止宏观流动时的固相百分数。当合金铸液的实际固相率大于临界固相率时，合金将失去流动性，不能再进行补缩。因此，凝固分析一般计算到临界固相率对应的温度即可。凝固系数用来估算铸件的凝固时间，为终止计算提供控制依据；相变收缩（率）是合金由液相转变成固相时的体积收缩率；液态收缩率指温度每降低 1℃，液态合金的体积缩小百分数，可单击“液态收缩率/度”按钮得到帮助。在“物性参数”选项卡中输入或选择相应参数，如相变收缩 0.04，液态收缩率 0.0001，完成后单击“应用”按钮，然后通过单击“确定”按钮关闭合金属性设置对话框。

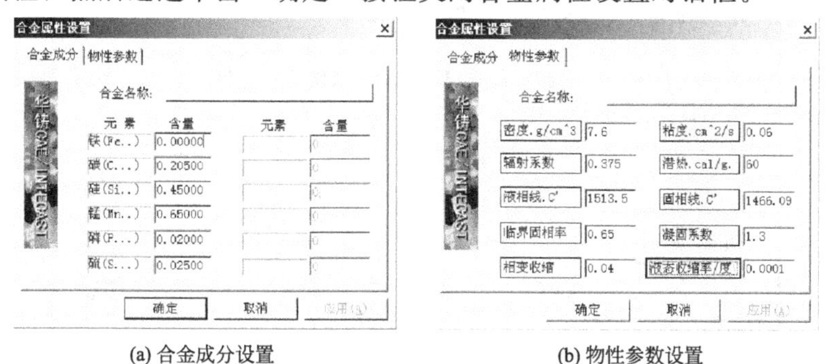

(a) 合金成分设置　　(b) 物性参数设置

图 5-36　“合金属性设置”对话框

(6) 物性参数设置

单击图 5-36 中“确定”按钮，进入“物性参数设置”对话框（图 5-37）。从对话框顶部的“选择欲设置的材料”下拉列表中选择“铸件”，并输入铸件的初始温度（浇注温度）“1550”，然后单击“应用”按钮。再从同一下拉列表中选择“铸型”和“冷铁”，并按表5-4数据设置相应的物性参数。

单击“下一步”按钮，进入“界面参数设置”对话框，设置界面热交换系数。常用砂型（砂芯）铸造的界面热交换系数见表5-5；常用金属型（模具）铸造的界面热交换系数有的与砂型铸造类似，也有不同于砂型铸造的界面热交换系数，如铸型/铸件＝0.08，铸型/空气＝0.001，铸型/芯子＝0.08。

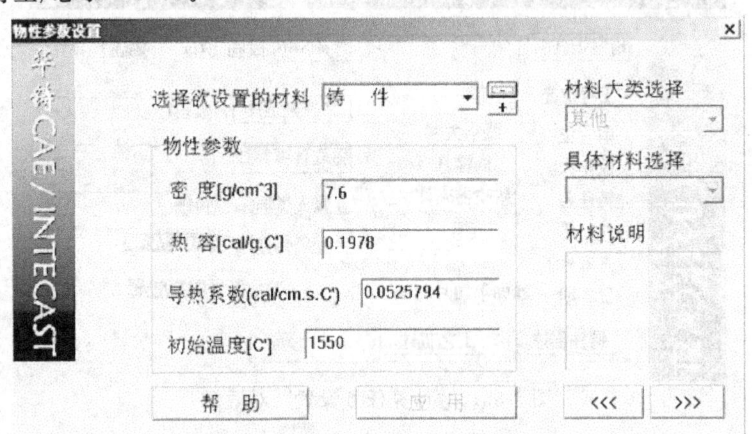

图5-37 “物性参数设置”对话框

表5-5 常用砂型铸造的界面热交换系数 cal/(cm² · s · K)

界面	铸件	铸型	界面	铸件	铸型
铸型	0.023	—	芯子	0.023	0.023
空气	0.023	0.023	冷铁	0.08	0.08
锆砂	0.06	—	铬铁矿	0.05	—
石墨	0.04	—	保温套	0.001	0.001

设置完成后，再单击“下一步”按钮，进入“重力补缩设置”对话框（图5-38），激活“选择重力补缩功能”选项，输入大致浇注时间“50”s。

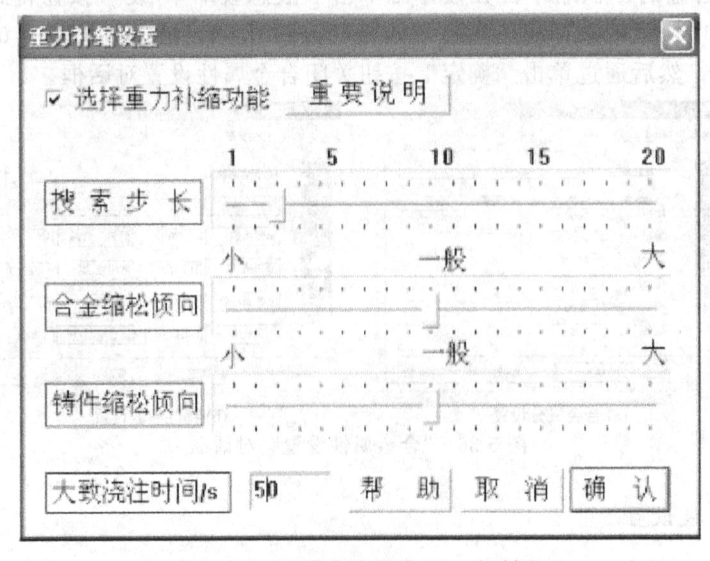

图5-38 “重力补缩设置”对话框

单击“确认”按钮，返回“其它参数设置”对话框（图 5-39）；单击该对话框上的“下一步”按钮，进入“计算任务总结”对话框（图 5-40）；查看信息，确定无误后，单击“接受任务”按钮，开始进行防喷器壳体铸件的凝固分析计算。

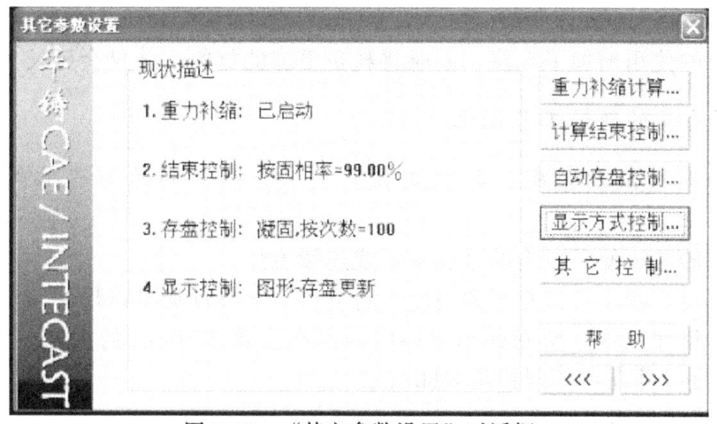

图 5-39　“其它参数设置”对话框

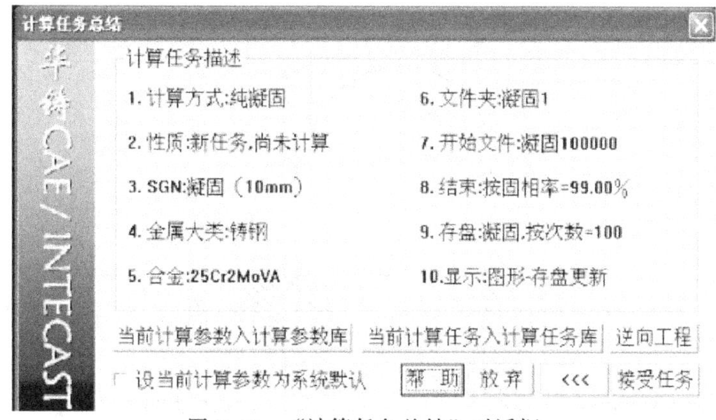

图 5-40　“计算任务总结”对话框

5.5.3　分析结果与讨论

（1）防喷器壳体铸件缩孔缩松分布

图 5-41 是 CAE 分析计算出的防喷器壳体铸件缩孔缩松分布。由图 5-41 可见，缩孔主要集中在浇口杯内和冒口内，而缩松却分散在直浇道内、直浇道与横浇道交接处，以及冒口内和补贴尺寸内。应用 $G/\sqrt{R}$ 判据得到缩松的确切位置如图 5-42 所示，与图 5-41 显示的缩松大致位置完全相符。这些部位在铸件的后处理工序中将被切除，不会影响防喷器壳体的最终质量。

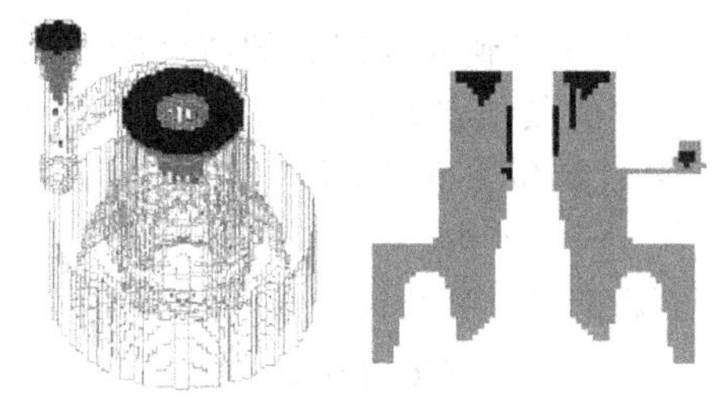

图 5-41　缩孔缩松分布

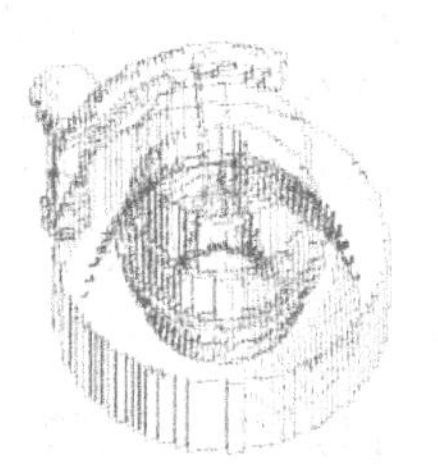

图 5-42　利用 $G/\sqrt{R}$ 法确定缩松位置

从分析结果看，使用初定工艺进行生产能够成形出符合技术要求的铸件，但存在以下两个问题。

① 铸件中间的砂芯造成补贴不足，从而降低了冒口的补缩能力，致使冒口体积过大，减小了工艺出品率。

② 保温冒口的使用增加了工序，同时将耗费更多的材料，并且会延长生产周期。

(2) 防喷器壳体的铸造工艺优化

根据上述模拟结果及分析，可以从以下三个方面对防喷器壳体的铸造工艺进行优化。

① 去除上段砂芯，使冒口内的金属液形成连续流体。

② 去除冒口套，减小冒口直径和高度，将冒口顶部设计成半球形。

③ 增加补贴尺寸，将分型面处小圆环内的圆孔去除 150mm 的深度，下半部分使用砂芯，保留补贴斜度，并在顶部倒圆角 $R60$mm。

优化后的铸件工艺示意见图 5-43。

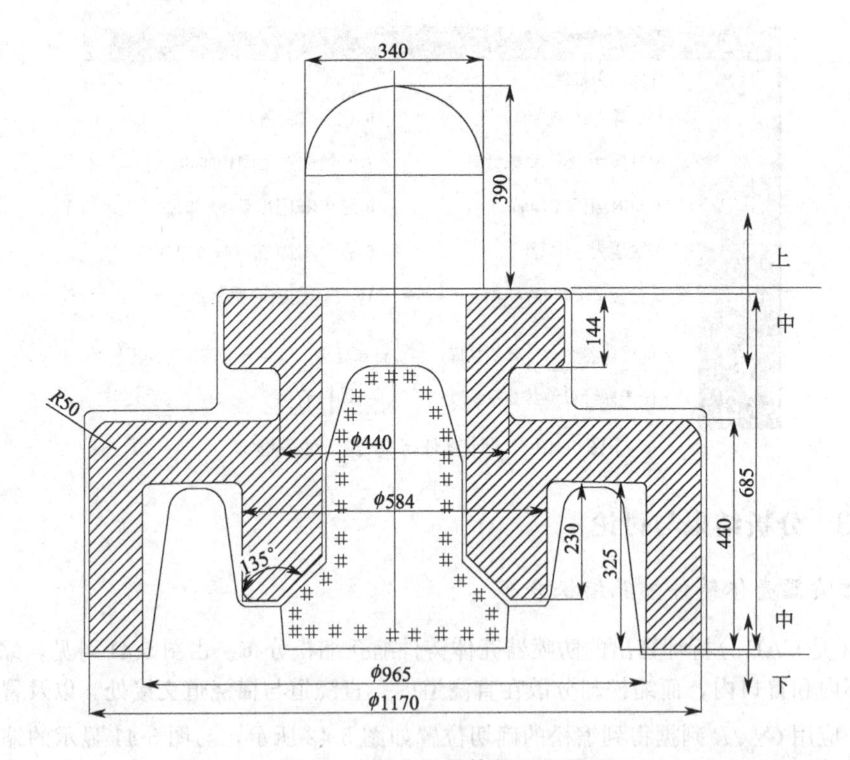

图 5-43 优化后的铸件工艺图

在优化工艺的基础上，再次进行 CAE 分析实验，最终得到较为理想的铸件凝固结果。图 5-44 为工艺优化后的铸件凝固过程（初定工艺方案中的其他参数不变），从图 5-44 中可以看出，铸件仍然按自下而上的方式顺序凝固，去除冒口套和减小冒口尺寸后，最后凝固位置出现在冒口下部和补贴尺寸内，达到了预期目的。

在优化工艺方案下的铸件内缩孔缩松分布情况见图 5-45，缩孔集中位于浇口杯和冒口内，是冒口和浇口杯内金属液向下流动补缩的结果。由 $G/\sqrt{R}$ 判据确定的缩松具体位置也仅出现在补贴的工艺尺寸内和浇道内（图 5-46），对铸件的质量无影响。

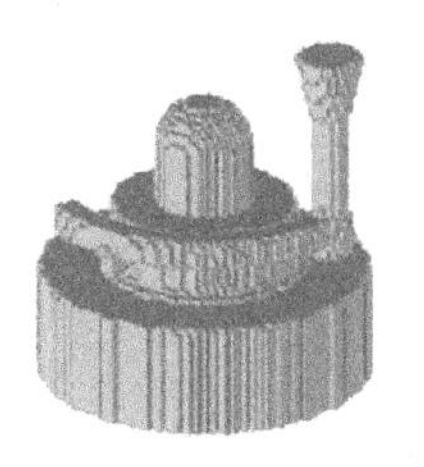
(a) 凝固时间0s

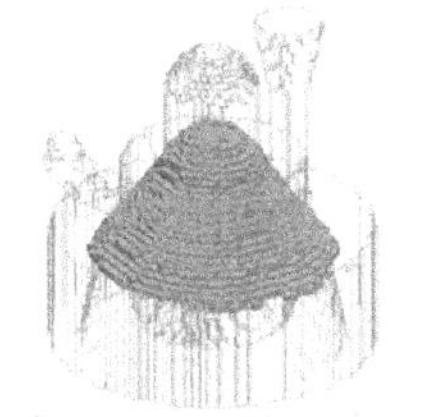
(b) 凝固时间4471s

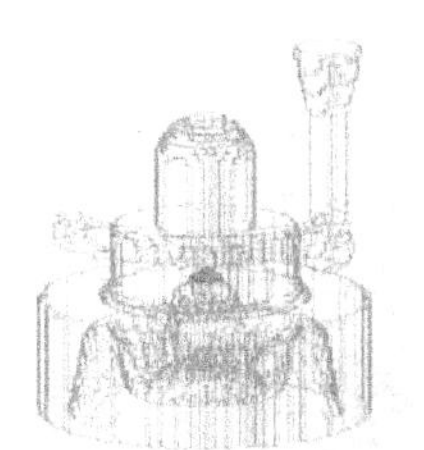
(c) 凝固时间13814s

图5-44 优化后铸件凝固过程

图5-45 工艺优化后的缩孔缩松分布

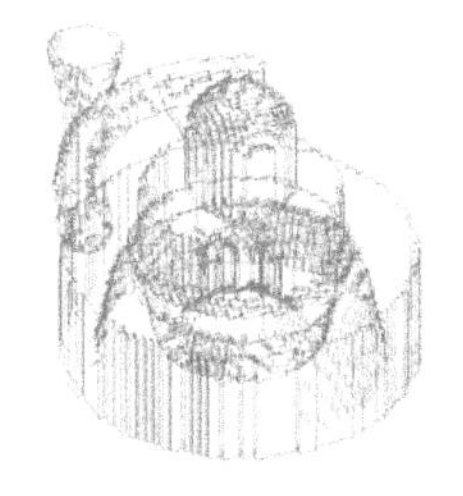

图5-46 利用$G/\sqrt{R}$法确定缩松位置

本例通过优化防喷器壳体铸造工艺方案，在满足充分补缩和实现顺序凝固的前提下，大大缩小了冒口尺寸，使每次钢水的浇注量从4.2t降低到3.8t，铸件材料节省约0.4t。同时，省去了一个上部砂芯的制造与安装，不仅提高了铸型的稳定性和可靠性，而且也简化了造型工装；加上铸件材料消耗的减少，最终使得生产成本大大降低。

思考题

1. CAE技术目前在金属铸造成型中主要有哪些应用？
2. 凝固过程CAE分析技术可以解决铸造生产中的哪些问题？
3. 铸液充型过程CAE技术可以解决铸造生产中的哪些问题？
4. 求解充型流动的初边值条件有哪些？
5. 怎样利用SOLA法求解每一增量步的速度场和压力场？
6. 利用VOF法处理流动前沿推进变化的原理是什么？
7. 流动与传热的耦合计算对真实铸液充型有何意义？
8. 铸件凝固过程中有哪些收缩缺陷？是怎样形成的？
9. 常见的缩孔、缩松判据有哪些？简述其使用方法。
10. 用哪些方法可以预测（判断）球墨铸铁的收缩缺陷？

第6章 板料冲压成形 CAE 技术及应用

6.1 概述

金属板料冲压成形是金属材料塑性加工的一个重要分支，它广泛应用于汽车、航天、航空、家电等各个领域。长期以来，冲压成形工艺和冲压模具设计主要依赖于实际经验、行业标准和传统理论。然而，由于实际经验的非确定性、行业标准的实效性，以及传统理论对真实变形条件和变形过程的简化，因此很难把握复杂结构制件的成形规律与成形特点，使得设计制造出来的冲压模具，往往需要经过反复调试才能正式投入使用，工作量大、效率低、周期长、成本高。通常情况下，为了保证冲压工艺与冲压模具的可行、可靠和安全，多采用保守设计方案，造成工序增多，模具结构尺寸偏大。此外，对于冲压过程中的板料成形性，单凭经验和理论很难准确分析与评估，只有等到试模阶段才能将一些潜在问题暴露出来，这样就给冲压产品的开发和冲压模具的设计带来许多不利因素。利用计算机仿真技术可以尽早发现问题，优化冲压工艺，改进模具设计，缩短模具调试周期，降低设计制造成本。

6.1.1 板料冲压成形的基本方法

(1) 拉深

拉深（亦称拉延、压延或引伸）是借助模具使平板毛坯成形为开口空心零件或曲面零件的一种冲压加工方法。拉深是成形复杂薄板零件（例如汽车覆盖件）最基本的方法之一。

(2) 胀形

胀形成形是指在模具的作用下，迫使毛坯厚度减薄和表面积增大，以获得零件几何形状的冲压加工方法。胀形主要用于平板毛坯或制件的局部成形（例如凸起、凹坑、筋槽、图案和标记等），以及圆柱形空心毛坯的凸胀成形。在大型覆盖件冲压生产中，为了使毛坯能够很好地贴模，以提高成形零件的精度和刚度，必须穿插或复合胀形成形工序。

(3) 修边

修边是指利用模具刃口切除拉深件上工艺补充部分材料的冲压加工方法。通常情况下，为保证拉深工序的顺利进行和最终冲压出合格的制品，往往需要在原冲压零件基础上添加额外的被称为工艺补充的毛坯材料。这部分材料将在修边工序中被切除掉。

（4）翻边

翻边（包括翻孔）是指利用模具将板坯或制件上的内外边缘翻制成竖边的冲压加工方法。翻边主要用于成形零件间有装配关系的部位，或者是为了提高零件的刚度或增加零件的边缘美观而专门加工出特定的形状。

（5）弯曲

弯曲是指在模具的作用下，将板料或板料局部按设计要求弯制成一定角度和一定曲率半径的冲压加工方法。弯曲加工也多用于型材、管材和棒材等毛坯材料的成形。

（6）落料和冲孔

落料和冲孔（包括拉深件的修边）均属于冲压加工方法中的冲裁类加工，两者都是利用模具刃口沿封闭轮廓曲线冲切毛坯而完成加工，只是前者获得的是各种形状的平板零件或为后续工序准备的板坯，而后者冲裁下的却是废料。

目前的金属冲压成形 CAE 分析系统能够仿真板料拉深、胀形、翻边、弯曲（包括薄壁管弯曲）等基本工序及其复合工序，但暂不具备直接用于仿真冲裁加工的功能，板坯的落料、冲孔和修边仿真可以采用变通方法间接实现。

6.1.2　CAE 技术在冲压成形中的应用

金属冲压成形 CAE 分析是从板料变形的实际物理状态及其规律出发，借助计算机技术真实反映模具与板料间的相互作用和板料实际变形的全过程。这意味着利用冲压成形 CAE 分析技术，可以观察板料实际变形中发生的任一特定现象，或计算与板料实际变形过程相关的任一特定几何量或物理量，例如：预测起皱、破裂，计算毛坯尺寸、压边力和工件回弹，优化界面润滑，估计模具磨损等。毫无疑问，金属冲压成形 CAE 分析技术将成为冲压工艺与冲压模具设计的强有力工具，将为缩短新产品模具的开发周期，提高模具及冲压件的品质和寿命创造条件。

金属冲压成形 CAE 分析最重要的应用之一就是预测和控制成形质量，在模具制造之前消除或避免由于模具设计和工艺设计得不合理而引发的成形缺陷。

（1）起皱

起皱是薄板冲压成形中常见的缺陷之一。轻微的起皱将破坏冲压零件的光顺性和影响零件的几何尺寸精度，起皱严重到一定程度将使零件报废。计算机仿真技术能够较好地预测给定条件下冲压件可能产生的起皱，并通过修改模具或工艺参数予以消除。图 6-1(a) 为一典型冲压件的起皱实体，构建同样制件的冲压过程模型，然后进行计算模拟，可得到如图 6-1(b)所示的起皱结果。

尽管仿真起皱很难与实际起皱完全吻合，但比较图 6-1(a)、(b) 可知，仿真结果已经能够比较真实地反映冲压件起皱趋势，因此具有很高的工程实用价值。当计算机仿真结果显示有起皱现象时，就必须对原有的工艺方案甚至模具作一定的修改，然后再进行 CAE 分析实验。这样一个修改、模拟的过程重复进行，直到起皱现象完全消失或不再影响冲压件最终质量为止。应当指出，当制件只发生轻微起皱时，用肉眼是难观察得到的，这时只有通过局部失稳判据才能得出起皱是否已经开始的结论。控制起皱最直接的方法是增加压边力或通过拉深筋等工艺结构改善材料的流动阻力。在其他条件不变时，压边力必须足够大才能避免起皱。但压边力也不能过大，否则会引发制件的拉深破裂。

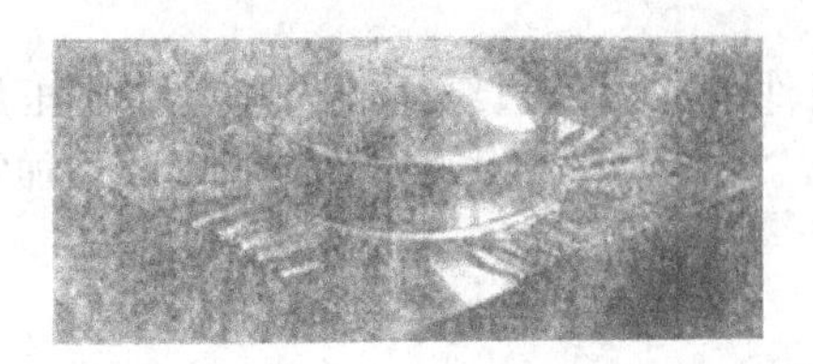
(a) 实际冲压件

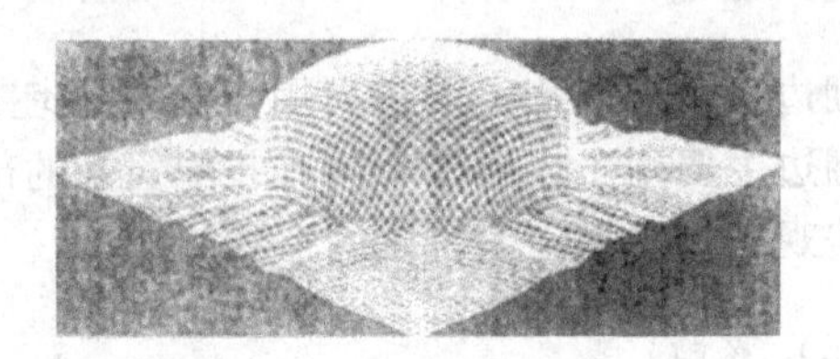
(b) CAE分析结果

图 6-1 薄壁件冲压起皱举例

(2) 拉裂

拉裂是冲压件成形失效的另一种形式。拉裂严重时肉眼便可观察到，但冲压成形过程中还有可能出现肉眼看不到的微裂纹。无论是微裂纹还是明显裂纹都将造成产品的失效或影响产品的正常工作。避免拉裂通常是设计深冲件模具和深冲工艺的一大难题。采用计算机仿真技术能够较为准确地计算材料在冲压成形中的流动状况，因而可较准确地预测变形体内的应变分布和板坯壁的减薄，为判断在给定模面结构和工艺方案条件下是否存在拉裂可能性提供科学可靠的依据。

一旦计算机仿真结果表明局部应变分布接近材料的成形极限，模面方案或工艺方案就应予以修改，并将修改后的方案再次进行仿真检验。这样一个修改、检验的迭代过程不断重复，直到计算机仿真结果表明拉裂的可能性已被消除为止。现在引入一个实例来讨论 CAE 分析技术在分析和预测冲压裂纹上的应用。图 6-2 是某壳体零件外形图，由于该零件存在对称性，所以采用图 6-3 所示的有限元模型仿真零件的冲压成形过程。其中，在有限元网格的划分上采用了如下特殊处理。

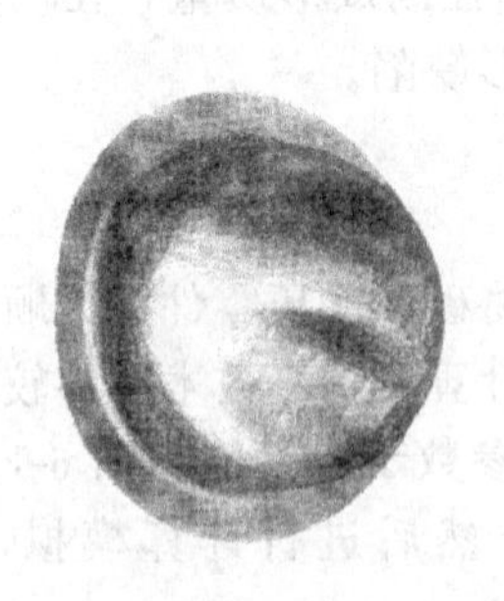
图 6-2 某壳体零件

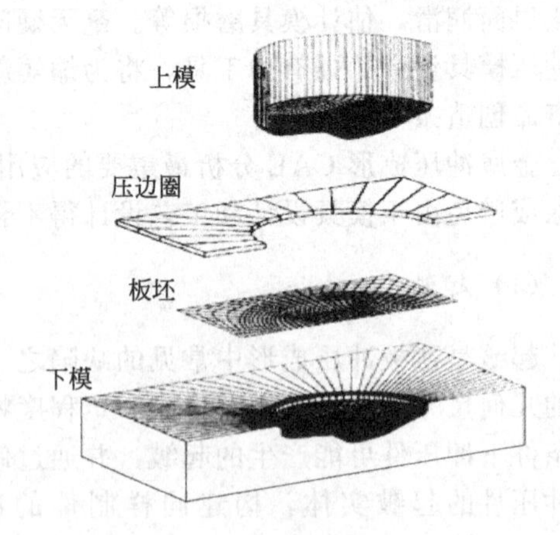

图 6-3 壳体零件的有限元模型

① 细分板坯网格，以便较准确地反映板坯在冲压过程中的变形状况与变形梯度。

② 上、下模面各区域的网格密度不等，以便较准确地描述模面细部结构特征。

③ 压边圈几何形状简单，如果不计算其上的应力分布及变化，则无需细划网格。

通过计算模拟，得到如图 6-4～图 6-6 所示的壳体零件成形结果、内部等效塑性应变和壁厚分布。当然，还可以从计算机仿真结果中获得其他许多有关板坯冲压变形的详细信息，如等效应力、成形极限图（FLD）等。通过这样一些计算结果和材料的有关成形特性分析，便可较好预测冲压成形中产生拉裂的可能性。

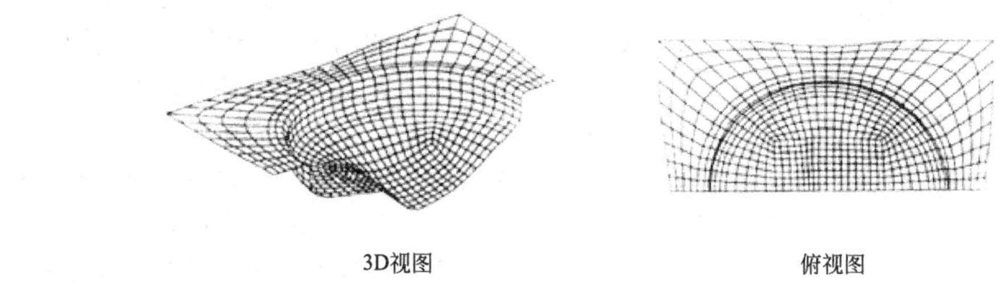

图 6-4　计算机模拟的壳体零件成形结果

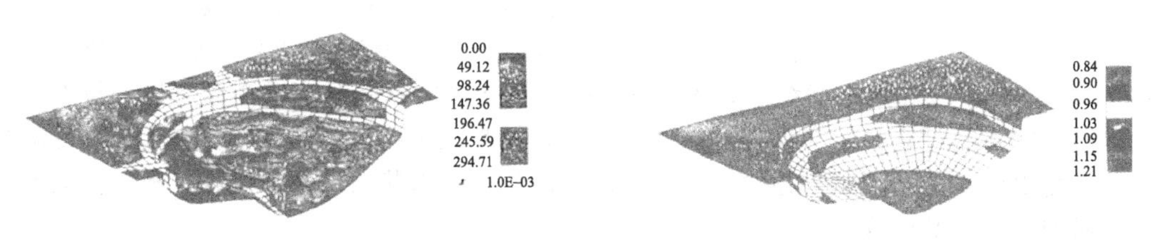

图 6-5　等效塑性应变分布　　图 6-6　壁厚分布

应当指出的是，在目前条件下准确计算冲压成形过程中的裂纹扩展情况还有很多困难，因为即使仿真预示工件有开始产生裂纹的倾向，但计算仍可能会按无裂纹状况进行。这将使得最终计算结果与实际现象不符。不过，这并不影响计算机模拟技术在冲压成形中的有效应用，因为从模具设计和工艺分析的角度讲，一旦裂纹开始产生，整个设计方案就算失败，必须修改方案直到裂纹不产生为止。另外，模具设计和冲压工艺方案设计通常还留有一定的安全系数，其目的就是让冲压成形中的应变分布远离裂纹开始产生时的应变分布。这一方面是设计常规和实际经验总结；另一方面也是考虑到计算机仿真结果所包含的计算误差。图 6-7 是图 6-2 壳体零件对称中线上的应变分量计算值与物理实验值的比较，图 6-8 是该零件对称中线处的厚度计算值与物理实验值的比较。由两幅图可知，计算所得的应变分布和壁厚分布尽管与实验值十分相近，但局部误差总是存在的，有时还可能较大。这就要求在应用计算机仿真数据分析和预测冲压裂纹时应采取适当的措施消除计算误差的影响。

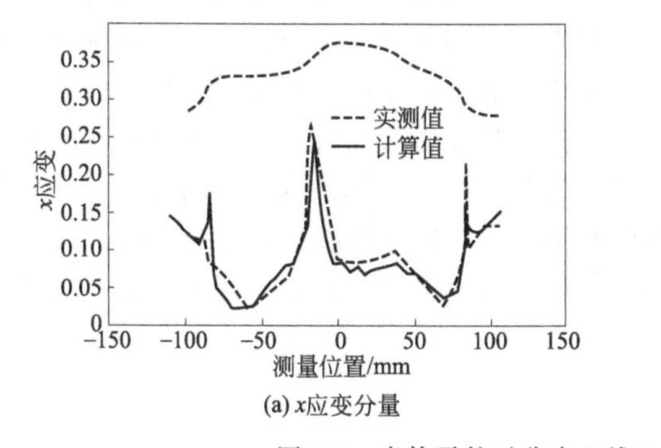

(a) x应变分量

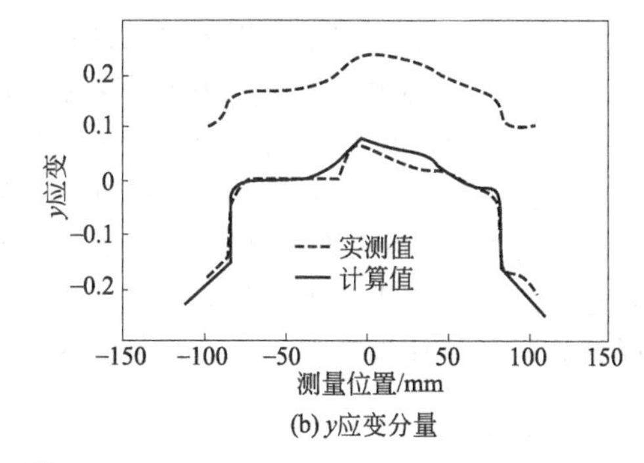

(b) y应变分量

图 6-7　壳体零件对称中心线上计算应变与实测应变的比较

（3）回弹

冲压成形件卸载后的回弹是不可避免的物理现象。由于回弹现象的存在，模面形状应当

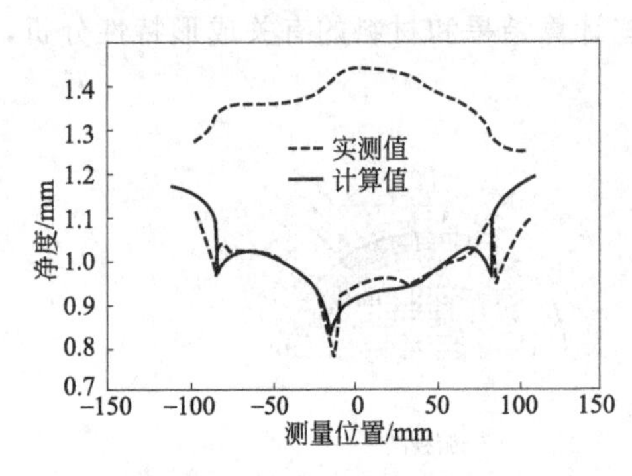

图 6-8 壳体零件对称中心线上计算壁厚与实测壁厚比较

不同于工件表面的设计形状，以补偿回弹引起的工件形状和尺寸变化。但如何精确地计算给定工件可能产生的回弹是一个复杂问题，也是传统冲压成形设计方法无法解决的问题。金属冲压成形 CAE 分析技术的诞生为计算复杂冲压件的回弹提供了有效工具，该技术的基本原理可简述如下。

当动模抵达其行程极限位置时，模具对工件的加载过程即宣告结束，此时的模拟结果（包括节点位移、应力、应变、边界状态等数据）被存储于计算机中。加载过程完成后，计算机便开始对卸载过程进行模拟。在卸载过程中，模具对工件的作用力渐渐减小，工件也就随之产生相应的回弹（反变形），CAE 分析系统利用加载结束时的关键数据作为初边值条件对该反变形过程进行增量和迭代计算，并将其计算结果存储在计算机中。一旦模具完全脱离工件，就得到了冲压件的最终（处于自由状态的）形状。通过比较卸载前、后的工件形状与尺寸，便可了解工件的回弹趋势、回弹区域及其回弹量。

目前，计算冲压件回弹通常采用的方法主要有无模法和有模法。前者的基本思路为：工件成形结束后，去除模具代之以接触反力进行迭代计算，直到接触反力为零为止。而后者的基本思路为：工件成形结束后，让模具反向运动，直到凸模完全与被成形工件脱离为止。

模面形状与尺寸补偿是解决冲压件回弹问题的重要途径之一。同传统设计的思路一样，借助计算机仿真技术设计模具时，首先应按照工件原始形状与尺寸初步确定模面结构，利用这个初步的模面设计方案模拟并预测工件回弹；然后根据其计算回弹量修正模面形状与尺寸，并适当调整部分冲压工艺参数，再次进行 CAE 分析实验；最后利用仿真计算结果检验卸载后工件的形状与尺寸精度，看其是否到达设计要求。如果没有达到要求，则继续修正模面或调整相关成形工艺参数，直到仿真得到的结果符合设计要求为止。

不过到目前为止，回弹模拟计算结果与精度仍不能令人满意。究其原因涉及两个方面：一是成形计算结果的准确性与精确性；二是回弹算法本身。影响成形计算结果的准确性与精确性因素主要有：材料模型、本构关系、屈服函数、单元形式、单元大小、接触算法，以及实际的材料参数、工艺条件、界面摩擦、检测基准等；如果成形计算结果的准确性与精确性得不到保证，则后续回弹计算的可靠性将受到严峻考验。回弹算法面临的主要问题如下：一是回弹计算时，必须通过施加边界约束来消除冲压件卸载过程中的刚性位移；施加约束的部位不一样，其计算结果有时会出现较大差异；而在何处施加约束条件，事实上现在还无切实有效的章法可循。二是复杂冲压零件在整体卸载的同时还存在局部加载，而目前大多数金属冲压成形 CAE 分析软件在计算回弹时并没有区分整体与局部的关系，而是统统按照弹性卸载处理，这就不可避免带来计算误差。三是一些材料参数在回弹过程中已经发生变化，但在回弹计算时却往往没有考虑这方面的因素。

（4）压料力

压料力的确定实际上与起皱和拉裂的预测紧密相关。压料力太小，工件就会起皱，而压料力过大，工件就有被拉裂的危险。当模具设计方案与成形工艺参数基本确定后，可以根据经验粗选压料力，再利用计算机对该压料力下的成形过程进行仿真。若发现起皱，则加大压料力；若发现有拉裂的趋势，则减小压料力，直到找出一个合适的压料值为止。但是，在实际应用中往往会出现这样一种情况，对一副给定的模具，没有一个压料力值能保证工件既不拉裂又不起皱。这说明除压料力等工艺条件外，模具设计本身也可能存在某些应予修正的问题。由此可知，尽管压料力的确定与起皱和拉裂的预测紧密相关，但两者仍有本质区别，前者不涉及模具的修改而后者却可能涉及模具的修改。

对压料力的处理一般采用两种方法，即压边吨位控制和压边间隙控制。压边吨位控制适用于压机刚性较小的场合，在板坯冲压成形过程中，允许压边圈有一定的运动。而在车身覆盖件冲压成形领域，压机的刚性一般较大，因此，采用压边间隙控制法（压边圈压料面和凹模压料面之间的距离设为定值）比较合理。事实上，大多数企业也是采用压边间隙控制法调试模具的。

(5) 拉深筋

在冲压件拉深成形过程中，拉深筋主要起增大进料阻力、调节材料流动状态、降低压料面加工要求和稳定拉深工序等作用。图 6-9 是利用拉深筋调节板坯材料流动状态的示意图。该图表明，为了改善板坯材料的流动状况，在凹模口的不同区段设置不同结构或条数的拉深筋，可以改变凹模口的拉深阻力分布 [图 6-9(c)]，从而最终平衡板坯材料在凹模口的流速差异 [图 6-9(d)]。

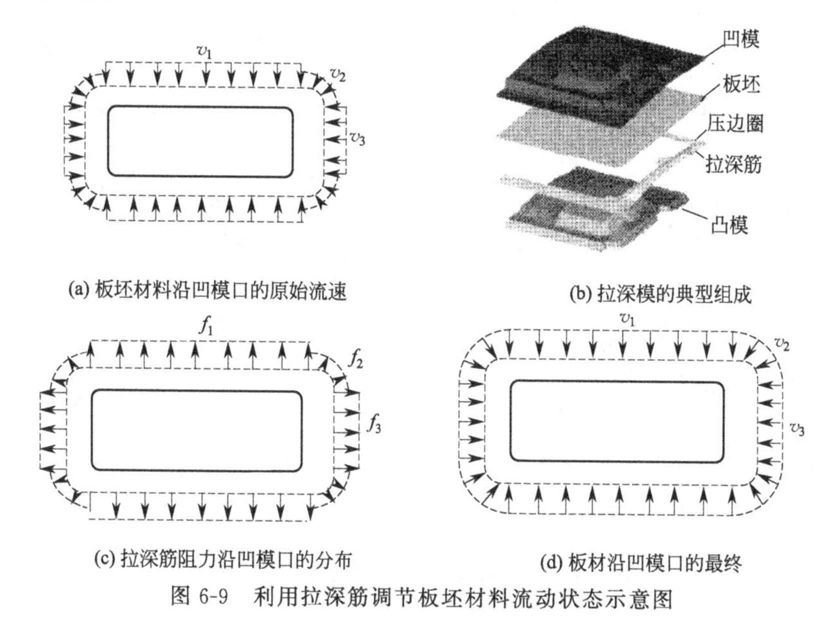

(a) 板坯材料沿凹模口的原始流速　(b) 拉深模的典型组成

(c) 拉深筋阻力沿凹模口的分布　(d) 板材沿凹模口的最终

图 6-9 利用拉深筋调节板坯材料流动状态示意图

目前，有关拉深筋技术的研究主要集中在两个方面，即构建拉深筋等效阻力模型和优化拉深筋设计。在车身覆盖件冲压成形仿真中，拉深筋的构建方法有两种：一是真实几何模型法；二是等效阻力模型法。前一种方法计算精度较高，但需细分凹模或压边圈（取决于拉深筋是设置在凹模或是设置压边圈上）的网格（网格过粗会丢失拉深筋细节特征），不便于修改拉深筋结构与布局；后一种方法计算效率较高，无需细分凹模或压边圈的网格，能非常方便地修改拉深筋结构（实际上是调整等效阻力模型的参数）与布局，因而在金属冲压成形 CAE 分析系统中得到普遍应用，但计算精度直接受等效阻力模型参数的影响。

图 6-10 是模拟某盒形件分别在等效拉深筋和实际拉深筋下冲压成形，然后取 $A—A$ 截面（图 6-11）上的工程应变值同物理试验值进行对比的结果。由图 6-11 可见，在盒形件拉深成形中，采用等效拉深筋、实际拉深筋的计算结果与物理试验结果吻合较好。

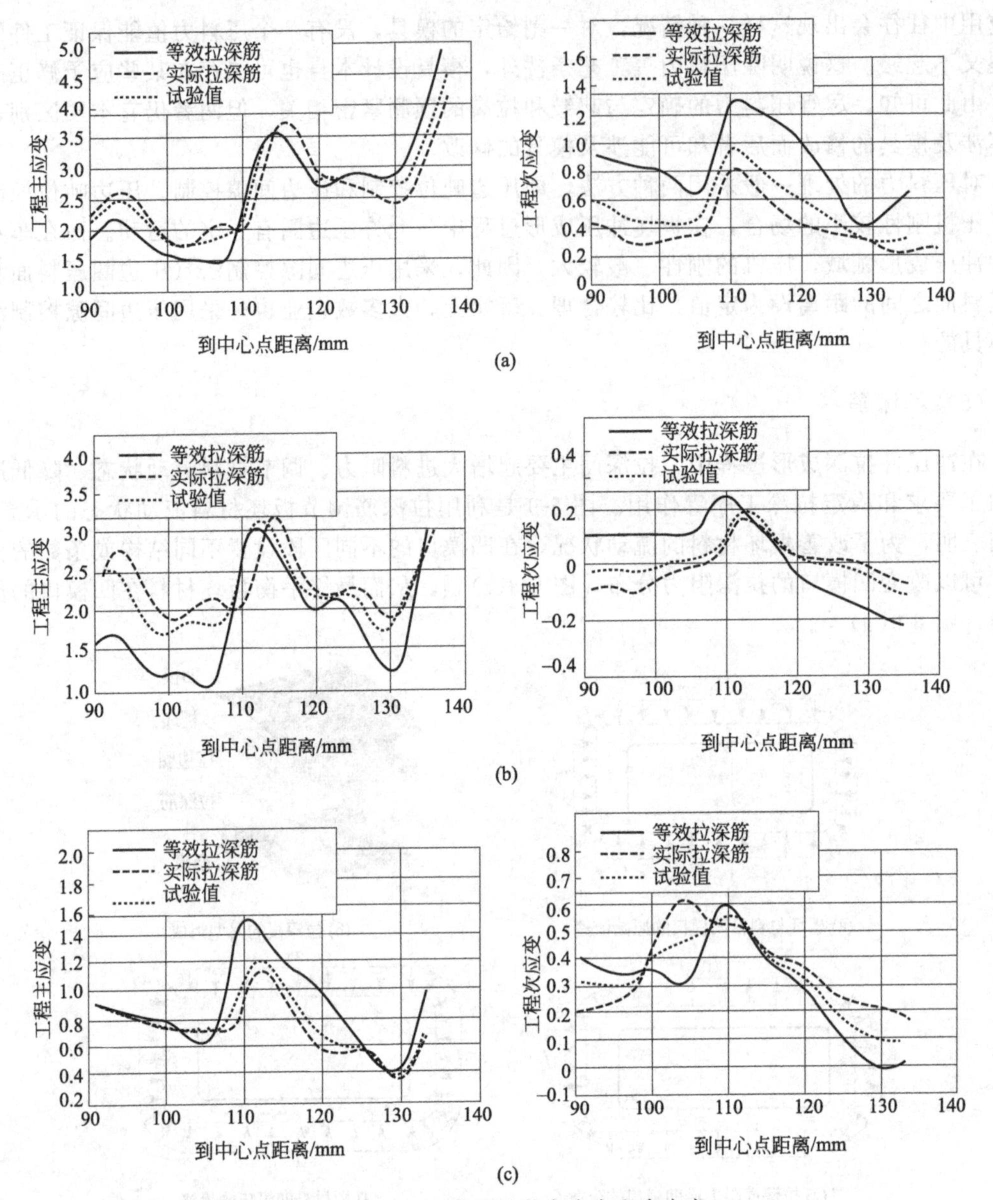

图 6-10 $A—A$ 截面处的主应变和次应变

(6) 毛坯形状与尺寸

不同形状的板坯在冲压过程中，其摩擦接触和金属流动情况必然不同，力-变形情况也不同。合理的板坯外形与尺寸，有助于改善法兰面的应力应变状态和侧壁各部位的受力状态，获得壁厚变化均匀的高质量冲压件、合理的板坯外形与尺寸，还可以提高材料的利用率。因此，研究不同板坯形状与尺寸对成形性能的影响，以及确定合理的板坯形状与尺寸是非常必要的。

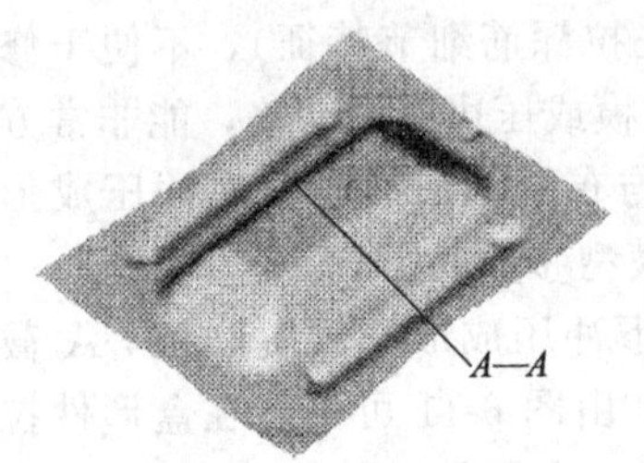

图 6-11 测量部位

确定合理的板坯形状与尺寸的方法可以分为试验法、经验法和理论法。试验法和经验法的基本思想都是试错逼近，因需要在实际试模过程中反复修改板坯形状与尺寸，从而使得生产准备周期延长，费用增高。用理论法来研究板坯外形与尺寸对冲压拉深性能的影响，并确定合理的坯料形状及尺寸受到了学术界和工业界的广泛关注，取得了一些进展。现有的理论方法有滑移线法、仿真法（电信号仿真法、流体仿真法和热传导仿真法）、有限元法和边界元法等。

由于薄板冲压成形过程中材料的流动状况一般很复杂，造成准确计算零件毛坯尺寸的难度增加，而采用基于有限元或边界元或其他数值方法的计算机模拟技术，能够比较准确地掌握一个给定零件在冲压过程中的材料流动状况，这无疑为毛坯形状与尺寸的获取及设计提供了有力的工具。其具体做法可简略归纳为：当一个给定零件的模具和工艺方案调试好后，就可在计算机中对正式的冲压成形过程进行模拟，此时由仿真得到的零件形状应符合设计要求，但通常有相当一部分与零件形状和工艺补充无关的板料与零件相连，这部分板料就是下料时应当去掉的部分。根据零件的形状和工艺补充的需要，在仿真得到的冲压件的最后形状上找出一条边界线，以区分应当保留的部分和可以去掉的部分，再将这条边界线反射到原始毛坯上，就可得到合理的零件毛坯形状和尺寸。不过，考虑到实际生产中的各种影响因素，真实毛坯的形状及尺寸与理论毛坯不一定完全一样，但按上述方法计算出的毛坯形状及尺寸却为最终确定真实毛坯提供了较为可行的参考依据。

应当注意，理论毛坯的计算不应影响成形方案的有效性。具体地说，就是当去掉多余材料时，压边力的作用面积可能会改变，而这一改变不允许影响成形工艺方案的可行性，如导致回弹补偿不合理，甚至导致拉裂或起皱等。

(7) 界面润滑

在冲压成形中采用润滑技术是改变模具/板坯界面材料流动状况的有效方法。确定润滑方案尽管与防止材料被拉裂有直接关系，但两者显然不是一回事，因为一种不合理的模具设计可使任何实际可能的润滑方案都无法避免零件被拉裂。由于采用计算机仿真技术可以较为方便地比较两种或两种以上润滑方案对冲压成形过程的影响，因此它可用来优化冲压成形中的润滑方案。

(8) 预测和改善模具磨损

模具的摩擦磨损受几方面因素的影响，主要包括模具/制件界面的接触摩擦力大小和模具工作表面的耐磨特性。当界面摩擦应力一定时，模具工作表面的耐磨性越高，模具寿命越长。反之，若模具工作表面耐磨性一定，则界面摩擦应力峰值越小，模具寿命越长。要提高模具的使用寿命，改善模具材料和表面热处理技术是一个有效的途径，另一方面是尽可能降低模具工作表面的应力峰值。通过对制件冲压成形过程的计算机仿真，可以较精确地计算模具与制件间的接触摩擦，这样就能获得模具工作表面的受力状况，从而找出模具摩擦磨损的敏感位置。一旦掌握了模具工作表面的应力分布及其大小后，就可开展至少两方面的工作来改善模具的摩擦磨损：第一，对模具工作表面的应力峰值区进行特殊的表面处理以提高该区的耐磨性；第二，加强对应力峰值区的润滑以减少切向摩擦力。当然，后者需要兼顾其他成形设计方案的要求，因为改变局部润滑条件会反过来会影响材料在其他区域的流动状况。此外，还可以在不影响冲压零件使用性能或功能的前提下修改该零件的几何结构，以降低其在冲压成形过程中作用在模具工作表面的应力峰值。

(9) 优化设计

板料冲压成形的优化设计系统通常由四部分组成，即有限元模拟软件、设计变量、目标函数、优化算法。优化设计的目的是通过合理选择板坯尺寸、冲压工艺及其模具方案，高效率地生产高质量、低成本的合格产品。优化设计可以简化成在已给约束条件下搜寻满足目标函数的最大或最小值过程。优化的目标函数可以是板坯尺寸、工艺参数、模面结构、某项成形指标等；约束条件常常是成形质量（例如起皱、破裂的防止）和特定工艺条件限制。例如：瑞士的 M. Hillmann 以工艺参数和几何参数为设计变量，以成形极限图（FLD）的破裂准则和起皱准则为目标函数，以旨在克服目标函数不光滑问题的修正的梯度法为优化算法，建立了基于 Autoform 软件平台的车身覆盖件成形优化设计系统，并成功地应用该系统对油底壳成形过程中的压边力和拉深筋进行优化设计（共模拟计算 92 次，总机时相当于 12 个单独模拟计算的机时）；同时，还应用该系统对 S 形轨道零件的压边力曲线进行了优化。

以上是计算机 CAE 分析技术在冲压成形工艺和模具设计中的主要应用举例。实际上，CAE 分析技术还可用来解决其他与金属板料成形过程有关的问题，例如成形力计算、毛坯生成与排样、模面设计、回弹补偿等。无论利用模拟技术来解决哪类问题，都有一个在数值实验结果基础上反复修改模具设计或工艺方案的过程。这个过程实际上对应于传统方法上的修模和试模过程，但在计算机上实现修模和试模有许多独特的优点，主要体现在以下几个方面。

① 节约时间　一旦构建好给定制件的冲压模型，修改起来就非常方便；并且只要计算机的计算速率足够快，CAE 分析实验的时间投入就完全可以控制。而实际修模与试模所需要的时间较长；更重要的是，一旦修模过度就需要补模甚至使模具报废，这无疑更增加了时间。另外，数值计算还可在无人干涉情况下自动进行，这样可以齐头并进地开展一些其他工作。

② 节省费用　计算机仿真技术可减少实际修模次数，从而减少模具设计和制造费用；此外，减少模具开发的报废率也是节省费用的一个方面。

③ 提高模具品质和使用寿命　通过对冲压过程仿真和优化设计，使模具具备最合理的结构和受力状态，从而提高模具的使用寿命。

④ 提高工件的品质和使用性能　通过计算机仿真，不仅可较好地保证工件的形状和尺寸精度，还可有效地控制成形中材料的塑性变形程度，从而控制材料的塑性硬化程度，改善工件使用的力学性能。

⑤ 减少工件的废品率　由于事先在计算机上进行了冲压零件的成形工艺设计与优化，因此，在试模或批量生产时，就可有针对性地控制和解决工件的报废问题。

⑥ 减少原材料浪费　利用计算机仿真技术进行毛坯尺寸的准确计算，可减少不必要的原材料浪费，从而降低生产成本。

⑦ 支持新产品开发　通过对冲压成形模拟结果的评价，帮助优化新产品设计，从而使新产品开发获得最佳经济效益和社会效益。

不过应当指出，尽管计算机模拟技术可以辅助解决许多复杂的冲压成形工艺与模具设计问题，但它并不是万能的。如果金属材料在塑性变形时的特性超出了现在本构关系理论所能描述的范围，或者说材料表面摩擦特性超出了现有摩擦理论所能描述的范围，那么计算机模拟的结果就会偏离实际甚远。即使计算机仿真理论和方法完全正确，仿真程序完全可靠，也不能保证仿真技术一定能在冲压成形工艺和模具设计中获得成功的应用。这是由于仿真模型的建立和仿真结果的合理解释也对仿真技术的成功应用起决定性影响。因此，使用计算机仿真软件的人员一定要具备足够的专业背景知识，主要包括与冲压成形过程有关的基础力学、材料力学、计算力学、计算数学、材料成形原理与工艺、有限元方法，以及计算机应用等知识。

6.2 大变形弹塑性有限元法

大部分金属塑性成形属于弹塑性变形，如金属板料的冲压成形。求解弹塑性定解问题可用弹塑性有限元法。弹塑性有限元法的主要特点如下。

① 多采用逐步加载法（亦称增量法）求解弹塑性有限元对应的矩阵表达式（非线性方程组）。

② 在每一步加载计算之前，首先检查塑性区内各单元所处状态（加载或卸载）。

③ 弹塑性矩阵表达式与应力、应变和形变硬化假设有关。

④ 对于大变形弹塑性问题，为了保证计算精度，必须考虑每个加载步内单元形状的变化和旋转。

本节所讨论弹塑性定解问题的前提条件如下。

① 变形材料各向同性硬化。

② 服从 Mises 屈服条件和 Prandtl-Reuss 应力应变关系。

③ 材料物性不随时间变化。

小变形弹塑性的特点：变形体内质点的位移和转动较小，单元应变与质点位移基本上满足线性关系。例如，精压、整形等冲压过程。大变形弹塑性特点：变形体内质点的位移或转动较大，应变与位移的关系基本为非线性。例如，板料的弯曲与拉深。因此本章重点给出大变形情况下的弹塑性有限元法，小变形弹塑性有限元法请参考同类书籍。

6.2.1 大变形下的应变与应力

当物体产生大变形时，变形体内的微元在变形的同时可能产生较大的刚性旋转和刚性平移。若用小应变理论，则不能消除刚性运动的影响，无法度量大变形物体的变形状态。为了度量大变形物体的变形与应力状态，必须更精确地研究物体的变形，重新定义应变与应力张量。

(1) 物体的构形与描述

物体中所有质点瞬间位置的集合称为物体的构形或位形。现以图 6-12 所示变形物体为例，说明不同时刻的构形描述方法。

假设：对应 t_0、t 和 $t+\Delta t$ 时刻的物体构形分别为 C_0、C 和 $\bar{C}$；其中，X、x、$\bar{x}$ 表示任一质点 P 在构形 C_0、C、$\bar{C}$ 中的空间坐标。

显然，P 点在 t 时刻的空间坐标 x 是其 t_0 时刻所在空间坐标 X 的函数，即：

$$x_i = x_i(X, t_0) \quad i=1,2,3 \tag{6-1}$$

由于 P 点在上述三个构形中的空间坐标是唯一的，所以，通过坐标变换，有：

$$X_i = X_i(x, t) \quad i=1,2,3 \tag{6-2}$$

式(6-2) 说明 P 点在 t_0 时刻的空间坐标 X 可用 t 时刻的空间坐标 x 表示。

同理，P 点的位移也可用 t 时刻构形对应的空间坐标 x 表示：

$$u_i = u_i(x, t) \quad i=1,2,3 \tag{6-3}$$

或用 t_0 时刻构形对应的空间坐标 X 表示：

$$u_i = u_i(X, t_0) \quad i=1,2,3 \tag{6-4}$$

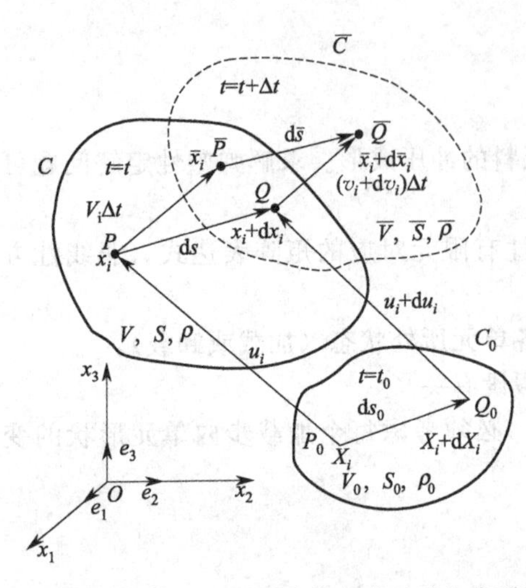

图 6-12 笛卡儿坐标系中物体的运动与变形

式(6-3)和式(6-4)被分别称为构形的欧拉(Euler)描述和拉格朗日(Lagrange)描述。换句话说：如果将 t_0 时刻的构形 C_0 定义为**初始构形**(或称参考构形)，t 时刻的构形 C 定义为**当前构形**(或称现时构形)，则以当前构形为参照基准的各物理量(如质点位移、应力、应变等)描述称为欧拉描述；以初始构形为参照基准的各物理量描述称为拉格朗日描述。在大变形弹塑性有限元法中，拉格朗日描述较为常用。

当利用增量法求解大变形弹塑性有限元方程时，由于参照基准的选择不同，拉格朗日描述又可分为全拉格朗日(Total Lagrange)格式和更新的拉格朗日(Updated Lagrange)格式；前者以原始构形(区别初始构形)为参照，而后者以上一时刻构形(区别当前构形)为参照，见图 6-13 示例。

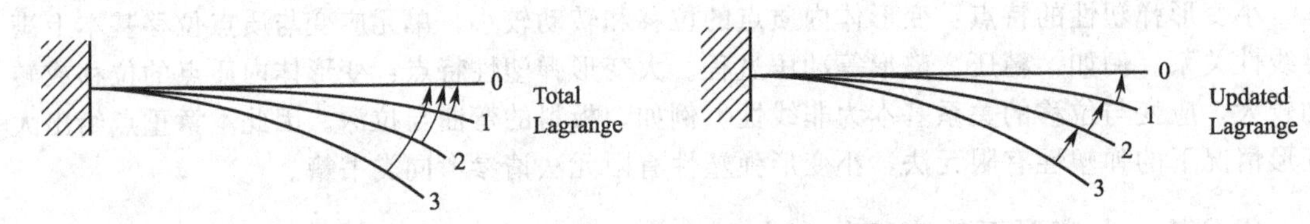

图 6-13 拉格朗日描述的两种格式

(2) 应变度量

分别对式(6-1)和式(6-2)进行微分，得：

$$dx_i=\frac{\partial x_i}{\partial X_j}dX_j\,,dX_i=\frac{\partial X_i}{\partial x_j}dx_j \tag{6-5}$$

根据图 6-12 可推导出 t 和 t_0 时刻的 P、Q 两点距离(用平方数表示)：

$$(ds)^2=dx_i\,dx_i=\frac{\partial x_i}{\partial X_m}\frac{\partial x_i}{\partial X_n}dX_m\,dX_n$$

$$(ds_0)^2=dX_i\,dX_i=\frac{\partial X_i}{\partial x_m}\frac{\partial X_i}{\partial x_n}dx_m\,dx_n \tag{6-6}$$

由此可得物体变形前后 PQ 线段长度的变化值：

Lagrange 描述 $$(ds)^2-(ds_0)^2=\left(\frac{\partial x_k}{\partial X_i}\frac{\partial x_k}{\partial X_j}-\delta_{ij}\right)dX_i\,dX_j=2E_{ij}\,dX_i\,dX_j \tag{6-7}$$

Euler 描述 $$(ds)^2-(ds_0)^2=\left(\delta_{ij}-\frac{\partial X_k}{\partial x_i}\frac{\partial X_k}{\partial x_j}\right)dx_i\,dx_j=2\varepsilon_{ij}\,dx_i\,dx_j \tag{6-8}$$

$$\delta_{ij}=\begin{cases}1 & (i=j)\\ 0 & (i\neq j)\end{cases}$$

$$\boldsymbol{E}_{ij}=\frac{1}{2}\left(\frac{\partial x_k}{\partial X_i}\frac{\partial x_k}{\partial X_j}-\delta_{ij}\right) \tag{6-9}$$

$$\boldsymbol{\varepsilon}_{ij}=\frac{1}{2}\left(\delta_{ij}-\frac{\partial X_k}{\partial x_i}\frac{\partial X_k}{\partial x_j}\right) \tag{6-10}$$

式中 $\boldsymbol{E}_{ij}$——Green-Lagrange应变张量（简称格林应变张量），定义在初始构形基础上，为Lagrange坐标的函数；

$\boldsymbol{\varepsilon}_{ij}$——Almansi应变张量，定义在当前构形的基础上，为Euler坐标的函数。

式(6-9)、式(6-10) 分别为采用Lagrange描述和Euler描述的大变形应变度量。

两种张量之间的存在如下变换关系：

$$\boldsymbol{E}_{ij}=\frac{\partial x_k}{\partial X_i}\frac{\partial x_l}{\partial X_j}\varepsilon_{kl},\boldsymbol{\varepsilon}_{ij}=\frac{\partial X_k}{\partial x_i}\frac{\partial X_l}{\partial x_j}E_{kl} \tag{6-11}$$

(3) 大变形几何方程

为了构建应变度量与质点位移之间的关系，设变形物体内任一质点在t_0时刻的坐标为X_i，t时刻的坐标为x_i，于是可得该质点从初始构形到当前构形的位移分量u_i表达式：

$$u_i=x_i-X_i \qquad (i=1,2,3) \tag{6-12}$$

该位移分量还可表示成：

$$\frac{\partial x_i}{\partial X_j}=\delta_{ij}+\frac{\partial u_i}{\partial X_j} \qquad \text{Lagrange 描述}$$

或

$$\frac{\partial X_i}{\partial x_j}=\delta_{ij}-\frac{\partial u_i}{\partial x_j} \qquad \text{Euler 描述}$$

将上述两式分别代入式(6-9) 和式(6-10)，化简得到大变形条件下的应变与位移间关系（几何方程）：

$$\boldsymbol{E}_{ij}=\frac{1}{2}\left(\frac{\partial u_i}{\partial X_j}+\frac{\partial u_j}{\partial X_i}+\frac{\partial u_k}{\partial X_i}\frac{\partial u_k}{\partial X_j}\right) \tag{6-13}$$

$$\boldsymbol{\varepsilon}_{ij}=\frac{1}{2}\left(\frac{\partial u_i}{\partial x_j}+\frac{\partial u_j}{\partial x_i}-\frac{\partial u_k}{\partial x_i}\frac{\partial u_k}{\partial x_j}\right) \tag{6-14}$$

讨论：

① 当位移量非常小时，式(6-13) 和式(6-14) 的二次项可忽略不计，于是有：

$$\boldsymbol{E}_{ij}=\boldsymbol{\varepsilon}_{ij}=\boldsymbol{e}_{ij} \tag{6-15}$$

即在小变形条件下，Green应变张量$\boldsymbol{E}_{ij}$和Almansi应变张量$\boldsymbol{\varepsilon}_{ij}$均可用小应变张量$\boldsymbol{e}_{ij}$表示。

② 如果在大变形条件下，存在：

$$(\mathrm{d}s)^2-(\mathrm{d}s_0)^2=0 \tag{6-16}$$

则必有$\boldsymbol{E}_{ij}=0$（Lagrange描述）或$\boldsymbol{\varepsilon}_{ij}=0$（Euler描述），意味着物体内的质点仅产生刚性位移。

(4) 应变增量的有限元格式

根据式(6-13) 和式(6-14) 的特点，可将应变张量分解成一次项对应于的线性部分和二次项对应于的非线性部分。为方便有限元方程的建立及其求解计算，通常用增量方式描述大变形几何关系。现以格林应变张量为例，简要说明建立应变增量有限元格式的方法。设格林应变张量增量的线性部分和非线性部分分别为：

$$\Delta E_{ij}^{L}=\frac{1}{2}\left(\frac{\partial \Delta u_i}{\partial X_j}+\frac{\partial \Delta u_j}{\partial X_i}\right),\Delta E_{ij}^{N}=\frac{1}{2}\times\frac{\partial \Delta u_k}{\partial X_i}\frac{\partial \Delta u_k}{\partial X_j} \tag{6-17}$$

于是有：

$$\Delta E_{ij}=\Delta E_{ij}^{L}+\Delta E_{ij}^{N} \tag{6-18}$$

用矩阵表示：

$$\boldsymbol{\Delta E}=\Delta E^{L}+\Delta E^{N} \tag{6-19}$$

离散连续体，并引入单元插值函数，可得单元内任一点的位移增量：

$$\Delta u=N\Delta u^{e} \tag{6-20}$$

将式(6-20) 代入式(6-19)，得：

$$\Delta E=\boldsymbol{B}_{\mathrm{L}}\Delta u^{e}+\boldsymbol{B}_{\mathrm{N}}^{*}\Delta u^{e}=\boldsymbol{B}\Delta u^{e} \tag{6-21}$$

$$\boldsymbol{B}_{\mathrm{L}}=LN$$

$$\boldsymbol{B}_{\mathrm{N}}^{*}=\frac{1}{2}\boldsymbol{\Theta G}$$

式中 $\boldsymbol{B}_{\mathrm{L}}$——线性应变矩阵；

L——微分算子；

N——单元插值函数（形函数）；

u^{e}——单元节点位移列阵；

$\boldsymbol{B}_{\mathrm{N}}^{*}$——非线性应变矩阵；

$\boldsymbol{\Theta}$——位移增量变换矩阵；

$\boldsymbol{G}$——插值函数变换矩阵。

式(6-21) 为基于格林应变的增量型有限元格式。

(5) 应变速率张量和旋转速率张量

由于Green应变张量与Almansi应变张量均以构形质点的初始位置和终了位置进行度量，没有考虑质点的运动路径，所以比较适合线弹性问题和小应变弹塑性问题的分析计算。但是，当发生与变形路径和变形速率有关的大弹塑性变形时，直接利用上述两种应变张量来描述材料的塑性行为就不够严谨。为此，需要从质点运动速度着手，综合考虑变形体应变速率和转动速率对材料塑性变形的影响。

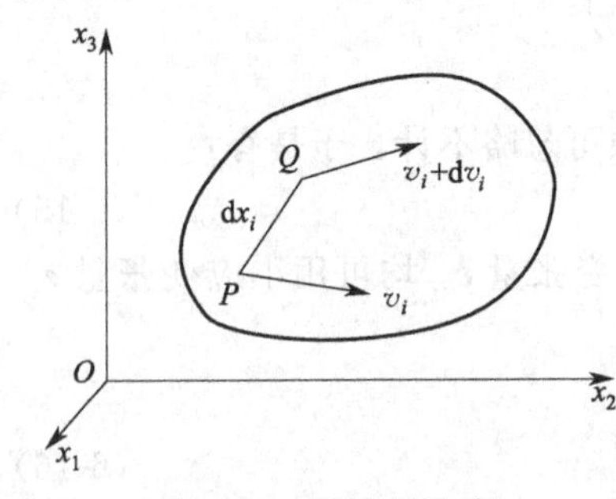

图6-14 质点的速度

假设：在某一时刻 t，当前构形上的任一质点 P 具有速度 v_i，与 P 点相邻的任一质点 Q 具有速度 $v_i+\mathrm{d}v_i$，见图6-14。这种由质点位置不同而导致的速度变化可表示为：

$$\mathrm{d}v_i=\frac{\partial v_i}{\partial x_j}\mathrm{d}x_j=v_{i,j}\mathrm{d}x_j \tag{6-22}$$

式中，速度梯度张量 $v_{i,j}$ 可分解成一个对称张量（应变速率张量）和一个反对称张量（旋转速率张量）之和。

$$\frac{\partial v_i}{\partial x_j}=\frac{1}{2}\left(\frac{\partial v_i}{\partial x_j}+\frac{\partial v_j}{\partial x_i}\right)+\frac{1}{2}\left(\frac{\partial v_i}{\partial x_j}-\frac{\partial v_j}{\partial x_i}\right)=\dot{\boldsymbol{\varepsilon}}_{ij}+\dot{\boldsymbol{\omega}}_{ij} \tag{6-23}$$

式中 $\dot{\boldsymbol{\varepsilon}}_{ij}$——Almansi应变速率张量；

$\dot{\boldsymbol{\omega}}_{ij}$——旋转速率张量。

可以证明，Green应变张量和Almansi应变速率张量均为对称的不随刚体转动的客观张量，所以常用于分析并求解几何非线性问题。

(6) 应力度量

图 6-15 表示在微力 dT 作用下，变形体中任一微元体在不同时刻所处的状态。其中，dT、dA、N 和 $d\tau$、da、n 分别为微元体在初始构形 V 与当前构形 v 中的微力、面元及面元法矢。为了使微元变形前后的微力分量在数学上保持一致，有：

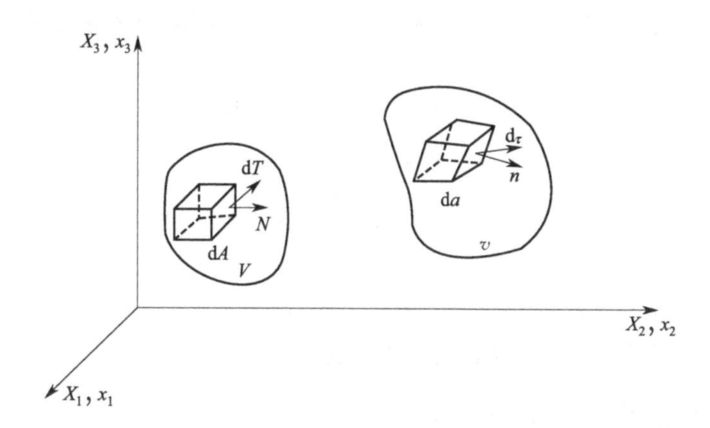

图 6-15　应力度量的图例

Lagrange 规定：

$$dT_i = d\tau_i \tag{6-24}$$

式(6-24) 表明变形前后面积微元上的应力分量相等。

Kirchhoff (克希荷夫) 规定：

$$dT_i = \frac{\partial X_i}{\partial x_j} d\tau_i \tag{6-25}$$

式(6-25) 表明变形前后面积微元上的应力分量与变换 $dX_i = \frac{\partial X_i}{\partial x_j} dx_i$ 的规律类似。

在当前构形中，由静力平衡条件可知：

$$d\tau_i = \boldsymbol{\sigma}_{ij} n_j da \tag{6-26}$$

式中　$\boldsymbol{\sigma}_{ij}$——柯西 (Cauchy) 应力张量，代表真实应力。

仿照式(6-26) 的静力分析方法，可得：

Lagrange 规定：

$$dT_i = \boldsymbol{T}_{ij} N_j dA \tag{6-27}$$

式中　$\boldsymbol{T}_{ij}$——Lagrange 应力张量 (亦称第一类 Piola-Kirchhoff 应力张量)。

Kirchhoff 规定：

$$dT_i = \boldsymbol{S}_{ij} N_j dA \tag{6-28}$$

式中　$\boldsymbol{S}_{ij}$——Kirchhoff 应力张量 (亦称第二类 Piola-Kirchhoff 应力张量)。

可以证明，上述三种应力张量 $\boldsymbol{T}_{ij}$、$\boldsymbol{S}_{ij}$、$\boldsymbol{\sigma}_{ij}$ 之间存在如下关系：

$$\boldsymbol{T}_{ij} = \frac{\rho_0}{\rho} \times \frac{\partial X_j}{\partial x_k} \sigma_{ki}; \boldsymbol{S}_{ij} = \frac{\rho_0}{\rho} \times \frac{\partial X_i}{\partial x_\alpha} \frac{\partial X_j}{\partial x_\beta} \sigma_{\alpha\beta}; \boldsymbol{\sigma}_{ij} = \frac{\partial X_i}{\partial x_\alpha} T_{j\alpha} \tag{6-29}$$

式中　ρ_0，ρ——初始构形与当前构形中的材料密度，即变形前后微元体的密度。

由式(6-29) 中 $\boldsymbol{S}_{ij}$ 与 $\boldsymbol{\sigma}_{ij}$ 间关系可知，Kirchhoff 应力张量 $\boldsymbol{S}_{ij}$ 是客观张量 (对称的且不随刚体转动的张量)。此外，由于 Cauchy 应力张量 $\boldsymbol{\sigma}_{ij}$ 和 Almansi 应变张量 $\boldsymbol{\varepsilon}_{ij}$ 都定义在当前构形中，根据物体变形的连续性可知 $\boldsymbol{\sigma}_{ij}$、$\boldsymbol{\varepsilon}_{ij}$ 代表的是真应力和真应变。而 Kirchhoff 应力张量 $\boldsymbol{S}_{ij}$ 和 Green 应变张量 $\boldsymbol{E}_{ij}$ 定义在初始构形上，均为客观张量，所以，两者配对常用于描述材料的小应变弹塑性本构关系。

(7) 应力速率张量

虽然柯西(Cauchy)应力张量 $\boldsymbol{\sigma}_{ij}$ 代表真应力，但无论 $\boldsymbol{\sigma}_{ij}$ 或 $\dot{\boldsymbol{\sigma}}_{ij}$(Cauchy 应力速率张量)都不是客观张量，会受到刚体转动的影响，这与材料本构关系的客观性要求不一致。为了建立基于速率的大变形问题本构方程，特定义一种同刚体转动无关的应力速率张量，即 Cauchy 应力张量的久曼(Jaumann)导数 $\dot{\sigma}_{ij}^{(J)}$(或称 Cauchy 应力张量的 Jaumann 应力变化率)。

$$\dot{\sigma}_{ij}^{(J)}=\dot{\sigma}_{ij}-\sigma_{ik}\boldsymbol{\Omega}_{kj}-\sigma_{jk}\boldsymbol{\Omega}_{ki} \tag{6-30}$$

$$\dot{\sigma}_{ij}=\frac{\mathrm{d}\sigma_{ij}}{\mathrm{d}t}$$

$$\boldsymbol{\Omega}_{ij}=\frac{1}{2}\left(\frac{\partial \dot{u}_j}{\partial x_i}-\frac{\partial \dot{u}_i}{\partial x_j}\right)$$

式中 $\dot{\sigma}_{ij}$——Cauchy 应力张量变化率(即 Cauchy 应力速率张量)；

$\boldsymbol{\Omega}_{ij}$——旋转张量，代表刚体转动的角速度。

6.2.2 大变形弹塑性本构方程

(1) Euler 描述

定义在变形体当前构形基础上的大变形弹塑性本构方程为：

$$\dot{\sigma}_{ij}^{(J)}=\boldsymbol{C}_{ijkl}^{ep}\dot{\boldsymbol{\varepsilon}}_{kl} \tag{6-31}$$

式中 $\dot{\sigma}_{ij}^{(J)}$——Jaumann 应力变化率；

$\dot{\boldsymbol{\varepsilon}}_{ij}$——Almansi 应变速率张量；

$\boldsymbol{C}_{ijkl}^{ep}$——弹塑性矩阵的张量描述。

(2) Lagrange 描述

定义在变形体初始构形基础上的弹塑性本构方程经适当数学变换后可得其矩阵表达式：

$$\Delta S=(\boldsymbol{C}^{ep}-\boldsymbol{\tau}_{\sigma})\Delta E \tag{6-32}$$

式中 ΔS——Kirchhoff 应力增量列阵；

ΔE——Green 应变增量列阵；

$\boldsymbol{C}^{ep}-\boldsymbol{\tau}_{\sigma}$——Lagrange 描述下的弹塑性矩阵。

(3) 本构方程的选取

如果材料的初始构形由若干个状态变量描述，而其变化响应过程又仅与材料当前构形的应力状态有关，则采用式(6-31)表示的大变形弹塑性本构方程(应力应变关系)比较适合。此外，式(6-31)还适用于变形量大、变形速度较快(如板料拉深、弯曲等)的材料成形过程研究。由于 Kirchhoff 应力和 Green 应变在数值上近似等于工程应力和工程应变，所以，在分析、求解小应变弹塑性问题时(如板料成形中的精压、整形工序)，多采用只考虑材料非线性而忽略变形过程的本构方程(6-32)。

6.2.3 大位移有限应变弹塑性有限元刚度方程

根据虚功原理，如果变形体中的质点以约束容许的任意虚速度 $\delta\dot{u}_i$ 运动，则外力在单位时间内对其所做的功应等于应力 $\boldsymbol{\sigma}_{ij}$ 与虚应变速率 $\delta\dot{\boldsymbol{\varepsilon}}_{ij}$ 之乘积，即：

$$\int_V \boldsymbol{\sigma}_{ij}\delta\dot{\boldsymbol{\varepsilon}}_{ij}\mathrm{d}V=\int_{S_p}p_i\delta\dot{u}_i\mathrm{d}S+\int_V b_i\delta\dot{u}_i\mathrm{d}V \tag{6-33}$$

式中 $\boldsymbol{\sigma}_{ij}$——Cauchy 应力张量；

$\dot{\boldsymbol{\varepsilon}}_{ij}$——Almansi 应变速率张量；

p_i——面力分量；

b_i——体力分量。

式(6-33) 是基于 Eular 描述（定义在当前构形上）的虚功率方程。根据式(6-11) 和式(6-29)，以及体元变换公式(6-34) 可以推导出基于 Lagrange 描述（定义在初始构形上）的虚功率方程式(6-35)。

$$\mathrm{d}V=J\,\mathrm{d}V_0 \tag{6-34}$$

$$J=\left|\frac{\partial x_i}{\partial X_j}\right|=\frac{\rho_0}{\rho}\quad(i=1,2,3;j=1,2,3)$$

式中 J——坐标变换的雅可比行列式；

$\mathrm{d}V$——定义在当前构形上的体积元；

$\mathrm{d}V_0$——定义在初始构形上的体积元。

$$\int_{V_0}\boldsymbol{S}_{ij}\delta\dot{\boldsymbol{E}}_{ij}\mathrm{d}V_0=\int_{S_{0p}}p_i^0\delta\dot{u}_i\mathrm{d}S_0+\int_{V_0}b_i^0\delta\dot{u}_i\mathrm{d}V_0 \tag{6-35}$$

式中 $\boldsymbol{S}_{ij}$——Kirchhoff 应力张量；

$\dot{\boldsymbol{E}}_{ij}$——Green 应变速率张量；

p_i^0，b_i^0——定义在初始构形上的面力分量和体力分量。

现以式(6-35) 为例，简述建立大位移有限应变弹塑性有限元刚度方程过程。

将式(6-35) 应用于当前构形 C 中的任一单元 e，并考虑由集中力产生的等效节点载荷 P_c^e，可得 $t+\Delta t$ 时刻对应单元 e 的虚功率方程矩阵表达式：

$$\int_{V^e}(\delta\dot{E})^{\mathrm{T}}S\,\mathrm{d}V=(\delta\dot{u}^e)^{\mathrm{T}}P_c^e+\int_{S_p^e}(\delta\dot{u})^{\mathrm{T}}p\,\mathrm{d}S+\int_{V^e}(\delta\dot{u})^{\mathrm{T}}b\,\mathrm{d}V \tag{6-36}$$

式(6-36) 两边同乘 $\mathrm{d}t$ 后将其改写成增量形式：

$$\int_{V^e}(\delta\Delta E)^{\mathrm{T}}S\,\mathrm{d}V=(\delta\Delta u^e)^{\mathrm{T}}P_c^e+\int_{S_p^e}(\delta\Delta u)^{\mathrm{T}}p\,\mathrm{d}S+\int_{V^e}(\delta\Delta u)^{\mathrm{T}}b\,\mathrm{d}V \tag{6-37}$$

将式(6-32) 代入式(6-37)，考虑到 $S=S_0+(\boldsymbol{C}^{ep}-\tau_0)\Delta E$，令 $S_0=\tau$，得：

$$\int_{V^e}(\delta\Delta E)^{\mathrm{T}}[\tau+(\boldsymbol{C}^{ep}-\boldsymbol{\tau}_\sigma)\Delta E]\mathrm{d}V=(\delta\Delta u^e)^{\mathrm{T}}P_c^e+\int_{S_p^e}(\delta\Delta u)^{\mathrm{T}}p\,\mathrm{d}S+\int_{V^e}(\delta\Delta u)^{\mathrm{T}}b\,\mathrm{d}V \tag{6-38}$$

为了建立式(6-38) 的单元增量刚度方程，需要将单元虚应变增量 $\delta\Delta E$ 表达为节点虚位移增量的函数。由式(6-21) 可导出：

$$(\delta\Delta E)^{\mathrm{T}}=(\delta\Delta u^e)^{\mathrm{T}}(\boldsymbol{B}_{\mathrm{L}}^{\mathrm{T}}+\boldsymbol{B}_{\mathrm{N}}^{\mathrm{T}}) \tag{6-39}$$

$$\boldsymbol{B}_{\mathrm{N}}^{\mathrm{T}}=2\boldsymbol{B}_{\mathrm{N}}^{*}=\boldsymbol{\Theta}\boldsymbol{G}$$

将式(6-39) 代入式(6-38)，整理可得基于 Lagrange 描述的大位移有限应变单元增量刚度方程：

$$(\boldsymbol{K}_0^e+\boldsymbol{K}_\sigma^e+\boldsymbol{K}_{\mathrm{u}}^e)\Delta u^e=P_c^e+Q^e-F^e \tag{6-40}$$

$$\boldsymbol{K}_0^e=\int_{V^e}\boldsymbol{B}_{\mathrm{L}}^{\mathrm{T}}C^{ep}\boldsymbol{B}_{\mathrm{L}}\mathrm{d}V$$

$$\boldsymbol{K}_\sigma^e=\int_{V^e}\boldsymbol{G}^{\mathrm{T}}\tau\boldsymbol{G}\mathrm{d}V$$

$$\boldsymbol{K}_{\mathrm{u}}^e=\int_{V^e}[\boldsymbol{B}_{\mathrm{L}}^{\mathrm{T}}(\boldsymbol{C}^{ep}-\boldsymbol{\tau}_\sigma)\boldsymbol{B}_{\mathrm{N}}^*+\boldsymbol{B}_{\mathrm{N}}^{\mathrm{T}}(\boldsymbol{C}^{ep}-\boldsymbol{\tau}_\sigma)\boldsymbol{B}_{\mathrm{L}}+\boldsymbol{B}_{\mathrm{N}}^{\mathrm{T}}(\boldsymbol{C}^{ep}-\boldsymbol{\tau}_\sigma)\boldsymbol{B}_{\mathrm{N}}^*]\mathrm{d}V$$

$$F^e=\int_{V^e}\boldsymbol{B}_{\mathrm{L}}^{\mathrm{T}}\tau\mathrm{d}V$$

$$Q^e=\int_{S_p^e}N^{\mathrm{T}}p\,\mathrm{d}S+\int_{V^e}N^{\mathrm{T}}b\,\mathrm{d}V$$

式中 $\boldsymbol{K}_0^e$——小位移刚度矩阵，与位移 Δu^e 无关；

$\boldsymbol{K}_\sigma^e$——初应力刚度矩阵，与当前增量步的初应力 τ 有关；

$\boldsymbol{K}_{\mathrm{u}}^e$——大位移刚度矩阵，与位移增量有关；

F^e——由初应力产生的节点力；

Q^e——对应于面力和体力的等效节点载荷；

P_{c}^e——对应集中力的等效节点载荷。

可进一步将式(6-40) 改写成：

$$\boldsymbol{K}^e\Delta u^e=P^e-F^e \tag{6-41}$$

$$\boldsymbol{K}^e=\boldsymbol{K}_0^e+\boldsymbol{K}_\sigma^e+\boldsymbol{K}_{\mathrm{u}}^e$$

$$P^e=P_{\mathrm{c}}^e+Q^e$$

式中 $\boldsymbol{K}^e$——切线矩阵；

P^e——节点外力载荷。

式(6-41) 经组装后即可形成大位移有限应变弹塑性有限元整体刚度方程：

$$K\Delta U=P-F \tag{6-42}$$

6.3 主流专业软件简介

目前，金属冲压成形 CAE 分析软件所依据的有限元求解格式大致可分为动力显式、静力显式、静力隐式、大步长型静力隐式、全量型静力隐式等五类。

动力显式格式类软件最初是为冲击、碰撞问题的仿真而开发，在有限元平衡方程中包含惯性力的成分。该类软件采用中心差分算法，不需要刚度矩阵的聚合，计算速度快，不存在收敛控制问题，因而特别适合于计算大型车身覆盖件的成形仿真。但是，动力显式格式算法存在一个固有缺陷：为获得显著的计算优势，必须人为地放大凸模运动速度，由此而引起的惯性力对计算结果的准确性有较大影响，这就需要用户在网格尺寸、质量矩阵、阻尼矩阵等计算参数的选用上积累丰富的经验。换句话说，基于动力显式格式的 CAE 分析软件计算效率较高，但计算结果因人而异的现象比较普遍。另外，动力显式格式类软件计算冲压回弹的能力较差。

静力显式格式类软件采用率形式的平衡方程和欧拉前插公式，求解时不需要迭代计算。这样做虽然避免了收敛控制问题，但却会使计算结果逐渐偏离真实解，对此，必须采用很小的加载步长，于是造成求解一个成形过程往往需要高达数千个增量步，导致整个计算效率降低。

从理论上讲，静力隐式格式类软件最适合求解车身覆盖件冲压成形这个准静力问题，其计算结果也是无条件稳定的，但是却存在致命的收敛性问题。由于接触状态的改变，容易引起收敛速度变慢或发散，从而使迭代计算难以进行下去。此外，计算效率低也是静力隐式格式类软件应用的一个不利因素。尽管基于动力显式格式算法的软件在当今车身覆盖件冲压仿真中占主流地位，但还是有许多学者仍然继续从事静力隐式类软件的开发与完善工作。

大步长型静力隐式格式类软件对接触算法进行了特殊的改进，分离处理弯曲效应和拉伸效应，从而可利用快速迭代算法来提高求解效率和改善解的收敛性。此外，由于采用静力隐式算法，所以网格的自适应细化等级没有限制，节点间距最小可以达到 0.5mm，大、小尺寸网格可以共存。但是，对接触算法的近似处理，导致该类软件不能准确地模拟节点接触和脱离工具过程；同时，对于起皱和屈曲现象的预测也不尽如人意。

全量型静力隐式格式类软件采用全量理论，对冲压成形的模拟是从最终产品开始逐步回溯到原始坯料（实际上是一种反向模拟求解法），其间忽略工件与模具的接触历史。该类软件的最大特点是计算效率高，缺点是计算精度还有待改进。全量型静力隐式类软件最适合应用于产品设计阶段。例如：传统的汽车车身设计多注重于美学和动力学特征等，对其零件的冲压成形性则很少考虑，借助全量型静力隐式类软件可以较好地对车身覆盖件的成形性进行预测和评价。

表 6-1 展示的是目前在汽车覆盖件成形中广泛应用的弹塑性有限元软件，其求解格式按时间积分算法进行分类。

表 6-1　汽车覆盖件成形中常用的弹塑性有限元软件

软件名称	类型	开发者国别	汽车工业内的用户举例	软件名称	类型	开发者国别	汽车工业内的用户举例
LS-DYNA3D	动态显式	美国	GM,Ford,Chrysler	ITAS-3D	静态显式	日本	NISSAN
PAM-STAMP	动态显式	法国	BMW,MAZDA	AutoForm	静态隐式	瑞士	德国大众,上海大众
DYNAFORM	动态显式	美国	中国一汽	MTLFRM	静态隐式	美国	Ford

6.3.1 Dynaform

eta/Dynaform 是美国 ETA 公司开发的一款专业用于板料成形 CAE 软件包，能够帮助模具设计人员显著减少模具开发设计时间及试模周期，不但具有良好的易用性，而且包含大量的智能化前处理辅助工具，可方便地求解各类板成形问题。Dynaform 可以预测成形过程中板料的破裂、起皱、减薄、划痕、回弹，评估板料的成形性能，从而为板料成形工艺及模具设计提供技术支持。Dynaform 包括板成形分析所需的 CAD 接口、前后处理、分析求解等所有功能。

目前，eta/Dynaform 已在世界各大汽车、航空、钢铁公司，以及众多的大学和科研单位中广泛应用。长安汽车、南京汽车、上海宝钢、中国一汽、上海大众汽车公司、洛阳一拖等国内知名企业都是 Dynaform 的成功用户。

（1）Dynaform 主要特色

① 集成操作环境，无需数据转换。完备的前后处理功能，无需编辑脚本命令，所有操作都在同一界面下进行。

② 采用业界著名的功能强大的 LS-DYNA 求解器，以解决最复杂的金属成形问题。

③ 囊括影响冲压工艺的 60 余个因素，以模面工程（DFE）为代表的多种工艺分析辅助模块具有良好的用户界面，易学易用。

④ 固化丰富的实际工程经验。

⑤ 同时集成动力显式求解器 LS/DYNA 和静力隐式求解器 LS/NIKE3D。

⑥ 支持 HP、SGI、DEC、IBM、SUN、ALPHA 等 UNIX 工作站系统和基于 Windows NT 内核的 PC 系统。

(2) Dynaform 系统组成

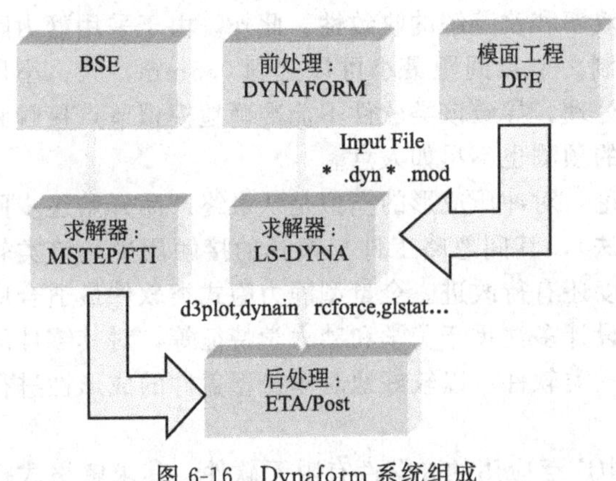

图 6-16 Dynaform 系统组成

高版本的 Dynaform 系统主要由基本模块（含前后处理器、求解器与材料库）、板坯生成（BSE）模块和模面工程（DFE）模块组成，见图 6-16。

① 基本模块 提供良好的 CAD/CAE 专用软件接口（支持 IGES、VDA、DXF、STEP、STL、Lin、ACIS 和 UG、CATIA、ProE，以及 NASTRAN、IDEAS、MOLDFLOW、ABAQUS）与方便的几何模型修补功能。

初始板料网格自动生成器，可以根据模面最小圆角尺寸自动优化板料的网格尺寸，并尽量采用四边形单元，以确保计算的准确性。

快速设置（Quick Set-up）子模块能够帮助用户快速完成分析模型设置，从而大大提高前处理效率。

与实际冲压工艺相匹配的方便且易用的流水线式的模拟参数定义，包括模具自动定位、自动接触描述、压边力预测、模具加载运动描述、边界条件定义等。

用等效拉延筋代替实际拉延筋，除大大节省计算时间外，还能方便地在有限元模型上修改拉延筋尺寸及布置。

支持多工步冲压成形过程模拟。

网格自适应细分功能使系统在不显著增加计算时间的前提下提高计算精度。

根据需要，自动或手动实现显、隐式求解器之间的无缝切换，例如：利用显式求解器计算模拟拉延过程，隐式求解器计算模拟回弹过程。

采用三维动画、等值线、彩色云图、场变量-时间曲线、局部剖切、光照反射等方式演示工件成形过程中的应力、应变、厚度、表面质量等的变化与分布，并在成形极限图上动态反映工件各区域的成形情况，如是否充分拉深，有无起皱、破裂等现象产生。

② 板坯生成模块 采用一步法求解器，能够方便地实施板料展开，以得到合理的落料尺寸。

③ 模面工程模块 模面工程模块可以根据冲压零件的几何形状进行模面设计，包括压料面与工艺补充的设计。该模块提供一系列基于曲面的实用辅助工具，如几何填补、冲压方向调整，以及压料面和工艺补充面生成等，其主要特点如下。

a. 所有操作都基于 NURB 曲面，所有曲面都可以输出用于模具的最终设计。

b. 按用户指定半径快速处理设计零件上的尖角，以满足分析要求。

c. 根据成形需要自动填补冲压零件上的不完整区域，并自动生成网格与曲面。

d. 图形显示拉延深度与负角的检查结果。

e. 自动将冲压零件从产品设计坐标系调整到冲压坐标系。

f. 根据冲压零件形状自动生成四种压料面，生成的压料面可以进行编辑与变形。

g. 根据产品的大小、深度及材料特性生成一系列轮廓线，然后基于这些轮廓线生成曲面并划分网格，从而最终形成完整的工艺补充部分，可以对生成的轮廓线进行交互式编辑。

h. 提供线、曲面及网格的变形功能，能够很容易地处理线框模型、几何填补、工艺补充，以及压料面设计等。

6.3.2 PAM-STAMP

欧洲五国自1986年开始制定了一项名为BRITE-EURM-3489的研究计划，每年资助50万美元开发板料冲压成形过程分析CAE系统，并于1992年正式推出PAM-STAMP商品化软件。PAM-STAMP 2G的主要功能模块包括对模面与工艺补充面进行设计和优化的PAM-DIEMAKER、快速评估工件成形性的PAM-QUICKSTAMP，以及验证成形工艺和冲压件质量的PAM-AUTOSTAMP。PAM-STAMP 2G的所有模块均集成在统一的工作平台上，模块交互操作，并以完全一致的方式共享CAD资料。

PAM-STAMP 2G系统框架可以实现各模块间数据的无缝交换，同时支持用户化应用程序编程。后者采用两级化应用软件管理模式，借助冲压模具工具包（Stamp Tool Kit），用户可以根据实际工作需要配置自己的板料成形解决方案。PAM-DIEMAKER通过参数迭代方法获得实际的仿真模型，能在几分钟内生成模面和工艺补充面，并能快速地分析判断工件有无过切（负角）现象和计算确定最佳冲压方向。PAM-QUICKSTAMP提供一套快速成形分析工具，能在计算精度、计算时间和计算结果之间折衷推出最佳方案，让模具设计师快速检查和评估自己的设计，包括模面设计、工艺补充部分设计和模具辅助结构设计的合理性。PAM-AUTOSTAMP可仿真实际工艺条件（如重力影响、多工步成形，以及各种压料、拉深、切边、翻边和回弹）下的板料成形全过程，并提供可视化的模拟结果显示与判读。

6.3.3 其他软件

（1）AutoForm

AutoForm最初由瑞士联邦工学院开发，后来为了更好地研发、应用与推广，专门成立了一家包括瑞士研发与全球市场中心和德国工业应用与技术支持中心在内的AutoForm工程有限公司。AutoForm是一款基于全拉格朗日理论并采用静态隐式算法求解的弹塑性有限元分析软件系统，其主要模块包括一步法快速求解（OneStep）、增量法求解（Incremental）、模具设计（DieDesigner）、液压成形（HydroFrom）、工艺方案优化（Optimizer）和零件修边（Trim）等。AutoForm中的模具设计模块可以自动生成或交互修改压料面、工艺补充、拉延筋和坯料形状；可选择冲压方向，设置侧向局部成形，产生工艺切口，定义重力作用、压边、成形、修边、翻边、回弹等工序或工艺过程；其增量法求解模块可精确模拟完整的冲压成形过程，而一步法求解模块则可快速获得冲压成形的近似结果，并预测毛坯形状。AutoForm中的工艺方案优化模块以成形极限为目标函数，针对高达20个设计变量进行优化，自动迭代计算直至收敛。

AutoForm面向第一线工程人员，使用者无须具备深厚的有限元理论背景，学习难度低。目前，全球已有约90%的汽车制造商和数以百计的著名汽车模具制造商，以及冲压件供应商使用AutoForm开发产品、规划工艺和设计模具。AutoForm的最终目标是高效解决“零件可成形性（part feasibility）、模具设计（die design）和可视化调试（virtual tryout）”等方面的问题。

(2) FastForm

FastForm是成形技术有限公司（FTi，1989年建立，现总部在加拿大）开发的基于有限元技术的钣金成形分析和钣金设计软件。该软件在航天、航空、车辆、船舶、家用电器、钢铁、模具制造等行业得到广泛应用。FastForm由Fastform/Fastblank和FastForm Advanced两大核心模块组成，其特色主要体现在以下几个方面。

① 能够为任何钣金零件或存在显著塑性变形的拉深件预测出非常精确的毛坯形状与尺寸，并能以IGES或Nastran格式输出毛坯形状和尺寸供其他CAD系统使用。

② 利用FastForm的内置工具可以方便地更改和修补IGES曲面。

③ 具有强大的网格自动处理功能。

④ 大多数零件的冲压成形模拟能在5min之内处理完毕。

⑤ 材料的起皱、破裂、减薄等现象及其位置能够可视化的进行展示。

⑥ 自动毛坯排样。

⑦ 软件的材料数据库为实际应用中分析各种零件提供了方便。

⑧ 可分析测试由多种不同材料拼合焊接而成的复杂零件成形。

⑨ 能模拟成形零件的回弹现象。

⑩ 根据给定的凸凹模外形尺寸生成模具轮廓。

(3) FASTAMP

FASTAMP是由华中科技大学塑性成形模拟及模具技术国家重点实验室自行设计开发的高性价比专业板料成形快速仿真软件，面向钣金冲压成形与模具设计，在汽车、摩托车及其零配件、家用电器、模具设计等方面有着广阔的应用前景。目前，FASTAMP开发组在结合大量实际生产经验，进一步完善FASTAMP系统的基础上，发布了FASTAMP软件的最新版本（V3.0企业版）。与同类软件相比，FASTAMP V3.0企业版已经处于领先的位置，达到了国际一流水平。

① FASTAMP的主要特色

a. 计算速度快，模拟精度高，模拟精度比AutoForm-OneStep和FASTFORM 3D高得多。

b. 集成了新一代国际一流的有限元前处理模块，可以完成极其复杂的曲面网格划分工作。

c. 精确反算冲压件或零件的坯料形状，快速预测冲压件的厚度分布、应变分布、破裂位置、起皱位置等。

d. 精确真实地模拟摩擦、压边力、拉深筋、背压力（托料力）等工艺参数。

e. 充分考虑了压边圈、顶柱器、曲压料面的作用。

f. 可应用于连续模（级进模）、翻边成形、三维翻边成形、修边线、拉延成形和冲压工艺优化。

② FASTAMP逆算法求解器特点

a. 基于改进的有限元逆算法（Update Inverse Approach）和DKQ壳单元，考虑了真实的摩擦、压边力、拉深筋等工艺条件。

b. 具有较高的模拟精度。

c. 计算速度是增量法的20～50倍，一般零件的分析只要3min左右。

③ FASTAMP显式增量法求解器特点

a. 基于动力显式有限元法和BT壳单元，考虑了真实的摩擦、压边力、拉深筋等工艺条件，具有较高的模拟精度。

b. 可以应用于翻边成形、拉延成形、冲压工艺优化。

(4) KMAS

KMAS是由吉林大学车身与模具工程研究所在国家“九五”重点科技攻关项目基础上开发的一款板料成形仿真软件系统，目的在于解决我国汽车车身自主研发与模具制造的瓶颈问题，目前已经拓展到航空、通信等其他与冲压成形相关的行业。KMAS系统可以在制造模具之前，利用计算机模拟出冲压件在模具中成形的真实过程，告知用户其模面设计与工艺参数设计是否合理，并最终为用户提供最佳的成形工艺方案和模具设计方案。KMAS系统的功能模块包括模面几何造型设计、网格自动生成、基于标准化参数实验获得的材料数据库、显式和半显式时间积分弹塑性大变形/大应变板材成形有限元求解器和前后处理器，以及支持市场上流行CAD/CAM系统的专用数据接口。借助KMAS系统，能够实现复杂冲压件从坯料夹持、压料面约束、拉延筋设置、冲压加载、卸载回弹和切边回弹的全过程模拟。

6.4 CAE分析参数设置

在应用板料成形CAE软件进行模拟仿真时，要针对冲压过程中的各种物理变量，采用合适的方式建立起各种工艺参数的计算模型。模型建立的准确性和模拟的真实性对仿真的结果有直接的影响。深入地了解成形分析参数的意义以及正确设置这些参数非常重要。本节的目的就是详细地介绍成形参数的含义和设置方法，并以LS-DYNA求解器为例进行具体的说明。

6.4.1 单元选择与单元尺寸控制

(1) 单元类型选择

为了降低金属板料冲压成形CAE分析的难度和规模，通常将板坯简化成具有给定厚度的几何面，同时将模具工作零件（如凸、凹模和压边圈）抽象成与冲压件（包括压料部分）形状一致的几何型面。离散这些几何（型）面一般选择四边形或三角形单元，其中应优先选择“规则的”四边形单元离散板坯。由于板坯自身形状不一定非常规则，划分网格时，虽然能够生成大量的四边形单元，但在某些特殊区域（如不规则外形的板坯边界）则必须采用三角形单元过渡，以减少板坯中的扭曲单元数。此时，三角形单元数应控制在5%以内，其余95%以上的应为四边形单元（尽量采用“规则的”四边形单元）。

(2) 单元算法选择

目前，在冲压成形CAE分析中最常见的是4节点四边形薄壳单元，同该单元相适应的计算方法主要有两类，即Belytschko-Tsay算法（由经典薄壳理论Mindlin假设导出，运算速度快，用于复杂冲压件的CAE分析时精度较低）和Hughes-Liu算法（由8节点实体单元退化而成，运算速度相对较慢，在单元扭曲较大时，仍然能获得合理的仿真结果，适合于复杂冲压件的成形与回弹分析）。基于这两类算法的特殊薄壳单元有如下8种得到广泛应用。

① Belytschko-Tsay (BT) 壳单元　BT单元是许多国际主流板成形软件（如ls-dyna、

eta/dynaform、ansys/ls-dyna）缺省的单元。BT 单元采用面内一点积分，计算速度非常快，但不适宜单元翘曲特别严重的 CAE 分析。

② Belytschko-Wong-Chiang（BWC）壳单元　BWC 单元是对 BT 单元的一种改进，是 ansys/ls-dyna 强力推荐的单元。该单元同样采用面内一点积分，计算速度比 BT 单元慢 25%左右，用于单元翘曲较严重的 CAE 分析时通常能获得正确的结果。

③ Belytschko-Leviathan（BL）壳单元　BL 单元在 ansys/ls-dyna 和 eta/dynaform 中均得到推荐。该单元仍然采用面内一点积分，其计算速度比 BT 单元慢 40%左右，它最大特点是单元内含有自动控制沙漏的计算项。

④ General Hughes-Liu（GHL）壳单元　该单元也采用面内一点积分，计算速度比 BT 单元慢 250%左右。

⑤ Fully integrated shell element（FHL）壳单元　该单元采用面内四点积分，不存在沙漏现象，也是隐式有限元分析中最常用的单元，其计算速度比 BT 单元慢 130%左右。这是 Hughes-Liu 系列单元中计算速度最快的一种，也是 ls-dyna、eta/dynaform 等软件强力推荐的壳单元。实践表明，无论是冲压过程分析还是回弹量计算，无论被分析的冲压件结构复杂与否，FHL 单元均能获得与实际冲压结果相当吻合的结果。

⑥ S/R Hughes-Liu（S/R-HL）壳单元　这是最原始的 Hughes-Liu 壳单元，该单元采用面内四点积分，不存在沙漏现象，但计算速度比 Belytschko-Tsay 薄壳单元公式慢 20 倍左右。

⑦ S/R co-rotational Hughes-Liu（S/R-co-HL）壳单元　该单元也采用面内四点积分，也不存在沙漏现象，其计算速度比 BT 单元慢 8.8 倍左右。S/R-co-HL 单元可用于那些采用一点积分时沙漏现象特别严重的 CAE 分析。

⑧ Fast（co-rotational）Hughes-Liu（CFHL）壳单元　该单元也采用面内一点积分，计算速度比 BT 单元慢 150%左右。这也是 Hughes-Liu 系列薄壳单元中计算速度较快的一种，适用于变形非常复杂，沙漏比较明显的 CAE 分析。

由单元类型选择可知，在板料冲压成形 CAE 分析中，3 节点三角形薄壳单元主要用于离散板坯轮廓边界。对于 3 节点三角形薄壳单元，根据其算法的不同共有两种常用单元，即 C^0 三角形薄壳单元和 BCIZ 三角形薄壳单元。

a. C^0 三角形薄壳单元。该单元的算法由 Mindlin-Reissner 薄板理论导出，采用单元面内一点积分，比较刚硬，如果整个坯料网格均采用这种单元，则计算误差大。

b. BCIZ 三角形薄壳单元。该单元的算法由 Kirchhoff 薄板理论导出，也采用单元面内一点积分，但比 C^0 单元计算速度慢。在大多数商用软件中，BCIZ 单元均能够自动转变成 C^0 单元。同时，无论是 C^0 单元还是 BCIZ 单元，只要材料特性相同，它们就能方便地与四边形薄壳单元混合使用。

(3) 单元尺寸控制

在板料冲压成形过程中，模具工作面与板坯面之间存在接触、滑动、摩擦和力传递等物理现象。为了正确模拟这些物理现象，必须保证模具工作面的单元尺寸与板坯面的单元尺寸相互适应。由于冲压模具通常被定义为刚性体，其单元既不参与应力应变计算，也不影响系统临界时间步长的确定；因此，采用细密的模具网格除了稍微增加一些接触搜寻时间外，不但不会对 CAE 分析的整体计算产生多大的影响，反而还有利于准确描述离散后模具工作面的几何细节，有利于获得接触界面上理想分布的接触力。图 6-17 借助某车门外板的有限元模型说明网格密度大小及其分布对离散体几何形状逼近程度的影响。

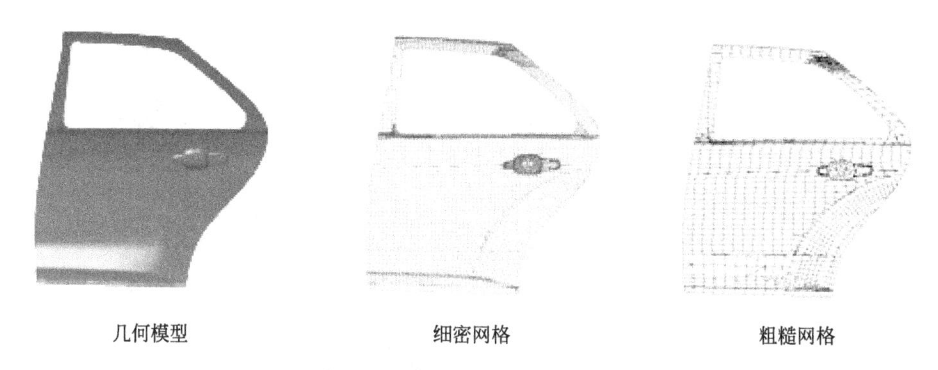

图6-17 采用不同网格密度划分的某车门外板模型

一般，离散模具的单元平均边长尺寸$D_{平均}$按下式选取：

$$D_{平均} \leqslant \frac{1}{2} r_{min} \tag{6-43}$$

式中 r_{min}——模具工作型面上的最小圆角半径。

同理，板坯网格也应尽量采用细小单元划分，并在求解计算中强制性使用自适应网格技术（adaptive mesh）。

(4) 自适应的网格细分技术

作为有限元应用的用户，最为关心的是用有限元分析其计算结果是否可靠，计算费用是否可以接受，人工输入的难度和工作量是否最少等。有限元分析的精度和效率与单元密度和单元几何形态之间存在密切关系。对于复杂曲面的模具，板料在成形过程中局部区域会产生剧烈的弯曲变形。如果坯料网格太大，就不能在模具的圆角过渡处充分成形，这样就会产生较大的计算误差。网格较少时增加网格数量可以使计算精度明显提高，而计算时间不会有大的增加，当网格数量增加到一定程度后，再继续增加网格时，则精度提高甚微，而计算时间却要大幅度增加。虽然采用局部细分网格可以节省机时，但由于板料大变形和在模具中相对滑动，难以预测局部细分网格在初始状态板料上的位置，而且局部细分网格在前处理时也有很多麻烦。如何减少计算时间并保证一定的精度，是CAE分析最关心的问题之一，针对这类问题，引入网格自适应（即网格自动细分）技术，以缩短计算时间。

所谓的网格自适应技术，是能够按照用户需要的误差准则，自动定义有限元分析网格的疏密程度，使得数值计算在网格疏密相对优化的同时，极大地提高计算效率（图6-18）。若采用自适应网格再划分技术，可以将初始的板料单元划得很大，计算时间步长就会大大增加，从而大大减少计算时间。在计算过程中，它还会根据计算精度的要求，合理细分板料单元，因此在进行冲压成形模拟时应尽量采用这一技术。

对于板料成形这样一个高几何非线性问题，为了正确地描述复杂的模具型面，通常采用以下的准则控制网格的细分。

① 曲率 在曲率变化剧烈的位置，需要细分单元来正确描述几何形状。

② 接触 当模具表面的细小的面片透入大的单元时，需要细分单元来正确描述板坯上接触曲面的形状。

③ 应变梯度 为了使有限元法的离散误差充分的小，在变形梯度大的位置细分单元。

④ 相邻单元相互角度的改变量 当坯料单元间相互之间的角度大于设定值时对网格进

行细分。

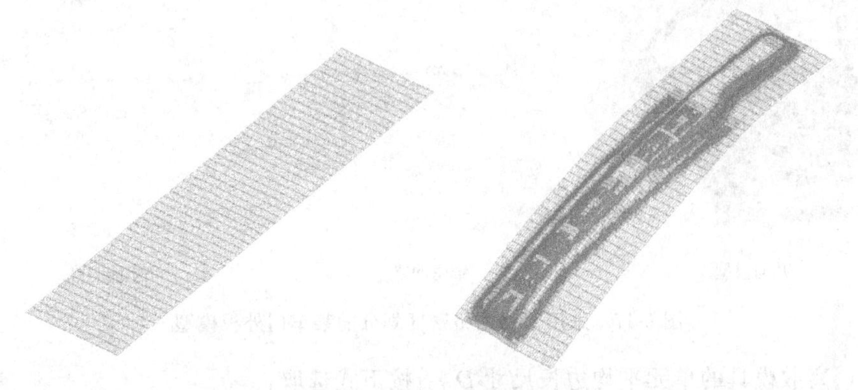

图 6-18　网格自适应技术

（5）沙漏现象及其控制

在金属板料的冲压成形分析中，虽然采用一点积分（即只针对单元面内的一点进行数值积分计算）能够大幅度提高CAE的模拟计算速度，而且通常不会破坏计算过程的稳定性，但是一点积分的实体单元和壳单元却非常容易产生零能模式（zero-energy modes），即所谓沙漏现象（hourglassing modes）。沙漏现象具有振动特性，其振动周期比整体结构的振动周期要小得多；也就是说，沙漏是数值计算造成的结果而不是结构自身固有的特性。沙漏的基本特征表现为：一是系统刚性不足（单元刚度矩阵的秩小于精确计算要求的秩）；二是网格呈现锯齿状（图6-19）。沙漏的出现将导致计算结果可信度下降甚至完全不可信，因此，必须将沙漏控制在最低程度。一般而言，当沙漏能量不超过模拟对象内能的10%时，计算结果将是可信的。目前，控制沙漏的常用方法有如下几种。

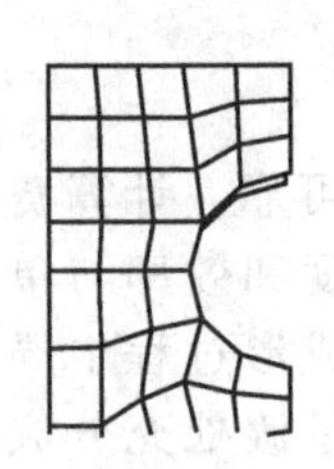
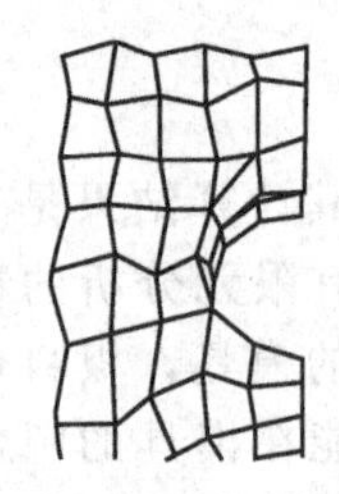

正常网格　带有沙漏的网格

图 6-19　沙漏变形

① 应尽量采用同一规格的单元划分板坯网格；不要将集中载荷施加在一个孤立的节点上，而应将其分散在相邻的数个节点上，因为一旦有一个单元出现了沙漏现象，它就会将沙漏现象传递给其相邻单元；采用细密的板坯网格可以明显削弱其沙漏效应。

② 通过调整分析模型的体积黏度来阻止沙漏变形的发生。但过度改变模型的体积黏度，将对板坯的整体变形模式产生严重的负面影响，所以通常不推荐使用该方法。

③ 利用全阶积分单元公式控制沙漏现象产生。不过利用全阶积分单元公式的计算费用远高于降阶积分单元公式，而且对于涉及不可压缩的金属塑性及弯曲等问题，还会导致过分刚硬的计算结果（即产生剪切自锁现象）。

④ 增加模拟对象的刚度比调整其体积黏度更能有效地阻止沙漏现象的发生。增加模拟对象的刚度可以通过提高其沙漏系数（hourglassing coefficient）来实现。然而，在求解大变形问题时，提高砂漏系数必须格外谨慎，因为提高沙漏系数后将导致模型的响应过分刚硬，当沙漏系数超过0.15时，还会导致计算失稳。

⑤ 提高模拟对象的局部刚度而不是整个模型的刚度。此时，必须指定沙漏控制的材料、沙漏控制的类型（黏度或刚度），以及砂漏系数和体积黏度系数，以便有针对性地对其进行控制。

6.4.2　材料模型的确定

材料模型是指能够反映冲压过程中材料应力应变特性（本构关系）的数理方程或表达式。金属板料冲压成形 CAE 分析所涉及的材料模型通常只有刚性和弹塑性两类。前者一般应用于模具，而后者则应用于板料。在弹塑性材料模型中又以幂指数、分段线性、厚向异性和三参数 Barlat 等几种模型最为常用。

（1）刚性材料模型

由于凸模、凹模及压边圈等模具零件在冲压过程中的变形量相对于板坯而言可忽略不计，所以将其作为刚性体处理，于是就可用刚性材料模型来描述模具零件参与冲压仿真的特性。刚性材料模型所需要的输入参数一般为：弹性模量、泊松比和质量密度，以及刚性体的惯性特征，如质量、质心位置、转动惯量等。其中，弹性模量及泊松比主要用于板料与模具间发生接触时接触界面上接触力的计算，而质量、质心位置、转动惯量等惯性参数主要用于刚性体（如凸模、凹模及压边圈）的位移、速度和加速度计算。

（2）幂指数塑性材料模型

幂指数塑性材料模型是一种基于等向强化假设的材料模型。该模型以幂指数形式表征材料塑性变形中的硬化效应，以 Cowper-Symonds 应变率表征应变速率效应，以 von Mises 屈服准则作为材料屈服判据。幂指数塑性材料模型简单明了，既考虑了材料的硬化效应，又考虑了材料的应变速率效应，但是没有考虑材料的厚向异性，因此，该模型只在一些简单的各向同性材料冲压分析中得到应用。

幂指数塑性材料模型的数学表达式为：

$$\bar{\sigma}=\beta k\varepsilon^{n}=\beta k\ (\varepsilon_{0}+\bar{\varepsilon}^{p})^{n}=Y \tag{6-44}$$

$$\beta=1+(\dot{\varepsilon}/C)^{1/p}$$

式中　$\bar{\sigma}$——等效应力；

k——强度系数；

n——硬化指数；

ε——总应变；

ε_0——初始屈服应变；

$\bar{\varepsilon}^p$——等效塑性应变；

Y——（后继）屈服强度；

β——Cowper-Symonds 应变率模型乘子；

$\dot{\varepsilon}$——应变率；

C，p——Cowper-Symonds 应变率系数（低碳钢：$C=40\mathrm{s}^{-1}$、$p=5$；铝材：$C=6500\mathrm{s}^{-1}$、$p=4$）。

图 6-20(b) 是基于幂指数塑性材料模型的应力-应变关系。注意：幂指数仅对应曲线的塑性部分，弹性部分仍然采用 $\sigma=E\varepsilon$ 表示（σ 为真应力即 Cauchy 应力）。

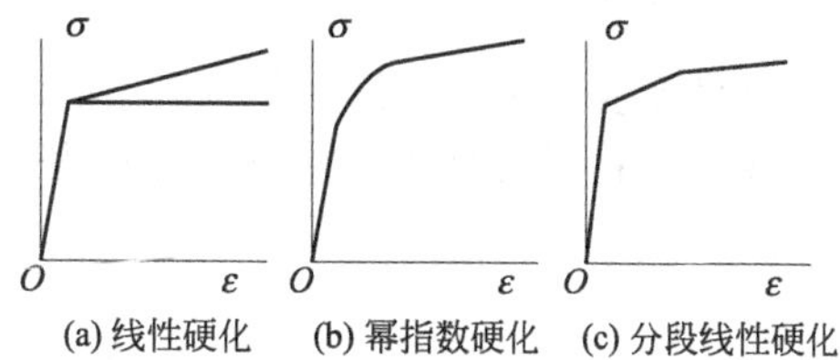

(a) 线性硬化　(b) 幂指数硬化　(c) 分段线性硬化

图 6-20　材料的应力-应变关系

幂指数塑性材料模型所需参数一般为：弹性模量、质量密度、泊松比、强度系数、硬化指数、

Cowper-Symonds 应变率系数等。

(3) 分段线性材料模型

这是基于材料单向拉伸试验结果的材料模型，它利用分段线性函数来逼近材料塑性变形阶段的应力-应变关系［图 6-20(c)］，利用 Cowper-Symonds 应变率模型作为乘子来表示应变速率效应，同时利用基于等向强化假设的 von Mises 屈服准则作为材料的屈服判据。分段线性材料模型能够很好地反映材料硬化特性和应变速率对硬化特性的影响，但是由于没有考虑材料的厚向异性，所以该模型也主要用于一些各向同性材料的冲压模拟。

分段线性材料模型在数学上可表示为：

$$\bar{\sigma}=\beta(\sigma_0+f(\bar{\varepsilon}^p))=Y \tag{6-45}$$

式中 $f(\bar{\varepsilon}^p)$——材料的真实应力应变曲线（分段线性函数）。

由于实际应用中只需要材料塑性硬化部分的应力应变曲线，故该曲线也称为塑性硬化曲线。

分段线性材料模型的参数一般为：弹性模量、质量密度、泊松比、材料失效时的等效塑性应变 ε_f（对数应变）、Cowper-Symonds 应变率系数 p 和 C，以及表示材料应力-应变的分段线性函数 $f(\bar{\varepsilon}^p)$等。

(4) 厚向异性弹塑性材料模型

厚向异性弹塑性材料模型采用 Hill 屈服准则，考虑了厚向异性对材料屈服面的影响(但没有考虑板平面内的各向异性影响，也没有考虑应变速率效应)，既可以利用线性硬化塑性应力-应变关系［图 6-20(a)］作为其硬化模型，也可以利用分段线性硬化塑性应力-应变关系作为其硬化模型，非常适合于冲压成形分析，特别适合于厚向异性系数大于1的板料冲压成形分析。不过，需要注意的是：当厚向异性弹塑性材料模型应用于厚向异性系数小于1的板料冲压分析时，会产生比较大的误差；此外，该模型必须匹配有限元中的壳单元。厚向异性弹塑性材料模型的数学表达式为：

$$\Phi=F(\sigma_{yy}-\sigma_{zz})^2+G(\sigma_{zz}-\sigma_{xx})^2+H(\sigma_{xx}-\sigma_{yy})^2+2L\sigma_{yz}^2+2M\sigma_{zx}^2+2N\sigma_{xy}^2=2\bar{\sigma}^2 \tag{6-46}$$

式中 Φ——后继屈服函数；

$\bar{\sigma}$——沿轧制方向的等效应力；

F,G,H,L,M,N——决定材料在三个方向拉伸屈服应力（σ_{ii}）与剪切屈服应力（σ_{ij}）的常数。

厚向异性弹塑性材料模型需要的参数一般为：弹性模量、质量密度、泊松比和厚向异性系数 r。若利用线性硬化塑性应力-应变关系作为材料的硬化模型，则需输入材料的初始屈服强度 σ_0、切线模量 E_t；若利用分段线性硬化塑性应力-应变关系作为材料的硬化模型，则需输入表示材料塑性应力-应变关系的分段线性函数 $f(\bar{\varepsilon}^p)$。

(5) 带 FLD（成形极限图）的厚向异性弹塑性材料模型

该模型实际上是对厚向异性弹塑性材料模型的扩展，两者的区别仅在于带 FLD 的厚向异性弹塑性材料模型能够输出冲压过程中各单元应变的失效比。其中，失效比 FR（Failure Ratio）定义为：

$$\mathrm{FR}=\frac{\varepsilon_1}{\varepsilon_1^*} \tag{6-47}$$

式中　ε_1，ε_1^*——在 ε_2 相同的条件下，FLD 上第一主应变 ε_1 值和该值对应的破裂区边界线上的应变值 ε_1^*。

显然，如果某单元应变计算点(ε_1,ε_2)落在破裂区边界线上（FR＝1）或位于边界线上方（FR＞1），则板料在该处会产生破裂；反之，如果某单元应变计算点(ε_1,ε_2)位于破裂区边界线之下（FR＜1），则板料在该处不会产生破裂。

（6）三参数 Barlat 材料模型

三参数 Barlat 材料模型基于三参数 Barlat 屈服准则，既考虑了材料的厚向异性对屈服面的影响，也考虑了板料平面内的各向异性对屈服面的影响，因此更能反映各向异性对材料冲压成形的影响，故该模型多用于模拟薄板在平面应力状态下的各向异性弹塑性材料成形。事实上，三参数 Barlat 材料模型就是专门针对金属薄板成形分析而建立的，使用该材料模型无论厚向异性系数 r 的高低，都能获得可靠的分析结果。对于像铝合金冲压成形分析之类的问题，该材料模型是唯一合适的模型。三参数 Barlat 材料模型的数学表达式为：

$$\Phi=a\left|K_1+K_2\right|^m+a\left|K_1-K_2\right|^m+c\left|2K_2\right|=2\bar{\sigma}^m \tag{6-48}$$

$$K_1=\frac{\sigma_{xx}+h\sigma_{yy}}{2}$$

$$K_2=\sqrt{\frac{\sigma_{xx}-h\sigma_{yy}}{2}+p^2\sigma_{xy}^2}$$

$$c=2-a$$

式中　Φ——后继屈服函数；

$\bar{\sigma}$——沿轧制方向的等效应力；

x，y——平行轧制方向与垂直轧制方向；

m——Barlat 指数；

a，h，p——各向异性材料常数。

使用三参数 Barlat 材料模型一般应输入：弹性模量、质量密度、泊松比、Barlat 指数 m、各向异性参数 r_{00}、r_{45}及 r_{90}（分别表示同轧制方向成 0°、45°和 90°的厚向异性系数），以及硬化模型和参数（对于线性硬化：输入切线模量 E_t 与屈服应力 σ_0；对于幂指数硬化，输入强度系数 k 和硬化指数 n）。

根据上述各材料模型的简要介绍可以发现：如果不考虑材料的各向异性，板坯采用幂指数塑性材料模型或分段线性材料模型即可获得较为满意的冲压模拟结果；如果材料各向异性对冲压成形的影响不能忽略，则应选择厚向异性弹塑性材料模型或三参数 Barlat 材料模型；其中，对于薄板冲压成形推荐使用三参数 Barlat 材料模型，而在选择厚向异性弹塑性材料模型时则需注意其应用前提（厚向异性大于 1，且同壳单元配合使用）。

（7）Dynaform 中的材料模型

如图 6-21 所示，在 Dynaform 中，采用 18 号、24 号、36 号、37 号、39 号材料模式来进行模拟。18 号材料是幂指数塑性各向同性材料模型，24 号是分段线性各向同性材料模型，若要考虑各向异性，建议选用 36、37 或 39 号材料。目前使用较多的是 36 号或 37 号材料，用来进行冲压成形分析。36 号为各向异性材料，37 号是厚向异性弹塑性材料模型，39 号是带 FLD 的厚向异性弹塑性材料模型。此外，在模拟重力作用时，由于材料的变形基本上属于弹性变形，为了加快计算速度，可以采用 1 号弹性材料模型。

Dynaform材料库

	强度等级	材料名称	Type 1 ELASTIC	Type 18 POWER	Type 24 LINEAR	Type 36 3-PARAM	Type 37 ANISOTR	Type 39 FLD_TRA	Type 64 RATE_SEN
钢	低	CQ	+	+	+	+	+	-	-
		DQ	+	+	+	+	+	-	-
		DQSK	+	+	+	+	+	-	-
		DDQ	+	+	+	+	+	-	-
	中等	BH180	+	+	+	+	+	+	-
		BH210	+	+	+	+	+	+	-
		BH250	+	+	+	+	+	+	-
		BH280	+	+	+	+	+	+	-
	高	HSLA250	+	+	+	+	+	+	-
		HSLA300	+	+	+	+	+	-	-
		HSLA350	+	+	+	+	+	+	-
		HSLA420	+	+	+	+	+	-	-
	高效	DP500	+	+	+	+	+	-	-
		DP600	+	+	+	+	+	-	-
	热滚	CQ	+	+	+	+	+	-	-
		DQSK	+	+	+	+	+	-	-
		DDQIF	+	+	+	+	+	-	-
		HSLA400	+	+	+	+	+	-	-
	不锈钢	SS11CrCb	+	+	+	+	+	-	-
		SS18CrCb	+	+	+	+	+	-	-
		SS304	+	+	+	+	+	-	-
		SS409Ni	+	+	+	+	+	-	-
铝合金		AA5182	+	+	+	+	+	-	-
		AA5454	+	+	+	+	+	-	-
		AA5754	+	+	+	+	+	-	-
		AA6009	+	+	+	+	+	-	-

确定 帮助

图 6-21 Dynaform 材料库

6.4.3 拉深筋的处理

由于成形零件口部几何形状的差异，造成板料各部分的入模流速的不同（如图 6-22 所示），因此在板料中产生了剪应力。对于拉深成形较深的零件时，过大的剪应力会使所成形零件出现起皱，甚至产生破裂等缺陷，造成成形失败。为了调节板材各部分的进料阻力，控制流动速度，通常需要在相应的部位增设拉深筋（图 6-23），即使是回转体形状零件或者深度较浅的零件，为了防止拉深零件在修边工序后产生回弹，都需要在成形时增大压边力或者增设拉深筋，来增大成形零件的塑性应变，以提高覆盖件的成形质量。实际上大型复杂覆盖件的调模过程，主要就是调整拉深筋的几何参数。但是，过大的压边力和不适当的拉深筋设置会提高对生产设备以及模具材料承受能力的要求。

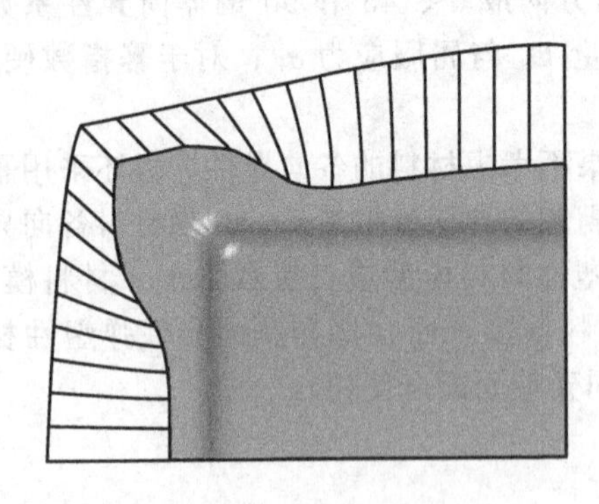

图 6-22 冲压成形坯料的流入量

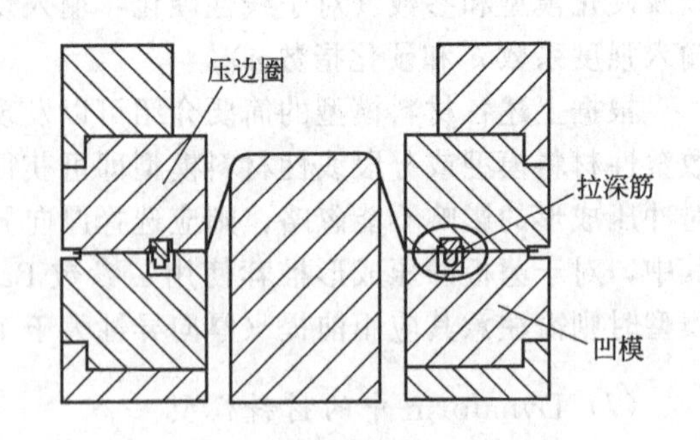

图 6-23 压料面上的拉深筋

(1) 拉深筋的作用机理

通常拉深筋由两部分组成，即拉深筋本身和与之对应的凹槽。拉深筋作为改善成形性的一种有效方法，其作用机理是：在成形过程中，当板材通过拉深筋时（图 6-24），会在 A 点、C 点、E 点附近发生弯曲变形，在 B 点、D 点、F 点发生反弯曲变形，反复的弯曲和反弯曲变形所产生的变形抗力即为拉深筋的变形阻力；同时，当板材在 AB、CD、EF 段上滑动时，会因摩擦而产生摩擦阻力。拉深筋的变形阻力和摩擦阻力之和即为拉深筋阻力。

在拉深模具中设置拉深筋就是要利用拉深筋阻力来控制毛坯各部分的成形力，从而起到控制局部变形条件，使零件各部分的变形条件趋于平衡，最终保障零件的顺利成形。

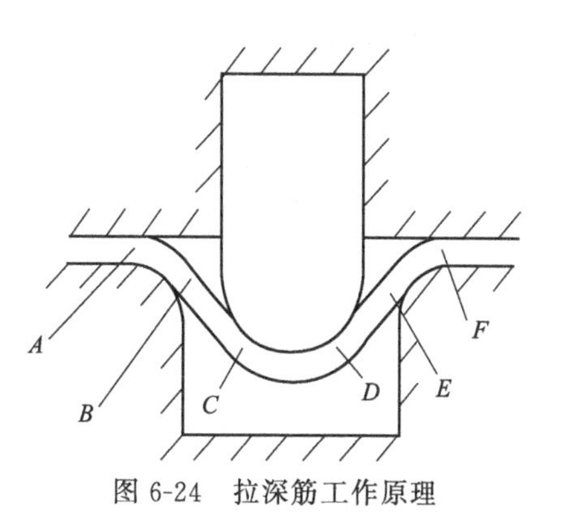

图 6-24 拉深筋工作原理

(2) 拉深筋的主要作用

在拉深模具中设置拉深筋的主要作用有以下几个方面。

① 增加板料流动阻力。拉深筋阻力是由板料通过拉深筋时的弯曲和反弯曲变形力、摩擦力以及因变形硬化引起的变形抗力组成的，这些力直接作用在板料上，增加了板料流动的进料阻力。

② 调节进料阻力的分布。通过对拉深筋的位置、根数和形状的适当配置，使拉深过程中流动阻力均匀，坯料流入模腔的量适合制件各处的要求，从而调节材料的流动情况，增加坯料流动的稳定性。

③ 降低对压料面精度的要求。不用拉深筋时对压料面表面精度要求很高，即要求平整、光滑、贴合、均匀。使用拉深筋后，压料面的间隙可适当加大，表面精度可降低，从而减少模具的制作工作量，减少压料面的磨损。

④ 对板料有校正作用。纠正板料的不平整缺陷，提高其拉深性能。

(3) CAE 分析中拉深筋的处理方法

拉深筋与拉延槽是冲压件拉深成形中物理过程最复杂的地方，通过提供额外约束，控制和调节流入制件成形区的坯料量。两种方法可以模拟拉深筋与拉深槽在材料冲压成形过程中的作用：一种是等效拉深筋法（亦称力函数法），如图 6-25 所示。即建立拉深筋与拉深槽对材料流动的约束力随拉深过程变化的函数关系，并将该函数关系作为非线性弹簧变形力函数施加给接触界面上的板坯单元；另一种是真实拉深筋法，即建立对应于实际拉深筋与拉深槽结构的有限元模型参与 CAE 分析计算。前者由于不需考虑拉深筋与拉深槽的真实结构（真实结构对约束力的影响已反映在力函数中），因此省去了构建拉深筋与拉深槽几何模型和相应有限元模型的过程，这样就大大降低了模具压料面上的局部网格密度，并且提高了模具/板坯接触面上的网格尺寸相互适应性。

在 Dynaform 中，正是采用了等效拉深筋带动真实拉深筋的思想（即拉深筋是用一系列编号连续的节点所组成的线来表示），为软件的开发和应用带来了极大的方便，其设置的步骤大致如下。

① 创建一条拉深筋线（图 6-26）。首先根据凹模入口形状，取其边界轮廓并生成一条轮廓线，然后把生成的曲线朝外偏置 15～25mm，得到一条偏置线。

② 定义拉深筋。选择刚刚生成的偏置线，沿着这条线创建一系列节点，生成等效拉深筋。

③ 锁定拉深筋到零件上。此功能将指定拉深筋附在一个刚体零件上。用户可以从“选择零件”对话框选择刚体零件。选好目标零件后，用户用“选择拉深筋”对话框给定的选项来选择拉深筋，一般情况下，拉深筋可能附在压边圈上，也可能附在凹模表面上，如

图6-27(a)所示。

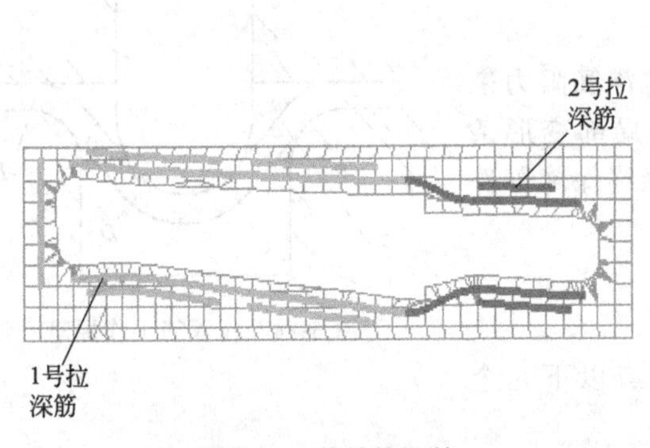

图6-25 等效拉深筋

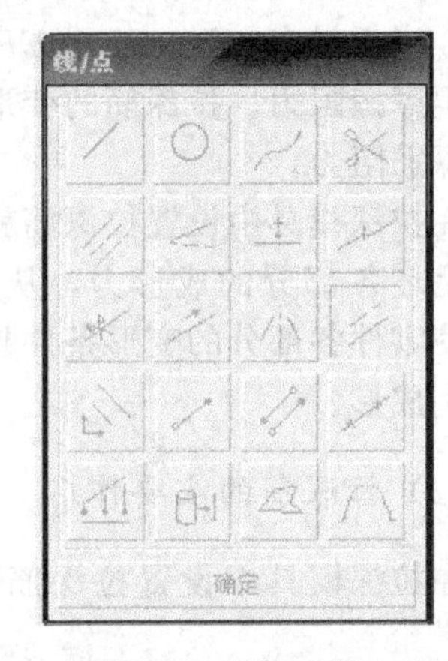

图6-26 创建线

④ 编辑拉深筋属性。拉深筋属性包括设置拉深筋阻力、设定拉深筋深度等，如图6-27(b)所示。

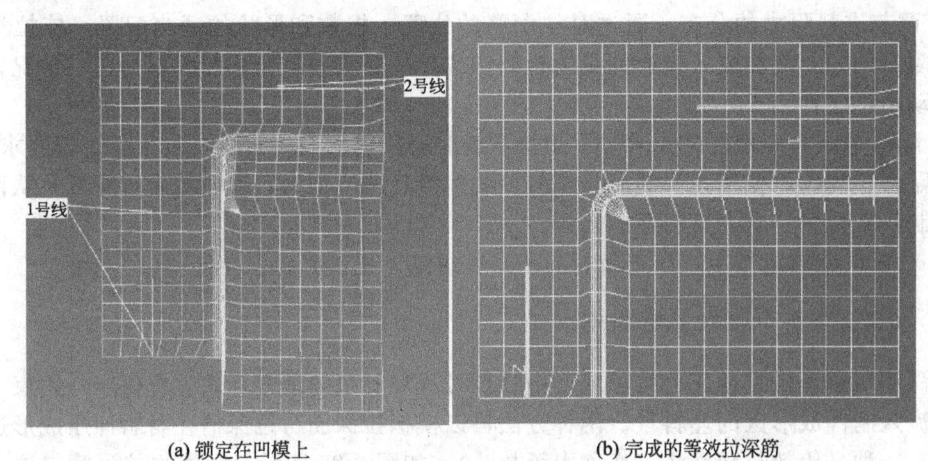

(a) 锁定在凹模上 (b) 完成的等效拉深筋

图6-27 创建等效拉深筋线条

6.4.4 界面接触与摩擦

通常情况下，金属板料的冲压成形是在模具运动过程中完成的，其中模具/板料界面接触产生的接触力和摩擦力是板料变形的动力之一。在接触过程中，板料的变形和接触边界的摩擦作用使得部分边界条件随着加载过程变化，由此产生了边界条件的非线性。正确处理界面接触与摩擦是获得可信分析结果的关键因素之一。

在分析界面接触时，通常将相互接触的表面一个定义为主面，另一个定义为从面；主面上的单元与节点分别称为主单元与主节点，从面上的单元与节点分别称为从单元与从节点。在界面接触处理中，从节点不允许穿透主面，而主节点则可以穿透从面。对刚-柔接触而言，主面总是刚性体（假设模具）或比较刚硬的表面，而从面则总是变形体（如坯料）的表面。

界面接触处理存在一个接触搜寻问题，即需要应用合适的接触搜寻算法，在每一时间步长内，对接触界面进行接触搜寻，找出接触点或穿透点，然后对其施加约束条件（拉格朗日乘子）或接触抗力（罚因子），以阻止穿透或控制进一步穿透。以罚函数法为例，当接触搜寻检测到有从节点穿透主面时，就在那些穿透主面的从节点处施加一个与穿透深度（距离）

成正比的抗力，以阻止其进一步穿透并最终消除之。需要注意的是，如果坯料没有采用自适应网格技术，则表示模具型面的单元网格必须与坯料上的单元网格具有同样的节点密度与分布形态，以确保接触力的分布更接近实际。

目前，主流的金属板料冲压成形模拟软件一般都包含单向和双向两类接触处理方法。单向接触处理允许压力在从节点与主接触片（Segment，指由 3 个或 4 个节点构成的壳单元，或实体单元表面，见图 6-28）之间进行传递，当接触界面上存在摩擦且相互接触的两界面之间存在相对滑动时，也允许切向力在从节点与主接触片间传递。单向接触处理中的“单向”是指仅对指定的从节点检查是否穿透指定的主接触面。当主接触面为刚体（如冲压分析中的模具时），使用单向处理法是合适的。双向接触处理与单向接触处理的唯一不同在于：除了检查从节点是否穿透主面外，还要检查主节点是否穿透从面。由于接触处理的双向性，双向接触处理前的主、从面选择无关紧要，但接触处理的时间及费用却约为单向接触处理的 2 倍。

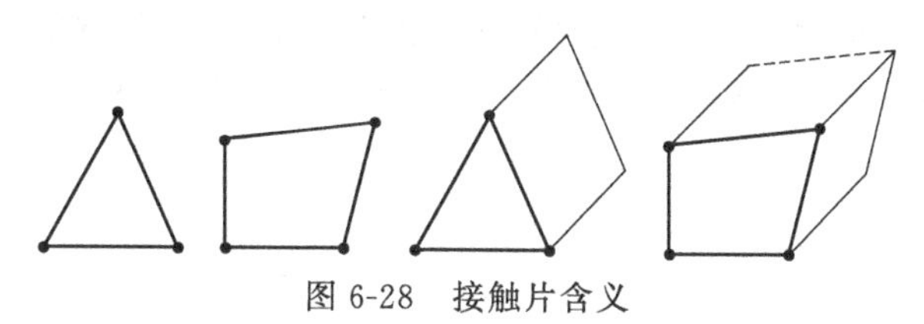

图 6-28　接触片含义

摩擦力的计算需要选定一个适合接触界面摩擦特性的摩擦定律。目前常用的摩擦定律是修正的库仑摩擦定律，修正的目的是为了数值计算的稳定性。在基于弹塑性显式有限元法的冲压成形 CAE 分析过程中，常采用罚函数法处理接触与摩擦边界条件，即首先计算界面上的法向接触力，然后再根据法向接触力计算界面摩擦力。

(1) 接触力计算

当板料上的节点进入（穿透）模具工作面时，将受到一法向外力 P_{n} 的作用：

$$P_{\mathrm{n}}=-\alpha g \tag{6-49}$$

式中　α——罚因子；

g——进入量。

该法向外力把节点推向模具工作表面，以近似满足接触边界条件。其中，罚因子 α 越大，进入量 $|g|$ 越小，即接触条件满足越精确；但过大的 α 会影响系统的动态响应。

(2) 摩擦力计算

忽略界面静摩擦因素，可得摩擦力 P_{t} 随板料与模具接触点相对位移增量 Δu_{t} 变化的数学表达式：

$$P_{\mathrm{t}}=\mu \| P_{\mathrm{n}} \| \phi(\Delta u_{\mathrm{t}}) \frac{\Delta u_{\mathrm{t}}}{\| \Delta u_{\mathrm{t}} \|} \tag{6-50}$$

式中　μ——摩擦系数；

$\phi(\Delta u_{\mathrm{t}})$——连续函数。

6.4.5　毛坯尺寸的反向设计

在板料成形 CAE 分析中，需要分析的就是产品从毛坯到成品的整个冲压工艺过程，在设置分析模型时，必然要对毛坯进行定义，这也是 CAE 分析中的一个非常重要的环节。

毛坯初始形状对冲压成形结果有很大的影响，当毛坯初始形状不合适时，冲压件容易产生破裂和起皱等缺陷，甚至根本不能成形。而在有些情况下，其他冲压条件比较合适时，通过改善毛坯的初始形状就可能是原本失败的冲压件获得成功。所以在板料冲压成形中，如何确定合理的毛坯外形就显得非常重要，合理的毛坯外形不仅可以节省原材料，防止拉深件在成形时有开裂、起皱等缺陷，还可以获得均匀的板厚，并且有助于减少拉深时所需的冲压力，从而减少模具的磨损。然而，板料成形是一个复杂的过程，精确计算毛坯外形非常困难。对于比较复杂的零件，若仅凭经验和类比，工程师很难在较短的时间内设计出合理的毛坯外形，一般需要辅之以生产中的“试错法”，但是这样难以达到高效、降低成本的目的。

为了解决这方面的问题，长期以来，提出了很多估算毛坯外形的方法，如经验图解法、滑移线法、几何映射法等。这些方法对于某些特殊问题可能有效，但不能推广到一般问题。故随着计算机和 CAE 分析技术的发展，提出了反向模拟的理论，以此来计算毛坯的外形。

反向模拟的思路为：从给定的最终零件形状出发，沿着与成形过程相反的方向模拟变形的过程，从而可以得到零件的厚度、应变、应力分布，也可以确定成形零件所需的初始毛坯尺寸。先以方盒形制件（1/4 模型）为例来说明，如图 6-29 所示，采用 DYNAFORM 软件来实现。

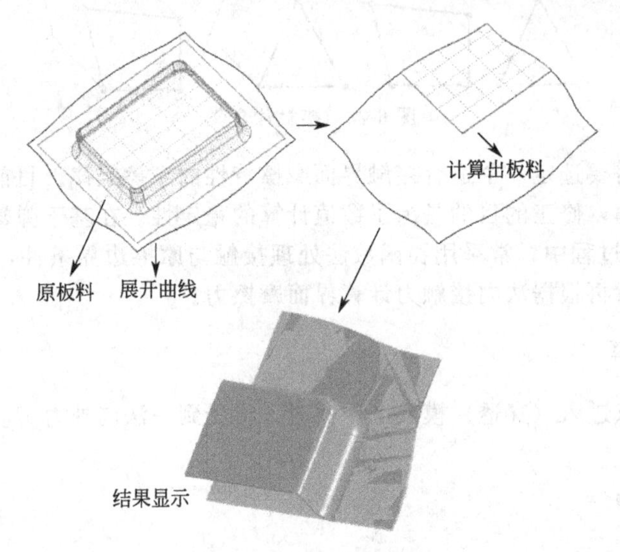

图 6-29 坯料反向设计

其操作步骤如下。

(1) 单元处理

① 单击□（新建）按钮，单击“文件”菜单下的“导入”按钮，单击“文件类型”选项，在弹出下拉菜单中选择导入数据类型为“IGES（*.igs）”，单击“BLANK _ B. igs”选项、单击“导入”按钮导入模型数据，如图 6-30 所示。

图 6-30 导入几何模型

② 单击“前处理”菜单下的“曲面”按钮，在弹出的单元对话框中单击按钮，弹出提取中性面菜单，选取如图 6-31 所示曲面，弹出接受高亮曲面，在弹出的厚度对话框中输入 1.2mm，在弹出的新菜单中单击“GROUP TOP SURFACE”选项，再单击“中面”选项，单击“结束”按钮完成中性面的提取，如图 6-31 所示。

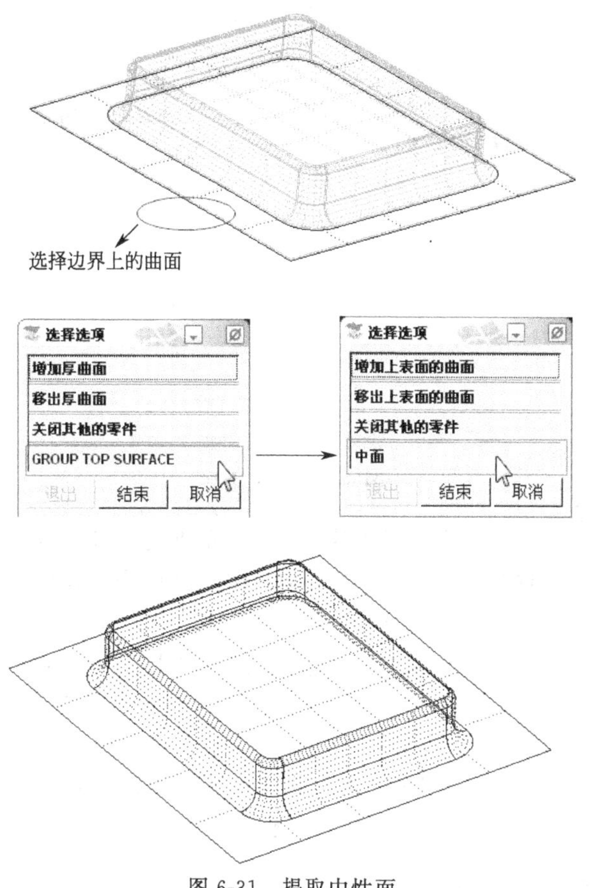

图 6-31　提取中性面

③ 单击“前处理”菜单下的“单元”按钮，在弹出的单元对话框中单击（曲面网格化）按钮，弹出如图 6-32 所示界面，单击“确定”按钮，关闭“曲面网格化”对话框。

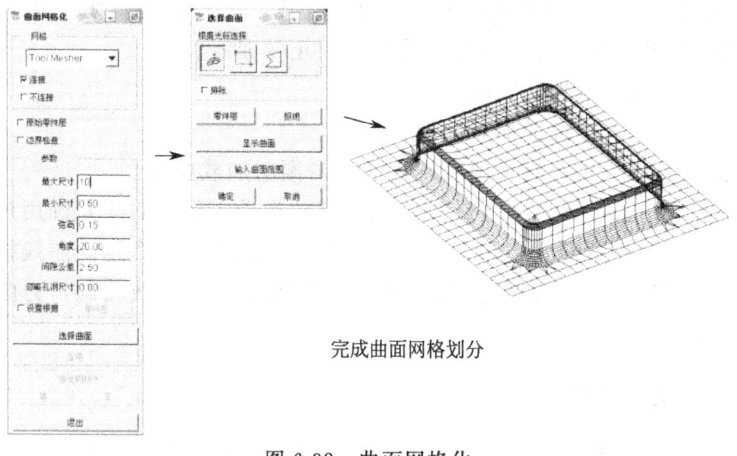

图 6-32　曲面网格化

（2）板料展开

① 单击“工具”菜单下的“定义毛坯”命令按钮，按图 6-33 所示设置毛坯材料和毛坯属性。

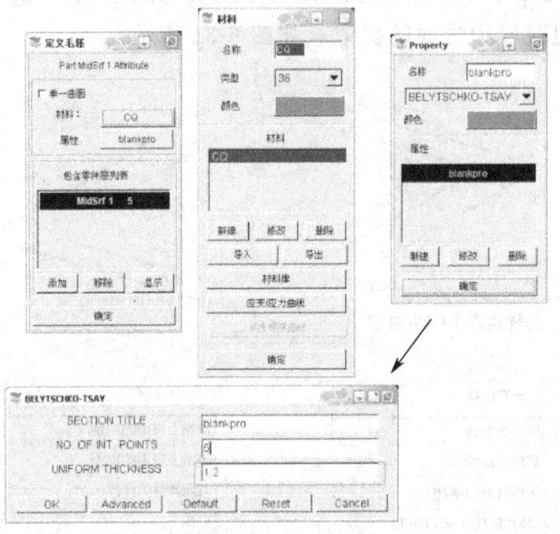

图 6-33 定义毛坯

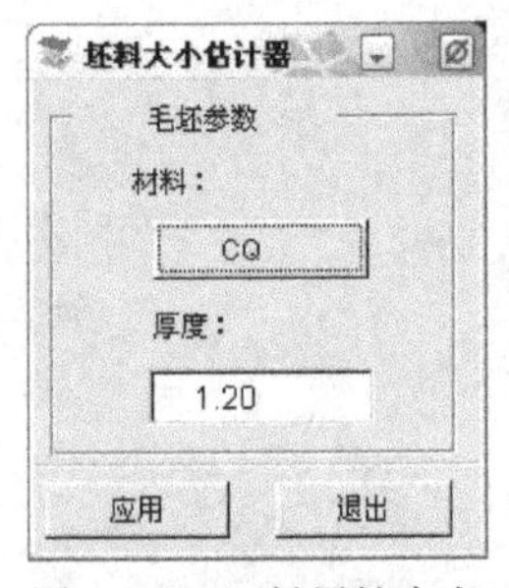

图 6-34 坯料属性定义

② 单击“坯料估计”菜单下的“坯料大小估计”命令按钮，弹出如图 6-34 所示的界面，单击“应用”按钮，系统会弹出一个计算窗口，计算完成后显示计算所得展开尺寸。

③ 单击（关闭零件层）按钮，在弹出的对话框中仅留下“BO _ LINE”零件层，单击“坯料估计”菜单下的“导出”按钮，输入导出线文件名“line”，单击“导出”按钮，此时将弹出两个选项，单击“b 样条”曲线形式，单击“是”按钮，完成展开曲线的导出，用以完成后续的修改工作。

6.4.6 模具的运动和加载

模具的运动控制可以材料加载曲线的方式来控制，加载曲线可以选择“运动”或“力”选项来定义曲线的类型，如图 6-35 所示。

Dynaform 的自动曲线功能可以根据起始时间、速度和行程距离来生成一个速度、位移或力曲线。曲线的形状分为梯形、正弦曲线和受限正弦曲线。

① 梯形——简化的离散加载曲线。

② 正弦曲线——光滑的离散加载曲线。

③ 受限正弦曲线——具有最大速度常数的光滑离散加载曲线。

运动曲线允许用户通过速度或位移来定义工具的运动，而力曲线允许用户定义作用于工具上的力。如果一个工具既定义了运动曲线又定义了力曲线，那么运动曲线控制优先于力曲线控制。然而，如果为运动曲线设定了死点时间，则将激活力曲线控制，力曲线从运动曲线的死点时间开始作用。

6.4.7 冲压速度的设置

动力显式算法的最大缺点在于它的条件是稳定的。分析时每步时间增量必须小于由系统最高固有频率所确定的临界时间步长。对于板料成形问题，这个临界时间步长通常要比成形时间小几个数量级。如果采用实际冲压时间来进行模拟，则需要的时间过长，无法满足应用的要求。为了能够在可接受的时间内完成分析，实际计算中可以采用以下两条途径。

① 虚拟冲压速度　计算时冲压速度提高 n 倍，则整个分析时间可降低 n 倍。但这种虚拟的冲压速度会造成计算结果可信度降低。如何在精度和效率上寻求一种平衡，到目前为止尚没有得到令人信服的方案。应该通过分析，在精度和效率上寻求一种平衡。根据经验，若能使整个变形时间在最大周期 10 倍以上，即可保证选择的虚拟速度较合理。

② 提高虚拟质量　板料质量密度提高 n 倍，则临界时间步长可增大$\sqrt{n}$倍，相应计算时间缩短$\sqrt{n}$倍。但是在惯性力影响较大的场合，使用虚拟质量必须慎重。虚拟冲压速度和质量密度会带来额外的动态效应，从而引起计算的误差。因此必须选择合理的虚拟冲压速度和质量密度，以兼顾计算的效率和计算精度。

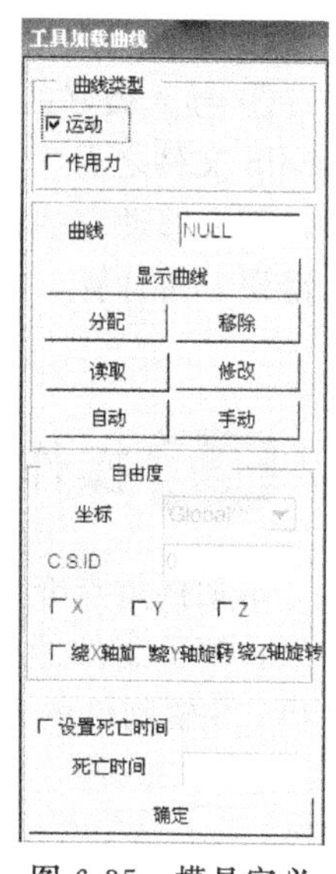

图 6-35　模具定义

6.4.8　多工步成形设置

图 6-36 为某钣金件多工步成形，与单工步成形分析不同，它涉及前后两个工步间工件信息的传递问题。后面工步分析模型中的工件信息应该完整地体现在上一步的分析结果中，如工件成形后的各单元节点的坐标值，单元的应力、应变信息，当前工步中工件的分析数据应在这些信息的基础上进行分析，即多工步分析使用上一步分析结果作为工件信息。为保证前后工序间节点几何力学信息、单元应力-应变场信息等的准确传递，在多次拉深成形模拟中，应当遵循以下几个原则。

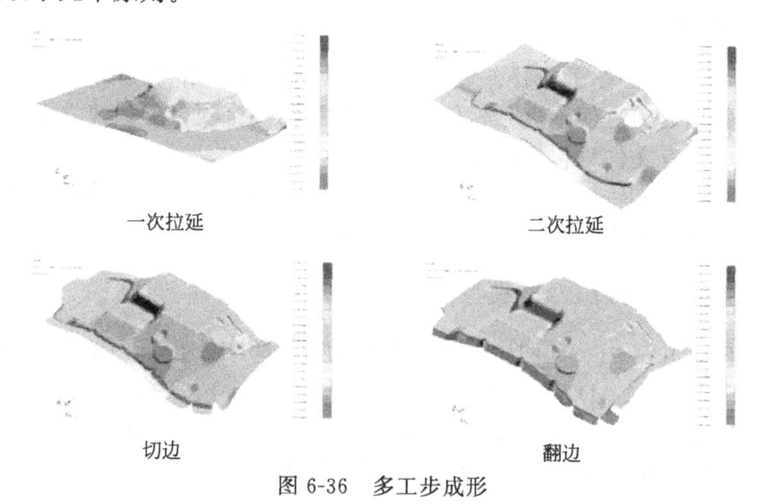

图 6-36　多工步成形

① 工步间变形历史信息传递过程中变形体的节点和单元编号固定原则。

② 工步间变形历史信息传递过程中禁止添加变形体单元或节点的原则。

③ 后继工步前处理过程中，遵循新增模具网格编号向后排序原则，避免新模具网格信息读入过程中新旧网格编号发生干涉。

鉴于此，Dynaform5.2 中实现多步成形的方法如下。

① 模拟求解第一步成形过程。

② 新建工程文件，将前一步成形模拟得到的 dynain 文件导入，作为下一步模拟的板

坯。因为 dynain 文件包含了前一步成形结果的应力、应变、厚度信息。

③ 导入做好的 tool 网格（一般是先做好 tool 网格，然后输出成 nastrain 格式，在导入 dynain 文件之后，再把 tool 网格导入），定位，定义工具运动曲线。但要注意：该模型导入后，不要移动它的位置，以免在运算时，由于链接应力、应变数据与单元节点不能对应而发生错误。再计算，与单工序相同。

6.5 操作实例 1——S 轨制件的冲压成形

本案例重点介绍 Dynaform 软件操作的基本方法与基本步骤，以及怎样借助 CAE 分析结果，评价制件冲压成形方案、预测成形缺陷和部位、有针对性地提出改善制件质量的基本途径。S 轨制件的几何形状见图 6-37，材料 DQSK，板厚 1.0mm。

图 6-37 S轨制件

6.5.1 准备分析模型

(1) 建立新数据库

Dynaform 默认为每一个分析任务创建一个数据库，用于存放分析模型、参数设置、操作环境等前处理数据。为方便管理分析任务，建议为每一个项目单独建立文件夹，以存放与该分析任务相关的所有文件（包括数据库文件）。

用 S-Beam 命名数据库，然后采用另存（File/Save as）方式将该数据库文件存入指定文件夹。于是，一个空的名为 S-Beam 的数据库便建立起来了。

(2) 导入凹模和板材的 CAD 模型

分别导入（File/Import…）凹模与板材的 CAD 模型 DIE. lin 和 BLANK. lin。当前版本的 Dynaform 支持 AutoCAD（. dxf）、ProE（. prt，. asm）、UG（. prt）、CATIA v4/v5（. model，. CADpart）、STEP（. stp）、IGES（. ige，. iges）、ACIS（. sat）、Line Data（. lin）和 Stereo lithograph（. stl）等格式的 CAD 模型。

(3) 为坯料划分有限元网格

① 选择主菜单栏上的“工具/毛坯生成器（Tools/Blank Generator）”选项，弹出“选择选项”对话框，见图 6-38。因为 . lin 格式的 CAD 模型由边界线构成，所以选择图 6-38 中的“边界线（BOUNDARY LINE）”选项，系统弹出“选择线”对话框（图 6-39）。

② 单击图 6-39 上的第一个图标按钮（“选择线”），然后在图形操作区中依次拾取毛坯的四条边界线。将鼠标放在其他图标按钮上，可获得对应的选择方式提示。

③ 毛坯边界线拾取完成后按“OK”键确认，系统弹出“工具圆角半径”对话框（图 6-40）。

④ 根据工具（本例是凹模）的最小圆角半径定义毛坯的网格密度：半径越小，坯料网格越细密；半径越大，网格越粗糙。单击“OK”按钮接受默认半径值，得到如图 6-41所示的毛坯网格模型。

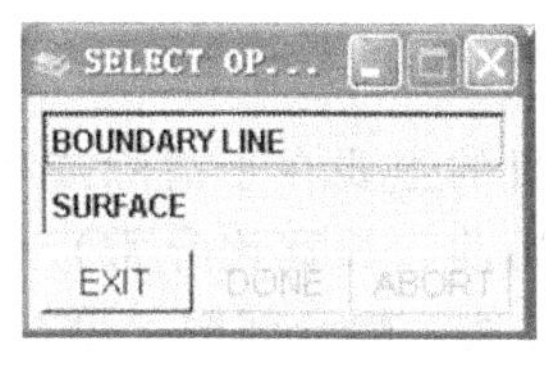

图 6-38　选择选项

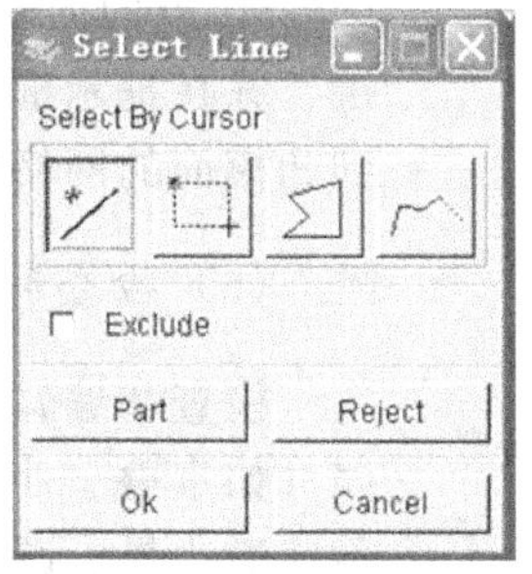

图 6-39　线选择方式

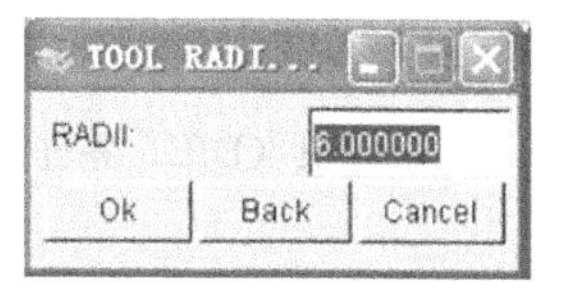

图 6-40　“工具圆角半径”对话框

(4) 为凹模划分有限元网格

① 选择主菜单栏上的“前处理/单元操作（Preprocess/Elements）”，弹出“单元操作”对话框，见图 6-42。由于本例的凹模由曲面构成，所以，单击对话框上的“曲面网格划分”工具图标，弹出“曲面网格参数设置”对话框（图6-43）。

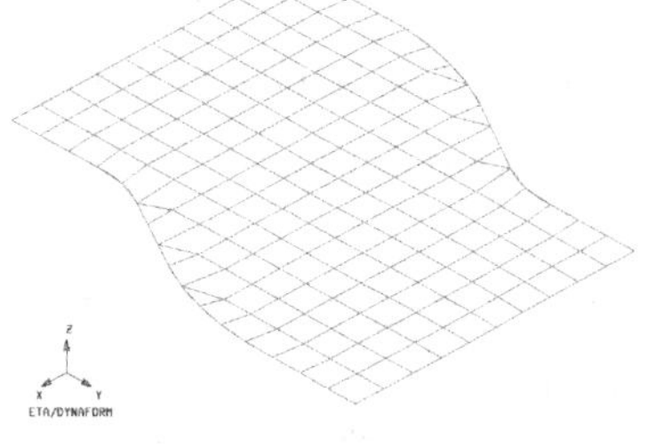

图 6-41　划分好的毛坯网格

② 图 6-43 中需要设置的参数（Parameters）主要有以下几个。

a. 单元的最大/最小特征尺寸（Max. /Min. Size）。

b. 弦高误差（Chordal Dev.），用于控制曲率半径方向上的单元平均个数。

c. 相邻单元的法线夹角（Angle），用于防止模面上出现异常圆角。

d. 间隙公差（Gap Tol.），小于指定公差值的间隙将被焊合。

接受默认参数设置，单击“选择表面模型”，弹出“曲面选择方式”对话框（图 6-44）。

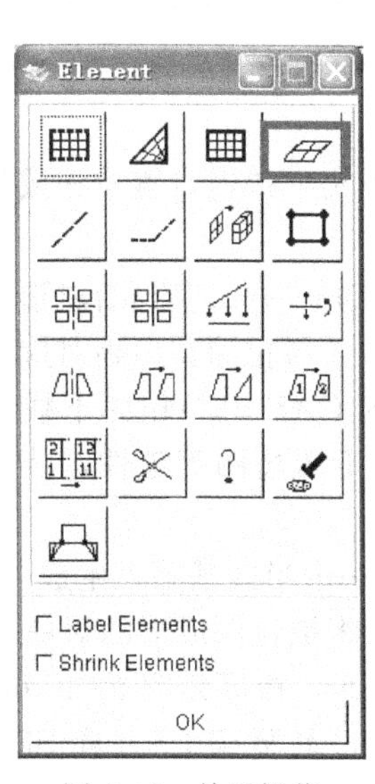

图 6-42　单元操作

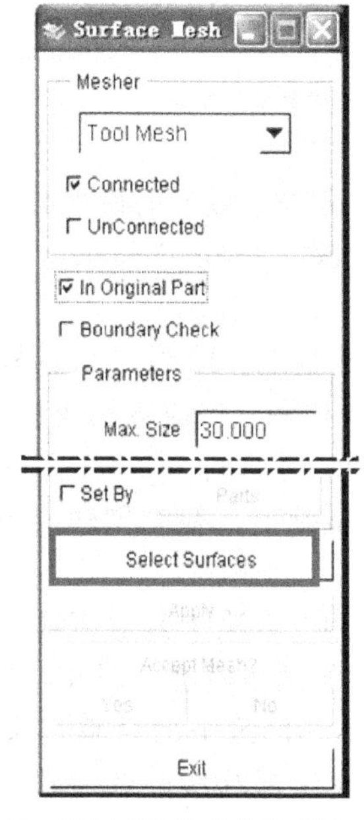

图 6-43　“曲面网格参数设置”对话框

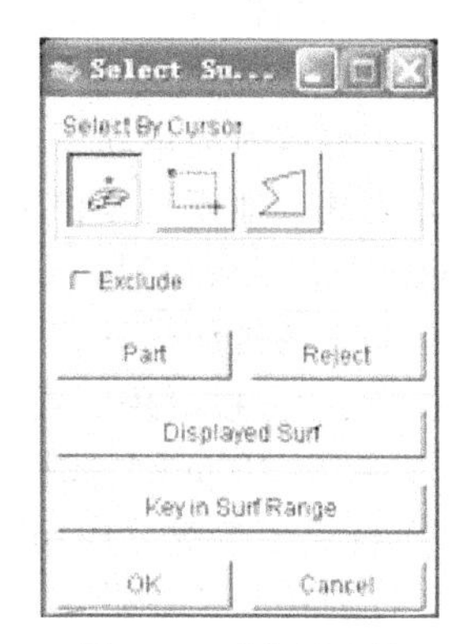

图 6-44　“曲面选择方式”对话框

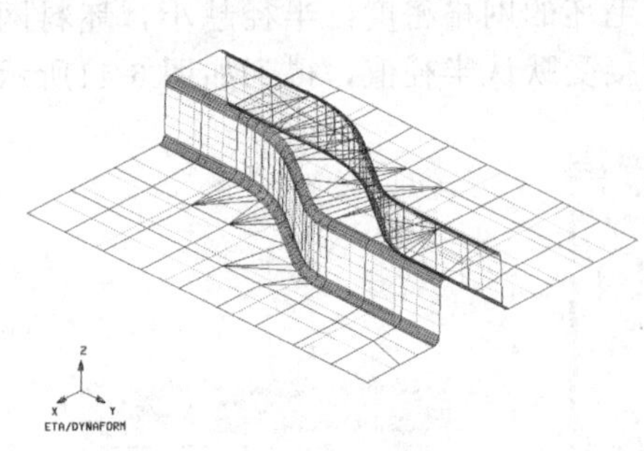

图 6-45 凹模（DIE）零件的网格模型

③ 利用图 6-44 提供的选择方式拾取图形操作区中的凹模曲面，然后单击“OK”按钮确认。

④ 返回图 6-43 对话框后，按“应用（Apply）”键，并在提示框中选择“接受（Yes）”按钮，就得到凹模面的网格模型，见图 6-45。

（5）检查和编辑网格

检查和编辑网格的目的主要在于清除或校正错误（如重叠、小锥度、翘曲、长宽比异常）单元和不连通边界、调整单元法线、焊合间隙、填补空洞、增加或删除局部单元等。

6.5.2 设置分析参数与补充、定位网格模型

Dynaform 提供三种分析参数设置方法，即传统设置、快速设置（Quick Setup）、自动设置（Auto Setup），三种方法在使用上各存在一些长处与短处，其基本特点见表 6-2。

表 6-2 Dynaform 的分析参数设置法比较

传统设置	快速设置	自动设置
具有最大限度的灵活性；可以添加任意多个辅助工具，同时也可以定义简单的多工序成形。但是设置非常烦琐，用户需要仔细定义每一个细节；很容易出错	简单、快捷是快速设置的优点，但是功能设计上的缺陷带来了设置的灵活性很差，不能一次性进行简单的多工序设置	界面友好，内置的基本设置模板方便用户进行设置。对初级用户，只需要定义工具 part，其他都可以自动完成。对于高级用户，可以自定义压力、运动曲线，液压成形、拼焊板成形等
需要更多的设置时间；不易于初学者学习；易出错	减少了建模设置的时间，减少用户出错机会	继承了快速设置的优点，同时也考虑了功能的扩展性
手工定义运动、载荷曲线；可任意修改；但是不做正确性检查	自动定义运动、载荷曲线等	既可以采用自动定义曲线，也可以采用手动定义曲线，依据用户的喜好和习惯而定
支持接触偏置和几何偏置方法	只支持接触偏置方法	既支持物理偏置，也支持接触偏置，根据实际情况来定

本例主要利用快速法设置 S-Beam 冲压成形的模拟分析参数。

① 选择主菜单栏上的“设置/拉深（Setup/Draw）”选项，弹出“快速设置拉深成形分析参数”对话框（图 6-46）。

② 选择拉深类型与模具零件创建基准。图 6-46 对话框上的“Draw type”包括成形制件的反向拉深（对应单动压机）和正向拉深（对应双动压机）等类型，与拉深类型相对应的是指补充创建其他模具零件的基准模型。例如，本例将图 6-45 中的 CAE 模型作为下模（即“Lower Tool Available”），并在此基础上，补充创建上模和上、下压边圈等零件，从而构成一副完整的拉深模具。

提示：“上模可用”或“下模可用”取决于其他模具零件在哪一个半模基础上生成。

③ 单击“Blank”按钮，将坯料的网格模型（图 6-41）指定为将被拉深成形的对象。

④ 将板坯参数（Blank parameters）区中的材料定义为 DQSK，板厚定义为 1.0mm。其中，DQSK 是美国牌号，相当于我国深冲级热镀（或电镀）锌冷轧低碳 CS（或 SECE）钢板。

在单击 Material 右侧按钮后弹出的“材料选择”对话框（图 6-47）中，有一个材料类

型（Type）下拉菜单，用于选择 Dynaform 分析求解所依据的材料本构模型。其中，36 号和 37 号模型最常用，前者基于三参数 Barlat 塑性材料本构模型，适用于任何薄板金属成形分析；后者属于厚向异性弹塑性材料本构模型，适用于需要进行回弹模拟的拉深件成形分析。

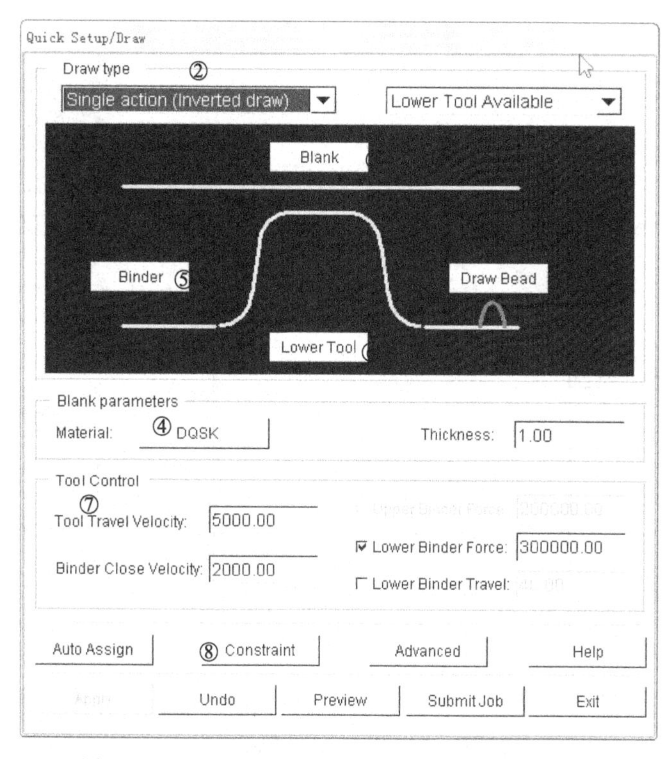

图 6-46 “快速设置拉深成形的分析参数”对话框

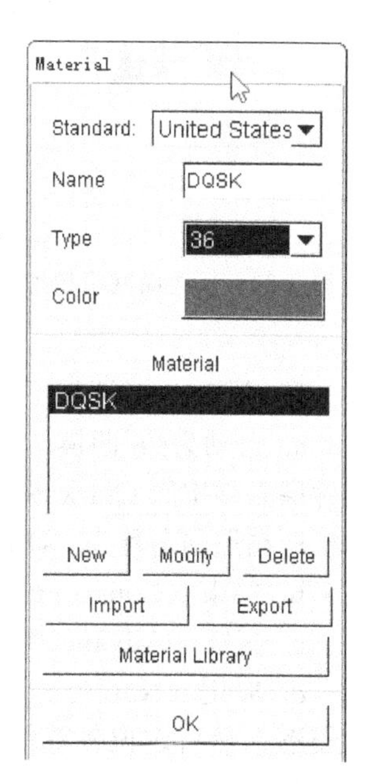

图 6-47 定义板料属性

提示：因为模具零件在 Dynaform 中被当作刚性体对待，所以只给板坯赋材料属性。

⑤ 创建下压边圈。下压边圈来自图 6-45 所示 CAE 模型的派生产物。单击“Binder”按钮，弹出“定义工具”对话框［图 6-48(a)］；依次单击图 6-48(a) 中的“选择零件（SELECT PART）”选项、图 6-48(b) 中的“加单元（Add Elements）”按钮和图 6-49 中的“扩展所选单元（Spread）”图标，并将 Spread 图标下的滑块微微向右拖动至上方角度显示“1”为止。

在图 6-45 零件的两个法兰面上各拾取一个单元，然后依次单击图 6-49、图 6-48(b) 上的“OK”按钮确认，于是得到下压边圈的网格模型（图 6-50）。

上述操作中，将扩展（Spread）角定义为 1 的含义为：法兰面上凡是法矢夹角小于 1°的单元都将被选中成为下压边圈的一部分。

⑥ 将图 6-45 剩余部分定义为下模（凸模）。单击“Lower Tool”按钮，在弹出的“定义工具”对话框［图 6-48(a)］中选择第一个菜单项“SELECT PART”；再从图 6-48(b) 对话框中单

击“加零件（Add）”按钮；然后在图 6-51 对话框中单击第二个命令图标（按“单元”选择），再在图 6-45 模型中的非法兰面部分任意拾取一个单元，完成后单击图 6-51 对话框上的“OK”键确认，得到下模的网格模型，见图 6-52。

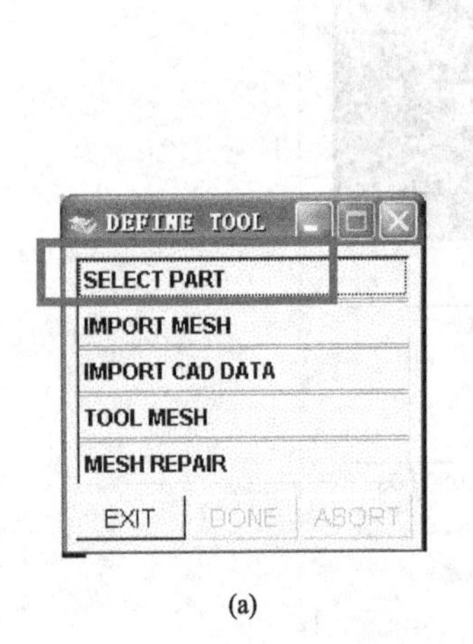

(a)

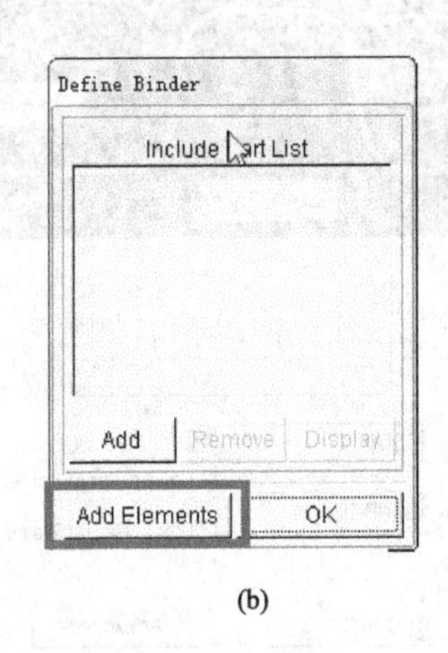

(b)

图 6-48 定义压边圈

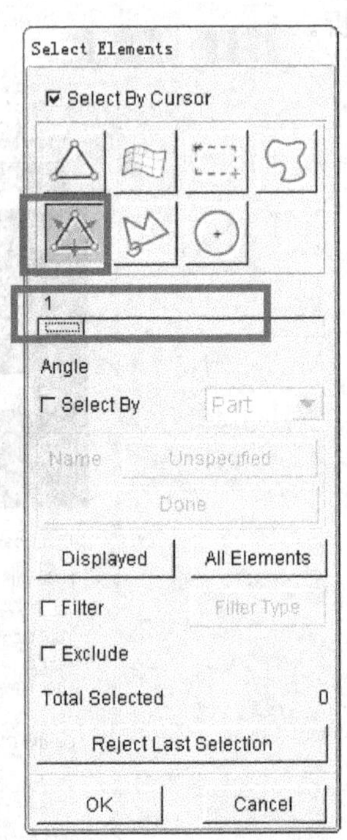

图 6-49 单元选择方法

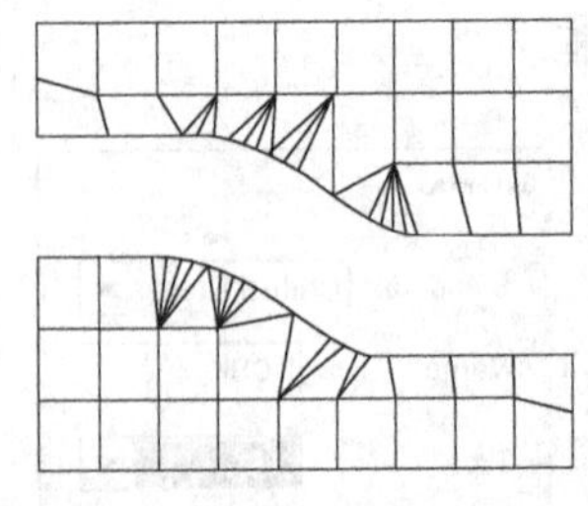

图 6-50 压边圈网格模型

⑦ 模具动作控制（Tool Control）区的参数主要有：上模运动速度（Tool Travel Velocity）、压边圈闭合速度（Binder Close Velocity）、上压边力（Upper Binder Force）、下压边力（Lower Binder Force）和下压边圈行程（Lower Binder Travel）。上述参数可根据实际拉深工艺条件设置。

提示：当速度控制的压料面闭合后，其速度控制将自动转换成压边力控制。此外，图 6-46 设置的上模运动速度和压边圈闭合速度均属于“虚拟冲压速度”，这是基于动力显示格式有限元法的 LS-Dyna 求解器所要求的，其目的是为了提高计算效率。

⑧ 图 6-46 对话框下部各命令按钮的含义如下。

a. 自动为凸/凹模、压边圈和坯料分配网格模型（Auto Assign）。自动分配的前提条件是：零件层必须按照 Quick Setup 缺省的命名规则命名。例如，板坯所在层的名称为“BLANK”、凹模所在层的名称为“DIE”等。提示：拉延筋（BINDER）层不能被自动分配。

b. 约束（Constraint）。用于定义模具和板坯的对称面，以及其他边界条件。

c. 高级（Advanced）。允许改变与 Quick Setup 的缺省设置参数。

d. 应用（Apply）。Quick Setup 将自动创建匹配基准模型（本例是下模）的其他模具零件模型，然后定位各零件模型（如闭模前的上、下模位置及间距等），并生成相应的模具零件（如上模和压边圈）运动曲线。

e. 撤销（Undo）。取消当前 Apply 操作。

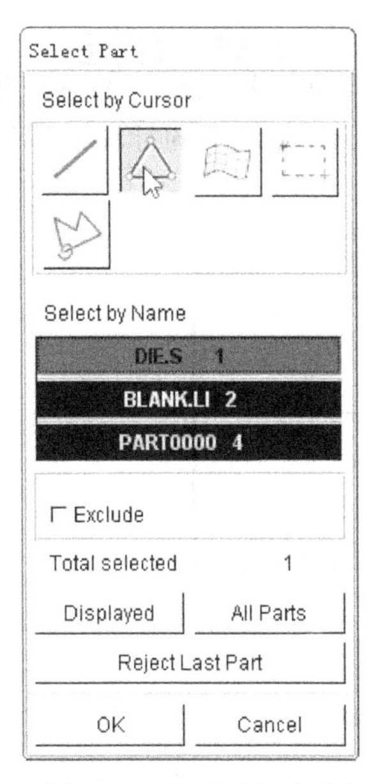

图 6-51　零件选择方法

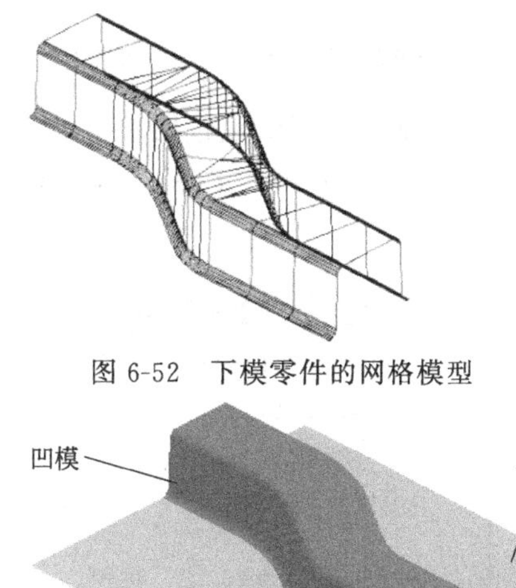

图 6-52　下模零件的网格模型

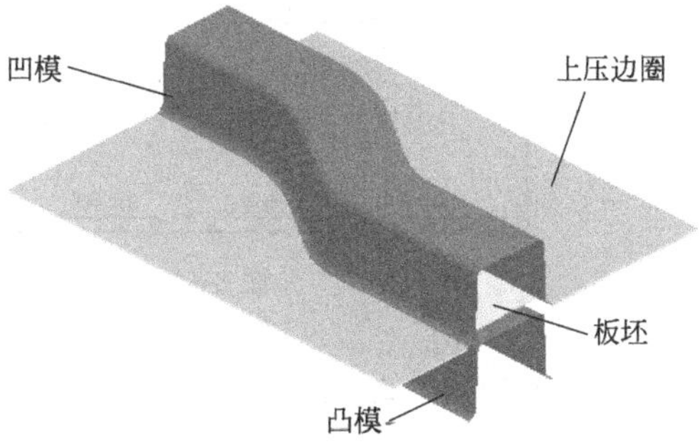

图 6-53　完整的分析模型

f. 预览模具零件运动（Preview）。用动画方式检查各模具零件的运动轨迹。

g. 提交工作（Submit job）。将 Apply 准备好的数据提交给 Dynaform 求解器对话框。

h. 退出（Exit）。关闭图 6-46 的 Quick Setup 对话框。

⑨ 完成第②～⑧步操作后，单击“应用（Apply）”键，得到图 6-53 所示的完整分析模型。其中，下压边圈模型被挡，故未在图中标注；而上压边圈模型实际上是凹模的组成部分之一。

6. 5. 3　计算求解

上述前处理工作完成后，单击主菜单栏上的“Analysis/LS-DYNA”选项，将弹出“求解参数设置”对话框，见图 6-54。在该对话框中，需要设置的主要求解参数有以下几个。

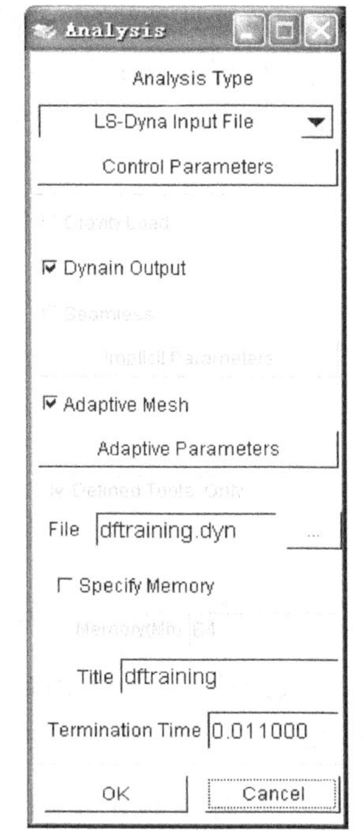

图 6-54　求解参数设置

（1）分析类型选择（Analysis Type）

“生成 LS-Dyna 输入文件”：将除网格模型描述之外的所有参数设置、求解控制、对象定义等信息，以 LS-Dyna 关键字格式写入一个后缀名为 . dyn 的可编辑文本文件，供某些特殊求解使用。生成的 LS-Dyna 输入文件可以通过“File/Import”或“File/Submit Dyna From Input Deck”选项打开。

直接求解计算（Full Run LS-Dyna）：将当前设置好的分析任务直接提交 LS-Dyan 求解器计算求解。

提交给 LS-Dyna 后台服务器求解（Job Submitter）：提交的分析任务进入后台求解队列，依次进行计算处理。

（2）分析求解控制参数（DYNA3D Control Parameters）

LS-Dyna 分析求解的基本控制参数包括整个计算的终止时间、增量计算的时间步长、参与并行计算的 CPU 个数（需 License 支持）和输出到 D3PLOT 文件中的计算结果频率（见图 6-55）。

DYNA3D CONTROL PARAMETER
TERMINATION TIME(ENDTIM)
1.100000E-002
TIMESTEP (DT2MS)
-1.200000E-006
PARALLEL (NCPU)
1
STATES IN D3PLOT (DPLTC)
-102
OK
Advanced
Default
Reset
Cancel

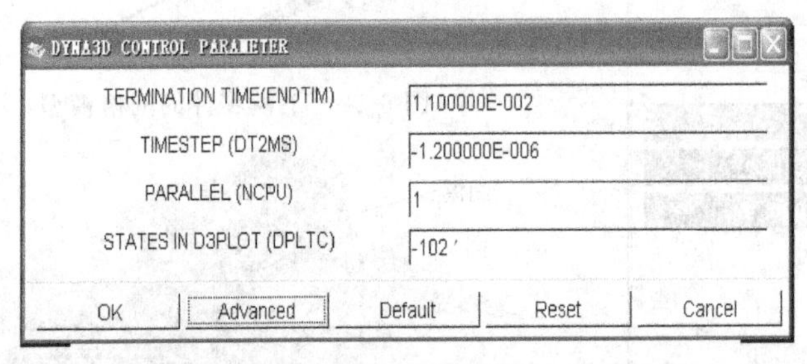

图 6-55 求解控制参数

（3）自适应网格控制参数（Adaptive Control Parameters）

随着板坯的不断变形，板坯的原始网格将发生畸变，从而影响对变形板坯几何细节（如局部圆角区）的描述，最终导致求解结果误差。此时，程序根据需要自动对变形板坯网格进行动态局部细分操作，这就是所谓网格自适应技术。缺省的自适应参数控制对话框如图6-56所示，其中，“高级”按钮用来扩展对话框提供更多的自适应控制参数。

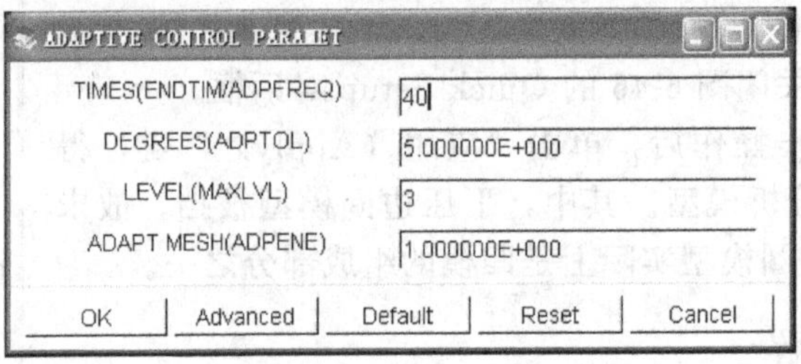

ADAPTIVE CONTROL PARAMET
TIMES(ENDTIM/ADPFREQ)
40
DEGREES(ADPTOL)
5.000000E+000
LEVEL(MAXLVL)
3
ADAPT MESH(ADPENE)
1.000000E+000
OK
Advanced
Default
Reset
Cancel

图 6-56 自适应网格参数

（4）重力载荷（GRAVITY LOAD）

该选项参数用于确定是否在拉深模拟过程中考虑重力对板坯变形的影响。对于大尺寸薄板成形，重力的影响应该考虑。

（5）将某些计算结果输出到 DYNAIN 文件（DYNAIN Output）

该选项参数用于确定是否在拉深计算结束后，将板坯的应力、应变、厚度等结果信息输出到 DYNAIN 文件。对于多工序成形，需要勾选此选项，以便存储在 DYNAIN 文件中的数据为下一道工序计算所用。

（6）无缝回弹计算（Seamless）

如果激活该选项参数，LS-DYNA 在利用动力显式求解器计算完拉深成形后，会自动调用静力隐式求解器计算成形件的回弹。

本案例只需将“分析类型（Analysis Type）”指定为“直接求解计算（Full Run LS-

Dyna）”，其余选项参数均采用默认值。单击“OK”按钮，Dynaform 即可开始进行 S 轨制件的冲压成形模拟。

6.5.4　判读分析结果

单击主菜单栏中的“后处理”选项（PostProcess），弹出 Dynaform 后处理操作界面。提示：如果分型结果操作区中未出现所示模型，可单击“File/Open”，然后选择本案例分析任务所在文件夹中的 D3PLOT 文件即可。

对于本案例，重点观察和判读成形极限图（FLD）与板厚减薄提供的信息，以便了解 S 轨制件在所给工艺条件下的成形质量，并给出改善成形质量的基本途径。

① 关闭除板坯（Blank）层外的其他各零件层。

② 单击图 6-57 上的“成形极限（FLD）”图标，并在“数据展示设置区”中选择“单帧显示/最后一帧（如第 20 帧）”，于是得到对应于最后一帧（即成形结束）的 FLD 信息（图 6-58）。其中，右侧色标提示从上到下依次为破裂、破裂风险、安全、起皱趋势、起皱、严重起皱和未充分拉深。结合制件云图、FLD 和色标信息可以发现，按现有工艺条件（上模运动速度 5000mm/s、压边圈闭合速度 2000mm/s、下压边力 350000N）进行冲压成形，制件部分侧壁存在破裂风险，并且 S 轨制件顶部个别区域存在起皱趋势。

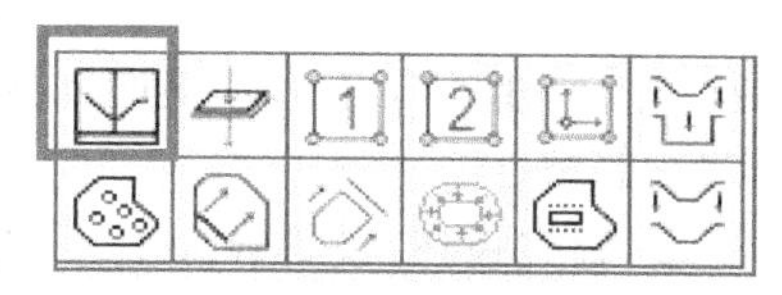

图 6-57　Dynaform 专用后处理工具

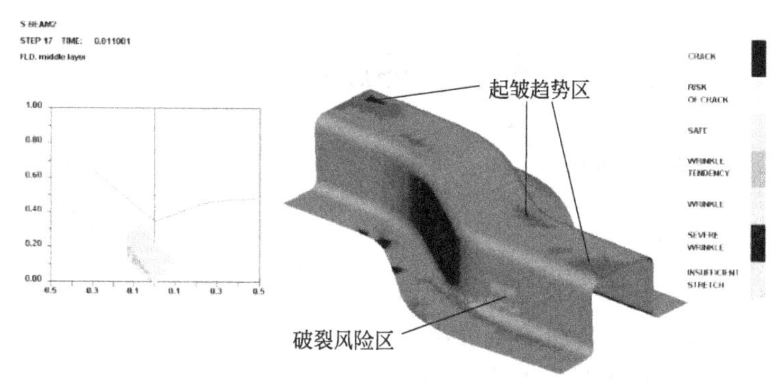

图 6-58　成形结束时的制件拉深极限

提示：Dynaform 默认成形极限图基于板坯中面。为了更准确地了解板坯上下两个表面（表层）的应变信息，可以在后处理页面“数据展示设置区”选择上表面（TOP）或下表面（BOTTOM）。不过需要注意：Dynaform 将与凹模接触的板坯面定义为冲压件的下表面，反之为上表面，并且规定上模始终是凸模（PUNCH），下模始终是凹模（DIE）；所以，图 6-58所示方位的 S 轨制件外表面属于 BOTTOM，内表面属于 TOP。

③ 单击图 6-57 上第一行的第二个“板厚（Thickness）”图标，并选择“单帧显示/最后一帧（如第 20 帧）”，得到如图 6-59 所示成形结束时的制件厚度分布信息。其中，对应于图 6-58 破裂风险区的制件板厚为 0.765mm，减薄率 23.52%。对于多数材料的冲压成形而言，当其板坯局部减薄率超过 30%后，均有产生裂纹的可能。因此，借助 CAE 软件分析，可以在一定程度上评估冲压件的成形质量，并预测裂纹、起皱等缺陷的出现部位。

6.5.5　成形质量改善途径

由图 6-58 和图 6-59 可知，S 轨制件冲压成形的质量不是很理想，其顶部个别区域存在

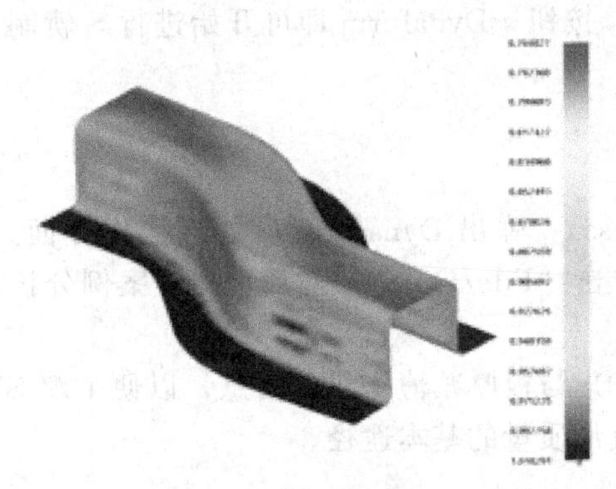

图 6-59 成形结束时的制件壁厚分布

起皱趋势，部分侧壁（主要是侧壁凸出区）存在破裂风险。不过就整体而言，由上模运动速度 5000mm/s、压边圈闭合速度 2000mm/s 和下压边力 300000N 组成的 S 轨制件冲压成形工艺方案基本可行。尽管制件的法兰面局部也存在严重起皱，但对产品的最终质量无影响，因为法兰面会在随后的工序中被切除掉。

针对图 6-58 和图 6-59 给出的信息，可以从以下两个方面（途径）着手改善制件成形质量。

① 在侧壁凹入区和 S 轨两个端头的压料面上设置拉延筋，以增加这些区域的进料阻力，同时根据情况适当降低下压边力，使凹入区对面侧壁的破裂风险减至最小，并且尽可能消除制件顶部的起皱趋势。

② 调整板坯/模具界面上不同区域的润滑条件，以改变板坯材料的流动条件和应力应变状况，达到同途径①相同的目的。

需要注意的是：一旦改善制件成形质量的途径确定，还应再次拟定成形方案进行 CAE 分析实验，以验证成形工艺的可行性，并根据 CAE 分析结果进行冲压成形物理实验或现场试模，以便最终生产出合格的 S 轨制件。

6.6 操作实例 2——多工步冲压成形

6.6.1 工艺方案的制定

(1) 制件冲压工艺分析

图 6-60 是冲压成形零件的 3D 模型及截面图。零件技术要求：达到图 6-60(b) 所示尺寸要求，除折弯处外圆角半径 $R2$ 和内圆角处半径 $R1$ 外，所有折弯角度均为 90°。要求零件无严重起皱和破裂，工件最小厚度在 0.8mm 以上。

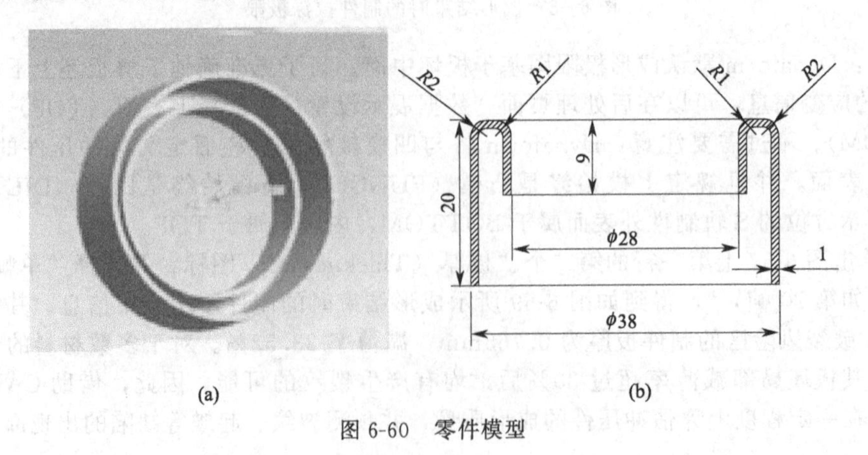

图 6-60 零件模型

该零件是用厚度为 1mm 的各向异性材料冲压而成，经分析，该零件需冲裁、拉深、翻边等工位才能完成。

(2) 确定工艺方案及CAE分析步骤

根据所给尺寸，通过初步计算，拟订以下成形方案，如表6-3所示。

表6-3 成形方案

第一次拉深（工序2）	第二次拉深（工序3）	反拉深（工序4）	冲孔（在Dynaform剪切孔，工序5）	翻边（工序6）
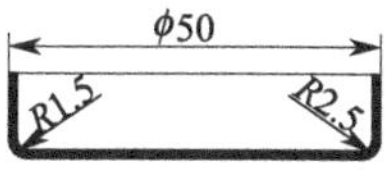 ϕ50 R1.5 R2.5	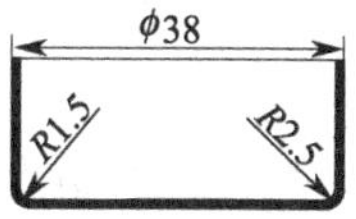 ϕ38 R1.5 R2.5	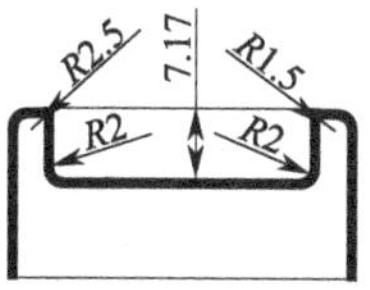 R2.5 7.17 R1.5 R2 R2	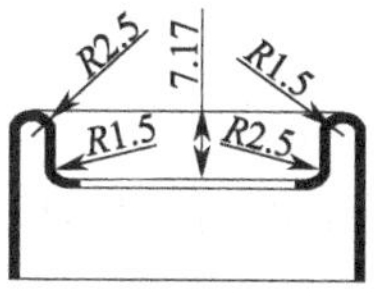 R2.5 7.17 R1.5 R1.5 R2.5	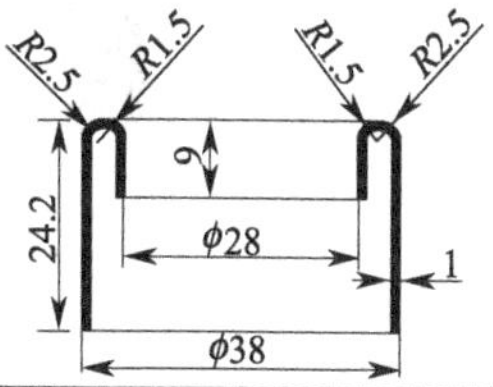 R2.5 R1.5 R1.5 R2.5 9 24.2 ϕ28 1 ϕ38

方案：工序1、2、3采用落料、拉深、正拉深的单工序复合模，工序4、5采用反拉深、冲孔的两工序复合模，工序6采用单工序翻边模，共使用三套模具。由于Dynaform不能模拟分离工序，所以表中冲孔工序无法模拟，采用在前处理中单元剪切方式完成。

6.6.2 有限元模型的建立

(1) 几何模型的建立

采用大型3D CAD/CAM系统软件Pro/E对双壁空压零件的冲压模具及板料建立三维实体模型，经过适当处理，依次提取接触曲面及毛坯的平面，然后将模具毛坯的曲面转化为VDA格式文件。由于篇幅所限，在此只给出了各工序的模具装配图，如图6-61所示。

(2) 有限元模型的建立

① 打开Dyanform前处理，分别将凸模、凹模、压边圈和板料的VDA格式导入。

② 单元网格的划分。模具单元定义为刚性壳单元，坯料单元类型为BT单元，采用自适应网格划分法将模具和坯料划分为四边形单元和三角形单元。一般采用先自动划分单元网格后手动划分的方法。如曲面模型形状较复杂或由多重曲面组成，则往往易产生误差或单元面法向不一致，难以划出正确的结果。因此在划分完网格后，要检查凸凹模、压边圈和板料网格的法矢量、边界、重复单元、修改网格直到没有错误为止。网格的划分应正确反映结构的受力和变形情况，网格的粗细稠密选择要适当。网格细密则结果更精确，但计算量也更大，浪费机时；网格太粗则计算量小，但误差较大且不能真实反映变化情况。应在保证计算精度和目的的前提下，选用适当的单元类型，先对预估受力变形剧烈的地方，采用较细密的网格划分，以保证有足够的单元反映该区域的变化情况。而本实验全部采用自动划分网格。图6-62为第一次拉深时网格划分后的模具及板料。

③ 模拟参数的确定。

接触类型：forming _ one _ way _ surface _ to _ surface。

凸模：刚体，静摩擦系数0.11；冲压速度2000mm/s；凸模运动行程按模具计算所得的冲压高度来设置。

凹模：刚体，静摩擦系数0.11。

压边圈：刚体，静摩擦系数0.11；所采用的压边力根据需要进行计算。

根据以上压边圈与凹模的运动速度、压边力及计算所得压边行程、成形行程，可设置凹模运动曲线及压边圈力曲线。

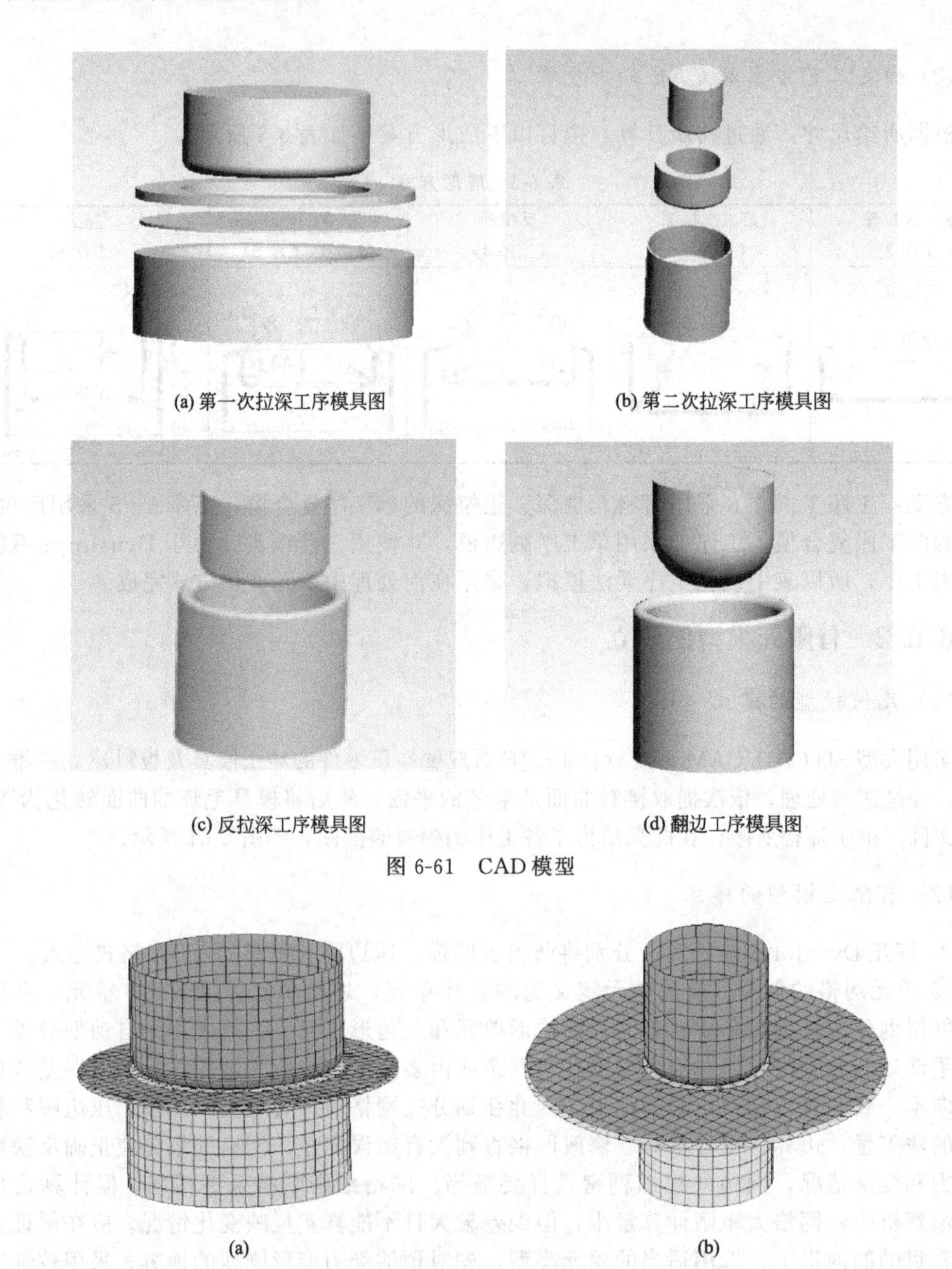

(a) 第一次拉深工序模具图　(b) 第二次拉深工序模具图

(c) 反拉深工序模具图　(d) 翻边工序模具图

图 6-61　CAD 模型

(a)　(b)

图 6-62　网格划分后的模具及板料

材料相关参数：所选材料均为 eta/Dyanform 材料库中的材料。材料 DDQ36 相关参数如图 6-63 所示。

6.6.3 CAE 分析结果讨论

（1）第一次拉深

按实际生产经验公式确定拉深时的凸凹模尺寸：凸模直径 $D_{凸}=50$mm，圆角半径 $R_{凸}=3$mm，凸模高度 $H=25$mm，凹模直径 $D_{凹}=52.2$mm，圆角半径 $R_{凹}=2.5$mm，高度 $H=25$mm。其相关工艺参数分别为凸凹模间隙 1.1mm，压边力 15000N，凸凹模及压边圈的摩擦系数均设置为 0.11，凸模行程 22mm，凸模速度 2000mm/s。板料成形过程图和最终成形结果见如图 6-64 所示。

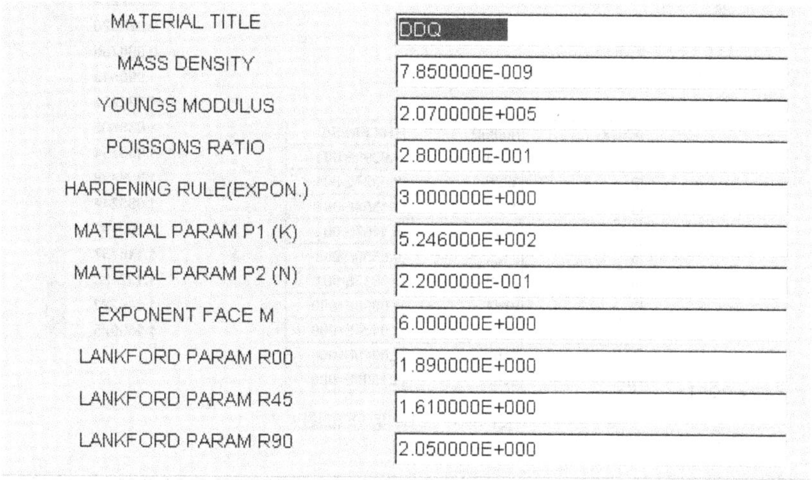

MATERIAL TITLE	DDQ
MASS DENSITY	7.850000E-009
YOUNGS MODULUS	2.070000E+005
POISSONS RATIO	2.800000E-001
HARDENING RULE(EXPON.)	3.000000E+000
MATERIAL PARAM P1 (K)	5.246000E+002
MATERIAL PARAM P2 (N)	2.200000E-001
EXPONENT FACE M	6.000000E+000
LANKFORD PARAM R00	1.890000E+000
LANKFORD PARAM R45	1.610000E+000
LANKFORD PARAM R90	2.050000E+000

图 6-63　材料参数值

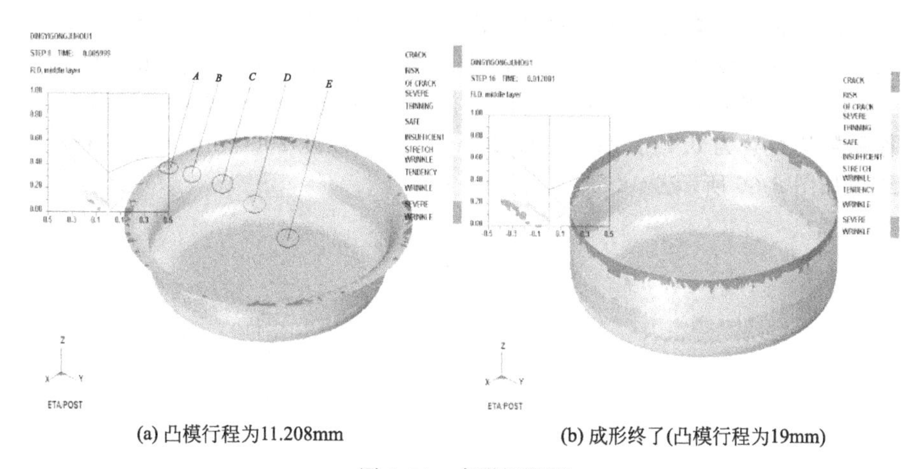

(a) 凸模行程为11.208mm　　(b) 成形终了(凸模行程为19mm)

图 6-64　成形极限图

如图 6-64(a) 所示，板料在首次拉深过程中，其变形过程可分为 A、B、C、D、E 五个区域。A 区域为凸缘区，该区域材料在凸模压力的作用下不断被拉入凹模型腔内转化为筒壁，同时其外缘直径不断缩小，且在拉深过程中板厚由内向外逐渐增厚，凸缘外沿处板厚增加最大并且会出现起皱；B 区域为凹模圆角区，板料经过此圆角区后经历由直变弯再由弯变直的过程，这两个过程使材料变薄率大为增加；C 区域为筒壁区，凸模的压力通过该区域的材料传至凹模圆角区及凸缘区域；D 区域为凸模圆角区，该处材料流动方向为由筒底流向筒壁，也经历由弯变直和由直变弯两个过程，在凸模圆角的顶压和成形力的拉伸作用下，此处材料减薄最为严重；E 区域为筒底区，该区材料变形量最小，底部略有变薄，但基本上等于原坯料的厚度，如图 6-65 所示。

从图 6-64 来看，筒壁部分从上到下依次为严重起皱区、起皱区和起皱倾向区，说明越靠近凸缘外侧越容易起皱，但其中的严重起皱区在切边范围之内；从图 6-65 来看，半成品工件厚度从圆筒底部的圆角处到口部逐渐增加，其中最小厚度值为 0.943mm，最大厚度值为 1.163mm。

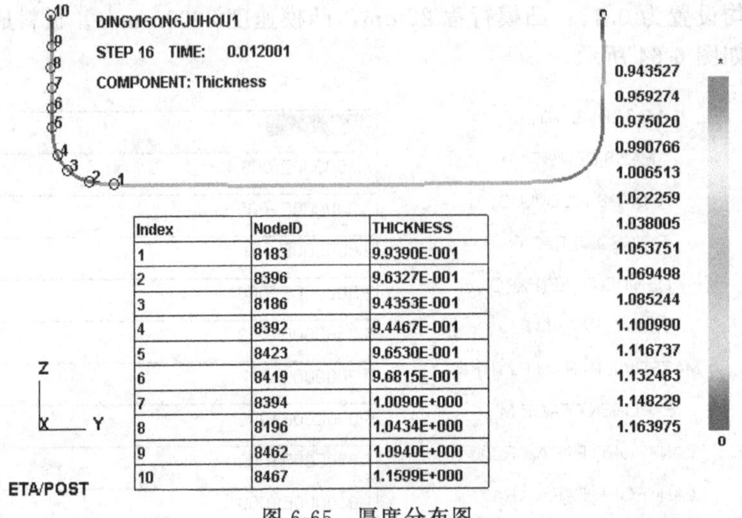

Index	NodeID	THICKNESS
1	8183	9.9390E-001
2	8396	9.6327E-001
3	8186	9.4353E-001
4	8392	9.4467E-001
5	8423	9.6530E-001
6	8419	9.6815E-001
7	8394	1.0090E+000
8	8196	1.0434E+000
9	8462	1.0940E+000
10	8467	1.1599E+000

图 6-65 厚度分布图

(2) 第二次拉深

按实际生产经验公式确定拉深时的凸凹模尺寸：凸模直径 $D_{凸}=34.835$mm，圆角半径 $R_{凸}=2.5$mm，凸模高度 $H=35$mm；凹模直径 $D_{凹}=37.035$mm，圆角半径 $R_{凹}=2$mm，高度 $H=35$mm。其相关工艺参数如下：凸凹模间隙 1.1mm，压边力 1000N，凸凹模及压边圈的摩擦系数均设置为 0.11，凸模行程 28mm，凸模速度 2000mm/s。板料成形过程图和最终成形结果如图 6-66 所示。

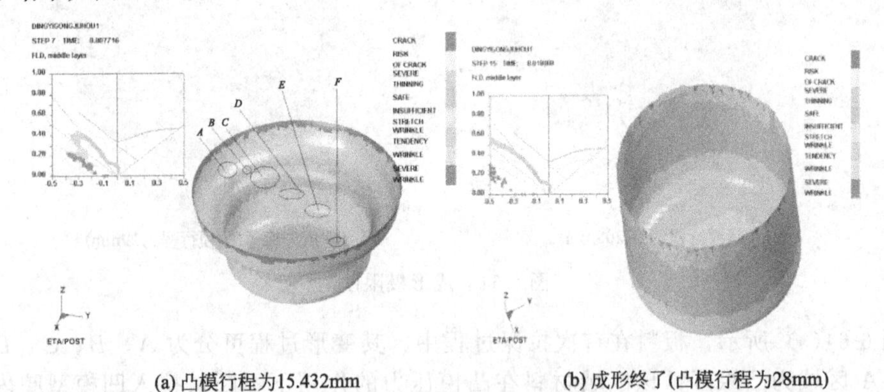

(a) 凸模行程为15.432mm　　(b) 成形终了(凸模行程为28mm)

图 6-66 成形极限图

如图 6-66(a) 所示，板料在第二次正拉深过程中，其变形过程可分为 A、B、C、D、E、F 六个区域。A 区域和 B 区域分别为半成品工件的筒壁区和环形压边圈处的圆角区，A 区域由于凸模冲压力作用板料发生轴向的运动，B 区域由于受到凸模作用力，使板料发生了由直变弯和由弯变直的变形过程；C 区域为凹模圆角区，此区域材料处于径向拉应力、切向和厚度方向压应力的三向应力状态，坯料在经过与凹模圆角包紧和离开凹模圆角转化为筒壁后经过两次较大变形，材料变薄量大为增加；D 区域为筒壁区，材料处于轴向受拉应力作用的单向应力状态和轴向伸长、厚度变薄的平面应变状态，此区域材料在拉深过程中厚度减薄；E 区域为凸模圆角区，此区域处于径向和切向拉应力，厚向压应力的三向应力状态，随着拉深高度的增加，需要流动的材料越多，所需切向拉应力值越大。由于切向应力值小而径向应力值大，致使材料越靠近下部变薄越严重，筒壁向底部转角稍上处，出现严重的变薄现象；F 区域为筒底区，该区材料处于径向和切向为拉应力的平面应力状态。由于筒底受力变形的对称性，可以认为这是一双向等拉应力状态。应变状态是三维的：径向和切向为拉伸变形，厚向为压缩变形。半成品筒形件底部是在继承了上次应力应变的基础上进一步变形，厚度变形量增大。

半成品工件起皱区分布于口部边缘，如图 6-66(b) 所示，而严重起皱部位较少，不均匀分散于口部。由于环形压边圈与板料接触面积较小，故不能起到较好的压边效果，因而起皱区域在口部的分布高度参差不齐（3～4mm），在可接受范围内；半成品工件厚度从筒底部的圆角处到口部逐渐增加，其中最小厚度值为 0.871mm，最大厚度值为 1.430mm，其分别分布在半成品工件的筒底圆角处上部和筒形件口部，如图 6-67 所示。

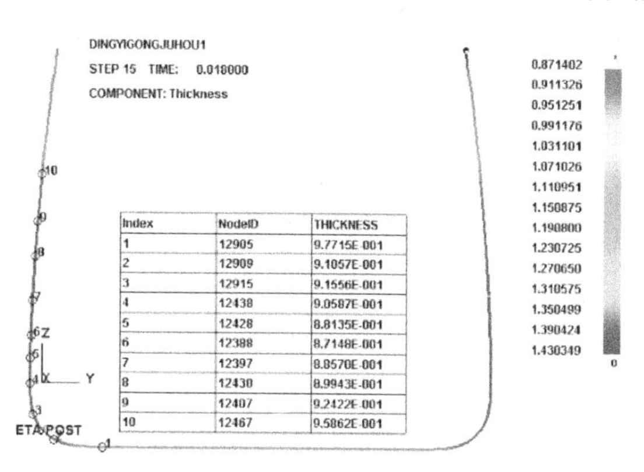

Index	NodeID	THICKNESS
1	12905	9.7715E-001
2	12909	9.1057E-001
3	12915	9.1556E-001
4	12438	9.0587E-001
5	12428	8.8135E-001
6	12388	8.7148E-001
7	12397	8.8570E-001
8	12430	8.9943E-001
9	12407	9.2422E-001
10	12467	9.5862E-001

图 6-67　成形厚度分布图

(3) 反拉深

按实际生产经验公式确定拉深时的凸凹模尺寸：凸模直径 $D_{凸}=26.225\text{mm}$，圆角半径 $R_{凸}=2.5\text{mm}$，凸模高度 $H=15\text{mm}$；凹模直径 $D_{凹}=28.436\text{mm}$，圆角半径 $R_{凹}=2\text{mm}$，高度 $H=30\text{mm}$。其相关工艺参数为凸凹模间隙 1.1mm，无压边，凸凹模及压边圈的摩擦系数均设置为 0.11，凸模行程 9.73mm，凸模速度 2000mm/s。板料成形过程图和最终成形结果如图 6-68 所示。

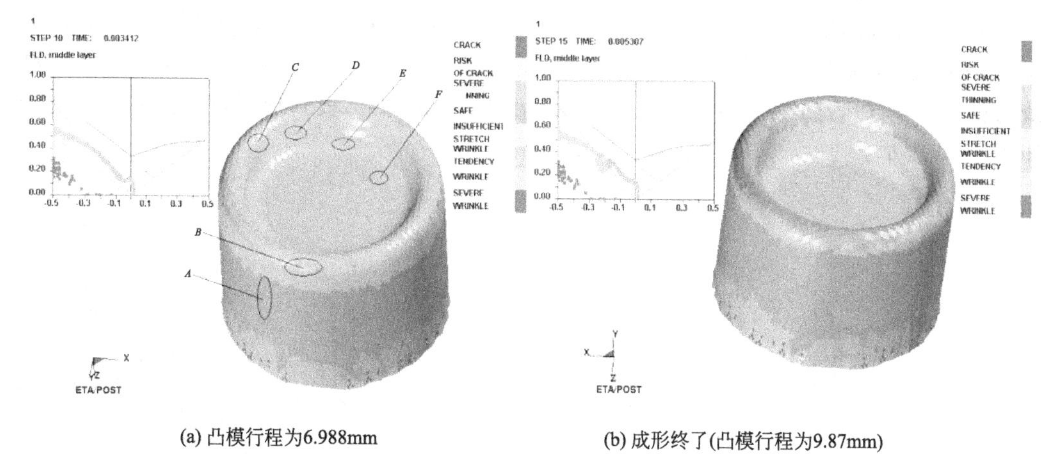

(a) 凸模行程为6.988mm　　(b) 成形终了(凸模行程为9.87mm)

图 6-68　成形极限图

如图 6-68(a) 所示，板料在反拉深过程中，其变形过程可分为 A、B、C、D、E、F 六个区域。A 区域为半成品工件的筒壁部分，由于工件受到凸模的作用力，材料发生轴向流动；B、C 区域分别为凹模的外圆角区和内圆角区，两区域材料均处于径向受拉、切向和厚向受压的三向应力状态，B 区域处由直变弯，到 C 区域处后又由弯变直，由于弯曲阻力和摩擦阻力的双重作用，造成拉深成形力大大增加，同时其减薄量也大为增加；D 区域为筒壁区，此区处于轴向受拉应力作用的单向力状态和轴向伸长、厚度变薄的平面应变状态，材料在此区的拉深过程中不断减薄；E 区域为凹模圆角区，该区处于径向和切向为拉应力，厚向为压应力的三向应力状态，材料经历了由直变弯和由弯变直两次弯曲变形，材料的变形流动方向为由筒底流向筒壁方向，材料几乎得不到补充，因此此处材料减薄最为严重；F 区域为筒底区，此区处于径向和切向为拉应力的平面应力状态，其径向和切向为拉伸变形，厚向为压缩变形，变形程度很小。

半成品工件起皱区分布于近口部边缘范围内，外筒壁区由于材料发生流动致使起皱范围有所增大，如图 6-69 所示，严重起皱区不均匀地分布于口部；最薄区域分布于内筒底部圆角上部，其最小厚度为 0.853mm，从内筒底圆角上部→内筒壁→内侧圆角→外侧圆角→外侧筒壁→口部，厚度先增大、后减小、再增大，其最大值达 1.456mm，筒壁增厚严重区域均在口部切边范围内。

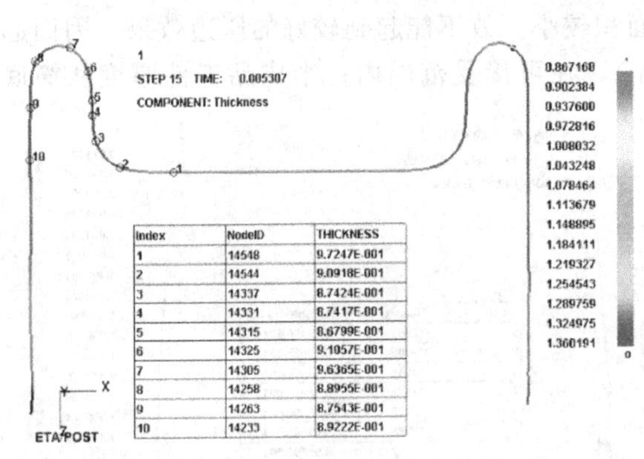

Index	NodeID	THICKNESS
1	14548	9.7247E-001
2	14544	9.0918E-001
3	14337	8.7424E-001
4	14331	8.7417E-001
5	14315	8.6799E-001
6	14325	9.1057E-001
7	14305	9.6365E-001
8	14258	8.8955E-001
9	14263	8.7543E-001
10	14233	8.9222E-001

图 6-69 成形厚度分布图

(4) 冲孔

目前在 Dynaform 中不能模拟板料的分离，所以将保留上次反拉深分析数据的 Dynain 文件导入 Dynaform，直接剪切一个直径为 21.36mm 的孔，然后再做后面的翻边工序，忽略在整个变形过程中由冲孔引起的应力-应变等。

(5) 翻边

按实际生产经验公式确定翻边时的凸凹模尺寸：凸模直径 $D_凸=26.225$mm，圆角半径 $R_凸=12$mm，凸模高度 $H=25$mm；直径 $D_凹=28.436$mm，圆角半径 $R_凹=2$mm，高度 $H=30$mm。其相关工艺参数如下：凸凹模间隙 1.1mm，无压边，凸凹模及压边圈的摩擦系数均设置为 0.11，凸模行程 13mm，凸模速度 2000mm/s。板料成形过程图和最终成形结果如图 6-70 所示。

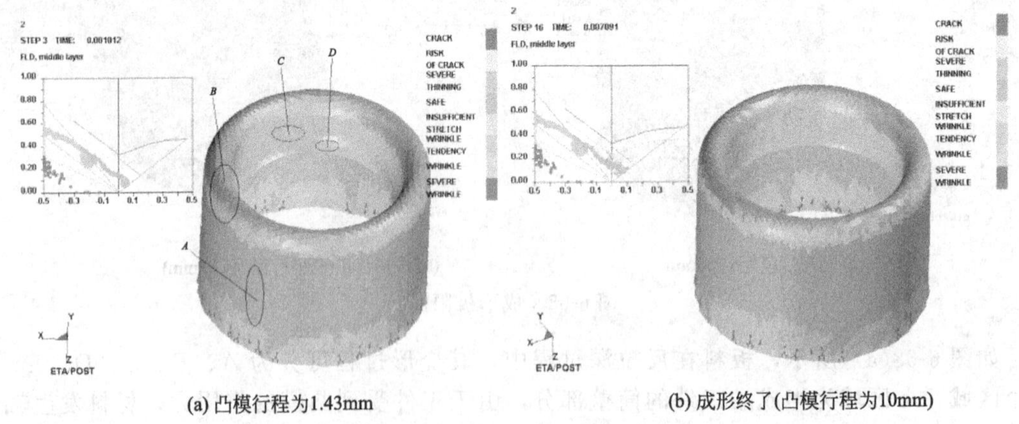

(a) 凸模行程为1.43mm　　(b) 成形终了(凸模行程为10mm)

图 6-70 成形极限图

如图 6-70(a) 所示，板料在翻边过程中，其变形过程可分为 A、B、C、D 四个区域进行分析：A 区域为外层筒壁区，该区材料在凸模冲压力作用下发生轴向流动；B 区域为凹模的内圆角和外圆角区，该区材料在凸模冲压力作用下包紧凹模圆角，由于在冲压过程中球形凸模与板料接触面积较小，造成的成形力较小，并且随着环形凸模行程增大，板料与环形凸模所接触的面积越来越大，完成翻边所需要的冲压力越来越小，因此材料在包紧凹模的内外圆角后便不再继续向内筒壁流动；C 区域为内筒壁区，在半成品工件板料包紧凹模内外圆角之前起到传力凸模冲压力的作用，在板料包紧凹模内外圆角之后，由于翻边所需的冲压力越来越小，该区域材料几乎不再发生变化；D 区域为翻边区，该区材料处于切向受拉、径向受压的应力状态，在变形过程中，随着凸模下降，变形的坯料单元体在凸模作用下发生弯曲，包紧凸模，孔的直径逐渐增大。坯料单元体相对凸模作径向移动，逐渐靠近凹模腔内壁，最终在凸模作用下贴紧凹模内壁，完成翻边。

半成品工件起皱区与上道次的反拉深后的结果相近，分布于口部边缘区较窄范围内，如图 6-70(b) 所示，严重起皱不均匀分散于外筒壁口部；最薄区域分布于上次反拉深结束后的半成品筒形件内筒底圆角处，其最小厚度为 0.839mm，从内筒底圆角上部→内筒壁→内侧圆角→外侧圆角→外侧筒壁→口部，厚度先增大、后减小、再增大，其最大值达 1.413mm，筒壁增厚严重区域均在口部切边范围内，如图 6-71所示。

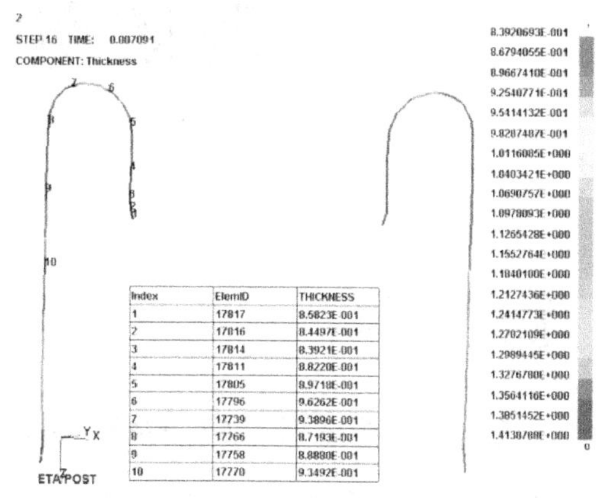

Index	ElemID	THICKNESS
1	17817	8.5823E-001
2	17816	8.4497E-001
3	17814	8.3921E-001
4	17811	8.8220E-001
5	17805	8.9718E-001
6	17796	9.6262E-001
7	17739	9.3896E-001
8	17766	8.7193E-001
9	17758	8.8880E-001
10	17770	9.3492E-001

图 6-71　成形厚度分布图

通过上述案例的学习，可以初步了解如何利用 Dynaform 模拟金属板料的冲压成形过程，如何根据成形质量拟定工艺措施再经 Dynaform 模拟验证，以达到优化冲压工艺方案与模具设计方案并最终实现降成本、增加效益之目的。通过案例学习还可体会到，要想很好地应用 Dynaform 解决实际生产问题，除了熟悉 Dynaform 的基本功能与基本操作外，还应掌握坚实的专业理论知识和具备较为丰富的现场工作经验，这样才能够有针对性地解读 Dynaform 提供的模拟信息，从中找到解决问题的关键所在。

思考题

1. 目前的金属冲压成形 CAE 系统能够仿真哪些冲压工序？
2. 简述 CAE 技术在冲压工艺设计中的应用。
3. 怎样确定有限元增量计算中的加载步长？
4. 何谓大变形物体的构形？怎样描述大变形物体的构形？
5. 试比较大、小变形弹塑性本构方程的异同？
6. 怎样确定模具工作面的有限元网格密度？
7. 在冲压成形 CAE 分析中，有哪些常用的材料模型？正确选择材料模型的依据是什么？
8. 怎样确定主接触面和从接触面？何时应用单向接触搜索法？何时应用双向接触搜索法？
9. 怎样计算模具/坯料界面的接触力？
10. 简述 Dynaform 传统设置、快速设置和自动设置的优缺点。
11. 怎样从成形极限图（FLD）和壁厚分布图中了解制件的成形质量？
12. 简述多工步成形应遵循的原则。

第7章 金属焊接成形CAE技术及应用

7.1 概述

7.1.1 焊接成形CAE的研究内容

焊接是涉及电弧物理、传热、冶金、力学和材料学等多学科的复杂的物理-化学过程，焊接中的电、磁、传热和金属熔化、凝固、相变等现象对焊接结构或焊接产品的质量影响极大。例如：不合理的焊接热过程将导致过高的焊接应力与焊接变形，严重时将产生焊接裂纹。又如：不良的焊接冶金过程将恶化熔池特性，致使焊缝金属中的气孔、夹渣、成分偏析加剧和氢脆、热裂倾向增加。由于金属焊接成形所涉及的可变因素繁多，因此，单凭经验积累和工艺试验来控制焊接过程，既费力费时，又增加成本。在计算机技术的支持下，利用一组描述焊接基本过程的数理方程来仿真焊接中的电、磁、传热和金属熔化、凝固、相变，以及应力、应变等现象，然后借助数值方法求解这些数理方程，从而获得对焊接过程及其影响因素的定量认识，这就是所谓焊接过程的计算机模拟。一旦实现了各种焊接现象的计算机模拟，就能够在此基础上先期预测和控制焊接质量，优化焊接工艺、焊接参数和焊接结构，有针对性地解决焊接加工中的实际问题。目前，金属焊接成形CAE分析研究和应用主要集中在以下几个方面。

① 焊接热过程模拟　包括仿真热源的大小与分布、焊接熔池的形成与演变、焊接电弧的传热传质，以及处理各种实际焊接接头形式、焊接程序、焊接工艺方法的边界条件等。焊接热过程分析计算获得的数据为合理选择焊接方法和工艺参数，以及后续进行的冶金分析和动态应力应变分析奠定基础。

② 焊接冶金过程模拟　包括仿真熔池反应与吸气、焊缝金属凝固、晶粒长大、固态相变、溶质再分配与偏析、气孔、夹渣和热裂纹形成，以及热影响区的氢扩散和脆化等。焊接冶金过程模拟对于确保接头质量，预测和优化接头组织、性能，以及合理选择焊接材料与工艺参数有着十分重要的意义。

③ 焊接应力与变形模拟　包括仿真焊接中应力应变的动态变化与分布、残余应力残余应变的形成与分布，以及焊接结构变形等。焊接应力与变形模拟为预防焊接裂纹、减小或消除焊接变形、降低残余应力和残余应变，提高接头性能提供帮助。

④ 焊接接头的力学行为与性能模拟　包括仿真接头的应力分布状态、焊接构件的断裂、疲劳裂纹的扩展、残余应力对脆断的影响、焊缝金属和热影响区对性能的影响，以及预测接

头力学性能等。

⑤ 焊缝质量模拟 包括气孔、裂纹、夹渣等各种缺陷的评估与预测。

⑥ 特殊焊接工艺模拟 例如电子束焊、激光焊、离子弧焊、电阻焊、瞬态液相焊等。

焊接成形CAE分析的方法一般以有限元法为主，辅以有限差分法、蒙特卡洛法和解析法等。在实际应用中，通常是两种或两种以上的方法交叉渗透，各取所长，联合用于整个模拟对象的计算求解。例如：在模拟焊接瞬态热传导问题时，空间域求解常采用有限元法，而时间域求解则多采用有限差分法。

7.1.2 CAE技术在焊接成形中的应用

(1) 问题描述

图7-1是用于本案例比较焊接熔池形貌与深度、接头区温度变化，以及预测焊接应力的试样。试样上安放有9个（T1～T9）测温热电偶，其中，6个（T1～T6）插入深1.2mm的试样顶部孔，另外2个插入试样底部孔（T7距焊缝尾端约15mm，深6.5mm；T8距焊缝始端约15mm，深12mm），T9位于两条对称线的交叉点且紧靠试样底表面。试样材料为AISI 316L，钨极氩弧焊（TIG），焊缝长度约60mm。除材料密度ρ和泊松比μ外，其他热物性参数（如比热容c、热导率λ、换热系数h、热胀系数α）和机械性能参数（如弹性模量E、应力σ、应变ε）均设置成温度的函数，热辐射率为0.4，母材初始温度和环境温度为20℃。根据实验对象的对称结构特点，沿水平对称面D取一半模型用8节点六面体单元离散（图7-2），在SYSWELD平台上进行CAE分析实验，采用匀速移动的双椭球分布热源模型（IU=1150W、热效率75%、a_f=1.6mm、a_r=3.2mm、b=1.6mm、c=3.2mm、移动速度2.27mm/s），假设材料各向同性硬化。

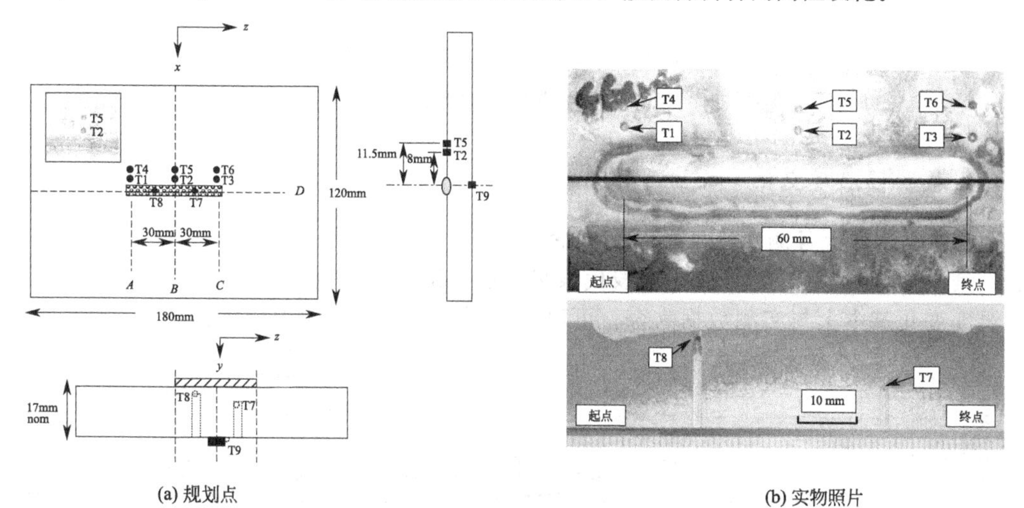

(a) 规划点　　(b) 实物照片

图7-1 热电偶安装位置

(2) 焊接熔池的形貌与深度

图7-3是试样中段B截面上的温度分布与同一截面上焊接接头金相组织照片对比。如果以焊缝金属或母材的弹性模量急剧下降所对应的温度（1400℃，图中深色环）作为熔池形成的判据，则从图7-3上可以看到，当焊接热源输出效率为75%时，通过CAE分析预测的熔池深度同实际焊接的熔池深度吻合得相当好，熔池中的最高温度可达2193℃。图7-4是焊缝水平（即纵向）对称截面上始末两端的温度分布与同一截面上焊接接头金相组织照片对比，结果表明，以

1400℃（图中深色环)作为判据所预测的熔池纵向形貌也基本上能与真实的熔池形貌吻合，其差异主要来源于 CAE 分析系统对焊接热源起弧和收弧部分的处理上。

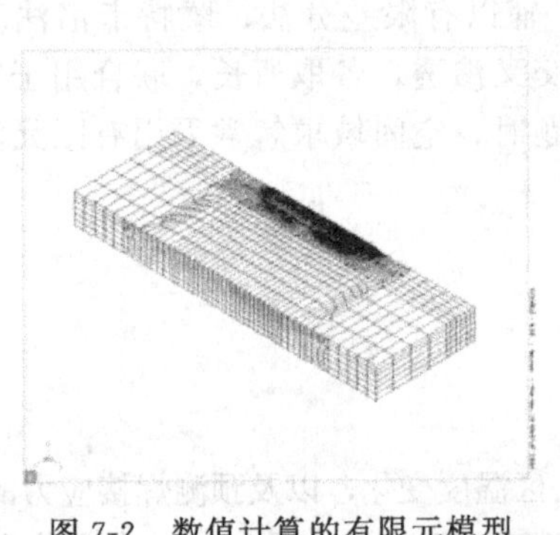

图 7-2 数值计算的有限元模型

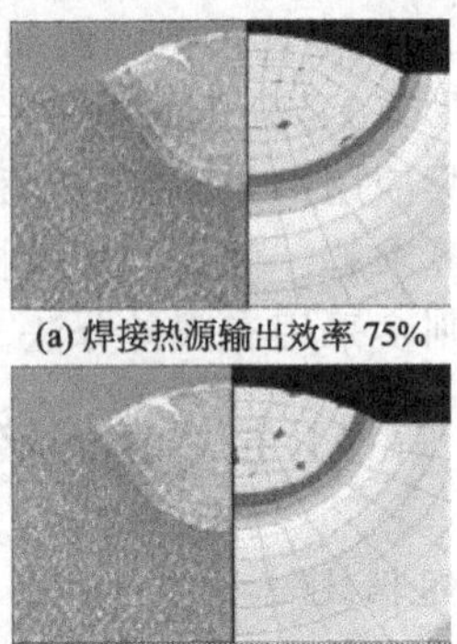

(a) 焊接热源输出效率 75%

(b) 焊接热源输出效率 60%

图 7-3 焊缝中段 B 截面上熔池深度比较

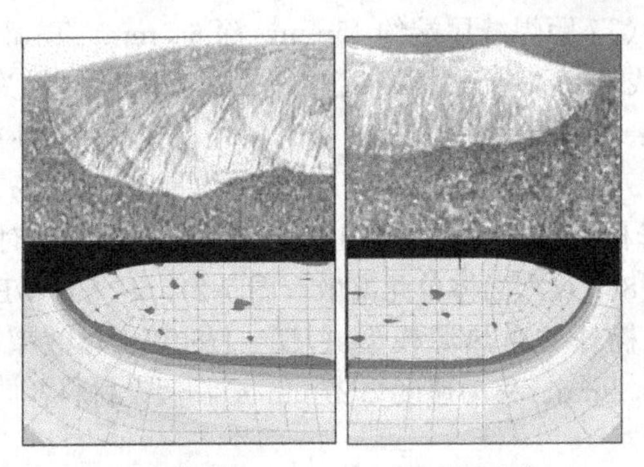

(a) 焊缝始端　(b) 焊缝末端

图 7-4 焊缝始末两端 D 截面上的熔池形貌比较

(3) 接头区温度变化

图 7-5 是试样上各测点温度随时间的变化过程，测点 T1～T9 的顺序为从上到下、从左到右，其中虚线代表 CAE 分析，实线代表热电偶测试。就曲线形貌而言，CAE 分析获得的焊接温度变化基本上与实测数据吻合，可以用于下一步的焊接应力分析。

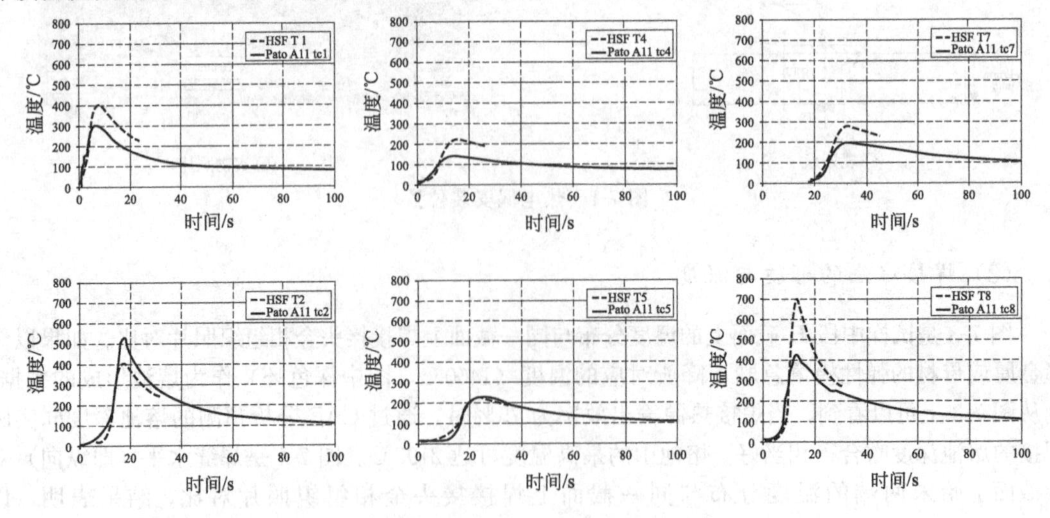

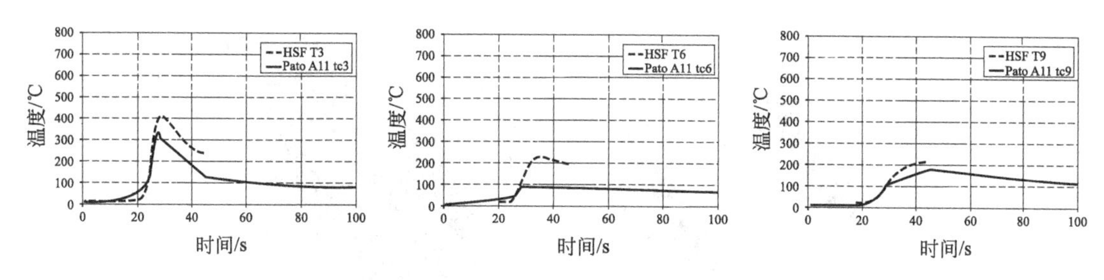

图 7-5　试样上各测点的温度-时间曲线

(4) 焊接应力分布

图 7-6 是利用 SYSWELD 计算获得的焊接应力沿焊缝中心线 D 的分布（数据取自距试样上表面约 2mm 处），由图可知，在焊缝的起始段存在应力峰值，而且整个应力曲线给出的数据与实测结果基本吻合。

图 7-6　数值模拟预测的应力分布

7.1.3 焊装变形预测

电阻点焊是焊装大型薄壳构件或覆盖件最常用的工艺方法之一，焊装变形也是经常遇到并且需要花大力气解决的问题。借助 CAE 分析软件可以预测产品焊装变形趋势和变形大小，确定关键影响因素（例如焊装参数、焊装结构、焊装顺序、焊装夹具等），寻找最佳解决方案。图 7-7 是两块门盖形板的点焊装配图，其实际焊装工艺过程如下。

① 用螺栓将两块门形盖板固定在由支撑架和垫块组成的简易夹具上。

② 沿图 7-7(a)所示方向及顺序，在法兰边上每间隔 25mm 焊接一点，共 22 个焊点。

③ 从夹具上卸下焊装好的构件。

④ 用三坐标测量仪逐点读取图 7-8(b)所标识检测线（如 SCT1、SCT2 等）上的数据，并同原始焊装设计进行比较，以评估其变形倾向和变形程度。

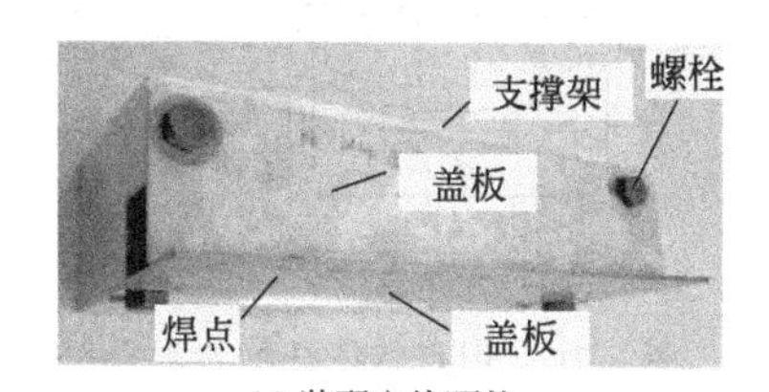

(a) 装配实体照片

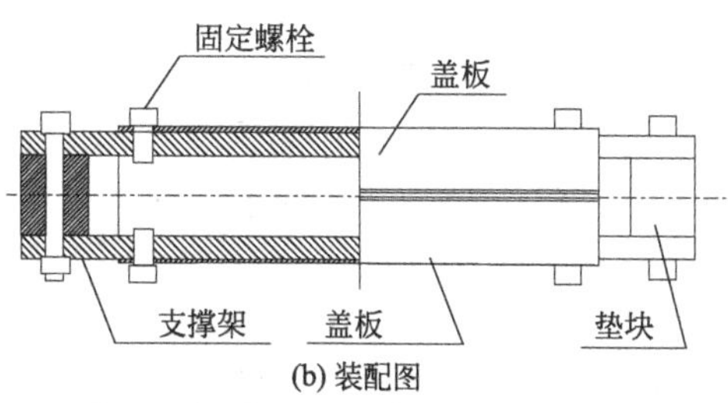

(b) 装配图

图 7-7　门形盖板的点焊装配

模拟图 7-7 构件焊装变形的软件平台为 SYSWELD，工艺条件同实际焊装过程［见图 7-8(a)和表 7-1］。焊后变形预测计算的检测点也落在图 7-8(b)标识的 SCT1～SCT9 线上。

表 7-1　焊接板材与工艺参数

材料	板厚/mm	焊接电流/kA	预压时间/(ms/cycle)	通电时间/(ms/cycle)	持压时间/(ms/cycle)	电极压力/kN
DC01ZE	1.5	10.5	200/10	300/15	200/10	2.5

注：cycle 为脉冲数；DC01ZE 为对应于我国宝山钢铁股份有限公司生产的电镀锌冷轧低碳钢板 SECC。

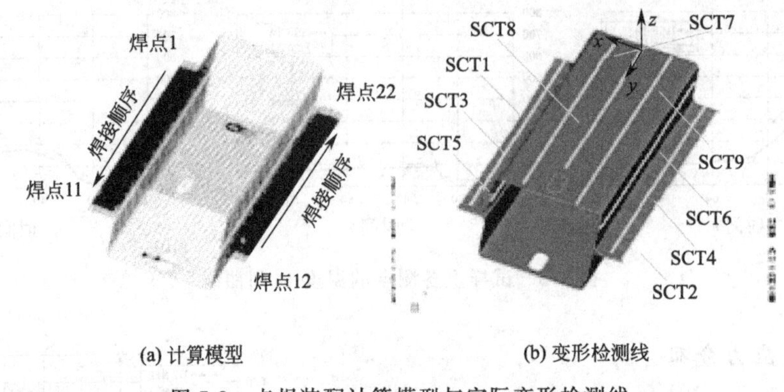

图 7-8 点焊装配计算模型与实际变形检测线

图 7-9 是焊装构件上任一点焊区的熔核形貌、法兰面间隙与 CAE 分析结果的对比。表 7-2 是焊点特征参数测量值与计算值的对比，描述焊点结构特征的参数示意图见图 7-10。由图 7-9 可见，数值计算仿真获得的熔核形貌与法兰面间隙位置同物理点焊非常吻合，其特征参数（除压坑深度 $h1$ 外）也同物理检测数据接近。

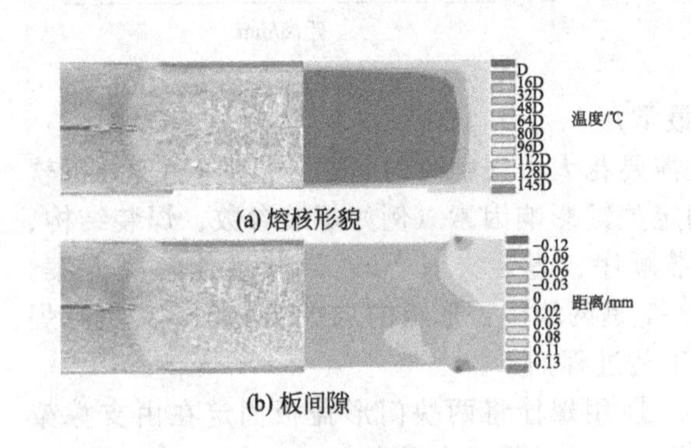

图 7-9 熔核形貌与板间隙

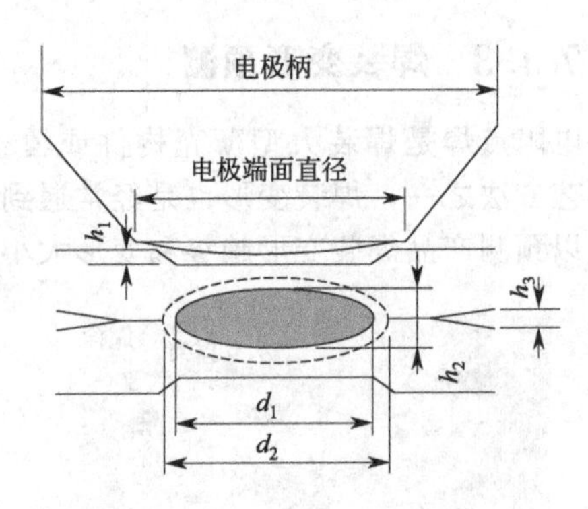

图 7-10 焊点特征结构参数

表 7-2 焊点特征比较

比较项目	测量值	计算值
熔核直径 d_1/mm	6.0	6.1
熔核高度 h_2/mm	1.1	1.3
热影响区直径 d_2/mm	7.2	7.6
板间隙 h_3/mm	0.1	0.15
压坑深度 h_1/mm	0.06	0.16

图 7-11 是焊后构件变形的模拟结果。图 7-12 是构件焊装后，从图 7-8(b)所示检测线 SCT1、SCT5、SCT8 上读取的计算数据与实测数据之比较。其中，SCT1 线附着在焊装构件的法兰面边缘，SCT5 线附着在构件的侧壁，SCT8 线与构件顶部的中轴线重合。图 7-12 中的符号标注 SCT1 _ Clam _ Exp、SCT1 _ Clam _ SYS、SCT1 _ Uncl _ Exp、SCT1 _ Uncl _ SYS 分别表示构件在约束（装夹 Clam）和非约束（未装夹 Uncl）状态下焊装后，从 SCT1 线上读取的实测数据（Exp）和 SYSWELD 模拟数据（SYS），其余符号标注以此类推，且非约束状态下的点焊工艺条件与约束状态下的工艺条件完全一致（表 7-1）。由图 7-11 和图 7-12 可见，SCT1（构件法兰面边缘）和 SCT5（构件侧壁）上的节点位移趋势和位

移量比较接近实测值，即法兰面边缘和侧壁均有不同程度的内凹变形，但 SCT8（构件顶部）的计算值与实测值相比却存在较大差异。分析后者的原因，主要是 SYSWELD 未能真实反映更加复杂的扭曲变形现象，该扭曲变形可从图 7-13 观察到。图 7-13 是根据焊后实测的 SCT3 和 SCT4（均位于法兰面）、SCT7～SCT9（均位于构件顶部）数据绘制的曲线，将这些曲线特征与图 7-8(a) 结合起来分析发现，焊后构件确实以焊点 1 和焊点 12 的连线为轴发生了扭曲，即焊点 22 及其附近区域的位移变形高于构件上其他三个角部。进一步分析推测，焊后构件的扭曲变形很有可能与点焊顺序有关。

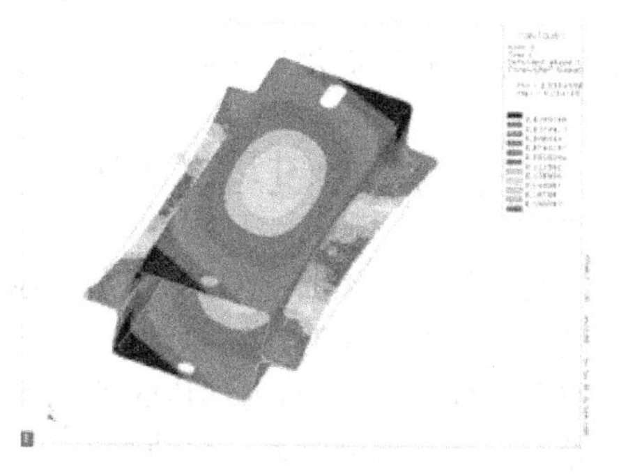

图 7-11　焊后构件发生扭曲变形

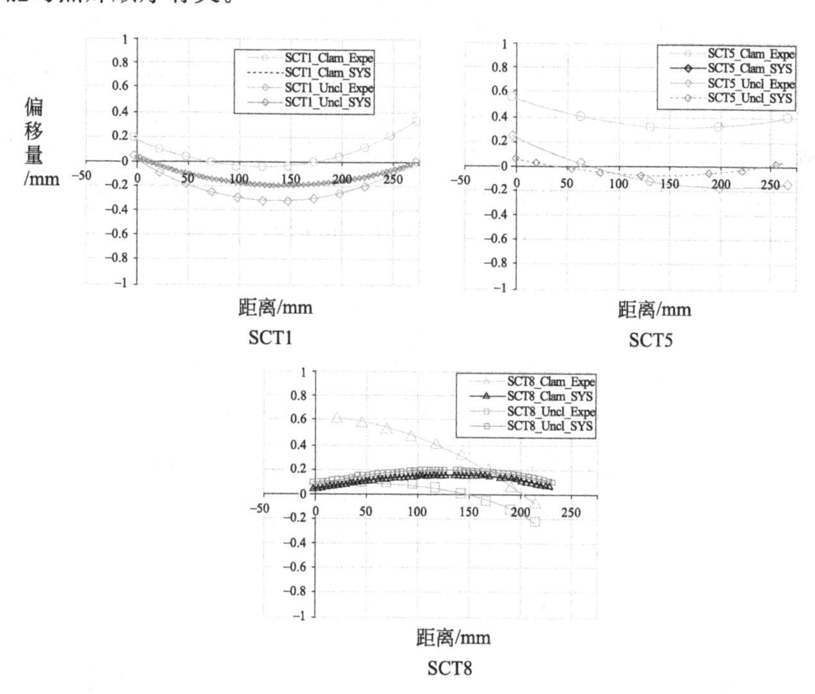

图 7-12　CAE 分析预测变形与实测变形的比较

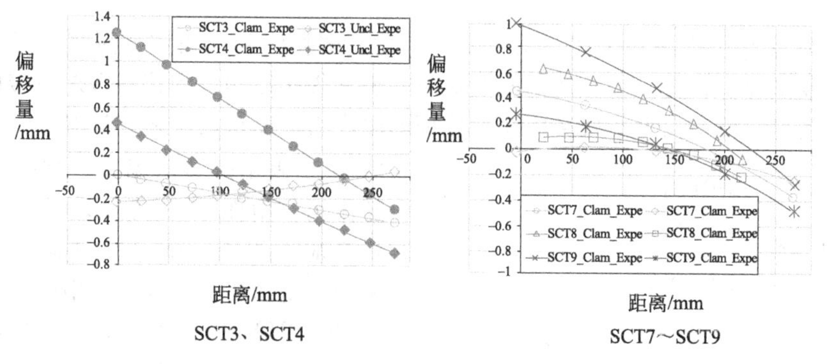

图 7-13　扭曲变形的实测结果

尽管本案有关焊装结构变形的 CAE 分析结果并不十分理想，但是仍然可以为改进构件的焊接装配质量提供某些有益的参考。

7.2 焊接过程 CAE

目前焊接过程的 CAE 分析主要包含焊接热过程和焊接应力的计算，焊接热过程具有局部性、集中性、瞬时性和移动性特点。焊接热过程 CAE 分析除了分析热源/焊材/熔池/工件/环境之间热交换与内部传热外，还涉及金属熔化和凝固期间的流动、相变、传质、电弧与熔池交互、熔滴过渡、熔池形态、焊缝生成等各个方面。目前，焊接传热过程 CAE 分析的主要求解对象是焊接温度场，通过对温度场分布与变化的计算仿真，不但能够直接或间接地了解熔池形成与演变、金属结晶与组织、接头质量与性能、焊件应力与变形等物理现象，而且还能够为后续的焊接冶金、焊接应力、焊接组织和焊接缺陷等分析提供定量数据支撑。

初期的焊接热过程 CAE 分析主要集中在对其中非线性瞬态热传导问题的分析计算上，而没有考虑焊接熔池内部液态金属的流动对整个焊接传热过程的贡献。一般来说，这种简化处理方法对于普通的焊接传热分析、焊接冶金分析和焊接力学行为分析已有足够精度。但是，若要精确研究和仿真焊接熔池的形成与演变，以及同熔池传热相关的物理化学现象等，则必须将流体动力学应用于焊接熔池。图 7-14 说明了焊接熔池传热、液态金属流动，以及焊接热源特性对焊接热过程 CAE 分析结果准确性和可用性的影响。

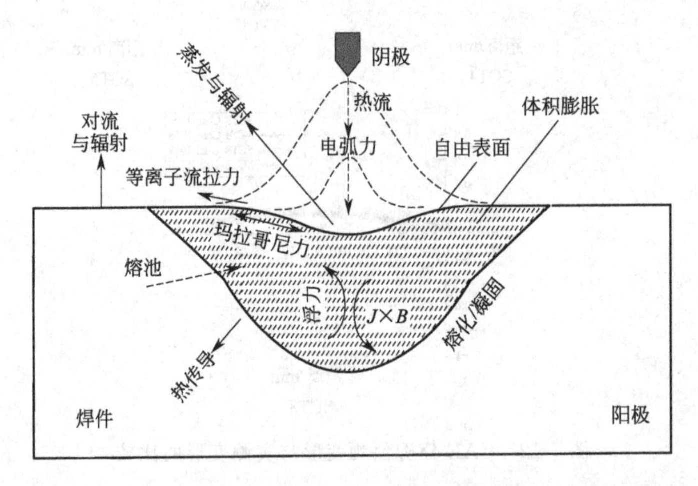

图 7-14 TIG（钨极氩弧焊）焊接熔池传热的物理作用机制

焊接应力与变形 CAE 分析的主要任务为：仿真焊接时的应力应变过程、焊件变形与裂纹产生，以及温度、相变、应力间的耦合效应，探索焊接结构、焊接参数对焊接应力与变形的影响，预测焊后残余应力与残余应变，验证消除应力与变形的工艺方法等。

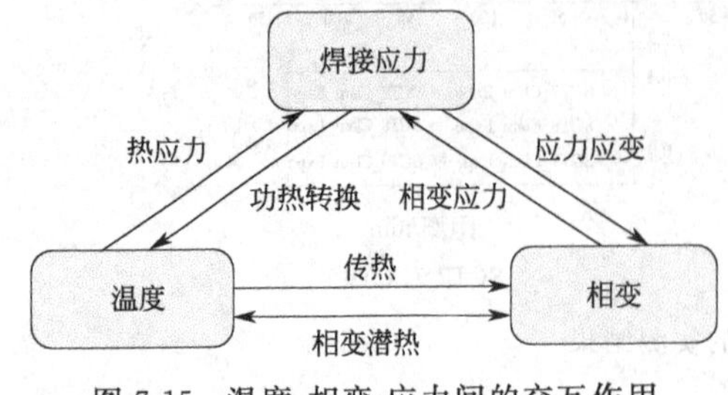

图 7-15 温度-相变-应力间的交互作用

图 7-15 表示焊接时温度、相变和应力之间的交互作用。由图 7-15 可见，焊接应力由热应力和相变应力组成，所引发的应变包括温度应变、相变应变和塑性应变，其中塑性应变多由焊接接头（含焊缝区和热影响区）金属剧烈的或不均匀的热胀冷缩造成。目前，研究焊接应力与变形的数值方法主要有热弹塑性有限元法、弹

黏塑性有限元法和固有应变分析法等，但因本文篇幅所限，且前面章节也有关于应力有限元计算内容，本章重点给出焊接传热过程数值计算方法。

焊接传热过程数值计算的控制方程建立和边界条件设置同焊接热源类型的选择有关。由于焊接热源种类较多，不同类型的热源其能量分布形式各异，因此，本节仅以 TIG 为例，介绍焊接熔池传热数学模型的建立过程，并给出模型求解的典型初边值条件，以及相应的数值计算方法要点。

7.2.1 熔池传热数学模型

7.2.1.1 基本假设

① 熔池和电弧均呈现轴对称分布。

② 熔池中液态金属为黏性不可压缩的牛顿流体，其流动状态为层流。

③ 材料热物性随温度变化，忽略熔池金属的蒸发。

④ 焊接电弧的热流密度服从高斯（Gaussian）分布。

⑤ 熔池内驱动液态金属流动的力为电磁力、浮力和表面张力，而不考虑电弧压力。

7.2.1.2 控制方程组

在移动电弧的作用下，被焊金属融化并形成熔池。按熔池的形成与演变可大致将熔池划分成前后两个部分：在熔池前部，电弧输入的热量大于熔池散失的热量，而在熔池后部，熔池散失的热量大于电弧输入的热量，所以随着电弧的移动，熔池前方金属不断熔化，熔池后端金属逐渐凝固。在固定坐标系（ξ，y，z）中，熔池金属（包括熔池内的液态金属和熔池周围的固态金属）的传热满足能量方程：

$$\rho c\frac{\partial T}{\partial t}+\rho c\left(u\frac{\partial T}{\partial \xi}+v\frac{\partial T}{\partial y}+w\frac{\partial T}{\partial z}\right)=\left[\frac{\partial}{\partial \xi}\left(\lambda\frac{\partial T}{\partial \xi}\right)+\frac{\partial}{\partial y}\left(\lambda\frac{\partial T}{\partial y}\right)+\frac{\partial}{\partial z}\left(\lambda\frac{\partial T}{\partial z}\right)\right]+Q \tag{7-1}$$

式中　ρ——密度；

c——比热容；

λ——热导率；

T——温度；

t——时间；

u，v，w——微元体在 ξ、y、z 方向上的流速分量；

Q——内热源（一般为相变潜热）。

方程（7-1）表明：流体流动引起的温度变化主要由流体自身导热和流体对流传热造成。其中：等式左边第一项代表同时间相关的能量变化，第二项代表同对流传热相关的能量变化；等式右边第一项代表同导热相关的能量变化，第二项代表同内热源相关的能量变化。

式（7-1）实际上涵盖了整个求解域内的熔池金属对流传热与传导传热两个方面的问题。由于固体材料中的物质流速等于零，所以在熔池周边固态金属内只进行热传导计算；此时，方程（7-1）简化成：

$$\rho c\frac{\partial T}{\partial t}=\frac{\partial}{\partial \xi}\left(\lambda\frac{\partial T}{\partial \xi}\right)+\frac{\partial}{\partial y}\left(\lambda\frac{\partial T}{\partial y}\right)+\frac{\partial}{\partial z}\left(\lambda\frac{\partial T}{\partial z}\right)+Q \tag{7-2}$$

求解方程（7-1）可以获得整个熔池金属的温度分布，该温度分布在液固金属界面（熔池壁或熔合面）上自动吻合。需要注意的是：式（7-1）中的物性参数 ρ、c、λ 应分别针对熔池金属的不同物理形态选取。

当热流密度为$q(r)$的焊接热源以恒定速度u_0沿ξ轴移动时，要求计算热源周围（含熔池和热影响区）的温度分布，根据固定坐标系（定义在工件上）与移动坐标系（定义在热源上）的关系，将$x=\xi-u_0 t$代入方程（7-1）中，即可完成由固定坐标系到移动坐标系（坐标原点同热源中心重合）的转换，见图 7-16。最终得到基于热源坐标系的能量方程：

$$\rho c\left(\frac{\partial T}{\partial t}-u_0\frac{\partial T}{\partial x}+u\frac{\partial T}{\partial x}+v\frac{\partial T}{\partial y}+w\frac{\partial T}{\partial z}\right)=\frac{\partial}{\partial \xi}\left(\lambda\frac{\partial T}{\partial \xi}\right)+\frac{\partial}{\partial y}\left(\lambda\frac{\partial T}{\partial y}\right)+\frac{\partial}{\partial z}\left(\lambda\frac{\partial T}{\partial z}\right)+Q \tag{7-3}$$

式中　x——计算点到热源中心的距离。

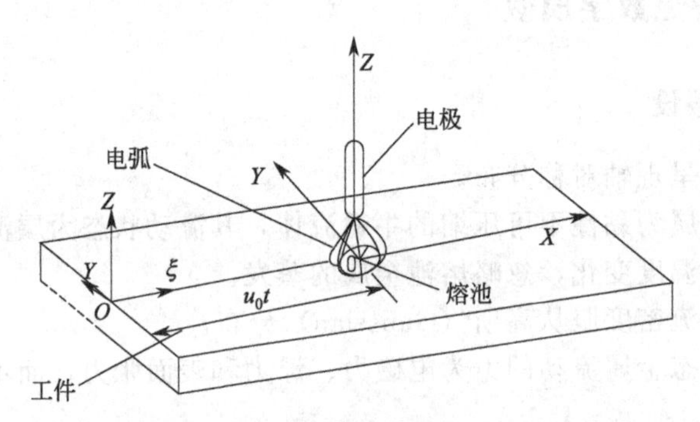

图 7-16　固定坐标系与热源坐标系之间的关系

当从电弧传入工件的总热能等于通过熔合面传给母材的热量加上从熔池表面散失的热量时，熔池金属的传热处于准稳态，意味着熔池具有恒定的形状并以与电弧相同的速度沿x轴移动，此时的热能方程为：

$$\rho c\left[(u-u_0)\frac{\partial T}{\partial x}+v\frac{\partial T}{\partial y}+w\frac{\partial T}{\partial z}\right]=\frac{\partial}{\partial \xi}\left(\lambda\frac{\partial T}{\partial \xi}\right)+\frac{\partial}{\partial y}\left(\lambda\frac{\partial T}{\partial y}\right)+\frac{\partial}{\partial z}\left(\lambda\frac{\partial T}{\partial z}\right)+Q \tag{7-4}$$

对于熔池中的流体传热，还应满足动量方程：

$$\begin{cases}\rho\left[(u-u_0)\dfrac{\partial u}{\partial x}+v\dfrac{\partial u}{\partial y}+w\dfrac{\partial u}{\partial z}\right]=-\dfrac{\partial p}{\partial x}+F_x+\rho\mu\left(\dfrac{\partial^2 u}{\partial x^2}+\dfrac{\partial^2 u}{\partial y^2}+\dfrac{\partial^2 u}{\partial z^2}\right)\\ \rho\left[(u-u_0)\dfrac{\partial v}{\partial x}+v\dfrac{\partial v}{\partial y}+w\dfrac{\partial v}{\partial z}\right]=-\dfrac{\partial p}{\partial y}+F_y+\rho\mu\left(\dfrac{\partial^2 v}{\partial x^2}+\dfrac{\partial^2 v}{\partial y^2}+\dfrac{\partial^2 v}{\partial z^2}\right)\\ \rho\left[(u-u_0)\dfrac{\partial w}{\partial x}+v\dfrac{\partial w}{\partial y}+w\dfrac{\partial w}{\partial z}\right]=-\dfrac{\partial p}{\partial z}+F_z+\rho\mu\left(\dfrac{\partial^2 w}{\partial x^2}+\dfrac{\partial^2 w}{\partial y^2}+\dfrac{\partial^2 w}{\partial z^2}\right)\end{cases} \tag{7-5}$$

$$\mu=\eta/\rho$$

式中　F_x，F_y，F_z——流体体积力在x，y，z三个方向上的分量；
ρ——流体密度；
p——流体压强；
μ——流体运动黏度；
η——流体动力黏度。

方程（7-5）表明：由微元体的体积力、微元体表面压力和流体自身运动的动力（惯性力与黏性力之差）所产生的动量之和等于零。其中：等式左边代表惯性力；等式右边第一项代表作用在微元体上的表面压力，第二项代表微元体的体积力，第三项代表黏性力。

此外，熔池内的流场还应满足一个附加的约束条件，即体现流体流动质量守恒的连续性方程：

$$\frac{\partial u}{\partial x}+\frac{\partial v}{\partial y}+\frac{\partial w}{\partial z}=0 \tag{7-6}$$

式（7-4）～式（7-6）即为描述移动熔池中流场和热场的偏微分方程组，也就是熔池传热的控制方程组。

7.2.1.3　能量方程中的内热源处理

焊接金属熔化（或凝固）时将伴随着潜热的吸收（或释放），固态相变时也会出现同样的现象。处理相变潜热可以采用等效热源法、比热容突变法和等温法，以及第5章铸件凝固过程CAE分析中介绍的相关方法等。

① 等效热源法　根据某单元（即微元体）的平均温度 $\overline{T}_e$ 确定该单元是否处于熔化（或凝固）状态。若 $\overline{T}_e$ 位于熔化（或凝固）温度范围内，则将其吸收（或释放）的潜热等量地分配到该单元的各节点上。此时，相对于周围其他单元而言，该单元就成为一个瞬时内热源。

② 比热容突变法　该方法认为，一般在材料的相变过程中，其比热容会发生突变，具体体现在热焓的突变上。当不考虑液固两相区的固相（或液相）分数时，可定义热焓为：

$$H=\int_{T_0}^{T}\rho c(T)\mathrm{d}T \tag{7-7}$$

可以证明，无论式（7-7）中的比热容 c 怎样变化，热焓 H 总是一个光滑函数。按定义，有：

$$\rho c=\frac{\partial H}{\partial T}=\frac{1}{3}\times\left(\frac{\partial H/\partial x}{\partial T/\partial x}+\frac{\partial H/\partial y}{\partial T/\partial y}+\frac{\partial H/\partial z}{\partial T/\partial z}\right) \tag{7-8}$$

比热容突变法不适宜应用在熔化或凝固温度区间很小的相变潜热处理上，因为一旦计算步长选择不当，就会错过相变区，从而给数值求解结果带来较大误差。

③ 等温法　假设材料熔化或凝固时的温度不变，只有当潜热全部吸收或释放完后，温度才会继续上升或降低。设熔化潜热 Q_L 对应的比热容为 c_L，令：

$$T_L=Q_L/c_L \tag{7-9}$$

在加热过程中，如果某点的温度 T 超过熔点 T_m，则强制将该点温度 T 拉回到 T_m，并记录下 $\Delta T=|T-T_m|$；继续下一个时间步长的计算，直到 $\sum\Delta T=T_L$ 为止；此后，潜热的影响结束，该点温度继续上升。凝固时潜热的释放以同样方法处理。

7.2.1.4　动量方程中的体积力处理

TIG弧焊时，驱动熔池内液态金属流动的体积力主要包括浮力和电磁力。

（1）浮力

由于熔池内温度分布的不均匀而导致流体密度随时间和空间变化，该密度梯度的存在打破了液态金属的静力平衡，从而造成温差驱动下的流体流动（即过热熔体上升，较冷熔体下降，形成自然循环对流），其最终目的是使熔池温度趋于一致。此时，驱动流体自然对流的力即称为浮力（已将重力影响包括在内）。

$$F_f=\rho g\beta\Delta T \tag{7-10}$$

$$\Delta T=T-T_L$$

式中　F_f——浮力；

ρ——流体密度；

g——重力加速度；

β——流体体胀系数；

ΔT——温差；

T_L——熔池金属液相线温度。

(2) 电磁力

焊接熔池中发散的电流与其产生的磁场之间相互作用而形成电磁力。该电磁力驱使熔池内的液态金属作宏观流动，其流动方向大致为：在熔池表面，液态金属由熔池边缘向熔池中心流动；在熔池内部，液态金属由熔池上部沿中心线向下部流动，再沿液固界面流向熔池表面。电磁力的大小为：

$$F_e = JB \tag{7-11}$$

式中 F_e——电磁力；

J——电流密度；

B——磁感应强度。

设熔池自由表面的电流密度服从高斯（Gaussian）分布，即：

$$J = \frac{3I}{\pi\sigma_j^2}\exp\left(-\frac{3r^2}{\sigma_j^2}\right) \tag{7-12}$$

式中 I——焊接电流；

σ_j——电流有效分布半径；

r——到中心轴的径向距离，$r=\sqrt{x^2+y^2}$。

经过变换，可得 x，y，z 三个方向上的电磁力表达式：

$$\begin{cases}(J\times B)_x = -\dfrac{\mu_0 I^2}{4\pi^2\sigma_j^2 r}\exp\left(-\dfrac{r^2}{2\sigma_j^2}\right)\left[1-\exp\left(-\dfrac{r^2}{2\sigma_j^2}\right)\right]\left(1-\dfrac{z}{h}\right)^2\dfrac{x}{r} \\ (J\times B)_y = -\dfrac{\mu_0 I^2}{4\pi^2\sigma_j^2 r}\exp\left(-\dfrac{r^2}{2\sigma_j^2}\right)\left[1-\exp\left(-\dfrac{r^2}{2\sigma_j^2}\right)\right]\left(1-\dfrac{z}{h}\right)^2\dfrac{y}{r} \\ (J\times B)_z = -\dfrac{\mu_0 I^2}{4\pi^2\sigma_j^2 r}\left[1-\exp\left(-\dfrac{r^2}{2\sigma_j^2}\right)\right]\left(1-\dfrac{z}{h}\right)\end{cases} \tag{7-13}$$

式中 μ_0——磁导率；

h——工件厚度。

综合上述各式，可得动量方程式(7-5)中的体积力分量表达式：

$$F_x=(J\times B)_x, F_y=(J\times B)_y, F_z=(J\times B)_z-\rho g\beta\Delta T \tag{7-14}$$

式中，浮力 $\rho g\beta\Delta T$ 前的负号表示其方向与 z 轴正向相反（见图 7-14）。

7.2.2 初边值条件

(1) 初始条件

如果以电弧引燃时刻作为初始时刻，则工件温度 T 等于环境温度（或预热温度）T_a，即：

$$T=T_a|_{t=0} \tag{7-15}$$

此时，工件金属尚未熔化，因此有：

$$u=v=w=0 \tag{7-16}$$

(2) 边界条件

求解焊接传热控制方程式(7-4)～式(7-6)的边界条件主要有两大类：一类是能量边界条

件；另一类是动量边界条件。

① 能量边界条件　即求解式(7-4)的边界条件。根据基本假设，焊接过程中输入给工件表面（$z=0$）的热流密度不服从高斯（Gaussian）分布，于是有：

$$q(r)=\frac{\eta IU}{2\pi\sigma_q^2}\exp\left(-\frac{r^2}{2\sigma_q^2}\right) \tag{7-17}$$

式中　$q(r)$——距加热斑点中心 r 处的热流密度；

η——电弧热效率；

I——焊接电流；

U——电弧电压；

σ_q——高斯热流分布参数。

在固液界面上，有：

$$T=T_m \tag{7-18}$$

式中　T_m——材料熔点。

在工件的上、下表面（$z=0$，$z=h$），有：

$$q_{loss}=h_f(T-T_a)+ES(T^4-T_a^4) \tag{7-19}$$

$$q_{loss}=-\lambda\frac{\partial T}{\partial z}$$

式中　q_{loss}——厚度为 L 的工件（包括熔池，下同）通过对流和辐射方式向周围环境释放的热量；

λ——工件热导率；

h_f——界面对流换热系数；

T，T_a——工件表面温度和环境温度；

S——玻尔兹曼（Stefan-Boltzman）常数；

E——工件表面黑度。

在 $y=0$ 的对称面上（图7-16），有：

$$\partial T/\partial y=0 \tag{7-20}$$

提示：设置绝热边界条件的目的是利用求解域的结构对称性减少计算量。

② 动量边界条件　即求解式(7-5)、式(7-6)的边界条件。在熔池表面，因温度梯度造成表面张力梯度，后者驱使液态金属从低表面张力区向高表面张力区流动。根据自由表面的连续性条件，表面张力沿熔池自由表面的变化等于流体的黏性剪切力，于是有：

$$\begin{aligned}\mu\frac{\partial u}{\partial z}&=-\frac{\partial\gamma}{\partial T}\frac{\partial T}{\partial x}\\ \mu\frac{\partial v}{\partial z}&=-\frac{\partial\gamma}{\partial T}\frac{\partial T}{\partial y}\end{aligned} \tag{7-21}$$

式中　γ——表面张力。

在固液界面（熔池壁或熔合面）和固态金属中，有：

$$u=-u_0,v=w=0 \tag{7-22}$$

注意：因建立控制方程时采用了坐标变换，所以使得工件整体相对于热源运动，其速度为 $-u_0$，负号表示同热源移动方向相反，见图7-16。

在 $y=0$ 的对称面上，因熔池两侧的物质交换为零，因此有：

$$\partial u/\partial y=0,\quad \partial w/\partial y=0,\quad v=0 \tag{7-23}$$

7.2.3 计算方法

为了求解焊接传热的能量方程（7-4），首先必须计算出熔池流体的速度场（流场）。由于构成熔池流场的三个速度分量 u、v、w 受控于动量方程（7-5），而方程中的压力梯度又是一个同待求 u、v、w 混杂在一块的因变量，所以，计算流体速度场的困难在于未知的压力场。但是，压力场可间接地由表征流体连续流动的质量守恒方程（7-6）求得，显然，如果能够将满足方程（7-6）的压力场代入动量方程，则所计算出的速度场将自然满足连续性方程。

在二维情况下，通过交叉微分从任意两个动量方程中消去压力项，就可导出一个涡量传输方程，然后利用所谓“流函数/涡量”法求解熔池速度场。然而，该“流函数/涡量”法难以推广到三维空间，因为在三维空间构造流函数有较大难度。为此，可参照第 5 章应用 SOLA 法求解铸液充型速度场和压力场，以及流动充型与传热耦合计算的思路，建立求解焊接熔池传热控制方程组的计算方法，其具体思路如下：

① 利用有限差分或有限元法离散方程式(7-4)～式(7-6)。

提示：如无特殊说明，以下所提及的能量方程、动量方程和连续方程均指已离散方程。

② 以假设的初始速度和初始压力 u_0、v_0、w_0、p_0 为基础，利用动量方程（7-5），粗算下一时刻的速度值 u'、v'、w'；

③ 以粗算速度值 u'、v'、w'为基础，利用连续性方程（7-6）校正压力值，并将该校正值回代式（7-5）中修正粗算速度值。

提示：校正压力值的目的是迫使熔池中液态金属流动的速度场满足连续性条件，也就是通过修正压力和修正速度将非零值的散度拉回到零或使之趋近于零。修正压力和修正速度的计算过程是一个循环迭代过程，其中每一步迭代计算获得的速度逼近值，同时也是下一步计算修正压力的速度校验值；而每一步迭代计算获得的压力修正值又是下一步计算修正速度的初始值；如此循环，直到计算速度场满足连续性条件或逼近连续性条件为止。

④ 利用收敛的熔池流速场更新温度场，即迭代求解能量方程中的 T。

提示：在第一个时间步长内求解温度场时，由于事先并不知道熔池内流体的具体温度，所以可根据情况预先假设一组初始热物性（例如熔池金属熔化时的 ρ、c、λ）数据参与能量方程求解。

⑤ 利用更新后的温度修正动量方程（7-5）和能量方程（7-4）中的相关物理量（即熔池金属的黏度 μ、密度 ρ、比热容 c 和热导率 λ），为下一时刻（下一增量步）迭代计算速度场和压力场准备参数。

⑥ 用当前时刻的速度和压力 u_m、v_m、w_m、p_m（$m=1, 2, 3, \cdots$）取代第②步中的 u_{m-1}、v_{m-1}、w_{m-1}、p_{m-1}；然后重复步骤②～⑥，计算下一时刻（t_{m+1}）的各物理场量。如此循环，直到完成整个工件的焊接为止（此时的传热过程也告结束）。

计算方法中对校正压力的处理可参考或借鉴第 5 章的相关内容。

7.2.4 焊接热过程 CAE 的若干问题

7.2.4.1 弧焊热源的选择

焊接热源模型的选取是否得当，对于真实还原焊接热源与熔池的交互作用、准确反映焊接温度场的动态分布与变化，以及焊接热过程模拟计算效率关系极大。目前，在焊接热过程 CAE 分析中应用较多的是高斯分布热源模型和双椭球分布热源模型。

(1) 高斯分布热源模型

焊接时，电弧热源将输送出的热能集中作用在一定面积的焊接区域上。该区域被称为加热斑点。加热斑点上的热流分布极不均匀，呈现中心多、边缘少的趋势。如果采用高斯函数描述该热流分布（见图 7-17），则有一般通式：

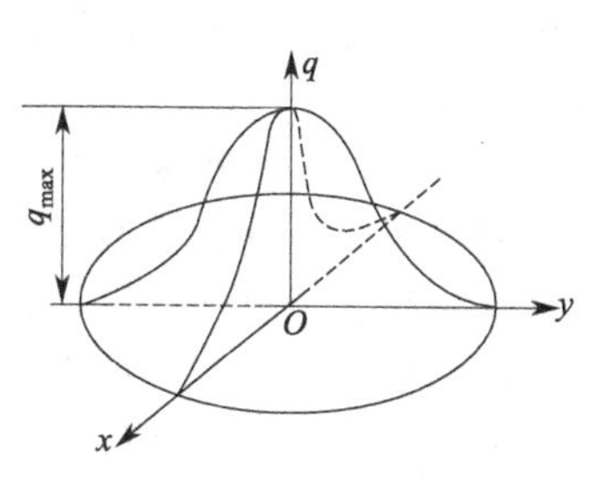

图 7-17　高斯分布热源模型

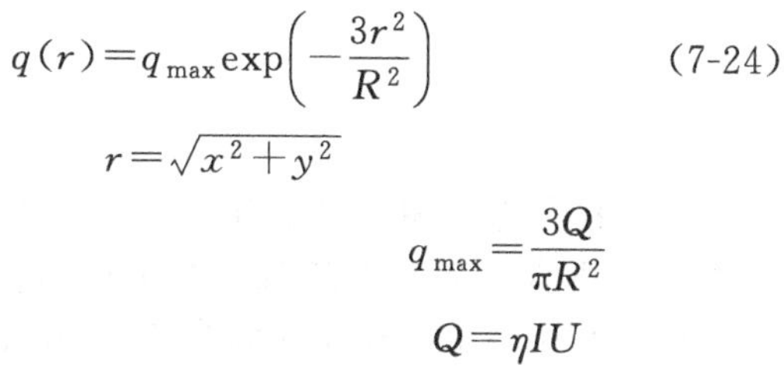

$$q(r)=q_{max}\exp\left(-\frac{3r^2}{R^2}\right) \tag{7-24}$$

$$r=\sqrt{x^2+y^2}$$

$$q_{max}=\frac{3Q}{\pi R^2}$$

$$Q=\eta IU$$

式中　$q(r)$——距加热斑点中心 r 的热流密度；

q_{max}——加热斑点中心最大热流密度，即图 7-16 中高斯曲面的最高点；

R——加热斑点的有效半径，即图 7-17 中 xOy 坐标平面上的圆半径；

Q——焊接电弧的有效功率；

η，I，U——电弧热效率、焊接电流和电弧电压。

式（7-24）和式（7-17）属于高斯分布热流模型的不同表达式，相比之下，式（7-24）在文献中引用更多一些。此外，电弧热效率同焊接方法、焊接参数和焊接材料的种类（焊条、焊丝、保护气体等）有关。常见弧焊方法的电弧热效率见表 7-3。

表 7-3　常见弧焊方法的电弧热效率

弧焊方法	电弧热效率 η	弧焊方法	电弧热效率 η
焊条电弧焊	0.65～0.85	熔化极氩弧焊(MIG)	0.70～0.80
埋弧焊	0.80～0.90	钨极氩弧焊(TIG)	0.65～0.70
CO_2 气体保护焊	0.75～0.90		

高斯分布热源模型属于平面热源模型，非常适合于表面堆焊和薄板焊；对于焊条电弧焊、钨极氩弧焊等常用焊接方法，采用高斯分布热源模型也能获得较为满意的计算结果。但是，高斯分布热源模型不太适合于坡口焊和填角焊等有较大焊接深度要求的热过程模拟。

(2) 双椭球分布热源模型

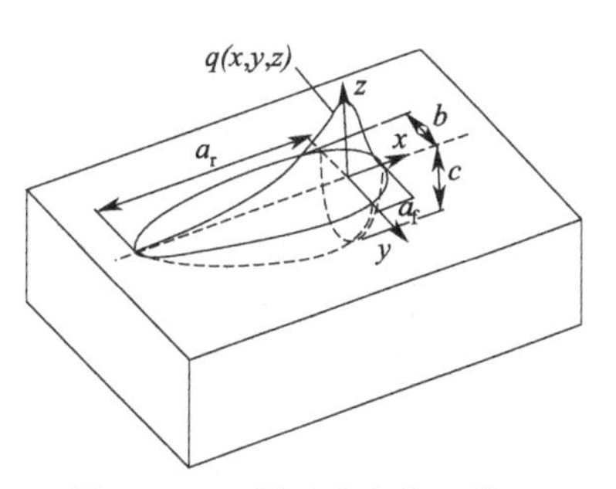

图 7-18　双椭球分布热源模型

双椭球分布热源模型考虑了电弧热流沿板厚方向的分布，并将该分布以内热源形式施加在工件上。假设热源中心与坐标系原点重合，用 yOz 坐标平面将前进中的体热源划分成前、后两部分（图 7-18），用相应的椭球函数分别表示前后 1/4 的热流密度分布，于是便得到所谓双椭球分布的热源模型。即：

$$q_f=\frac{6\sqrt{3}f_fQ}{a_fbc\pi\sqrt{\pi}}\exp\left[-3\left(\frac{x^2}{a_f^2}+\frac{y^2}{b^2}+\frac{z^2}{c^2}\right)\right]\quad x\geqslant 0 \tag{7-25}$$

$$q_r=\frac{6\sqrt{3}f_rQ}{a_rbc\pi\sqrt{\pi}}\exp\left[-3\left(\frac{x^2}{a_r^2}+\frac{y^2}{b^2}+\frac{z^2}{c^2}\right)\right]\quad x<0 \tag{7-26}$$

式中　q_f，q_r——前、后两部分椭球内任意点（x，y，z）处的热流密度；

f_f，f_r——前、后两部分椭球的热流密度分数，$f_f+f_r=2$；

a_f，a_r，b，c——椭球的半轴长，即热源的形状参数。

双椭球分布热源模型属于体热源模型，适用于电弧冲击效应较大的焊接方法，如熔化极气体保护焊、等离子弧焊等。其中，热源的形状参数 a_f、a_r、b、c 相互独立，可根据情况取不同的值。例如：拼焊不同材质的工件时，可将双椭球分成 4 个 1/8 的椭球瓣，每瓣对应不同的 a_f、a_r、b、c 值。

（3）其他焊接热源模型

① 三维锥体分布热源模型　三维锥体分布热源模型实际上是一系列平面高斯热源沿工件厚度方向（z）的叠加，而每个截面（垂直 z 轴）的热流分布半径 r_0 沿厚度方向按一定规律（例如线性、指数或对数）衰减，见图 7-19。若以热源中心为原点建立柱面坐标系，则热流密度可表示为：

$$q_V(r,z)=\frac{9e^3Q}{\pi(e^3-1)}\frac{1}{(z_e-z_i)(r_e^2+r_er_i+r_i^2)}\exp\left(-\frac{3r^2}{r_0^2}\right) \tag{7-27}$$

式中　z_e，z_i——工件上、下表面的 z 轴坐标；

r_e，r_i——工件上、下表面的热流分布半径；

Q——热源有效功率。

$$r_0(z)=r_i+(r_e-r_i)\frac{z-z_i}{z_e-z_i} \quad （线性衰减）$$

$$r_0(z)=\frac{(r_e-r_i)\ln z}{\ln z_e-\ln z_i}+\frac{r_i\ln z_e-r_e\ln z_i}{\ln z_e-\ln z_i} \quad （对数衰减）$$

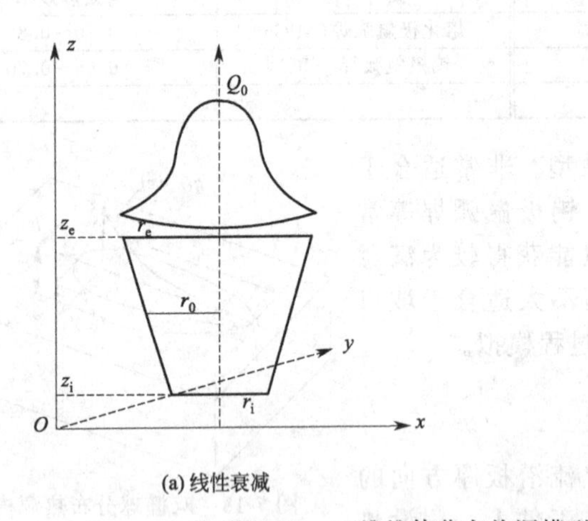

(a) 线性衰减

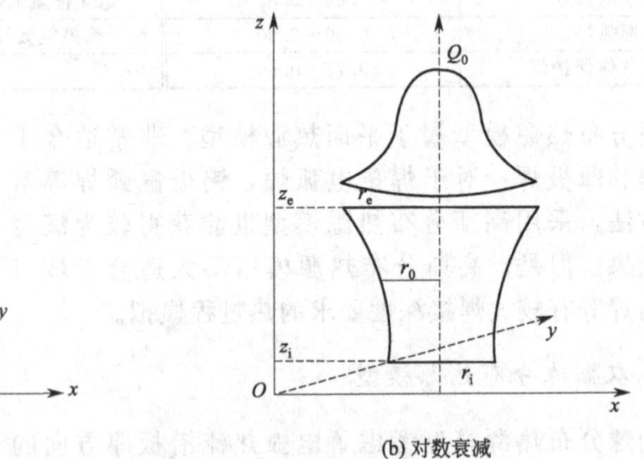

(b) 对数衰减

图 7-19　三维锥体分布热源模型（轴对称截面图）

② 旋转高斯曲面体分布热源模型　旋转 Gauss 曲面体是由 Gauss 曲线围绕自身对称轴旋转而成的曲面所围成的曲面体，见图 7-20。假设焊接热源能量全部分布在此曲面体内部，并满足条件：a. 垂直 z 轴的截面均为圆，且截面上的热流密度服从 Gauss 分布，在圆心处的热流密度 q（0，z）达到最大值；b. z 轴上各处的热流密度值相同，即 q（0，z）等于常数。若以热源中心为原点建立柱面坐标系，则有旋转高斯曲面体分布热源模型的数学表达式：

$$q(r,z)=\frac{3c_sQ}{\pi H(1-1/e^3)}\exp\left[\frac{-3c_s}{\lg(H/z)}r^2\right] \tag{7-28}$$

$$c_s=3/R_0^2$$

式中　H——热源高度；

Q——热源有效功率；

c_s——热源形状集中系数，该值越大，则热源形状越细长集中；

R_0——热源开口端面半径。

由于三维锥体分布热源和旋转高斯曲面体分布热源均属于锥型头类体热源，因此常用作高能束焊接模拟的热源模型，如激光焊、电子束焊等。

有时为了更加真实地模拟焊接热过程，往往采用两种或两种以上热源模型组合仿真电弧熔化焊。例如：采用高斯分布模型作为表面熔化热源，而采用双椭球分布模型作为熔池部分的内热源。

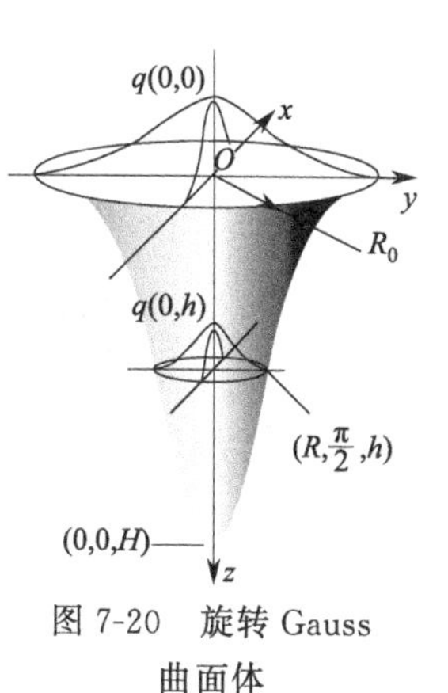

图 7-20　旋转 Gauss 曲面体

7.2.4.2　焊缝金属的填充模拟

大多数焊接热过程伴随有熔敷金属的填充，如手工电弧焊、埋弧焊、熔化极惰性气体保护电弧焊（MIG）等。在以有限元法为代表的 CAE 分析软件（例如 ANSYS、SYSWELD）中，通常采用生死单元技术处理焊缝金属的填充。其具体思路为：连同焊缝区一道建立分析对象的几何模型；单独划分焊缝区网格；焊前置焊缝区单元为“死”态，即不参与模拟计算的非激活态；随着焊接热源的移动，依次激活热源所到之处的焊缝单元参与模拟计算，并根据填充金属量同步恢复预先设计焊缝截面的部分或全部形状。如果是多层焊，则分别设置对应于每一层焊缝高度的生死单元，这样便可模拟每一道焊接的金属熔敷过程。图 7-21 是生死单元技术的图例说明，图 7-22 是在不同工艺条件下利用生死单元技术计算获得的 MIG 焊缝填充结果与物理实验测试对比。其中，焊缝余高的处理过程如下。

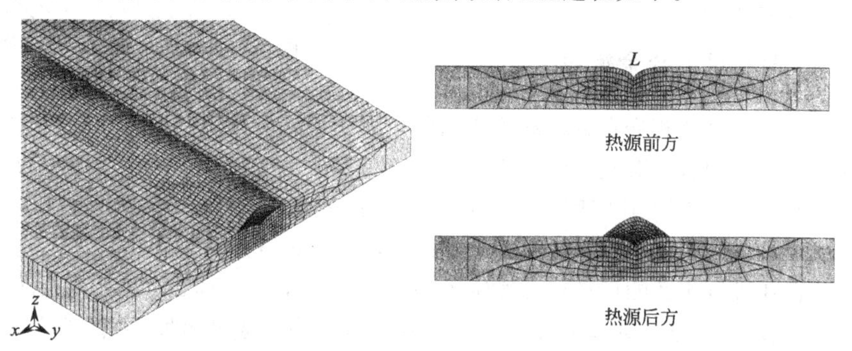

图 7-21　生死单元技术图例

假设：①焊接熔池足够长，熔池沿长度方向的曲率可以忽略不计；②熔池中液相顶部的表面张力均匀；③忽略熔池前部下凹对余高的影响；④忽略熔池后部电弧力的影响；⑤余高的截面轮廓曲线为抛物线（图 7-23），其对应方程为：

$$y=a_w x^2 \qquad (a_w<0)$$

根据三相接触点处表面张力的平衡关系，可推导出：

$$a_w^2=\frac{2v_0\tan^2\theta}{3\pi d_w^2 S_m}$$

$$h=-\frac{\tan^2\theta}{4a_w} \tag{7-29}$$

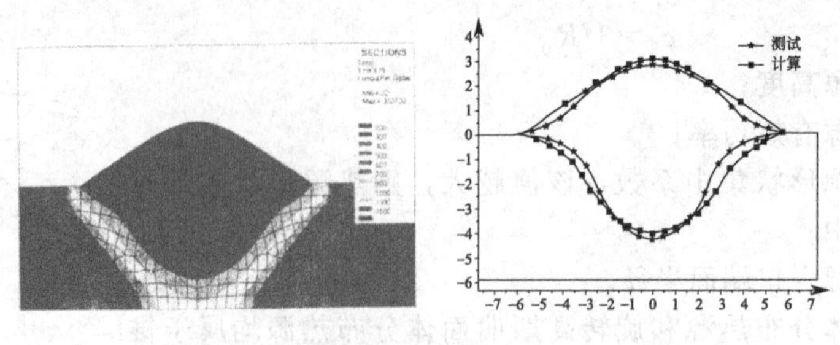

(a) 焊接电流270A,焊接速度430mm/min,焊丝伸出长度20mm

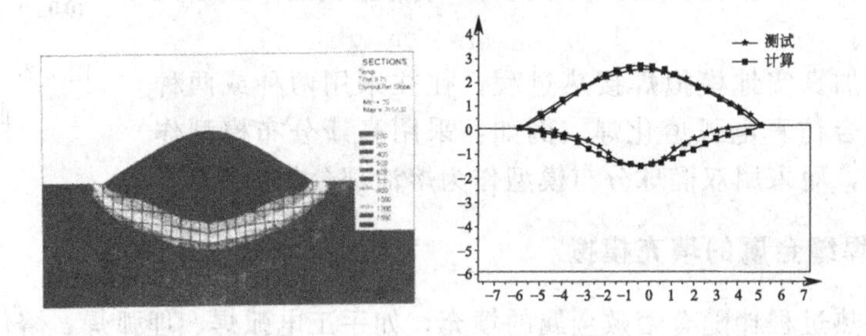

(b) 焊接电流200A,焊接速度430mm/min,焊丝伸出长度20mm

图 7-22 MIG 焊缝计算形状与实验测试结果对比

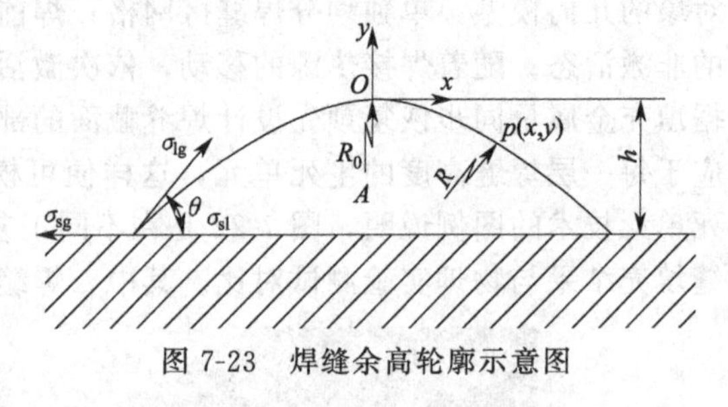

图 7-23 焊缝余高轮廓示意图

式中 v_0——焊接速度；

d_w——焊丝直径；

S_m——送丝速度；

θ——液、固金属接触角；

a_w——抛物轮廓开口系数；

h——余高高度。

7.2.4.3 两相区的合金流动

由于焊接过程中合金相变存在移动边界问题，因此，需要找到一种可靠的数学方法来自然描述合金在固、液和糊状（对应液固两相共存）三个区中的流动与相变。目前，处理对流/扩散相变问题的常用方法是焓-孔隙度（Enthalpy-Porosity）法。该法的基本出发点是：在所有正在发生相变的计算单元中，逐渐降低液相合金的流速大小，直到完全固化后其流速变为零。具体做法是：将正在进行相变的计算单元假定为多孔介质（Porous Media），其多孔性由液相合金的体积分数 f_l 表示。于是，动量方程式（7-5）中的体积力组成可增加一项一阶拖曳力 S_d。

$$S_d = -C\frac{(1-f_l)^2}{f_l^3+b}u_i^0 \tag{7-30}$$

式中 C——同糊状区枝晶形貌及尺寸相关的常数；

u_i^0——相变单元 i 的表观速度；

b——一个保证式（7-30）分母不为零的足够小的正数；

f_l——液相合金的体积分数。

式（7-30）表示：如果把合金液在两相区枝晶间的流动视为其通过多孔介质的流动，则液固两相间的相互作用力与合金液表观流速成正比。一阶拖曳力 S_d 总是阻止合金液的流动，故其方向与液相的表观流速相反。

一般而言，f_l 是多个凝固变量的函数。不过对于许多合金系来说，即使假设 f_l 仅为温度的函数也是合理的。$f_l=F(T)$ 的类型一般有阶跃型、线性型和Scheil型；为简化计算，通常取线性关系，即：

$$f_l=\begin{cases}0 & T<T_s\\ \dfrac{T-T_s}{T_l-T_s} & T_s<T<T_l\\ 1 & T>T_l\end{cases} \tag{7-31}$$

式中　T_l——液相线温度；

T_s——固相线温度。

采用Enthalpy-Porosity法处理两相区的合金流动后，整个计算区域被看成是多孔介质的连续体，计算域内各相区的本质差别由液相体积分数决定。在液相区，$f_l=1$，$S_d=0$，液态合金可以自由流动；在固相区，$f_l=0$，S_d 大到足以使 u_i^0 趋近于零；在相变糊状区，$0<f_l<1$，S_d 的值决定了动量控制方程中的非稳态项［即与时间变化相关的项，因式(7-5)在准稳态条件下导出，故无此项］、对流项［即式(7-5)等号左边项］和扩散项［即式(7-5)等号右边第三项］的相对比例，以使其满足Kozeny-Carman定律。

$$K=K_0\frac{f_l^3}{(1-f_l)^2} \tag{7-32}$$

式中　K_0——与两相区枝晶尺寸有关的参数。

借助多孔介质模型描述两相区合金液的流动，其优点在于，可以利用固定网格来解决动量方程和能量方程的耦合，而不必因为合金相变而重画网格。也就是说，用一套固定的网格系统和一组物理域的外边界条件即可获得双域或多域相变问题的解。

7.2.4.4　熔池传热/对流/扩散/相变统一模型

为了统一描述焊接熔池在传热/对流/扩散/相变过程中的能量、质量、动量，以及合金浓度变化，可采用如下形式的热过程控制方程。

$$\frac{\partial}{\partial t}(\rho\Phi)+\nabla\cdot(\rho V\Phi)=\nabla^2\cdot(\Gamma_\Phi\nabla\Phi)+S_\Phi \tag{7-33}$$

式中　Φ——广义场变量（例如温度、速度、浓度等）；

Γ_Φ——对应于 Φ 的广义扩散系数；

S_Φ——广义源项；

ρ——密度；

V——流速；

∇——哈密顿算子；

∇^2——拉普拉斯算子。

式（7-33）中第一项为非稳态项，第二项为对流项，第三项为扩散项，第四项为源项。源项包括所有不能归入非稳态、对流和扩散项的其他组成项。利用式（7-33）模拟焊接热过程具有两大优点：①无需给出固相区、糊状区和液相区之间的准确边界条件，无需采用移动网格技术或坐标映象技术来动态跟踪相区间界面边界的变化，整个方程组的求解只需显示给出整个计算域的外边界条件即可。②只要编写一个通用的求解程序便可计算方程（7-33）中不同意义的场变量 Φ。但是，针对具体的 Φ，需要有相应的 Γ_Φ 和 S_Φ 表达式与之匹配，同时也需要给出相应的合适的初始条件和边界条件。

借助统一模型不但能计算模拟焊接熔池的传热/对流/扩散/相变过程，而且还能计算模拟焊接电弧的传热传质过程，以及用于焊接电弧与熔池系统的双向耦合分析。当然，其前提是正确建立方程式（7-33）在不同应用的广义扩散系数和广义源项，以及相应的初边值条件。

7.3 主流专业软件简介

目前用于金属焊接成形CAE分析的软件主要有两大类：一类是通用CAE软件（如MARC、ABAQUS、ANSYS等）；另一类是专业焊接CAE软件（如SYSWELD、HEARTS、Quick Welder等）。处理焊接热物理过程，进行热-结构耦合分析是前一类软件系统的优点，在此类系统上一般能够获得满意的焊接温度场和焊接应力场分析结果。但是，直接应用通用类CAE软件模拟金属焊接成形过程需要定义较多的控制条件与求解参数，对实际使用人员的CAE基础、专业背景和应用经验要求较高，学习难度较大。反之，专业类焊接CAE软件因其具有针对性强、操作流程贴近实际工艺、计算结果展示易懂且专业、学习难度低、对使用者的CAE基础知识和应用经验要求不高等优点而备受一线工程技术人员的欢迎。其中，SYSWELD就是专业类焊接CAE软件的典型代表之一。

SYSWELD最初源于核工业领域的焊接工艺模拟，当时核工业需要揭示焊接工艺中的复杂物理现象，以便提前预测裂纹等重大危险。在这种背景下，1980年，法国法码通(Framatome)公司和ESI公司共同开展了对SYSWELD的研发工作。由于热处理工艺中同样存在和焊接工艺相类似的多相物理现象，所以SYSWELD很快也被应用到热处理领域中并不断增强和完善。随着应用的发展，SYSWELD逐渐扩大了其应用范围，并迅速被汽车工业、航空航天、国防和重型工业所采用。1997年，SYSWELD正式加入ESI集团，从此，法码通成为SYSWELD在法国最大的用户并继续承担软件的理论开发与工业验证工作。

SYSWELD可以仿真焊接过程中的温度变化、熔池形成、原子扩散与沉积、焊缝凝固、组织演变，以及工艺控制、焊接应力、结构变形等物理现象，也可用于热处理（淬火与回火）、表面处理（表面淬火与化学热处理）和焊接装配等过程的分析研究，包括材料相变、容积变化、成分偏析和潜热影响、表面硬度预测、残余应力和应变计算等。借助SYSWELD的分析结果，可以优化产品设计与焊接过程，最小化产品成本、产品重量和结构变形，控制焊接装配质量和残余应力分布，避免冷热裂纹与变形，进行工艺参数敏感性分析，研究焊接顺序、焊缝条数与长度、焊点位置、装夹条件、热源类型、材料特性、部件设计、焊前/焊后处理等因素对焊接质量的影响。

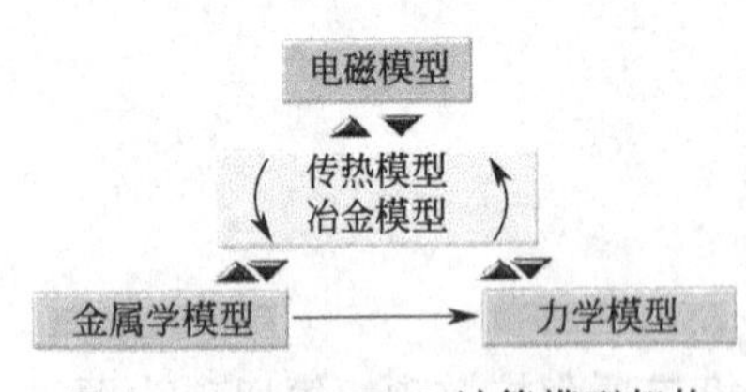

图7-24　SYSWELD计算模型架构

图7-24是SYSWELD的计算模型架构。其中，电磁模型支持点焊工艺和感应加热，并可模拟焊接过程中的能量损失；金属学模型中的扩散与析出部分可实现渗碳、渗氮、碳氮共渗仿真，同时还能展示化学元素的扩散、沉积与析出对材料热-机性能的影响。此外，SYSWELD的氢扩散模型能计算氢浓度及其分布，预测氢脆裂纹的产生。

为方便专业应用，SYSWELD提供了三种工艺操作向导：热处理向导、焊接向导和焊接装配向导。热处理向导可以指导用户完成工件的水淬（或油淬）与回火，以及渗氮、渗碳和碳氮共渗过程的模拟，并可计算工件硬度分布及其变化；此外，还能模拟激光表面淬火和感应加热表面淬火。焊接向导能够对一些专业焊接方法进行模拟，例如连续焊、电阻焊、激光焊、电子束焊、摩擦焊、气体保护焊等。在焊接模拟中，SYSWELD可以准确地再现电磁、传热、化学冶金和机械力之间的耦合效应。借助于焊接装配向导，SYSWELD能够分析复杂组合结构件的焊后应力与变形。采用局部和全局的耦合计算，将局部焊接所造成的残余应力和应变以等效方式加载到全局模型上进行空间变形模拟，以有效解决计算模型过大问题，实现计算速度、计算精度和实用性、易用性的完美统一。

SYSWELD 的数据库内置有各种常用钢材、有色金属、淬火介质和典型工艺参数等数据。SYSWELD 可以直接读取 UG、CATIA 系统的 CAD 模型，也能通过各种标准交换格式（STL、IGES、VDA、STEP、ACIS 等）接受其他 CAD 系统数据，同时还兼容大部分 CAE 系统的数据模型，如 NASTRAN、IDEAS、PAM-SYSTEM、HYPERMESH 等。

7.4 操作实例 1——ANSYS

（1）问题描述

焊接温度场的准确计算是焊接冶金分析、焊接应力和变形分析，以及焊接质量控制的前提。焊接过程的热源移动使得整个焊接区的温度场将随时间和空间变化，相应的材料热物性参数也将随之变化。本案例的试样尺寸 200mm×120mm×10mm，材料 25 钢，其几何模型如图 7-25 所示。要求在 ANSYS 系统平台上，模拟试样边缘堆焊的热过程。已知电弧中心沿试样长边截面中心线移动，而该长边截面中心线平行于 X 轴。假设：①堆焊试样的材料各向同性；②忽略堆焊金属的填充熔敷作用、电弧对母材的辐射加热、熔池流体的流动和固态相变潜热。

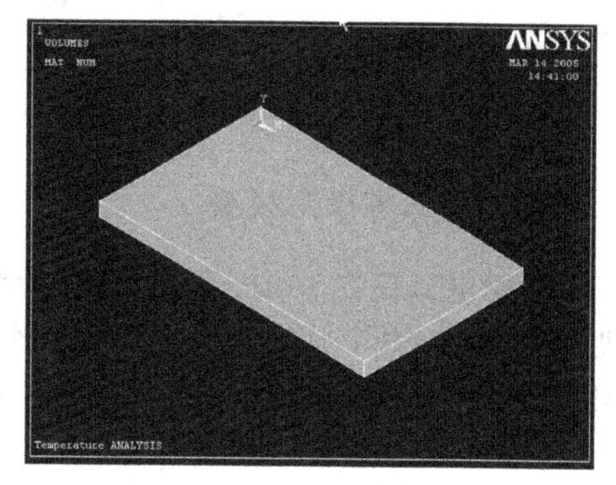

图 7-25　堆焊试样模型

（2）材料属性

由于焊接热过程属于非线性瞬态传热，因此需要定义材料的热导率 λ、比热容 c，以及密度 ρ 随温度变化的函数关系。表 7-4 是 25 钢的热物性参数。

表 7-4　25 钢的热物性参数

温度 T/℃	20	250	500	750	1000	1500	1700	2500
热导率 λ/[W/(mm·℃)]	0.05	0.047	0.04	0.027	0.03	0.035	0.14	0.142
密度 ρ/(10^{-6}kg/mm^3)	7.82	7.7	7.61	7.55	7.49	7.35	7.3	7.09
比热容 c/[J/(kg·℃)]	460	480	530	675	670	660	780	820
换热系数 h/[10^{-4}W/(mm^2·℃)]	1	3.5	5.2	10	15	30	31	35

利用 ANSYS 参数设计语言 APDL 编制的命令流输入表 7-4 列出的材料热物性参数。

```
/UNITS，SI；设置计量单位
/PREP7　　；进入前处理模块
mptemp，1，20，250，500，750，1000，1500，1700，2500！　　输入温度参数
mpdata，c，1，1，460，480，530，675，670，660，780，820！　输入比热容参数
mpdata，kxx，1，1，50，47，40，27，30，35，140，142！　　输入热导率
mpdata，dens，1，1，7820，7700，7610，7550，7490，7350，7300，7090　！输入材料密度
mpdata，hf，1，1，100，350，520，1000，1500，3000，3100，3500　！输入界面换热系数
```

图 7-26 是在上述输入数据的基础上显示的 25 钢热导率和比热容随温度的变化曲线，其中横坐标轴代表温度。

表 7-5 是 25 钢在液固相变区域及其附近（包括室温下）的热流密度，根据这些数据可以处理堆焊金属（假设也是 25 钢）的熔化潜热问题。

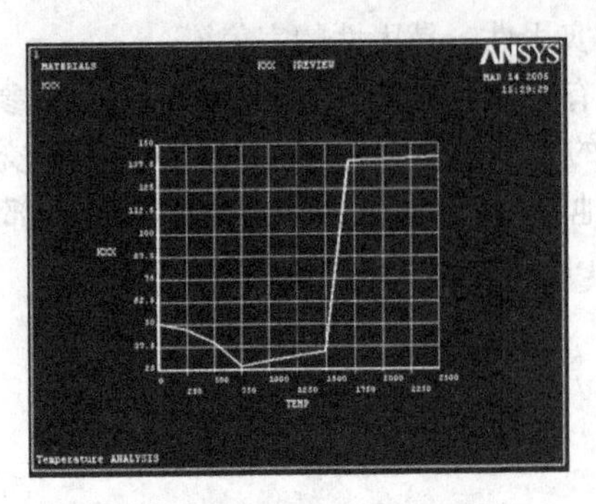
热导率-温度

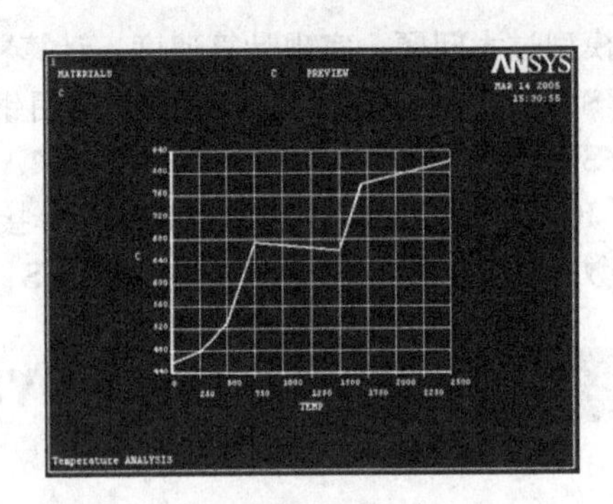
比热容-温度

图 7-26　25 钢热物性参数随温度的变化曲线

表 7-5　25 钢的热流密度值

温度 T/℃	20	1533	1590	1670
热流密度/(W/m²)	0	7.5×10^{9}	9.6×10^{9}	1.1×10^{10}

(3) 建立有限元模型

考虑电弧仅在 10mm 厚的试样边缘中心线上移动，并且计算获得的数据可能要用于后期应力应变分析，因此，为了简化操作，采用 SOLID70 单元对整个三维实体模型作均匀网格剖分，单元长度为 2mm，相关 APDL 命令流如下。

```
/PREP7
/VIEW，1，1，1，1                          ！改变模型视图
BLOCK，0，0.200，0，0.010，0，0.120        ！建立长（X）、高（Y）、宽（Z）分别为
0.20、0.01 和 0.12m 的实体模型
SAVE                                      ！存储数据
LESIZE，1,,，5                            ！定义板厚 Y 方向的单元层数
LESIZE，4,,，100                          ！定义板长 X 方向的单元行数
LESIZE，9,,，60                           ！定义板宽 Z 方向的单元列数
MSHKEY，1                                 ！采用映射方式划分网格
VATT，1，1，1                             ！为准备划分网格的模型设置单元属性
VMESH，1                                  ！离散堆焊试样（划分网格）
```

图 7-27 是上述命令流执行完后得到的堆焊试样的有限元模型。

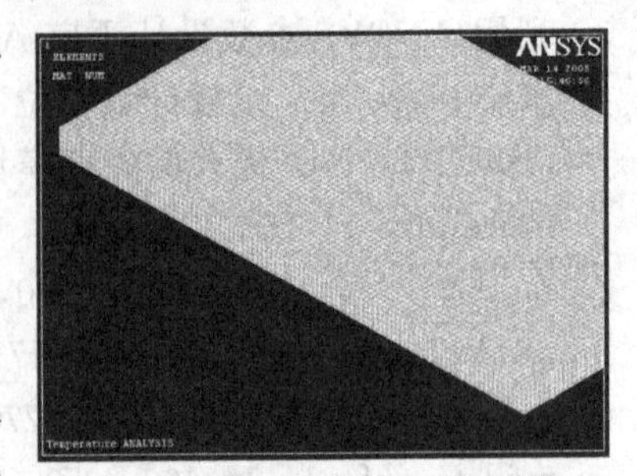
图 7-27　堆焊试样的有限元模型

(4) 焊接热源的选择与加载

实践表明，对于表面堆焊热过程的 CAE 分析，采用高斯分布热源作为计算求解的能量边界条件可以获得较为满意的结果。为此，本案例的焊接热源按表面移动高斯分布热源处理。由于电弧中心沿 X 轴方向移动，所以，试件上任意一点 P 的热流密度$q(r)$为：

$$q(r)=\frac{3\eta UI}{\pi R^2}\exp\left(-\frac{3r^2}{R^2}\right) \tag{7-34}$$

式中　r——P 点到加热斑点中心的距离。其余变量含义参见式 (7-24)。

采用以下方法处理堆焊热源的移动。

① 沿堆焊方向将整个焊缝等分成 N 段（假设焊缝长度为 L）。

② 将各段的中央点作为加热斑点中心，并以该中心为圆心，在有效加热半径 R 的圆形区域中加载高斯分布热源密度。

③ 针对每一加载段进行计算，计算时间（亦即每一加载段的时间步长）为 $L/N/V$，其中 V 为热源移动速度。

④ 当进行下一加载段（即下一载荷步计算）时，需消除上一段所加的高斯热流密度，并且将上一段加载计算所得的各点温度值作为下一加载段的初始条件。

⑤ 如此循环便可模拟热源的移动，实现堆焊过程的瞬态温度场计算。

按上述方法处理移动热源的 APDL 命令流如下。

```
/SOLU                      ! 进入求解器模块
LSIZE=0.002                ! 设定每一加载段的焊缝长度
V=0.010                    ! 设定热源移动速度
TINC=LSIZE/V               ! 每一加载段的时间步长
Qmax=156668147             ! 最大热流密度
R=0.004                    ! 高斯热源的有效加热半径
MAX_TIME=101               ! 定义存储时间数据的数组元素个数
MAX_X=101                  ! 定义存储堆焊方向上温度数据的数组元素个数
MAX_Y=6                    ! 定义板厚方向上温度数据的数组元素个数
*DIM,FLUX2,TABLE,MAX_X,MAX_Y,MAX_TIME,X,Y,TIME ! 定义数组变量
*DO,K,1,MAX_TIME,1         ! 开始时间循环
  *DO,I,1,MAX_X,1          ! 初始化热源移动方向上的 X 坐标
      FLUX2(I,0,K)=(I-1)*LSIZE
*ENDDO
  *DO,J,1,MAX_Y,1          ! 初始化热源移动方向上的 Y 坐标
      FLUX2(0,J,K)=(J-1)*LSIZE
*ENDDO
*DO,I,1,MAX_X,1
  *DO,J,1,MAX_Y,1
     XCENTER=V*(K-1)*TINC       ! 设置热源中心点 X 坐标
     YCENTER=0.005              ! 设置热源中心点 Y 坐标
   ! 计算堆焊方向上各点到热源中心点的距离
   DISTANCE=SQRT(((I-1)*LSIZE-XCENTER)**2+((J-1)*LSIZE-YCENTER)**2)
     *IF,DISTANCE,LE,R,THEN ! 在半径为 R 的圆形域内加载热流密度
     FLUX2(I,J,K)=Qmax/EXP(3*DISTANCE**2/(R**2))
*ELSE      ! 其他域的高斯热流密度为 0
    FLUX2(I,J,K)=0
   *ENDIF
  *ENDDO
  *ENDDO
```

```
FLUX2 (0, 0, K) = (K-1) * TINC
* ENDDO
```

(5) 边界条件的处理

除了电弧所在的圆形区域加载热流密度外，其他表面设置为对流换热边界，初始温度设为室温 25℃。

(6) 模拟计算

模拟计算采用的堆焊工艺参数见表 7-6。

表 7-6　堆焊工艺参数

电弧电压 U/V	堆焊电流 I/A	堆焊速度 V/(mm/s)	堆焊热效率 η	电弧有效加热半径 R/mm
25	140	10	0.75	4

计算前，还需设置一些求解控制参数，主要是指明分析类型（瞬态传热）、载荷步中时间积分方法（全 Newton-Raphson 法）和是否采用自动步长跟踪（Yes）等。

(7) 模拟结果

图 7-28 是堆焊过程中不同时刻的温度场分布，图 7-29 是近焊缝区平行于电弧中心移动路径上几个节点的温度变化曲线，图 7-30 是垂直于电弧中心移动路径的同一截面上、近焊缝区中几个到电弧中心不同距离节点的温度变化曲线。图 7-29、图 7-30 中的横坐标为时间，纵坐标为温度。

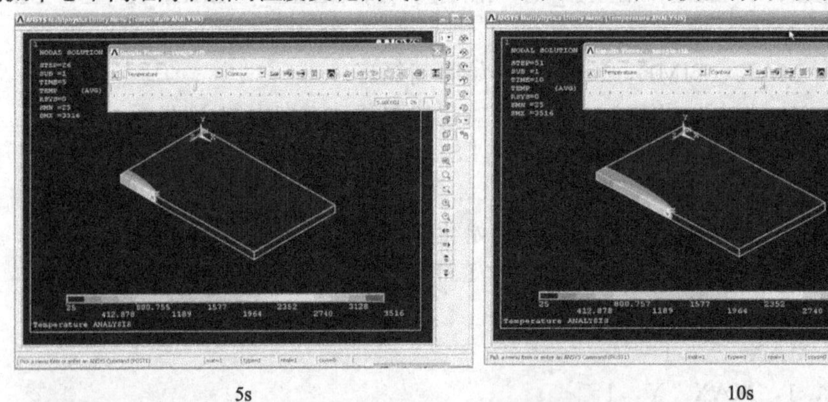

5s　　10s

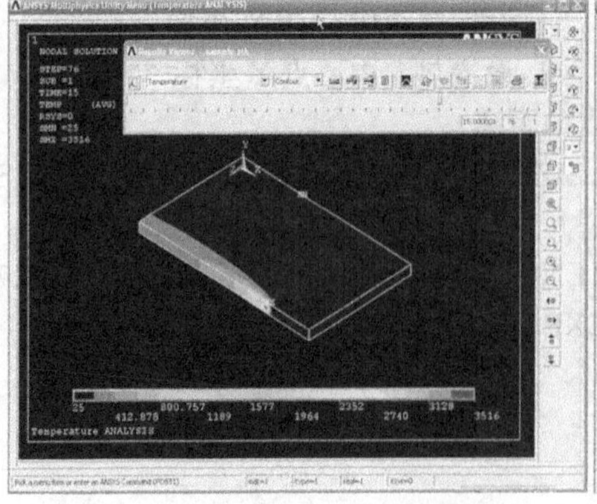

15s

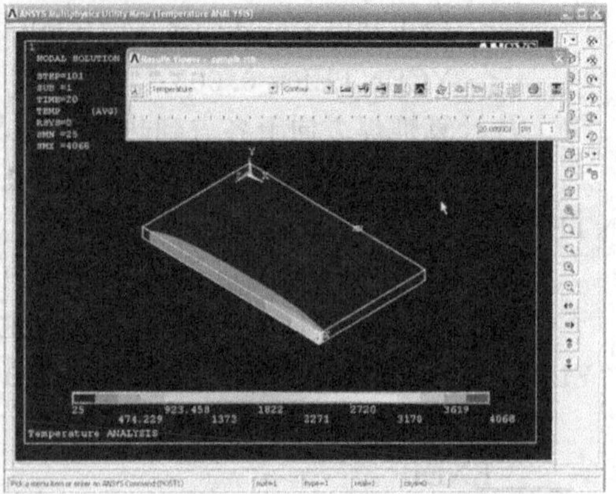

20s

图 7-28　温度场分布

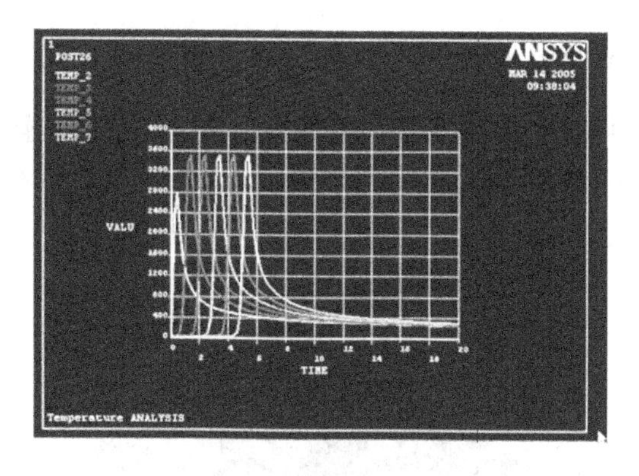

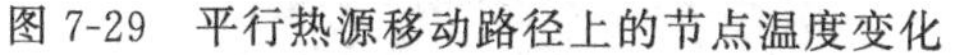
图 7-29　平行热源移动路径上的节点温度变化

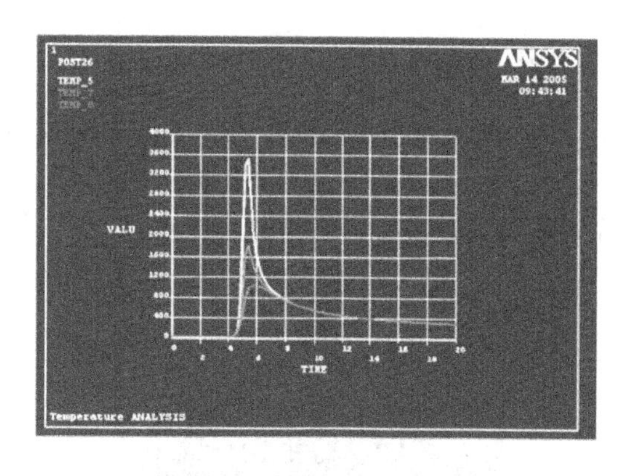

图 7-30　垂直热源移动路径上的节点温度变化

从图 7-28 可以清楚地看到沿堆焊路径上焊接温度场随热源移动的变化。图 7-29 进一步表明试件表面近焊缝区各节点温度随时间变化的规律：加热初期，由于能量集中，焊件温度上升迅速，很快达到最大值；随着热源的移动和时间的推移，温度下降形成近似半椭球形分布的准稳态曲线。换句话说，虽然近焊缝区的各节点温度随时间变化，但变化规律一致，且变化曲线几乎以固定的形貌跟随热源一道移动。

图 7-30 中最高一条曲线代表电弧中心节点的温度变化，另外两条曲线代表到中心点不同距离处的节点温度变化，距中心点越远，其温度曲线上的峰值越低。从图 7-30 可以看出，在垂直热源移动方向的截面上，各节点温度的变化也是由低到高，达到峰值后，又由高到低，逐渐趋于焊件的平均温度。

7.5 操作案例 2——SYSWELD

本案例为弧焊，由 6mm 厚的基板和 6mm 厚的筋板及其间的两道圆角焊接接头组成，基板和筋板在焊前有 0.25mm 的间隙，见图 7-31。本实例简述如何利用 SYSWLED 进行简单的焊接模拟分析。主要内容为：简述在 Visual-MESH 中创建基板-筋板模型并进行网格划分；阐述如何在 Visual-WELD 中做好焊接模拟准备及 CAE 分析；后处理 Visual VIEWER 中结果观察。软件平台如下：

① Visual Environment 12.0 SYSWELD 前后处理平台。

② SYSWELD 2016 焊接分析求解器。

图 7-31　弧焊案例

7.5.1 有限元模型的构建

(1) 几何模型导入或创建

几何模型如图 7-32 所示。几何模型可以通过三维软件 Pro/E、UG、CATIA 等创建出必要的几何模型（基板、筋板以及其间的焊接接头等特征），导入 Visual Mesh 中；也可在 Visual Mesh 中应用点、线、面工具完成几何模型的创建（也可以直接生成网格模型）。

(2) 网格导入或创建（网格划分略，请查阅相关资料）

利用导入的几何文件，在 Visual Mesh 工具中进行网格划分，也可利用其他网格工具软件（如 hypermesh 、Ansa 等第三方软件）进行网格划分，然后导入 Visual Mesh 中，导入后见图 7-33，进行网格检查及清理。

图 7-32　三维几何模型

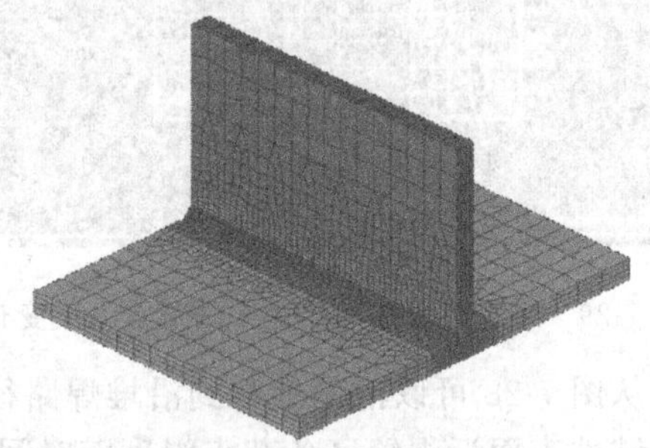

图 7-33　网格模型

7.5.2　网格检查及清理

(1) 重命名 Parts

在其中一个 parts 上按鼠标右键，选择 Part 管理器（Part Manager），见图 7-34，进行重命名。

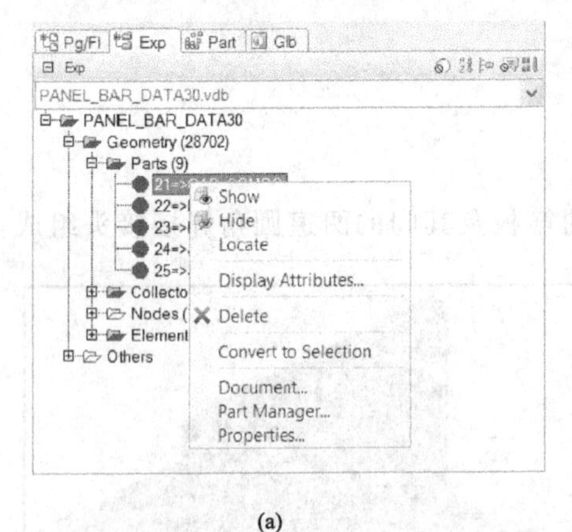

(a)

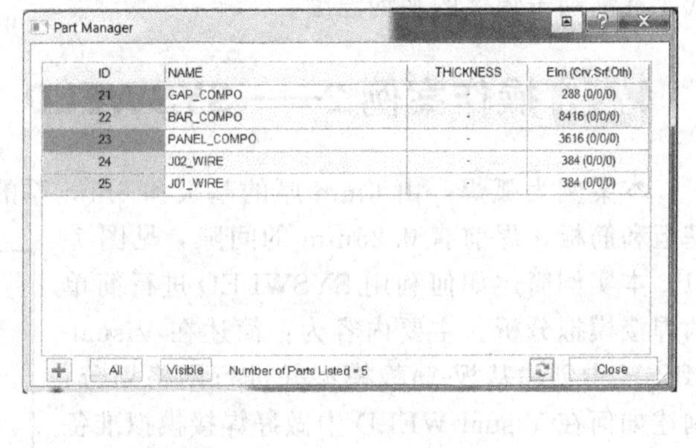

(b)

图 7-34　Part 管理器

(2) 网格结果评估

为评估特定的结果，需生成四个集（RESULT _ 01～RESULT _ 04），在 Visual Mesh 浏览器窗口（Explorer Window）中的 Collectors 上按鼠标右键，选择“Collector Manager”（集管理器），如图 7-35 所示。

(3) 定义载荷

在视图窗按鼠标右键，选择 View > Show All 显示所有。视角设为 XZ 模式（![]），按 F 键适合窗口显示，对每个 Loads 都要创建集。与焊接有关的 LOAD 有焊缝 WIRE 及其邻近单元（焊接过程中受热影响，热影响区 HAZ）。创建新集：J01 _ LOAD。选择“Ele-

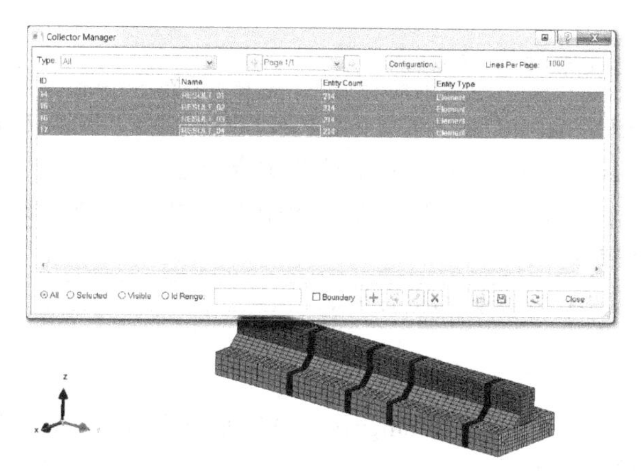

图 7-35 集管理器

ments”选项，更改对象选择器 Entity Selector 为 3D Elements，该 Load 中仅有 3D 单元。选择 J01 _ WIRE 所有单元及其邻近的 2 排单元。不能选择间隙区的单元（GAP _ COMPO）。重复以上步骤，创建另一侧的载荷集 J02 _ LOAD 。先设置对象选择器 Entity Selector 为 3D Elements，该 Load 中仅有 3D 单元，见图 7-36。

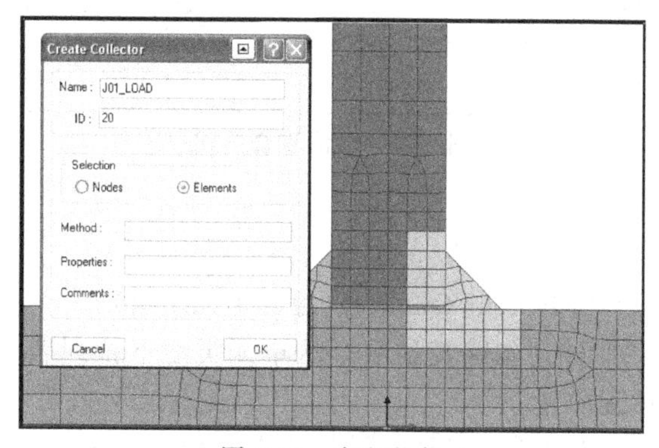

图 7-36 定义载荷

(4) 定义夹持条件

必须创建集以模拟焊接过程中的夹持条件，操作方法见图 7-37。

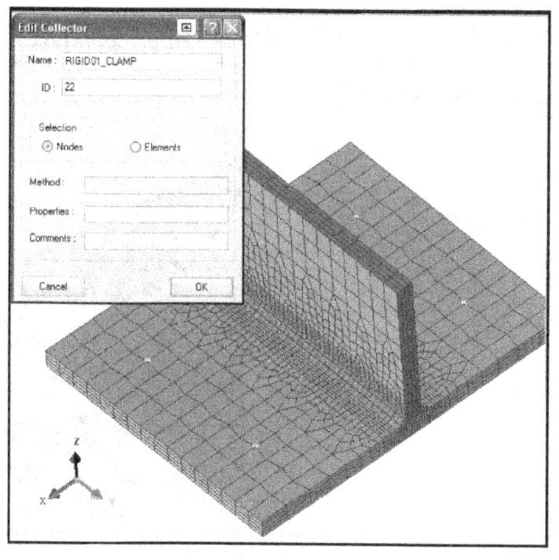

图 7-37 编辑集对话框

（5）检查和删除自由和重合节点

① 在浏览器窗口的“Free Nodes”选项下按鼠标右键，选择“Delete”键删除自由节点。

② 单击菜单 Checks>Coincident Nodes 检测重合节点。

③ 按“Check”按钮检测，按“Fuse All”按钮融合重合节点（即重合节点融合为一个节点），按“Apply”按钮确认。

④ 融合后，再次检测，以保证无重合节点。

（6）检查和修复重合单元

单击菜单 Checks > Coincident Elements（检测重合单元），步骤与重合节点处理类似（图 7-38），本例中无重合单元。

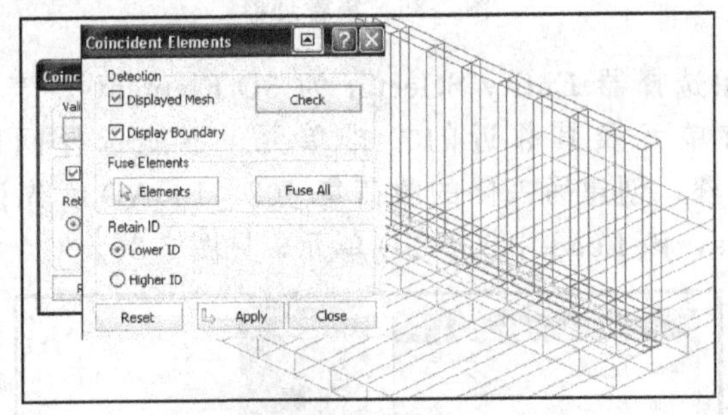

图 7-38 检测重合单元

（7）单元质量检查

① 单击菜单 Checks > Element Quality（检测单元质量）。

② 除“Min Jacobian”外，勾除其他项，从单元类型下拉列表中选择“3D”选项，按“Check”按钮检测 3D 单元质量。

③ 在“Quality Correct”（质量修复）下单击“Auto Correct”（自动修复问题单元）。

④ 关闭“Element Quality”单元质量对话框。

（8）单元边界检测

① 单击菜单 Checks > Boundary（检测单元边界），出现如图 7-39 所示的对话框，可检测裂缝等。

② 按“Check”按钮检测，按“Apply”按钮确定，关闭对话框。

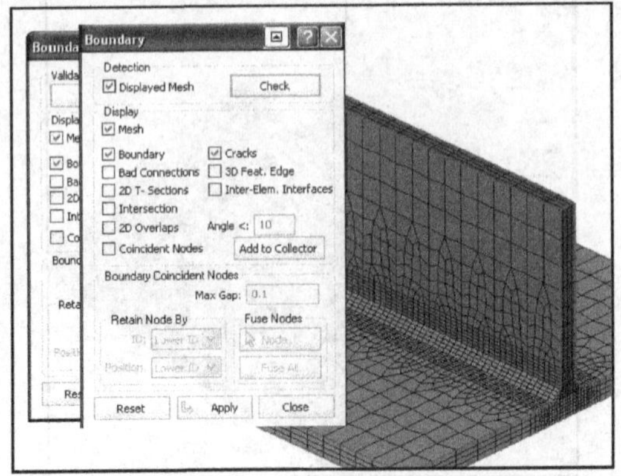

图 7-39 单元边界检测

到此为止，Visual Mesh 网格部分准备工作处理完成。

7.5.3　焊接工艺设置

单击菜单 Applications>Weld，转入 Visual Weld 进行焊接前处理参数设置。

(1) 定义焊接轨迹

① 在 Display 显示工具条上单击 Flat and Wireframe（平光及线框）按钮 显示体网格。

② 单击菜单 Welding>Create Trajectory 创建迹线［图 7-40(a)］。

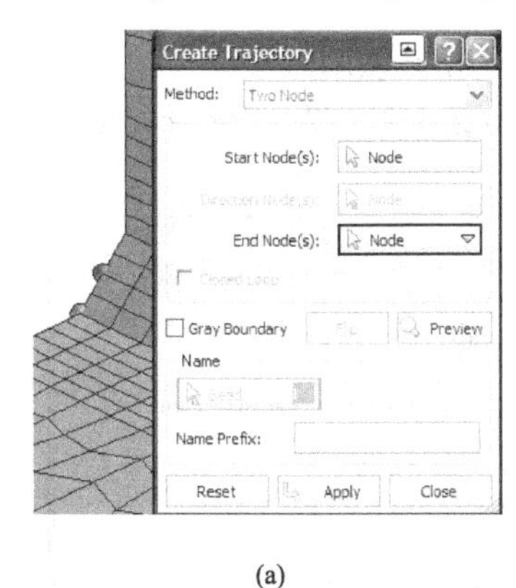

(a)

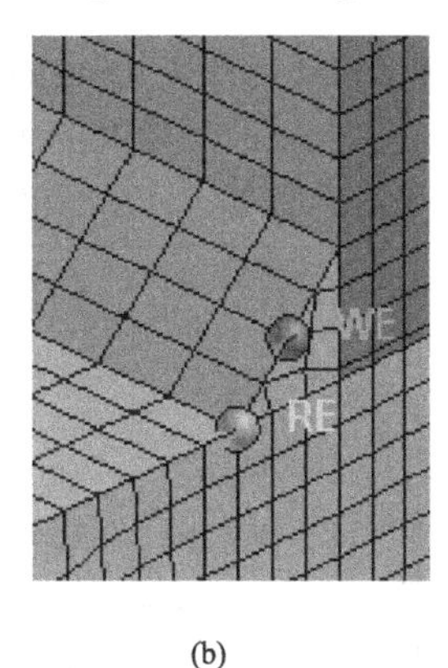

(b)

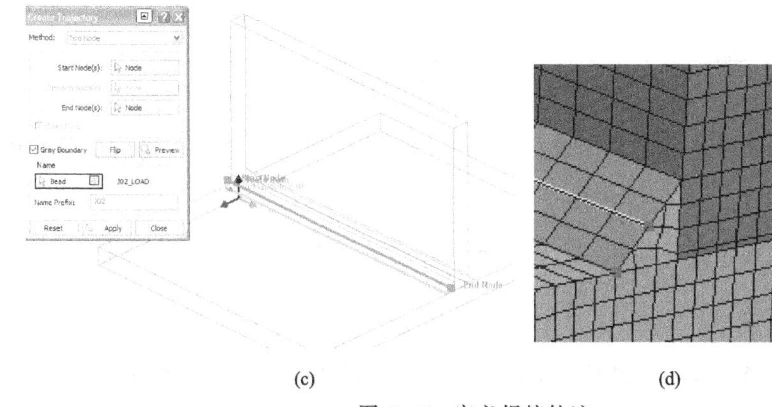

(c)　　(d)

图 7-40　定义焊接轨迹

③ 在创建方法“Method”下拉列表中选择“Two Nodes”选项，选择图 7-40 所示的节点作为 Start Nodes 起始节点，按鼠标中键确定。

④ 选择图 7-40 所示的两节点作为终止节点（End Nodes），按鼠标中键确定。

⑤ 单击“Preview”按钮预览焊接轨迹，按“Apply”按钮确定［图 7-40(b)］；

重复上述步骤，定义 Panel Bar 另一侧的焊接轨迹［图 7-40(c)、(d)］。

注：焊接线和参考线的起始节点必须严格按顺序选取。总是先选择 Weld line 焊接线的节点，而后才是 Reference line 参考线的节点。

(2) 创建热传导表面

① 单击菜单 Tools > Generate Skin（生成表面）。

② 按CTRL+A组合键全选所有单元面。

③ 确定“Extract at”下拉菜单中为“Open Faces”（在开放面处提取）选项。

④ 确定未勾选“Extract at Part Boundaries”（在Part边界处提取）选项。

⑤ 勾选“Share Original Nodes”（共享原始节点）选项。

⑥ 单击“Extract 2D”（提取2D面）选项并按“Apply”按钮确定。

⑦ 在浏览器窗，对刚创建的part重命名为SOLID _ AIR _ HEAT _ EXCHANGE（后期定义冷却条件需要）。

（3）工程定义

① 单击菜单Welding > Welding Advisor（焊接顾问）。

② 设置Welding Advisor（焊接顾问）Step 1（第1步）为“Project Description”（工程描述）。

③ 按图7-41所示内容输入工程信息。

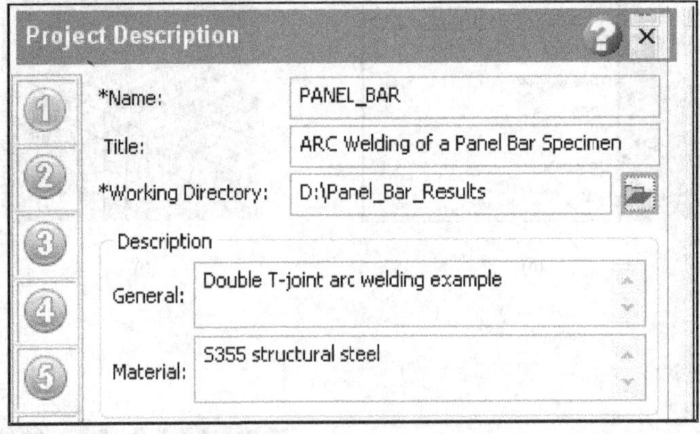

图7-41　工程描述对话框

④ 填完必填项后（前有“*”标识），“下一步”按钮以橙色显示，当前步以蓝色显示，已完成步以绿色显示。

⑤ 单击Step 2（第2步）按钮 或右下角的“下一步箭头”按钮 进入下一步。

（4）设置全局参数

默认的Welding Advisor（焊接顾问）根据网格模型及设置自动确定Computation Option（计算选项）（图7-42），用户也可自行更改选择。在此使用的计算选项为“Solid”。

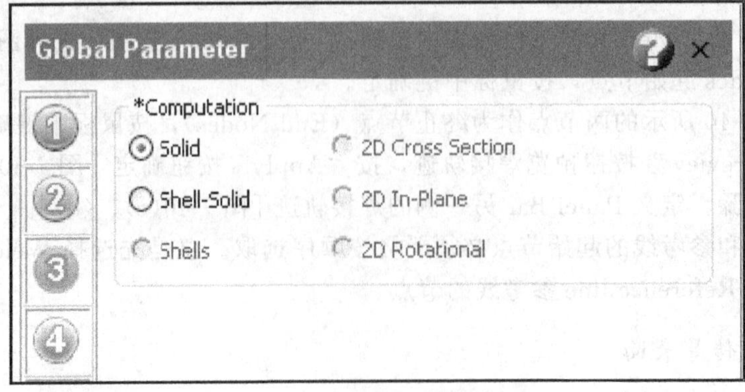

图7-42　设置全局属性

（5）元件属性

进入第 3 步，单击“Componets”按钮指定响应元件材料。

① 单击“Joints with Filler”给接头填充材料指定材料（图 7-43）。

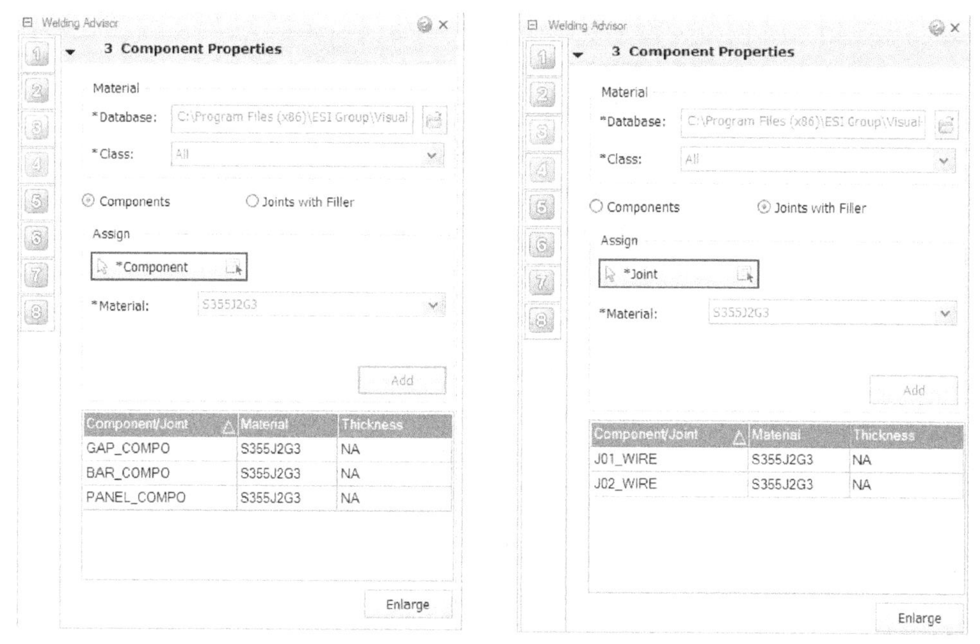

图 7-43　定义元件属性

② 进入第 4 步（Step 4）。

（6）焊接工艺

① 选择工艺类型 * Process type 为一般弧焊（General Arc）。设定焊接单位：长度能量 Energy / unit Length of Weld，单位为 J/mm；速度 Velocity，单位为 mm/s（图 7-44）。

② 单击“焊接线”按钮 *Weld Line 弹出集列表，选择“J01 _ PATH”选项按“OK”按钮。

③ 与该焊接线相关的对象诸如填充材料（Filler Material），焊接组（Welding Group），参考线（Reference Line）等，会基于约定命名文件自动填写。

④ 按“Next >>”按钮或直接选择“Weld Pool（焊接熔池）”选项卡［图 7-45(a)］，热源 Heat Source 选择“ARC”，输入以下值。

a. * Velocity（速度）：24.0。

b. * Initial Time（起始时间）：0.0。

c. End Time：4.0（基于焊接线长度自动计算）。

输入以下 * Estimated 估计值。

a. Length（熔池长）：12.0（单位 mm）。

b. Width（熔池宽）：6.0（单位 mm）。

c. Penetration（熔池深）：3.0（单位 mm）。

d. Optional：User Length Step（用户步长）：2［单位 mm，缺省为沿焊接路径 PATH

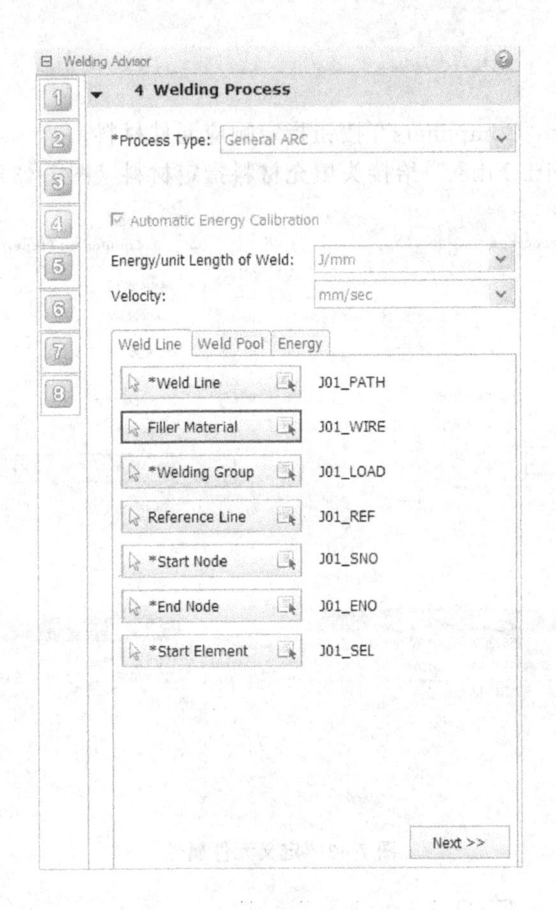

图 7-44 焊接工艺定义对话框

单元长度的 2 倍（在此为 4 mm）；步长越小，结果更精确，但 CPU 耗时增加］。

⑤ 按“Next >>”按钮或选择“Energy”选项卡［图 7-45(b)］，输入下列值。

a. * Energy/Unit length（单位长度能量）：288.0。

b. * Efficiency（效率）：1.0。

c. Power Ratio（功率比）：1.2。

d. Length Ratio（长度比）：0.5。

勾选“Start/End Energy Ramp”（起始/结束能量斜率）复选框，单击“Add”按钮更新焊接线［图 7-45(b)］。

⑥ 单击 [*Weld Line] 按钮弹出集下拉列表，选择第二条焊接线 J02 _ PATH，单击“OK”按钮，单击“Next >>”按钮或选择“Weld Pool”选项卡，Heat Source（热源）选择 ARC。

输入下列值。

a. * Velocity（速度）：24.0。

b. * Initial Time（起始时间）：2.0。

c. End Time：6.0（基于焊接线长度自动计算）。

d. Optional：User Length Step（用户步长）：2。

输入以下 * Estimated 估计值：

a. Length（熔池长）：12.0（单位 mm）。

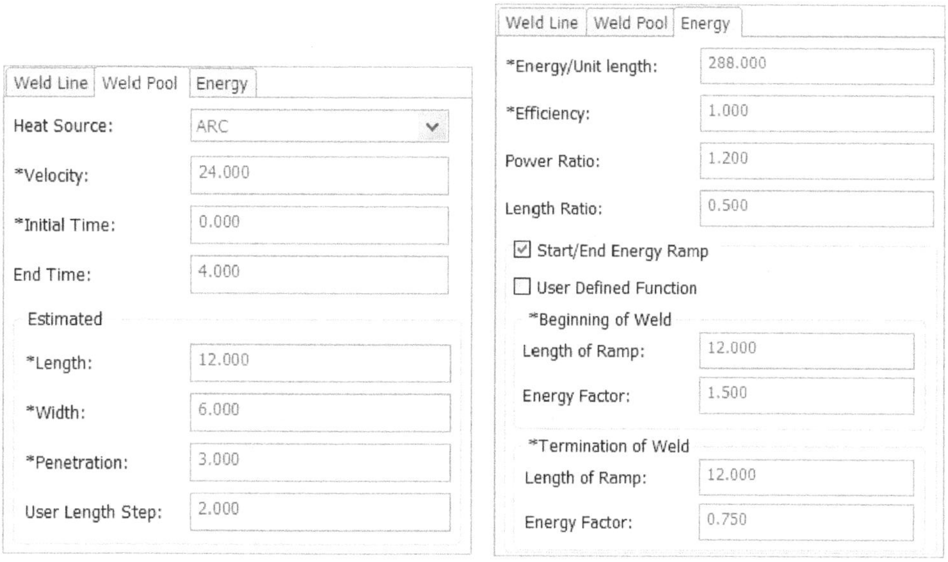

(a)　　　　(b)

图 7-45　焊接熔池及能量定义

b. Width（熔池宽）：6.0（单位 mm）。

c. Penetration（熔池深）：3.0（单位 mm）。

⑦ 按“Next >>”按钮或选择“Energy”选项卡，输入下列值：

a. * Energy/Unit length（单位长度能量）：240.0。

b. * Efficiency（效率）：1.0。

c. Power Ratio（功率比）：1.2。

d. Length Ratio（长度比）：0.5。

勾选“Start/End Energy Ramp”（起始/结束能量斜率）复选框，单击“Add”按钮更新焊接线（图 7-46）。

Joint	Source	Start Time	End Time	Velocity	EPUL	Efficiency
J01_...	1	0.000	4.000	24.000	288.000	1.000
J02_...	1	2.000	6.000	24.000	240.000	1.000

图 7-46　焊接线信息

⑧ 进入第 5 步（Step ）。

（7）冷却条件

① 如图 7-47 所示，单击“集”按钮 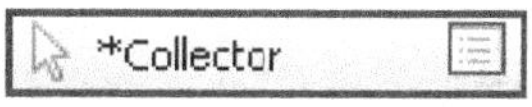 *Collector，选择集“SOLID_AIR_HEAT_EXCHANGE”（前面创建的 Skin 表面），按“OK”按钮。

② 介质“* Medium”选择“Free Air Cooling”（空冷），外界温度“Ambient Temp”为 20。

③ 单击“Add”按钮，更新热交换条件。

④ 进入第 6 步（Step  ）。

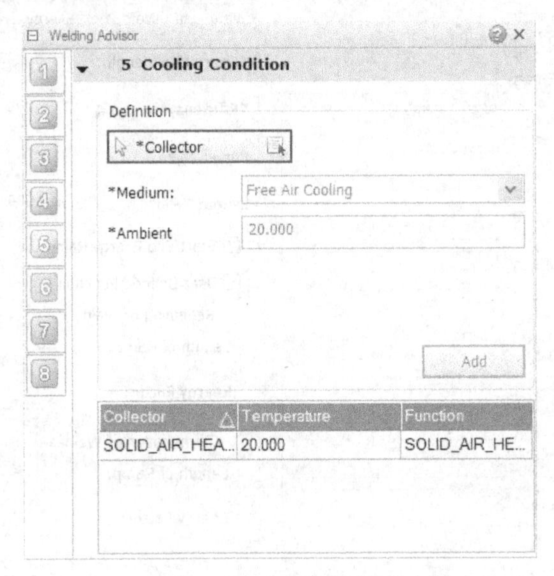

图 7-47　冷却条件设置

(8) 夹持条件

① 单击“集”按钮 *Collector 选择相应集，定义夹持类型，图 7-48。

Name	Group	Type
1=>Clamp	FREE_CLAMP	Unclamped
2=>Clamp	RIGID01_CLAMP	Rigid
3=>Clamp	RIGID02_CLAMP	Rigid

图 7-48　夹持类型定义

② 定义完所有夹持类型后，在 Clamping Condition 中单击夹持按钮 *Clamp 选择列表中所有夹持（图 7-49），按“OK”按钮，并定义夹持时间。

Name	Clamps	Start Time	End Time
CLAMP_COND_01	1=>Clamp;2=>Clamp;3=>Clamp	0.000	600.000
CLAMP_COND_02	1=>Clamp	600.000	601.000
CLAMP_COND_03	1=>Clamp	601.000	3600.000

图 7-49　夹持条件

③ 进入第 7 步（Step 7）。

(9) 载荷与变形

① 本例不涉及任何载荷条件。

② 进入第 8 步（Step 8）。

（10）求解参数

① 两种分析类型默认都会被选上，若机械分析没必要则可勾除。本例将进行 Thermo-Metallurgical（热-金相）和 Mechanical（机械分析）。

② 输入 * Initial Temperature（初始温度）为 20。

③单击“高级”箭头 查看更多选项，本例保持其缺省设置（图 7-50）。

（11）求解

单击 Generate Input Data（生成输入数据）按钮以导出所有工程文件到工作目录。

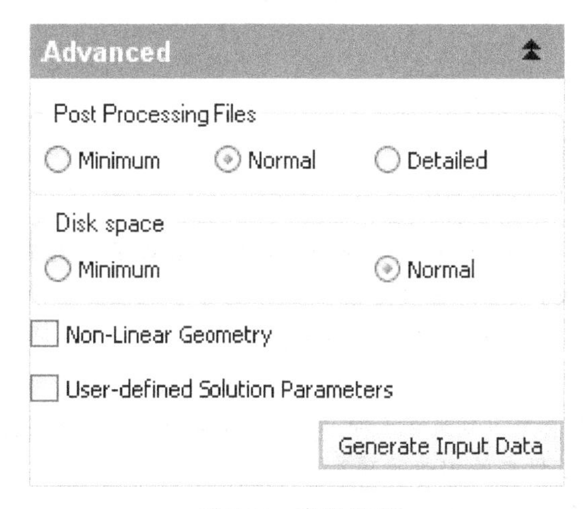

图 7-50　高级选项

该步需花费一段时间，检查监控区的信息。单击图 7-50 中的“Generate Input Data”按钮后，生成 *. vdb 文件，该文件包括项目所有信息，可在此对项目进行修改，该文件为项目求解的源文件。

（12）提交任务

① 单击菜单 Welding > Computation Manager（计算管理器）。

② 选择工程文件 PANEL _ BAR. vdb（与第 1 步文件名相同）。

③ 勾选“Heat Transfer”和“Mechanical”下的所有选项，按“Computer”按钮计算。

7. 5. 4　后处理

所有单元格变绿后，计算完成，图 7-51 的窗口会关闭。

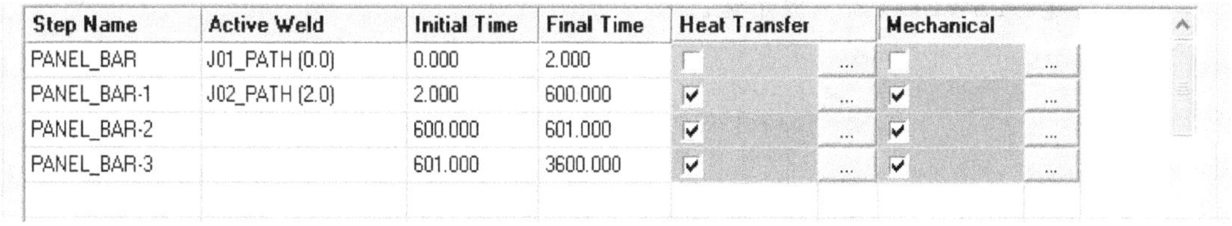

Step Name	Active Weld	Initial Time	Final Time	Heat Transfer	Mechanical
PANEL_BAR	J01_PATH (0.0)	0.000	2.000	☐ ...	☐ ...
PANEL_BAR-1	J02_PATH (2.0)	2.000	600.000	☑ ...	☑ ...
PANEL_BAR-2		600.000	601.000	☑ ...	☑ ...
PANEL_BAR-3		601.000	3600.000	☑ ...	☑ ...

图 7-51　计算窗口

单击菜单 Applications > Viewer 切换到 Visual-Viewer，进行后处理结果观察分析（图 7-52）。

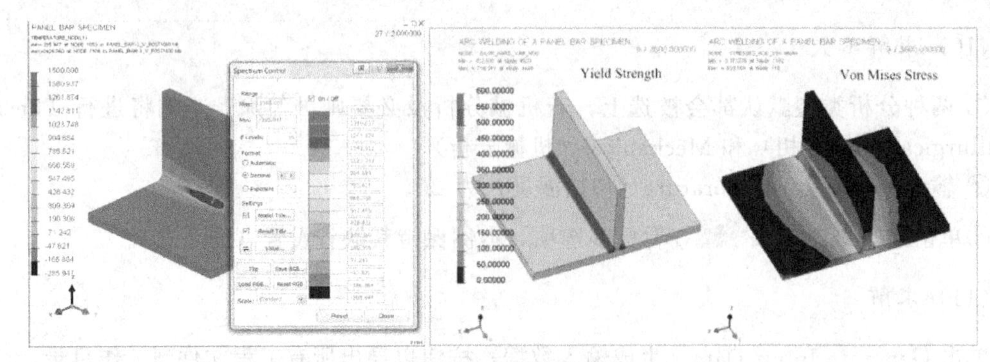

图7-52 后处理结果

思考题

1. 目前，金属焊接成形CAE分析研究和应用主要集中哪些方面？
2. 简述焊接热过程CAE分析的主要任务及其意义。
3. 建立焊接熔池传热模型的基本假设有哪些？
4. 熔池传热能量方程和动量方程中各项的物理含义是什么？
5. 怎样实现固定坐标系（定义在工件上）与移动坐标系（定义在热源上）的转换？
6. 怎样处理能量方程中的内热源项？
7. 动量方程中的体积力项主要包括哪些？怎样考虑重力的作用？
8. 请指明能量边界条件中的第一、二、三类条件。
9. 利用框图形式表示焊接热过程的计算流程。
10. 怎样选择焊接热源模型？
11. 采用Enthalpy-Porosity法处理两相区合金流动有何实际意义？
12. 试利用熔池传热/对流/扩散/相变统一模型建立TIG焊CAE分析控制方程。
13. 焊接应力与变形CAE分析的主要任务是什么？
14. 焊接过程中温度-相变-应力之间是怎样交互作用的？
15. 焊接热弹塑性有限元方程建立的基本假设有哪些？
16. 怎样求解热弹塑性？
17. 怎样提高求解焊接热弹塑性有限元方程的计算精度和数值解的稳定性？
18. 试比较电阻点焊与电弧熔化焊的异同。
19. 为什么描述电阻点焊过程的基本方程中要包括电势方程？
20. 简述SYSWELD软件的用途。

参考文献

[1] 陈立亮．材料加工 CAD/CAE/CAM 技术基础．北京：机械工业出版社，2005.

[2] 傅建，彭必友，曹建国．材料成形过程数值模拟．北京：化学工业出版社，2009.

[3] 董湘怀，等．材料成形计算机模拟．北京：机械工业出版社，2002.

[4] 傅建，赵侠，李金燕．发动机罩外板拉深回弹的数值模拟分析．塑性工程学报，2007，14：5-9.

[5] 李金燕，傅建，彭必友，等．基于数值模拟的等效拉延筋设计与优化．塑性工程学报，2007，5：14-17，22.

[6] 李金燕，傅建，彭必友，等．方形盒制件圆角处拉深破裂的数值模拟．塑性工程学报，2006，6：34-38，47.

[7] Altan T. Application of Technology to Compete Successfully in Forging. 4th International Seminar on Precision Forging，Nara，Japan. March 21-24. 2006.

[8] 徐瑞．材料科学中数值模拟与计算．哈尔滨：哈尔滨工业大学出版社，2005.

[9] 殷国富，杨随先．计算机辅助设计与制造技术．武汉：华中科技大学出版社，2008.

[10] 殷国富，刁燕，蔡长韬．机械 CAD/CAM 技术基础．武汉：华中科技大学出版社．2010.

[11] 林清安．完全精通 Pro/ENGINEER 野火 5.0 中文版零件设计基础入门．北京：电子工业出版社，2010.

[12] 余桂项，刘勇，郭纪林．AutoCAD 2006 中文版习题集．大连：大连理工大学出版社，2006.

[13] 王勖成．有限单元法．北京：清华大学出版社，2003.

[14] 王琳琳．材料成形计算机模拟．第 2 版．北京：冶金工业出版社，2013.

[15] 杜平安，甘娥忠，于亚婷．有限元法——原理、建模及应用．北京：国防工业出版社，2004.

[16] 林南，傅建，彭必友，等．鼠标的组合型腔浇注系统优化设计，上海塑料，2016.4.

[17] 林南，傅建，彭必友，等．组合型腔浇注系统的模拟分析及优化设计，塑料制造，2016.10.

[18] 张佑生，王永智．塑料模具计算机辅助设计．北京：机械工业出版社，1999.

[19] 翟明．塑料注射成型充填过程的数值模拟、优化与控制．大连：大连理工大学，2001.

[20] 刘春太．基于数值模拟的注塑成型工艺优化和制品性能研究．郑州：郑州大学，2003.

[21] 石宪章．注塑冷却数值分析方法的研究与应用．郑州：郑州大学，2005.

[22] Tong-Hong Wang，Wen-Bin Young. Study on residual stresses of thin-walled injection molding. European Polymer Journal，2005.10.

[23] 奚国栋，周华民，李德群．注塑制品残余应力数值模拟研究．中国机械工程，2007，9：1112-1116.

[24] Young WB，Wang J. Residual stress and warpage models for complex injection molding. Int Polym Process，2002，3：271-218.

[25] 李海梅，刘永志，申长雨，等．注塑件翘曲变形的 CAE 研究．中国塑料，2003，3：53-58.

[26] 柳百成，等．铸造工程的模拟仿真与质量控制．北京：机械工业出版社，2001.

[27] 陈海清，李华基，曹阳．铸件凝固过程数值模拟．重庆：重庆大学出版社，1991.

[28] 王春乐．铸钢件缩孔缩松预测方法及判据浅析．山西机械，2003，12：8-10.

[29] 贾宝仟，柳百成，刘蔚羽，等．砂型条件下铸件凝固过程热裂形成的流变学探讨．铸造技术，1997，6：36-38.

[30] 梁立孚，刘石泉．一般加载规律的弹塑性本构关系．固体力学学报，2001，22：409-414.

[31] 余家杰．铝合金轮圈铸造参数最佳化设计．第三章．中国台湾：元智大学，2003.

[32] ESI Group. Modeling Issues in High Pressure Die Casting. China PAM 2003. Shanghai：2003.

[33] 陈立亮，等．华铸 CAE/InteCast 集成系统使用手册，2006.

[34] 张光明．基于 CAE 分析的压铸铝合金和镁合金工艺及模具的优化设计．成都：西华大学，2004.

[35] 林忠钦，李淑慧，于忠奇，等．车身覆盖件冲压成形仿真．北京：机械工业出版社，2005.

[36] 雷正保．汽车覆盖件冲压成形 CAE 技术及其工业应用研究．长沙：中南大学，2003.

[37] 彭必友，傅建，肖兵，等．冲压回弹仿真结果的工艺知识发现技术研究．锻压技术，2009.3：33-36.

[38] 曹建国，唐建新，罗征志．摩托车后挡泥板成形过程模拟及工艺参数优化．模具工业，2008，3：6-9.

[39] 徐伟力，林忠钦，刘罡，等．车身覆盖件冲压仿真的现状和发展趋势．机械工程学报，2000，7：1-4.

[40] 王琬璐，刘全坤，刘克素，等．基于数值模拟的 C 柱内板拉延筋设计与优化．锻压装备与制造技术，2010，(4)：59-8-61.

[41] 彭必友，傅建，胡腾．矩形和半圆形拉延筋几何参数对拉深阻力的影响．西华大学学报：自然科学版，2010，4：64-67，71.

[42] 武传松．焊接热过程与熔池形态．北京：机械工业出版社，2008.

[43] 赵玉珍．焊接熔池的流体动力学行为及凝固组织模拟．北京：北京工业大学，2004.

[44] 莫春立，等．焊接热源计算模式的研究进展．焊接学报，2001，3：93-96.
[45] Chang W S，Na S J. A study on the prediction of the laser weld shape with varying heat source equations and the thermal distortion of a small structure in micro-joining. Journal of Materials Processing Technology，2002，120 (1-3)：208-214.
[46] 吴志生，杨新华，单平，等．铝合金点焊电极端面温度数值模拟．焊接学报，2004，6：15-18，26.
[47] SYSWELD Engineering Simulation Solution for Heat Treatment，Welding and Welding Assembly. http：//www. convia. fi/files/ESIGroup _ SYSWELD _ brochure. pdf.
[48] 张光明，李志宏，彭显平．基于 ANSYS APDL 的堆焊热过程数值模拟．机械，2005，9：45-47.
[49] S . K. Bate，R. Charles，A. Warren. Finite element analysis of a single bead-on-plate specimen using SYSWELD. International Journal of Pressure Vessels and Piping，2009，1：73-78.
[50] X Fan，I Masters，R Roy，and D Williams. Simulation of distortion induced in assemblies by spot welding. Proceedings of the Institution of Mechanical Engineers，Part B：Journal of Engineering Manufacture，2007，8：1317-1326.
[51] 吴言高，李午申，邹宏军，等．焊接数值模拟技术发展现状．焊接学报，2002，3：28-31.